I0046070

GUIDE DU GÉOMÈTRE.

De l'Imprimerie de BEAU, à Saint-Germain-en-Laye.

GUIDE
DU GÉOMÈTRE

POUR

LES OPÉRATIONS D'ARPENTAGE

ET LE RAPPORT DES PLANS.

SUIVI D'UN

TRAITÉ DE TOPOGRAPHIE ET DE NIVELLEMENT;

OUVRAGE PARTICULIÈREMENT UTILE

Aux Agents forestiers chargés de ces opérations, aux Contrôleurs des Contributions Directes, aux Conducteurs des Ponts-et-Chaussées et aux Agents-Voyers.

CONTENANT

Toutes les Méthodes pratiques propres à faciliter l'application, sur le terrain et au cabinet, des principes théoriques constituant l'art de l'Arpenteur;

PAR

GOULARD-HENRIONNET,

EN GÉOMÈTRE DU CADASTRE, ATTACHÉ A L'ADMINISTRATION CENTRALE DES FORÊTS POUR LA VÉRIFICATION DES PLANS D'AMÉNAGEMENT.

————◦◦◦◦◦————

PARIS
AU BUREAU DES ANNALES FORESTIÈRES,
RUE GARANCIÈRE, 12;
ET A LA LIBRAIRIE AGRICOLE DE DUSSACQ,
26, rue Jacob.

—

1849

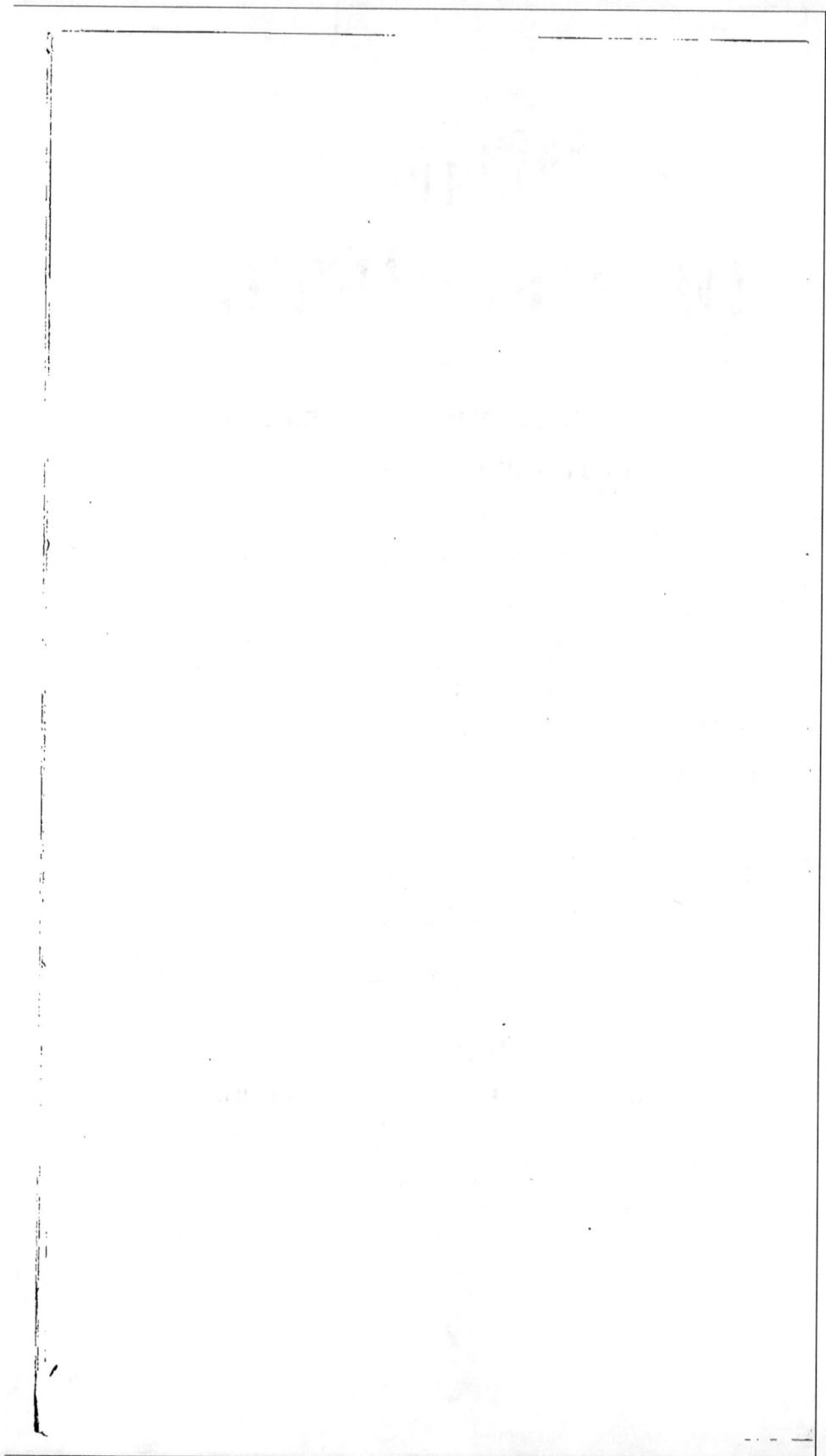

GUIDE DU GÉOMÈTRE.

CHAPITRE IER.

NOTIONS PRÉLIMINAIRES.

USAGE DES TABLES DE LOGARITHMES.

1. — Avant d'entrer dans l'étude spéciale des opérations d'arpentage, nous tenons à rappeler quelques notions dont la connaissance la plus familière est indispensable à notre sujet. Nous voulons parler de la théorie des *Logarithmes,* de l'usage de leurs *tables* et des différents cas où il est urgent de les employer.

Si nous commençons ainsi, c'est qu'on verra bientôt combien ce mode de calcul est usité, tellement que nous recommandons de ne pas s'en tenir à nos applications sur cette matière, mais d'y ajouter de nombreux exercices ; car l'habitude seule de ces calculs pourra donner à celui qui se destine à l'art de l'arpentage la certitude et la célérité nécessaires.

Définitions. — *On appelle Logarithmes une suite de nombres en progression arithmétique commençant par zéro, qui correspondent terme pour terme à une pareille suite de nombres en progression géométrique commençant par l'unité ;*

Ou, en général, l'exposant de la puissance à laquelle il faut élever un certain nombre invariable pour produire un nombre donné.

1

On sait que dans une progression arithmétique, ou par différence, le 2ᵉ terme est formé du premier plus la *raison*, que le 3ᵉ terme est formé du premier également plus deux fois la raison, et ainsi de suite de tous les autres termes.

Que dans une progression géométrique, ou par quotient, le 2ᵉ terme est formé du premier multiplié par la raison, que le 3ᵉ terme est formé du premier également multiplié par deux fois la raison, ou par le carré de la raison, que le 4ᵉ terme est formé du premier multiplié par trois fois la raison ou par le cube de la raison et ainsi de suite.

Par conséquent ayant adopté pour la formation des tables les deux progressions :

$$\div 1 : 10 : 100 : 1000 : 10000 : 100000, \text{etc.}$$
$$\div 0 \cdot 1 \cdot 2 \cdot 3 \cdot 4 \cdot 5 \quad , \text{etc.}$$

Les nombres 1, 10, 100.... ont pour logarithmes 0, 1, 2.... On donne le nom de *base du système*, au nombre ou *raison* qui sert à former les termes de la progression géométrique : cette base correspond toujours à l'unité dans la seconde progression.

Lorsqu'on multiplie deux ou plusieurs termes de la progression par quotient, et qu'on forme la somme des termes correspondants de la progression par différence, le PRODUIT *et la* SOMME *sont des termes qui se correspondent dans les deux progressions.*

Désignons par R et r les raisons des deux progressions. D'après la définition, ces progressions seront :

$$\div 1 : R : R^2 : R^3 : R^4 : R^5 : R^6...$$
$$\div 0 \cdot r \cdot 2r \cdot 3r \cdot 4r \cdot 5r \cdot 6r...$$

Si nous faisons le produit des 3ᵉ et 5ᵉ termes de la première progression, on aura, d'après les règles des exposants, $R^2 \times R^4 = R^{2+4} = R^6$, nombre qui correspond au 7ᵉ terme. Si actuellement nous faisons la somme des termes correspondants $2r$ et $4r$ de la progression par différence, cette somme sera $2r + 4r = 6r$, ou le 7ᵉ terme de cette progression.

On en déduit : 1º *Que le logarithme d'un produit de plusieurs nombres est égal à la somme des logarithmes de ces nombres.*

Soient A et B deux nombres, P leur produit, on a

$$\log A + \log B = \log P.$$

2° *Que le logarithme d'un quotient est égal à la différence des logarithmes du dividende et du diviseur :*

$$\log P - \log A = \log B.$$

3° *Que le logarithme de la puissance d'un nombre est égal au logarithme de ce nombre multiplié par l'indice de cette puissance :*

$$\log A^4 = 4 \log A.$$

4° *Que le logarithme de la racine d'un nombre est égal au logarithme de ce nombre divisé par l'indice de cette puissance :*

$$\log \sqrt[3]{A} = \frac{\log A}{3}.$$

5° *Que le logarithme du quatrième terme d'une proportion est égal à la somme des logarithmes des moyens, diminuée du logarithme du premier terme.*

Soit la proportion $A : B :: D : x$, on a

$$\log x = (\log B + \log D) - \log A.$$

Il semble résulter des progressions précédentes, que les nombres naturels 2, 3, 4.....9, 11, 12, 13.....99, etc., situés entre les termes 1 et 10, 10 et 100, etc., de la première, n'ont pas de logarithmes. Il n'en est cependant pas ainsi. Supposons qu'on ait inséré un certain nombre de moyens géométriques entre chaque terme de cette première progression, et un nombre égal de moyens différentiels entre chaque terme de la seconde, ces moyens, correspondant l'un à l'autre, forment de nouvelles progressions qui jouissent des mêmes propriétés que les précédentes. Si donc on a inséré un nombre suffisant de moyens, les nombres naturels se trouveront parmi les termes de la nouvelle progression géométrique, en les recueillant, et en recueillant en même temps les termes correspondants de la progression arithmétique, ces derniers seront les logarithmes des premiers.

Pour indiquer le logarithme d'un nombre, on place devant ce nombre le signe *log*. Ainsi, l'expression *log* 36 désigne le logarithme de 36.

2. — **Caractéristique.** — Un principe fondamental dans l'usage des tables, c'est que, quand des nombres tels que 1,945, 19,45, 194,5 et 1945, sont composés des mêmes chif-

fres et placés dans le même ordre, leurs logarithmes ont la
même partie décimale, et ne diffèrent entre eux que par leur
partie entière.

Et, en effet, le nombre 1,945 est compris entre le premier
et le deuxième terme de la progression géométrique; en le
rendant dix fois plus grand, on a un nombre compris entre
le deuxième et le troisième terme; la partie entière du logarithme, qui était d'abord 0, devient 1. Cette partie entière des
logarithmes est nommée leur *caractéristique*.

De là, connaissant le logarithme d'un nombre, il suffit d'a-
jouter 1, 2, 3.... unités à la *caractéristique,* pour avoir celui
d'un nombre 10, 100, 1000 fois plus grand que le premier.

Réciproquement, pour avoir le logarithme d'un nombre
10, 100, 1000 fois plus petit, il suffit de retrancher 1, 2, 3....
unités à la caractéristique de ce logarithme.

Il est de la dernière importance, dans les calculs qui se
rattachent à l'arpentage, de donner aux logarithmes la
caractéristique qui leur appartient; la moindre négligence
à cet égard peut occasionner dans les résultats des erreurs
graves et des embarras qui obligent quelquefois à de longues recherches.

Pour éviter ces erreurs, on ne devra jamais perdre de vue
*que la caractéristique d'un nombre entier quelconque renferme
autant d'unités qu'il y a de chiffres moins un dans ce nombre.*
On peut donc, à l'inspection seule de ce nombre, déterminer la caractéristique de son logarithme. Ainsi, 12 étant
composé de deux chiffres, la caractéristique de son logarithme sera 2—1 ou 1. 339 ayant trois chiffres, aura 3—1
ou 2 pour caractéristique à son logarithme, etc.

La caractéristique des nombres fractionnaires se détermine
de la même manière, c'est-à-dire, qu'étant adoptées les progressions croissantes pour les nombres entiers, les mêmes
progressions *décroissantes* ont servi pour déterminer les logarithmes des nombres fractionnaires; on a par conséquent :

$$\div 1 : \tfrac{1}{10} : \tfrac{1}{100} : \tfrac{1}{1000} : \tfrac{1}{10000}, \text{ etc.,}$$
$$\div 0 . -1 . -2 . -3 . -4 \quad, \text{ etc.,}$$

en faisant précéder, par convention, du signe — les termes
de la progression arithmétique qui suivent le zéro, ou qui

sont plus petits que l'unité. Mais comme les signes négatifs sont embarrassants dans les calculs, on simplifie beaucoup les opérations, en posant :

$$\div 1 : \tfrac{1}{10} : \tfrac{1}{100} : \tfrac{1}{1000} : \tfrac{1}{10000}, \text{ etc.,}$$
$$\div 0 . 10\text{-}1 . 10\text{-}2 . 10\text{-}3 . 10\text{-}4 , \text{ etc.,}$$

ou bien

$$\div 1 : \tfrac{1}{10} : \tfrac{1}{100} : \tfrac{1}{1000} : \tfrac{1}{10000}, \text{ etc.,}$$
$$\div 0 . 9 . 8 . 7 . 6 , \text{ etc.}$$

Par conséquent, la caractéristique des logarithmes des nombres fractionnaires 0,5, 0,05, 0,005, sera respectivement 9, 8, 7.

Ou est convenu, pour désigner ces sortes de logarithmes, de placer le signe négatif au-dessus de la caractéristique, afin d'indiquer qu'elle est seule négative.

3. — **Disposition et usage des Tables.** — D'après les principes que nous venons de rappeler, il suffit de calculer directement les logarithmes des nombres premiers 1, 2, 3, 5, 7, 11, 13, 17..... etc.; car tous les autres nombres étant décomposables et pouvant être formés de ces différents facteurs, leurs logarithmes peuvent s'obtenir par addition ou soustraction des logarithmes de ces nombres premiers.

Ainsi, 6 pouvant être décomposé en 2×3, on a :

$$\log 6 = \log 2 + \log 3.$$

De même, 88 pouvant être décomposé en 11×8, on a :

$$\log 88 = \log 11 + \log 8.$$

Ayant donc disposé dans une colonne la suite des nombres naturels 1, 2, 3, 4.... en plaçant en regard, dans une seconde colonne, les logarithmes de chacun de ces nombres ainsi calculés, on aura une *table de logarithmes*.

Les tables les plus usitées sont celles de Callet et de Lalande. Dans les opérations ordinaires d'arpentage, celles qui feront l'objet de notre second chapitre, les tables de Lalande sont suffisantes; aussi sont-elles généralement adoptées par les géomètres. Elles ont cinq décimales, et donnent les logarithmes des nombres depuis 1 jusqu'à 10000; la caractéristique y est indiquée. Nous n'aurions donc pas à nous en occuper, si dans la pratique il ne se rencontrait souvent des nombres qui excèdent les limites de ces tables.

4. — Prenons pour unique exemple 5674873. Nous commencerons par séparer sur la droite assez de chiffres pour que la partie restante ne surpasse pas la limite des tables (2). Ce nombre est 5674. Il s'agit maintenant de savoir combien on devra augmenter le logarithme de 5674, lorsque ce nombre est lui-même augmenté de la partie 873. Mais on démontre en algèbre *que la différence de deux nombres extrêmes (5674 et 5675) : la différence des premiers chiffres (873) : : la différence des logarithmes des nombres extrêmes (ou différence tabulaire) : la différence des premiers chiffres ;* on posera en conséquence :

$$(5675-5674) : 873 : : (\log 5675 - \log 5674) : x.$$

En cherchant dans la table le logarithme qui correspond au nombre 5674, on trouve. 3,75389
on aura ensuite 873×8 (différence des log) = 6,984

Somme. . . . 3,75395,984

Mais, le nombre proposé ayant sept chiffres, la caractéristique de son logarithme doit être égale à 7—1 ou 6 (2); donc,

log 5674873=6,75395 984 ou simplement 6,75396.

Lorsqu'un nombre entier est suivi de chiffres décimaux, l'opération est la même : on supprime la virgule, et l'on opère sur tout le nombre considéré comme entier. On retranche ensuite à la caractéristique autant d'unités qu'il y a de chiffres décimaux dans le nombre proposé. Ainsi :

log 374,245 = 5,5731560 lequel devient 2,5731560,

après avoir retranché trois unités à sa caractéristique.

Les tables de Callet donnent les logarithmes des nombres depuis 1 jusqu'à 108000, avec sept décimales. Dans la première colonne, celle au haut de laquelle on voit l'initiale N (nombre), se trouve la suite naturelle des nombres; les logarithmes sont placés dans les colonnes marquées 0, 1, 2, 3....9. Enfin, la dernière colonne (Diff.) donne les différences de ces logarithmes, ou différences tabulaires, depuis 1 jusqu'à 9.

La caractéristique n'y est pas indiquée, on la suppose connue d'avance.

Il semble, à une première vue, que ces tables s'arrêtent à 10800; mais, à l'aide des colonnes 1, 2, 3.....9, elles vont réellement jusqu'à 108000. D'après ce qui a été exposé (2), il suit que, si un nombre est décuple d'un autre, la partie décimale de son logarithme est la même. Par conséquent, en considérant la colonne marquée 0, comme donnant les logarithmes des nombres de 10 en 10, on aura, au moyen des colonnes suivantes 1, 2, 3.....9, ceux des nombres intermédiaires. On devra remarquer, toutefois, que les trois premières décimales des logarithmes étant communes à un certain nombre de logarithmes, on s'est contenté de les inscrire une seule fois dans la colonne 0; on doit donc commencer par les inscrire, viennent ensuite les décimales données par lesdites colonnes 1, 2, 3.....9.

On trouve au commencement du volume une table intitulée *Chiliade I*, qui donne les logarithmes des nombres, depuis 1 jusqu'à 1200; ceux-ci ont huit décimales.

Soit à chercher dans les tables de Callet, le logarithme du nombre 8917.

D'abord la caractéristique de ce nombre est $4-1=3$. A la suite de ce 3 inscrivez, en la séparant par une virgule, la partie décimale qui se trouve dans la colonne suivante 0 sur la même ligne horizontale que le nombre donné 8917, en ayant soin de rétablir les trois premiers chiffres isolés et immédiatement au-dessus, qui sont ici 950. Vous aurez, par conséquent : log $8917=3,9502188$.

Soit, pour second exemple, à chercher dans les mêmes tables, le logarithme de 49878,6. D'après ce qui a été dit (2 et 4), nous devons opérer, en supprimant la virgule, sur le nombre entier 498786. La caractéristique du logarithme de ce dernier nombre étant 5, deviendra alors 4 à cause du chiffre décimal. Cherchant d'abord dans la colonne N le nombre 4987, on prendra, comme nous l'avons indiqué dans l'exemple précédent, les trois premières décimales 697 qui se trouvent dans la 2ᵉ colonne 0; puis, suivant la ligne horizontale qui part de 4987 jusqu'à la colonne au haut de laquelle se trouve le chiffre 8 qui, dans le nombre donné, vient après

4987, on trouve 9090 que l'on inscrira à la suite de 697. On a par conséquent : log 49878 = 4,6979090

Il reste maintenant à augmenter ce logarithme d'une quantité proportionnelle : : 1 : 6 (6 dépendant du nombre proposé); mais les tables de Callet évitent l'opération indiquée plus haut; la différence des logarithmes, pour chacun des chiffres 1, 2, 3.....9, étant inscrite dans la dernière colonne (diff.); elle est pour 6. . . 52

En l'ajoutant au logarithme déjà obtenu, on a en définitive. . . . . 4,6979142 qui est le logarithme demandé.

Dans le cas où le nombre donné aurait un ou deux chiffres de plus que celui que nous venons de proposer, on pourrait opérer comme au premier exemple de ce N°, ou bien faire usage de la table des différences, en faisant attention au ran que doivent occuper les chiffres décimaux.

D'après cela, on trouvera que,

$$\begin{aligned}
\log \quad 24,8 &= 1,3944517 \\
\log \quad 725,5 &= 2,8630253 \\
\log \quad 4817,68 &= 3,6828380 \\
\log \quad 10820,7 &= 4,0342636 \\
\log \quad 121240,95 &= 5,0836493
\end{aligned}$$

5. — Il s'agit maintenant *de trouver un nombre, lorsque le logarithme en est donné.*

Cette opération ne diffère de celle qui vient de nous occuper, qu'en ce qu'elle en est l'inverse.

Soit à chercher le nombre correspondant au logarithme 2,94017, en nous servant des tables de Lalande. La caractéristique 2 nous indique d'abord que le nombre que nous cherchons se trouve dans la série de la proportion géométrique comprise entre 100 et 1000; cherchons donc dans la deuxième colonne des tables, intitulée *Log.* la partie décimale *la plus petite* qui approche le plus de 94017, nous trouvons que celle du nombre 871 coïncide avec celle-ci à 0,00015 près, par conséquent ledit nombre 871 peut déjà faire partie de celui que nous cherchons; mais comme il ne répond pas exactement au logarithme donné, nous pouvons, en augmentant la caractéristique d'une unité, chercher dans la série supérieure qui s'étend de 1000 à 10000 (2). Et en effet, nous trouvons vis-à-vis du nombre 8713 un logarithme dont la partie décimale est exactement celle proposée. Donc, le nombre demandé est 871,3, la caractéristique 2 nous indiquant, en dernier lieu, que ce nombre ne doit pas avoir plus de trois chiffres entiers.

Proposons-nous maintenant, avec les mêmes tables, de trouver le nombre correspondant au logarithme 4,00085.

D'abord, ce nombre doit avoir cinq chiffres entiers, il est donc compris dans la série qui s'étend de 10000 à 100000. Mais les tables de Lalande ne nous donnant que des nombres depuis 1 jusqu'à 10000, nous aurons à déterminer les chiffre qui doivent compléter le nombre demandé.

La partie décimale 00085 de notre logarithme se trouve entre 00043 et 00087 de celles des tables qui correspondent aux nombres 1001 et 1002 ; par conséquent, le nombre que nous cherchons sera composé du premier, plus d'une quantité inconnue déterminée par la différence des logarithmes (4).

Pour calculer cette quantité inconnue, nous prendrons la différence 0,00044 entre log 1001 et log 1002, et la différence 0,00042 entre le logarithme donné et le logarithme tabulaire immédiatement plus petit, log 1001. Nous aurons d'après (4):

$$44 : 1 : : 42 : x = 9,54 = 00009,54.$$

Ce résultat, ajouté au nombre 1001, nous donne 10019,54, ou le nombre cherché.

Cherchons, à l'aide des tables de Callet, et pour dernière application, le nombre correspondant au logarithme 5,6819987.

La caractéristique nous indique que ce nombre doit avoir six chiffres entiers. Ensuite la disposition de ces tables nous oblige à partager la partie décimale du logarithme proposé en deux tranches, dont la première sera composée des trois premiers chiffres sur la gauche, ou de 681. Ayant trouvé cette partie des décimales parmi les nombres isolés de la colonne 0 des tables, nous chercherons ensuite dans la même colonne 0 la seconde partie 9987 du logarithme proposé, ou un nombre qui, toujours plus petit, en approche le plus, puis, avançant sur la ligne horizontale jusqu'à un nouveau nombre tabulaire qui diffère le moins de 9987, il est ici 9916 dans la colonne 3, par conséquent le nombre que nous cherchons sera déjà composé du nombre 4808 donné par la colonne N, puis du chiffre indiqué par la colonne 3, donc 48083. Mais la différence 0000071 entre le logarithme des tables et le logarithme proposé, nous donne 7 dans la colonne des différences pour 64 ; ce 7 appartient encore à notre nombre, puisqu'il doit avoir six chiffres entiers. Le nombre demandé est donc 480837. Si on voulait avoir une plus grande approximation, on prendrait la différence 71—64=7, laquelle correspond, *en y ajoutant un zéro,* au chiffre 8 dans la même colonne des différences, on aurait en définitive 480837,8.

Si on voulait pousser plus loin l'approximation, il faudrait alors opérer sur les logarithmes 5,6819916 et 5,6820006 tabulaires, et 5,6819987 proposé comme au (6) ; car, en opérant seulement avec les nombres indiqués dans la colonne (Diff.), on n'obtiendrait pas de résultats suffisamment exacts.

On trouve, d'après l'exposé ci-dessus, que

$$\log 0,7566361 = \quad 5,71$$
$$\log 1,0105119 = \quad 10,25$$
$$\log 2,9617485 = \quad 915,69$$
$$\log 3,0333996 = \quad 1079,94$$
$$\log 4,6830055 = 48306,49$$

6.—   Logarithmes constants pour convertir

La toise en mètres.	0, 28981999
Le pied en décimètres.	$\overline{9}$, 51166874
Le pouce en centimètres.	$\overline{8}$, 43248750
La ligne en millimètres.	$\overline{7}$, 35330625
La perche de 24 pieds en mètres.	0, 89188020
— de 22 pieds.	0, 85409157
— de 20 pieds.	0, 81269883
— de 18 pieds.	0, 76694124
Les arpents en mètres carrés, perche de 24 pieds.	3, 78375989
— perche de 22 pieds.	3, 70818273
— perche de 20 pieds.	3, 62539738
— perche de 18 pieds.	3, 53388234
Les pouces carrés en centimètres carrés. . . .	$\overline{6}$, 86497355

Les pieds carrés en décimètres carrés. 9, 02333727
Les toises carrées en mètres carrés. 0, 57963974
Les pieds de Paris en pieds de Londres.. . . . 0, 0276553
— en pieds de Vienne. 0, 0118410
— en pieds du Rhin. 0, 0147747
Le degré en grades. 0, 04575749
Les minutes anciennes en parties du grade. . . $\bar{8}$, 26760624
Les secondes anciennes en parties du grade. . . $\bar{6}$, 48945499

log circonférence du cercle = log diamètre + 0, 49714987
Id.   = log rayon   + 0, 79817987
log surface du cercle   = 2 log diamètre + $\bar{9}$, 89508988
Id.   = 2 log rayon   + 0, 49714987
Id.   = 2 log circonf. + $\bar{8}$, 90079014

Pour insérer un nombre n de moyens géométriques entre deux nombres donnés A et B, A étant <B, et r étant la raison, faites

$$\log r = \frac{\log B - \log A}{n+1};$$

on aura alors   log 1er moyen = log A + log r,
log 2e moyen = log A + 2 log r,
log 3e moyen = log A + 3 log r.

Pour donner une idée de l'emploi des logarithmes constants, supposons qu'on veuille convertir 302 arpents (perches de 24 pieds) en hectares, ares et centiares, on a simplement :

log 302 = 2,4800069
log constant = 3,7837599
_____
log somme   6,2637668,

qui correspond dans les tables à 1835552, ou 183 hectares, 55 ares, 52 centiares.

Soit, en second lieu, à convertir 29° 32′ 15″ en grades et parties de grade.

log 29° = 1,4623980
log constant 0,0457575
_____
log somme 1,5081555 = 32^G,2222,2

A reporter. . 32^G,2222,2

$$Report. \quad . \quad 32^{\text{c}},2222,2$$

$$\log 32' = 1,5051500$$
$$\log \text{constant } \overline{8},2676062$$
$$\log \text{ somme } \overline{9},7727562 = 0, 5925, 9$$

$$\log 15'' = 1,1760913$$
$$\log \text{constant. } \overline{6},4894550$$
$$\log \text{ somme } \overline{7},6655463 = 0, 0046, 3$$

$$\text{Somme.} \quad 32^{\text{c}},8194'',4$$

Nota. En prenant les compléments arithmétiques des logarithmes constants donnés ci-dessus, pour convertir les anciennes mesures en nouvelles, on convertira les nouvelles en
anciennes.

TRIGONOMÉTRIE.

7. — Toutes les questions d'arpentage se résolvent par la
géométrie, c'est-à-dire, à l'aide de la règle et du compas. La
géométrie a été longtemps considérée comme étant suffisante
pour dresser le plan d'un lieu, et, de nos jours encore, un
grand nombre de géomètres se contentent de son approximation; comme il ne s'agit que de reproduire sur le papier
des figures données, cette science offre, en effet, tous les
moyens de parvenir à ce but. Cependant, les administrations
qui font dresser des plans, exigent aujourd'hui plus de précision, et si elles permettent encore l'usage des constructions
graphiques, ce n'est que dans le détail des plans, et lorsque
des calculs préparatoires ont déjà fixé la position d'un certain nombre de lignes.

On sait que lorsqu'on connaît trois des six parties dont se
compose un triangle, pourvu que parmi ces parties il y ait
un côté, on peut former ce triangle. La trigonométrie a donc
pour but : *de déterminer les valeurs numériques des parties inconnues d'un triangle, quand on a les données nécessaires.*

Les longueurs se rapportent à une unité usuelle appelée
mètre. Par conséquent, le côté connu d'un triangle ayant
tant de mètres, on peut, par la comparaison, savoir combien

les autres côtés contiennent de mètres. Mais il a fallu aussi pouvoir comparer les angles.

La circonférence a été divisée par les anciens géomètres en 360 parties appelées *degrés*, le degré en 60 *minutes*, la minute en 60 *secondes*. On peut donc comparer les arcs, ou parties de circonférences entre elles, de la même manière que l'on compare les lignes. Ces parties se désignent respectivement par °, ', " ; ainsi, on exprime 36 degrés, 15 minutes, 22 secondes, par 36° 15' 22".

. Lors de l'établissement du nouveau système des poids et mesures, on a également introduit la division décimale dans la mesure des angles. L'angle droit, appelé *quadrant,* ou le quart de la circonférence, fut considéré comme unité principale ; on le divisa alors en 100 parties. La circonférence se trouve ainsi contenir 400 parties.

Pour ne pas confondre cette division avec l'ancienne, les parties ont été appelées *grades* et se distinguent par le signe ^{g} ; chacune de ces parties a été ensuite divisée en 100 minutes et la minute en 100 secondes. Les angles ne sont désignés généralement dans cette division, que par le nombre de grades qu'ils contiennent ; les minutes et les secondes sont alors considérées comme des fractions décimales du grade. On doit donc écrire et énoncer 34^g,4617 dix-millièmes, puisque dans la nouvelle division les minutes sont des centièmes et les secondes des dix-millièmes.

Quelquefois on rapporte les arcs au quadrant pris pour unité : dans ce cas, l'angle précédent s'exprime par 0,344617, et s'énonce 344617 millionièmes.

La nouvelle division n'ayant encore été adoptée que pour les opérations relatives à la Carte de France, nous adopterons, malgré les avantages qu'elle présente, l'ancienne division, afin que nos applications se rapprochent le plus possible des opérations que les géomètres ont à effectuer journellement.

8. — On appelle *lignes trigonométriques,* les lignes qui, dans les calculs, expriment la relation des angles avec les côtés des triangles. Ces lignes sont : le *sinus,* la *tangente* et la *sécante ;* on les désigne par abréviation : *sin, tang, séc.*

Viennent ensuite le *cosinus,* la *cotangente* et la *cosécante,* ou le complément du sinus, de la tangente et de la sécante. On emploie, pour les désigner, les abréviations : *cos, cot, coséc.*

Pour donner toute facilité aux élèves qui ont à étudier les questions qui vont suivre, nous supposerons le rayon $r=1$. Nous désignerons également l'angle droit par 1^D. De même que deux droits seront indiqués par 2^D, etc.

Définitions. — Le *supplément* d'un angle est ce qu'il faut ajouter à cet angle pour avoir 2^D. Le *complément* est ce qu'il faut lui ajouter pour avoir 1^D.

1° Soit un angle $ACM=a$, (*fig.* 1). Si du point M nous abaissons MP perpendiculaire sur le rayon AC, le triangle rectangle PMC donne

$$\overline{MP}^2 + \overline{PC}^2 = \overline{MC}^2.$$

$$MP = \sin a, \ PC = \cos a, \ et \ CM = r,$$

donc $\qquad\qquad \sin^2 a + \cos^2 a = 1.$

2° En menant maintenant AT perpendiculaire à AC, $AT=$ tang a. Les triangles rectangles ACT, PCM donnent

$$CP : PM :: AC : AT, \ ou \cos a : \sin a :: r : \tang a = \frac{r \sin a}{\cos a}.$$

On a aussi

$$\frac{\sin a}{\cos a} = \frac{\tang a}{1} \ et \ \frac{\cos a}{\sin a} = \frac{1}{\tang a}.$$

3° Mais CT$=$séc a; les mêmes triangles donneront donc encore

$$CP : CM :: CA : CT, \ ou \cos a : r :: r : \séc a = \frac{1}{\cos a}.$$

4° Menons le rayon CD perpendiculaire au rayon CA; prolongeons CT jusqu'à sa rencontre avec DS parallèle à ce dernier rayon, les triangles rectangles CPM, CDS donnent les relations

$$PM : CP :: CD : DS, \ PM : CM :: CD : CS;$$

mais $\qquad\qquad DS=$cot a, et $OS=$coséc a;

donc

$$\sin a : \cos a :: r : \cot a = \frac{1 \cos a}{\sin a}, \ \sin a : r :: r : \coséc a = \frac{1}{\sin a}.$$

Considérons l'angle SCD, son sinus est MN$=$CP; mais l'angle SCD est complément de SCA; donc le sinus de SCD est égal au cosinus de ce dernier. Par conséquent *le cosinus d'un angle quelconque est égal au sinus de son complément.*

En prolongeant MP jusqu'en N', on a MN'=2MP, et l'angle MCN'=2MCA ; donc *le sinus d'un arc est la moitié de la corde qui sous-tend un arc double.*

Si l'on fait l'angle M'CA'=MCA, on a M'P'=MP ; mais M'P'= sin A'CM'. Ainsi, *tout angle > 1ᴰ a pour sinus le sinus de son supplément.*

Pour reconnaître quand une ligne trigonométrique appartient à un angle compris entre 0 et 1ᴰ, entre 1ᴰ et 2ᴰ, entre 2ᴰ et 3ᴰ, etc., on fait usage des signes + et —. La règle qui a été établie à cet égard est due à Descartes.

Lorsque sur une ligne, droite ou courbe, on considère différentes distances, telles que DE, DF, DB, DC, DA (*fig.* 7), mesurées à partir d'une origine commune D ; on a besoin, lorsqu'on veut introduire ces distances dans les calculs, de connaître leur situation par rapport à l'origine. On y parvient en affectant du signe + toutes celles placées d'un même côté de l'origine, et du signe — toutes celles qui se trouvent du côté opposé.

Il est d'usage, dans la trigonométrie, de considérer les lignes trigonométriques comme positives, lorsque l'arc est moindre que 90°.

La recherche de ces signes exige d'assez longs développements qui ne peuvent prendre place dans ce résumé ; nous nous bornerons à en énoncer les règles. Nous croyons d'ailleurs devoir faire observer qu'on se préoccupe peu de ces signes dans les questions d'arpentage, attendu que les angles que l'on a à considérer n'excèdent jamais deux droits.

1° Le produit de deux quantités est positif ou négatif, selon que ces quantités sont affectées du même signe ou de signes différents.

Même règle pour le quotient de deux quantités.

2° Le sinus, le cosinus, la tangente et la cotangente d'un angle < 1ᴰ sont positifs. Généralement la sécante a le même signe que le cosinus, et la cosécante le même signe que le sinus.

3° Lorsqu'un angle est compris entre 1 et 2ᴰ, son sinus et sa cosécante sont positifs. Toutes les autres lignes trigonométriques sont négatives.

4° Tout angle compris entre 2 et 3ᴰ, a son sinus et son cosinus négatifs, mais sa tangente et sa cotangente sont positives.

5° Lorsqu'un angle est compris entre 3 et 4ᴰ, son cosinus et sa sécante sont positifs ; les autres lignes trigonométriques sont négatives.

9. — THÉORÈME 1er. — *Dans un triangle rectangle, chaque côté de l'angle droit est égal à l'hypoténuse multipliée par le sinus de l'angle opposé à ce côté*, en sorte qu'on a :

$$b = a \sin B. \qquad \text{(Lefébure.)}$$

NOTA. — Nous désignerons par A, B, C, les trois angles du triangle, et par a, b, c, les côtés respectivement opposés à ces angles. Si le triangle est rectangle, la lettre A indiquera l'angle droit, l'hypoténuse sera dès lors désignée par a.

Dans tout triangle rectangle le rayon est au sinus d'un des angles aigus, comme l'hypoténuse est au côté opposé à cet angle.

(Legendre.)

Soit ABC (*fig.* 75 *bis*) un triangle rectangle en A, du sommet B comme centre, et avec un rayon BN$=r$, décrivez l'arc MN qui mesure l'angle B ; abaissez MP perpendiculaire sur AB, on a

$$AC : MP : : BC : BM, \text{ ou } b : \sin B : : a : r ;$$

donc $\qquad b = \dfrac{a \sin B}{r}$, ou simplement $b = a \sin B$.

En faisant la même construction sur AC, on aura également

$$c = a \sin C.$$

THÉORÈME II. — *Dans un triangle rectangle, chaque côté de l'angle droit est égal à l'hypoténuse multipliée par le cosinus de l'angle adjacent.*

La même figure donne

$$AB : BP : : BC : BM, \text{ ou } c : \cos B : : a : r ;$$

donc $\qquad c = \dfrac{a \cos B}{r}$, ou simplement $c = a \cos B$.

THÉORÈME III. — *Dans un triangle rectangle, chaque côté de l'angle droit est égal à l'autre côté multiplié par la tangente de l'angle opposé au premier côté.* (Lefébure.)

Dans tout triangle rectangle, le rayon est à la tangente d'un des angles aigus, comme le côté adjacent à cet angle est au côté opposé. (Legendre.)

Élevez NO (*fig.* 75 *bis*), perpendiculaire à AB, à cause des triangles rectangles, on a :

$$AC : AB : : ON : BN, \text{ ou } b : c : : \tan B : r ;$$

donc $\qquad b = \dfrac{c \tan B}{r}$, ou simplement $b = c \tan B$.

THÉORÈME IV. — *Dans un triangle rectangle, l'hypoténuse est égale à l'un des côtés de l'angle droit divisé par le sinus de l'angle opposé à ce côté.*

Les triangles rectangles BPM, BAC, donnent :

$$PM : BM : : AC : BC, \text{ ou } \sin B : r : : b : a;$$

donc $\qquad a = \dfrac{rb}{\sin B}$, ou simplement $a = \dfrac{b}{\sin B}$;

on a également $\qquad a = \dfrac{c}{\sin C}$, ou encore $a = \dfrac{c}{\cos B}$.

THÉORÈME V. — *Dans un triangle rectangle, la tangente d'un des angles aigus est égale au côté opposé à cet angle, divisé par l'autre côté de l'angle droit.*

$$c : b : : r : \text{tang } B, \text{ d'où tang } B = \frac{b}{c},$$

$$b : c : : r : \text{tang } C, \text{ d'où tang } C = \frac{c}{b}.$$

On a aussi

$$c : b : : r : \cot C, \quad b : c : : r : \cot B.$$

THÉORÈME VI. — *Dans un triangle rectangle, le sinus d'un des angles aigus est égal au côté opposé à cet angle, divisé par l'hypoténuse.*

Car $\qquad a : b : : r : \sin B$, d'où $\sin B = \dfrac{b}{a}$,

puis $\qquad a : b : : r : \cos C$, d'où $\cos C = \dfrac{b}{a}$.

THÉORÈME VII. — *Dans tout triangle rectiligne, les sinus des angles sont entre eux comme les côtés opposés.*

Soit ABC (*fig.* 65 *bis*), un triangle quelconque. En abaissant de l'un des sommets C, la perpendiculaire CD sur le côté opposé; les deux triangles rectangles ACD, BCD, donnent

$$AC : CD : : r : \sin A,$$
$$CB : CD : : r : \sin B;$$

mais les moyens étant égaux dans ces deux proportions, on peut, avec les extrêmes, faire cette autre :

$$\sin B : \sin A : : AC : CB,$$

ou plus simplement

$$\sin B : \sin A : : b : a.$$

2

Il peut arriver que la perpendiculaire CD tombe hors du triangle ABC; dans ce cas, les deux triangles rectangles donnent également :

$$AC : CD : : r : \sin CAD ,$$
$$CB : CD : : r : \sin B ;$$

mais l'angle CAD étant supplément de CAB, on a (8, 4°) $\sin CAD = \sin CAB$; on peut donc déduire comme précédemment :

$$\sin B : \sin A : : b : a.$$

THÉORÈME VIII. — *Dans tout triangle rectiligne, le carré d'un côté est égal à la somme des carrés des deux autres, moins le double rectangle de ces deux côtés, multiplié par le cosinus de l'angle compris entre ces côtés;* c'est-à-dire qu'on a

$$a^2 = b^2 + c^2 - 2bc \cos A. \qquad (1)$$
(Lefébure.)

Dans tout triangle rectiligne, le cosinus d'un angle est au rayon, comme la somme des carrés des côtés qui comprennent cet angle, moins le carré du troisième côté, est au double rectangle des deux premiers côtés; c'est-à-dire qu'on a

$$\cos A : r : : b^2 + c^2 - a^2 : 2bc. \qquad (2)$$
(Legendre.)

Soit toujours CD (*même figure*) la perpendiculaire abaissée sur AB. Cette perpendiculaire tombant au-dedans du triangle ABC, le théorème XII du liv. 3 de Legendre donne

$$\overline{CB^2} = \overline{AC^2} + AB^2 - 2AB \times AD,$$

ou simplement

$$a^2 = b^2 + c^2 - 2c \times AD.$$

Le triangle rectangle ACD, donne (Théorème I) $AD = b \sin ACD$. et comme $\sin ACD = \cos A$, on a $AD = b \cos A$. En substituant cette valeur de AD, dans l'équation précédente, on trouve la formule (1) de laquelle on déduit facilement (2).

Quand l'angle A est obtus, la perpendiculaire CD tombe hors du triangle, on a, d'après le théorème de Legendre précité,

$$a^2 = b^2 + c^2 + 2c \times AD ;$$

mais $AD = b \sin ACD = b \cos CAD$, et comme $\cos CAD = -\cos$ A, $AD = -b \cos$ A, on a donc encore

$$a^2 = b^2 + c^2 - 2cb \cos A.$$

Ce théorème suffit à lui seul pour résoudre tous les triangles rectilignes, puisque le même principe peut être appliqué successivement à chacun des côtés. Ainsi, en définitive,

$$b^2 = a^2 + c^2 - 2ac \cos B,$$
$$c^2 = a^2 + b^2 - 2ab \cos C.$$

THÉORÈME IX. — *Dans tout triangle rectiligne, la somme de deux côtés est à leur différence, comme la tangente de la demi-somme des angles opposés à ces côtés est à la tangente de la demi-différence de ces mêmes angles.*

Le théorème VII donne la proportion :

$$a : b : : \sin A : \sin B,$$

laquelle renferme deux inconnus A et B ; mais on peut former celle-ci

$$a + b : a - b : : \sin A + \sin B : \sin A - \sin B; \qquad (1)$$

cherchons l'expression de $\sin A + \sin B$, et celle de $\sin A - \sin B$.

Soient (*fig. 166 bis*), l'arc $AM = a$, l'arc $MC = b$, par conséquent $AMC = a + b$. Du point C menez la corde BC, perpendiculaire sur le rayon OM, menez également CE, MP et DF perpendiculaires sur le rayon AO, et enfin DN parallèle à ce dernier rayon :

$$MP = \sin a, \quad OP = \cos a,$$
$$CD = \sin b, \quad OD = \cos b;$$

à cause des triangles semblables MOP, ODF, CDN, on a :

$$MO : DO : : MP : DF, \quad \text{ou } r : \cos b : : \sin a : DF,$$
$$\text{donc } DF = \sin a \cos b;$$
$$MO : DO : : OP : OF, \quad \text{ou } r : \cos b : : \cos a : OF,$$
$$\text{donc } OF = \cos a \cos b;$$
$$MO : CD : : OP : CN, \quad \text{ou } r : \sin b : : \cos a : CN,$$
$$\text{donc } CN = \cos a \sin b;$$
$$MO : CD : : MP : DN, \quad \text{ou } r : \sin b : : \sin a : DN,$$
$$\text{donc } DN = \sin a \sin b.$$

Mais $\qquad DF + CN = CE = \sin(a+b)$;

par conséquent $\qquad \sin(a+b) = \sin a \cos b + \cos a \sin b$, $\qquad$ (2)

de même que $\qquad OF - DN = OE = \cos(a+b)$,

donc $\qquad \cos(a+b) = \cos a \cos b - \sin a \sin b$ $\qquad$ (3)

Si l'on suppose l'arc MB $= b$, et l'arc AM $= a$, on aura évidemment BA $= a - b$. En menant BG perpendiculaire et BI parallèle au rayon AO, on trouvera, par la comparaison des triangles semblables, BID, MOP et OFD,

$$\sin(a-b) = \sin a \cos b - \sin b \cos a, \qquad (4)$$
$$\cos(a-b) = \cos a \cos b + \sin a \sin b. \qquad (5)$$

En ajoutant (2) à (4), il vient

$$\sin a \cos b + \cos a \sin b + \sin a \cos b - \cos a \sin b = 2 \sin a \cos b ;$$

puis en la retranchant :

$$\sin a \cos b + \cos a \sin b - \sin a \cos b + \cos a \sin b = 2 \cos a \sin b.$$

Donc

$$\sin(a+b) + \sin(a-b) = 2 \sin a \cos b, \qquad (6)$$
$$\sin(a+b) - \sin(a-b) = 2 \cos a \sin b. \qquad (7)$$

Combinant également par addition et soustraction (3) et (5), on obtiendra :

$$\cos(a+b) + \cos(a-b) = 2 \cos a \cos b, \qquad (8)$$
$$\cos(a+b) - \cos(a-b) = 2 \sin a \sin b. \qquad (9)$$

Si nous faisons maintenant $(a+b) = p$, et $(a-b) = q$, nous aurons évidemment :

$$a = \frac{p+q}{2}, \; b = \frac{p-q}{2}.$$

Ces nouvelles valeurs, étant substituées dans les formules précédentes, nous donneront :

$$\sin p + \sin q = 2 \sin \tfrac{1}{2}(p+q) \cos \tfrac{1}{2}(p-q) \qquad (10)$$
$$\sin p - \sin q = 2 \cos \tfrac{1}{2}(p+q) \sin \tfrac{1}{2}(p-q) \qquad (11)$$
$$\cos p + \cos q = 2 \cos \tfrac{1}{2}(p+q) \cos \tfrac{1}{2}(p-q) \qquad (12)$$
$$\cos p - \cos q = 2 \sin \tfrac{1}{2}(p+q) \sin \tfrac{1}{2}(p-q) \qquad (13)$$

Divisant ensuite (10) par (11), nous aurons de suite :

$$\frac{\sin p + \sin q}{\sin p - \sin q} = \frac{\sin \tfrac{1}{2}(p+q) \cos \tfrac{1}{2}(p-q)}{\cos \tfrac{1}{2}(p+q) \sin \tfrac{1}{2}(p-q)};$$

observant enfin que $\dfrac{\sin a}{\cos a} = \dfrac{\tang a}{1}$, et que $\dfrac{\cos a}{\sin a} = \dfrac{1}{\tang a}$

(8, 2°), nous avons immédiatement :

$$\frac{\sin p + \sin q}{\sin p - \sin q} = \frac{\tang \frac{1}{2}(p+q)}{\tang \frac{1}{2}(p-q)},$$

et comme dans la formule (1),

$$\frac{a+b}{a-b} = \frac{\sin A + \sin B}{\sin A - \sin B},$$

en faisant $p = A$, $q = B$, nous aurons, en définitive :

$$\frac{a+b}{a-b} = \frac{\tang \frac{1}{2}(A+B)}{\tang \frac{1}{2}(A-B)},$$

ou $a + b : a - b :: \tang \frac{1}{2}(A + B) : \tang \frac{1}{2}(A - B)$.   (14)

La plupart des formules précédentes ont été déduites à l'aide du calcul algébrique ; quelques élèves préféreront peut-être les démontrer par la géométrie : voici les démonstrations qu'on trouve dans Lefébure.

Si (*fig.* 166 *bis*), nous faisons l'arc $AC = p$ et l'arc $AB = q$, on aura, d'après la construction même de la figure, $CE = \sin p$, $BG = \sin q$; mais le rayon OM, perpendiculaire sur la corde BC, partage cette corde et l'arc BMC en deux parties égales, donc

$$DF = \frac{\sin p + \sin q}{2},$$

$$CN = \frac{\sin p - \sin q}{2}.$$

Ensuite $AM = \frac{1}{2}(p+q)$ et $MC = \frac{1}{2}(p-q)$,

d'où $MP = \sin \frac{1}{2}(p+q)$, $OP = \cos \frac{1}{2}(p+q)$,

$CD = \sin \frac{1}{2}(p-q)$, $OD = \cos \frac{1}{2}(p-q)$;

d'un autre côté les triangles semblables OMP, CDN, donnent

$$OM : OD :: MP : DF,$$

$$OM : CD :: OP : CN.$$

En donnant à chacune de ces lignes sa dénomination, il vient :

$$r : \cos \frac{1}{2}(p-q) :: \sin \frac{1}{2}(p+q) : \frac{\sin p + \sin q}{2};$$

$$r : \sin \frac{1}{2}(p-q) :: \cos \frac{1}{2}(p+q) : \frac{\sin p - \sin q}{2}.$$

En doublant ces expressions on obtient les formules indiquées.

Passons maintenant à la démonstration géométrique de la formule (14).

Menez au point M (*même fig.*), la tangente ST, que vous terminez aux rayons OC, OA, prolongés; prolongez aussi CB jusqu'à sa rencontre avec OA, vous aurez comme précédemment :

$$DF = \frac{\sin p + \sin q}{2},$$

$$CN = \frac{\sin p + \sin q}{2}.$$

De plus,

$$MT = \text{tang MBA} = \text{tang} \tfrac{1}{2}(p+q),$$
$$MS = \text{tang MC} = \text{tang} \tfrac{1}{2}(p-q),$$

les triangles rectangles DOF, DCN et ODU donnent :

$$DF : CN :: DU : DC ;$$

mais à cause des parallèles CU, TS, on a aussi :

$$DF : CN :: MT : MS ;$$

de là,

$$\frac{\sin p + \sin q}{2} : \frac{\sin p - \sin q}{2} :: \text{tang} \tfrac{1}{2}(p+q) : \text{tang} \tfrac{1}{2}(p-q) ;$$

en doublant également, on obtient ladite formule (14).

THÉORÈME X. — *Dans tout triangle rectiligne, le produit de deux côtés quelconques, est au produit de ces mêmes côtés, ou demi-périmètre, comme le carré du rayon est au carré du sinus de la moitié de l'angle que ces côtés comprennent* (Puissant.)

Le théorème V donne $a^2 = b^2 + c^2 - 2bc \cos A$, équation qui peut se poser de cette manière :

$$\cos A = \frac{b^2 + c^2 - a^2}{2bc} :   (1)$$

Si dans l'expression du sinus $(a+b)$ et $cos(a+b)$, on fait $b = a$, on aura évidemment

$$\sin 2a = 2 \sin a \cos a,$$
$$\cos 2a = \cos^2 a - \sin^2 a ;$$

en changeant a en $\frac{1}{2}a$, il viendra de nouveau :

$$\sin a = 2 \sin \tfrac{1}{2} a \cos \tfrac{1}{2} a,$$
$$\cos a = \cos^2 \tfrac{1}{2} a - \sin^2 \tfrac{1}{2} a ; \qquad (2)$$

mais
$$\cos^2 \tfrac{1}{2} a + \sin^2 \tfrac{1}{2} a = 1. \qquad (3)$$

En retranchant (2) de (3), puis en les ajoutant il vient :

$$\sin \tfrac{1}{2} a = \sqrt{\frac{1 - \cos a}{2}}, \quad \cos \tfrac{1}{2} a = \sqrt{\frac{1 + \cos a}{2}},$$

ou
$$2 \sin^2 \tfrac{1}{2} A = 1 - \cos a, \quad 2 \cos \tfrac{1}{2} a = 1 + \cos a. \qquad (4)$$

L'avant-dernière de ces expressions, qui, seule, nous est nécessaire, donne $\cos A = 1 - 2 \sin^2 \tfrac{1}{2} A$. En mettant cette valeur de $\cos A$ dans la formule (1), il vient :

$$2 \sin^2 \tfrac{1}{2} A = 1 - \frac{b^2 + c^2 - a^2}{2bc} ;$$

puis, en changeant les signes :

$$2 \sin^2 \tfrac{1}{2} A = r^2 \frac{a^2 - b^2 - c^2 + 2bc}{2bc} = \frac{a^2 - (b - c)^2}{2bc}.$$

Remarquons que le numérateur du second membre, étant le produit de deux facteurs $(a + b - c)$, $(a - b + c)$, nous pouvons donner à cette expression la forme

$$2 \sin^2 \tfrac{1}{2} A = r^2 \frac{(a + b - c)(a - b + c)}{2bc} ;$$

extrayant la racine carrée, nous aurons

$$\sin \tfrac{1}{2} A = r \sqrt{\frac{(a + b - c)(a - b + c)}{4bc}}.$$

Maintenant, si on fait $a + b + c = 2p$, on aura $a + b - c = 2p - 2c$, $a - b + c = 2p - 2b$, par conséquent :

$$\sin \tfrac{1}{2} A = r \sqrt{\frac{(2p - 2c)(2p - 2b)}{4bc}},$$

ou
$$\sin \tfrac{1}{2} A = r \sqrt{\frac{(p - b)(p - c)}{bc}}. \qquad (\alpha)$$

c'est-à-dire : *que du demi-périmètre retranchez alternativement chacun des côtés qui comprennent l'angle cherché : divisez le produit des deux restes par celui de ces deux côtés, puis extrayez la racine carrée du quotient, vous aurez le sinus de la moitié dudit angle.*

On peut exprimer d'une manière analogue le cosinus et la tangente de $\frac{1}{2}$ A. En effet, nous avons eu précédemment $2cos^2 \frac{1}{2} A = 1 + cos A$; en mettant ici, pour $cos2A$, sa valeur en fonction des trois côtés, il vient :

$$1 + \frac{b^2 + c^2 - a^2}{2bc} = 2 \cos^2 \tfrac{1}{2} A \, ,$$

d'où

$$\cos^2 \tfrac{1}{2} A = \frac{(b+c)^2 - a^2}{4bc} \, ;$$

procédant comme ci-dessus, on aura

$$\cos \tfrac{1}{2} A = \sqrt{\frac{(a+b+c)(b+c-a)}{4bc}} = \sqrt{\frac{p \cdot (p-a)}{bc}} \, . \qquad (\beta)$$

Enfin puisque $\dfrac{\sin \frac{1}{2} A}{\cos \frac{1}{2} A} = \tan \frac{1}{2} A$, en divisant ($\alpha$) par ($\beta$), on obtient cette autre formule, qui doit être préférée, parcequ'on n'a que trois logarithmes à chercher,

$$\tan \tfrac{1}{2} A = \sqrt{\frac{(p-b)(p-c)}{p(p-c)}} \, .$$

10. — Construction des tables trigonométriques. —

La formation des tables logarithmiques a donné aussi l'idée de construire des tables trigonométriques.

Pour faire concevoir comment ces tables ont été calculées, rappelons que le rapport de la circonférence au diamètre étant $\pi = 3,14159\ 26535\ 89793....$, en faisant le rayon $= 1$, la demi-circonférence sera

$$2r = \pi = 3,14159\ 26535\ 89793....$$

Or, un très-petit arc étant, à fort peu près, égal à son sinus, si nous cherchons le sinus de $10''$, nous aurons en parties du rayon

$$\text{arc } 10'' = \frac{\pi}{64800} = 0,00004\ 84813\ 681... ,$$

puisque la demi-circonférence $= 648000''$. Ainsi ce nombre peut être regardé comme une valeur très-rapprochée de $\sin 10''$. Si on voulait une plus grande approximation, on pourrait chercher la valeur de $\sin 5''$ ou celle de $\sin 1''$; maintenant, on a $\cos a = \sqrt{1 - \sin^2 a}$, on posera donc

$$\cos 10'' = \sqrt{1 - \overline{0,00004\ 84813\ 681}^2} \, ;$$

de là,

$$\cos 10'' = 0.99999\ 99988\ 248.$$

Les formules du théorème X, fourniront ensuite

$$\sin 20'' = \sin 2\,a = 2\sin a \cos a,$$
$$\cos 20'' = \cos 2\,a = \cos^2 a - \sin^2 a,$$

à l'aide desquelles on pourra calculer les sinus et cosinus de 40″ et ainsi de suite jusqu'à 45°.

11. — Formules relatives aux tangentes. — Nous avons vu (8, 2°) que $\tan a = \dfrac{\sin a}{\cos a}$. Pour avoir la tangente de la somme de deux arcs $(a+b)$ en fonction des tangentes de ces mêmes arcs, on pose

$$\tan(a + b) = \frac{\sin(a+b)}{\cos(a+b)},$$

et remplaçant $\sin(a+b)$ en $\cos(a+b)$ par leurs valeurs trouvées au théorème IX, on a

$$\tan(a + b) = \frac{\sin a \cos b + \cos a \sin b}{\cos a \cos b - \sin a \sin b};$$

mais $\qquad \sin a = \dfrac{\cos a \tan a}{r}$ et $\sin b = \dfrac{\cos b \tan b}{r},$

donc $\quad \tan(a+b) = \dfrac{\left(\frac{\cos a \tan a}{r}\right)\cos b + \left(\frac{\cos b \tan b}{r}\right)\cos a}{\cos a \cos b - \left(\frac{\cos b \tan b}{r}\right)\left(\frac{\cos a \tan a}{r}\right)}.$

En divisant par $\cos a \cos b$, et réduisant, il vient :

$$\tan(a + b) = \frac{\tan a + \tan b}{1 - \tan b \tan a}.$$

On aura également

$$\tan(a - b) = \frac{\tan a - \tan b}{1 + \tan a \tan b}.$$

En faisant $b = a$, il viendra pour la duplication des arcs

$$\tan 2\,a = \frac{2\tan a}{1 - \tan^2 a},$$

et si l'on change a en $\frac{1}{2}a$, cette dernière équation donnera celle-ci :

$$\tan a = \frac{2\tan\frac{1}{2}a}{1 - \tan^2\frac{1}{2}a},$$

qui revient à cette autre :

$$\tan^2\tfrac{1}{2}a + \frac{2}{\tan a}\tan\tfrac{1}{2}a = 1,$$

de laquelle on tire

$$\tan \tfrac{1}{2} a = \frac{1}{\tan a}\left(-1 \pm \sqrt{1 + \tan^2 a} \right).$$

Les formules du n° 8 $\tan a = \dfrac{r \sin a}{\cos a}$, $\cot a = \dfrac{r \cos a}{\sin a}$, donnent par la multiplication

$$\tan a \cot a = \frac{r^2 \sin a \cos a}{\sin a \cos a},$$

et en réduisant, on a

$$\tan a : r :: r : \cot a.$$

Donc, *le rayon est moyen proportionnel entre la tangente et la cotangente.*

Si on élève au carré l'expression de $\tan a$, on a

$$\tan^2 a = \frac{r^2 \sin^2 a}{\cos^2 a};$$

mais $\cos^2 a = r^2 - \sin^2 a$, donc

$$\tan^2 a = \frac{r^2 \sin^2 a}{r^2 - \sin^2 a},$$

ou $\qquad r^2 \sin^2 a + \tan^2 a \sin^2 a = \tan^2 a \, r^2,$

ce qui donne $\qquad \sin a = \dfrac{\tan a \, r}{\sqrt{r^2 + \tan^2 a}}.$

C'est le sinus en fonction de la tangente et du rayon. On obtiendra la cotangente par la formule précédente :

$$\tan a \cot a = \frac{r \sin a \cos a}{\sin a \cos a},$$

qui, par la réduction, donne

$$\cot a = \frac{r^2}{\tan a}.$$

DES DIVERSES EXPRESSIONS DE L'AIRE

D'UN TRIANGLE RECTILIGNE.

12.—En désignant par S la surface d'un triangle rectangle, cette surface sera (*fig.* 75 *bis.*)

$$S = \frac{bc}{2};$$

mais comme $c = b$ tang C, ou $c = b$ cot B, en substituant, il vient

$$S = \frac{b^2 \text{tang C}}{2}, \quad S = \frac{b^2 \cot B}{2}; \tag{1}$$

on a également

$$S = \frac{a^2 \sin B \cos B}{2}. \tag{2}$$

En désignant également par S, l'aire d'un triangle obliquangle, et par x, sa hauteur (*fig. 65 bis*), sa surface sera

$$S = \frac{AB \times CD}{2} = \frac{cx}{2};$$

mais $x = b \sin A$, donc,

$$S = \tfrac{1}{2} cb \sin A, \tag{3}$$

expression qui donne l'aire d'un triangle obliquangle quand on connaît deux côtés b, c, et l'angle compris, A.

Maintenant, à cause de $\sin C : \sin B : : c : b$, on a $b = \frac{c \sin B}{\sin C}$, mais $\sin C = \sin. (A + B)$, on aura donc $b = \frac{c \sin B}{\sin A + B}$, mettant cette valeur de b dans (3) ci-dessus, on a cette autre expression :

$$S = \frac{c^2}{2} \times \frac{\sin A \sin B}{\sin (A + B)}, \tag{4}$$

qui donne la surface au moyen d'un côté et des angles adjacents. Mais lorsque $a = b$, le triangle étant alors isocèle, on a

$$S = \frac{c^2}{4} \times \text{tang A}. \tag{5}$$

D'un autre côté, la formule générale

$$a : b : c : : \sin A : \sin B : \sin C,$$

élevée au carré, donne celle-ci, en faisant comme ci-dessus $\sin C = \sin (A + B)$

$$a^2 : b^2 : c^2 : : \sin^2 A : \sin^2 B : \sin^2 (A + B),$$

de laquelle on forme cette autre

$$a^2 - b^2 : c^2 : : \sin^2 A - \sin^2 B : \sin^2 (A + B);$$

en y mettant la valeur de c^2, trouvée plus haut, on obtient cette nouvelle expression :

$$S = \frac{a^2 - b^2}{2} \times \frac{\sin A \sin B}{\sin (A + B)}, \tag{6}$$

ou la surface en fonction de deux côtés et des angles opposés à ces côtés.

Enfin, si dans la formule (3), on met d'abord, pour sin A, sa valeur $2 \sin\frac{1}{2} A \cos\frac{1}{2} A$, on aura

$$S = bc \sin\frac{1}{2} A \cos\frac{1}{2} A \; ;$$

puis, si pour $\sin\frac{1}{2} A \cos\frac{1}{2} A$, on substitue leurs valeurs trouvées au théorème X, on obtiendra

$$S = \sqrt{r(p-a)(p-b)(p-c)}, \qquad (7)$$

ou la surface d'un triangle en fonction des trois côtés.

Soient a, b, c, d, les quatre côtés d'un quadrilatère, p le demi-périmètre (*fig.* 100), sa surface est donnée par

$$S = \sqrt{(p-a)(p-b)(p-c)(p-d)}. \qquad (8)$$

Cette surface est encore égale à

$$S = \frac{AC \times BD \times s}{AO \times OB}, \qquad (9)$$

s désignant la surface du triangle AOB.

Lorsqu'on ne connaît que les diagonales, et l'angle compris O, on a

$$S = \frac{AC \times BD}{2} \times \sin O \qquad (10)$$

Quand le quadrilatère est inscriptible dans un cercle, il jouit de certaines propriétés qu'on est souvent curieux de connaître.

D'abord, on reconnaît qu'il est inscriptible lorsque la somme des angles opposés est égale à deux droits.

Il peut être circonscrit quand la somme des côtés opposés est égale à la somme des deux autres côtés.

Puisque ABC (*fig.* 101) est supplément de ADC, en prolongeant CD vers Q, et abaissant de A la perpendiculaire AQ, l'angle ADQ est égal à ABC; on pourra, par conséquent, connaissant AD, déterminer la longueur des côtés DQ et AQ, puis ensuite la diagonale AC. Au reste, on a

$$x = \sqrt{\frac{(ac+bd)(ad+bc)}{ab+cd}},$$

$$y = \sqrt{\frac{(ac+bd)(ab+cd)}{ad+bc}}.$$

Le rayon du cercle dans lequel le quadrilatère peut être inscrit, la diagonale x étant connue, est

$$R = \frac{dcx}{4s};$$

s désignant la surface du triangle ADC, si on remplace s par sa valeur, on a

$$R = \frac{dcx}{4\sqrt{p(p-d)(p-c)(p-x)}}.$$

Pour avoir l'angle compris entre deux côtés, soit l'angle B,

$$\tan \tfrac{1}{2}B = \sqrt{\frac{(p-a)(p-b)}{(p-c)(p-d)}}$$

13. — Disposition et usages des tables trigonométriques. — Nous avons indiqué précédemment comment les logarithmes des nombres étaient disposés dans les tables, et comment on pouvait se servir de ces tables ; il nous reste donc peu de chose à dire à l'égard des tables des logarithmes des sinus, cosinus, tangentes et cotangentes, leur usage différant fort peu des précédentes.

Les tables de Callet étant les plus étendues pour l'ancienne division, nos explications s'appliqueront seulement à ces tables, toutes choses restant d'ailleurs les mêmes, quelles que soient celles que l'on ait à sa disposition.

Trois tables principales sont à distinguer dans l'ouvrage de Callet : la première contient les logarithmes des nombres ; nous la connaissons. — La deuxième renferme les logarithmes des sinus, cosinus, tangentes et cotangentes, selon la nouvelle division ; cette table n'est pas très-commode. — La troisième, enfin, comprend les logarithmes des sinus, cosinus, tangentes et cotangentes de 10″ en 10″ pour l'ancienne division ; c'est celle qui doit nous occuper actuellement.

Deux parties sont encore à distinguer dans cette dernière table : la première donne les *log sin* et les *log tang* de seconde en seconde depuis 0 jusqu'à 5°, et par conséquent, les *log cos* et les *log cot* au-dessus de 85°. C'est à cette partie que l'on a recours quand les angles sont dans ces limites. On doit d'abord, pour cette partie de la table, considérer les degrés dont l'indication est donnée hors du cadre, en haut, vers la gau-

che, pour les arcs de 0 à 5°, et en bas, vers la droite, pour
ceux de 85 à 90°, puis les minutes, en tête et à la fin de chaque
colonne ; ensuite, les secondes qui sont alors inscrites dans
la première colonne, en descendant pour les arcs au-dessous
de 5°; et dans la dernière, et en montant, pour ceux au-dessus
de 85°.

La seconde partie de la table qui nous occupe vient à la
suite : elle donne les logarithmes des sinus, cosinus, tangentes
et cotangentes, de 10″ en 10″, depuis 0 jusqu'à 45° et de 45°
jusqu'à 90°. Pour les premiers, les degrés sont désignés au
haut de chaque page, et les *log, sin, cosin, tang* et *cot*, sont
pris en descendant dans les colonnes portant en tête ces
indications. Les minutes sont inscrites dans la 1ʳᵉ colonne,
vers la gauche, et les secondes (de 10 en 10) dans la deuxième.

Pour les degrés, depuis 45° jusqu'à 90°, ils sont désignés
au bas des pages ; les *logtang, cot, sin* et *cosin*, sont pris
en montant d'après ces titres qui sont alors au bas des colonnes ; les minutes sont inscrites dans la dernière de ces
colonnes, et les secondes (de 10 en 10 également) dans l'avant-
dernière.

Quand la tangente ou la cotangente est plus grande que le
rayon, son logarithme surpasse 10 ; dans la table, on a supprimé la dizaine, mais il ne faut pas oublier de la rétablir.

D'après ce qui précède, on trouve sur-le-champ :

log sin	2° 13′ 42″ =	8, 5897480
log tang	4° 39′ 23″ =	8, 9108842
log cot	86° 09′ 39″ =	8, 8267650
log cos	88° 37′ 16″ =	8, 3813647
log sin	28° 23′ 20″ =	9, 6771082
log tang	28° 23′ 20″ =	9, 7327534
log cos	36° 54′ 50″ =	9, 9028397
log cot	36° 54′ 50″ =	10, 1242442
log tang	45° 47′ 10″ =	10, 0119187
log sin	45° 47′ 10″ =	9, 8553626
log cot	84° 00′ 40″ =	9, 0208093
log cos	84° 00′ 40″ =	9, 0184325

Quand l'angle donné contient des secondes (lorsqu'il
est > 5°) et des fractions de seconde, il faut recourir aux

différences des logarithmes et faire des calculs absolument semblables à ceux indiqués (4). Cela revient à considérer les différences des *log sin*, *log cos*, etc. comme proportionnelles à celles des arcs; quoique cette propriété ne soit pas très-vraie, elle donne cependant une approximation suffisante pour la pratique. On remarquera, sans doute, que les mêmes différences sont communes aux *log tang* et aux *log cot*.

Quelques exemples suffiront pour faire connaître entièrement l'usage de cette table.

1° *On demande le* log sin *de* 8° 41′ 37″, 8.

$$\text{log sin } 8° 41′30″ \quad (\textit{diff. } 1377)\ldots\ldots = 9{,}1793135$$
$$\text{Pour} \quad 7″ = \left(\tfrac{1377\times7}{10}\right)\ldots\ldots = + \quad 963{,}9$$
$$\text{Pour} \quad 0\ 8 = \left(\tfrac{1377\times8}{100}\right)\ldots\ldots = + \quad 110{,}16$$
$$\text{log sin } 8° 41′ 37″ 8\ldots\ldots\ldots = 9{,}1794209{,}06$$

2° *On demande le* log tang *de* 81° 42′ 58″, 36.

$$\text{log tang } 81° 42′50″ \quad (\textit{diff. } 1476)\ldots = 10{,}8367293$$
$$\text{Pour} \quad 8″ = \left(\tfrac{1476\times8}{10}\right)\ldots\ldots = \quad 1180{,}8$$
$$\text{Pour} \quad 0{,}36 = \left(\tfrac{1476\times36}{1000}\right)\ldots\ldots = \quad 53{,}136$$
$$\text{log tang } 81° 42′ 58″36\ldots\ldots\ldots = 10{,}8368526{,}936$$

3° *On demande le* log cosin *de* 32° 33′ 24″.

$$\text{log cos } 32° 33′20″ \quad (\textit{diff.} 135)\ldots\ldots = 9{,}9257606$$
$$\text{Pour} \quad 4″ = \left(\tfrac{135\times4}{10}\right)\ldots\ldots = - \quad 54$$
$$\text{log cos } 32° 33′ 24″\ldots\ldots\ldots = 9{,}9257552$$

4° *On demande le* log cot *de* 81° 46′ 57″.

$$\text{log cot } 81° 46′50″ \quad (\textit{diff.} 423)\ldots\ldots = 9{,}9577812$$
$$\text{Pour} \quad 7″ = \left(\tfrac{423\times7}{10}\right)\ldots\ldots = - \quad 296{,}1$$
$$\text{log cot } 81° 46′ 57″\ldots\ldots\ldots = 9{,}9577515{,}9$$

Maintenant il faut résoudre la question inverse.

1° *Quel est l'angle dont le* log sin *est* 9,0801254?

$$\text{log sin. donné} = 9{,}0801254$$
le log sin le plus approchant est $\quad 9{,}0800240$, il répond à $\quad 6° 54′20″$

$$\textit{Diff.}\ldots\ldots \quad 1014$$

Et comme la différence des tables est de 1739 pour 10″, on pose $1739 : 1014 :: 10 : x = 5{,}83\ldots\ldots\ldots = + \quad 5″83$

$$\text{Somme}\ldots\ldots \quad 6° 54′25″83$$

2° *Quel est l'angle dont le* log tang *est* 10,1236898 ?

log tang donné = 10,1236898
Pour   10,1236743 on a   53° 03′ 00″
Diff.   155

La différence tabulaire étant 439, on peut poser $\frac{155}{43,9}$ = +   3″5

Somme. . . .   53° 03′ 03″5

3° *Quel est l'angle dont le* log cos *est* 9,9030978 ?

log cos donné = 9,9030978
Pour   9,9030926 on a   36° 52′ 10″
Diff.   52

La différence tabulaire étant 158, $\frac{52}{15,8}$ donne. . . . —   3″2

Angle demandé. .   36° 52′ 06″8

4° *Quel est l'angle dont le* log cot *est* 9,6749533 ?

log cot donné = 9,6749533
Pour   9,6749105 on a   64° 41′ 00″
Diff.   428

La différence tabulaire étant 545, $\frac{428}{54,5}$ donne. . . . —   7″8

Angle demandé. . . .   64° 40′ 52″,2

Résumé des formules nécessaires à la résolution des Triangles.

	N° d'ord.	DONNÉES ET FORMULES ALGÉBRIQUES	FORMULES LOGARITHMIQUES.
Triangles rectangles.	I	Étant donnés a et B, trouver C, b et c. C=90—B. $b=a$ sin B. $c=a$ cos B.	log B=log a+log sin B. log C=log a+log cos B.
	II	Étant donnés b et B, trouver C, a et c. C=90—B. $a=\frac{b}{\sin B}$, $c=b$ tang C ou $c=b$ cot B.	log a=log b—log sin B. log c = log b+log tang C ou log c = log b+log cot B.
	III	Étant donnés a et b, trouver B, C et c. sin B=$\frac{b}{a}$, C=90—B. $c=a$ sin C.	log sin B=log b—log a. log c=log a+log sin C.
	IV	Étant donnés b et c, trouver a, B et C. tang B=$\frac{b}{c}$, tang C=$\frac{c}{b}$. $a=\frac{b}{\sin B}$ ou $a=\frac{c}{\sin C}$	log tang B=log b—log c, log tang C=log c—log b. log a=log b—log sin B, ou log a=log c—log sin C.

¹ Dans ces formules, l'angle droit est désigné par A et l'hypoténuse par a.

N.os des prob.	DONNÉES ET FORMULES ALGÉBRIQUES	FORMULES LOGARITHMIQUES.
V	Étant donnés a, A et B, trouver C, b et c $$C = 180° - (A + B)$$ $$b = \frac{a \sin B}{\sin A}, \quad c = \frac{a \sin C}{\sin A}$$	$\log b = (\log a + \sin B) - \sin A$. $\log c = (\log a + \sin C) - \sin A$.
VI	Étant donnés a, b et A opposé à a, trouver B, C et c. $$\sin B = \frac{b \sin A}{a},$$ $$C = 180° - (A + B)$$	$\log \sin B = (\log b + \sin A) - \log a$. On obtient c par la formule V.
VII	Étant donnés a, b et C compris. trouver A, B et c. $$\tan \tfrac{1}{2}(A - B) = \frac{\tan \tfrac{1}{2}(A + B).\ (a - b)}{(a + b)}$$	$\tan \tfrac{1}{2}(A - B) = \left(\tan \tfrac{1}{2}(A + B) + \log (a - b)\right) - \log (a + b)$ $$A = \frac{A + B}{2} + \frac{A - B}{2}, \qquad B = \frac{A + B}{2} - \frac{A - B}{2}$$ On obtient c par la formule V.
VIII	Étant donnés les trois côtés a, b, c, trouver les angles A, B, C. $$\sin \tfrac{1}{2}A = r \sqrt{\frac{(p-b)\ (p-c)}{bc}}$$ $$\sin \tfrac{1}{2}B = r \sqrt{\frac{(p-a)\ (p-c)}{ac}}$$ $$\sin \tfrac{1}{2}C = r \sqrt{\frac{(p-a)\ (p-b)}{ab}}$$ (Voir (9 théorème IX.) pour les autres formules.	$\sin \tfrac{1}{2}A = \dfrac{\left(2\log r + \log (p-b) + \log (p-c)\right) - \left(\log b + \log c\right)}{2}$ $\sin \tfrac{1}{2}B = \dfrac{\left(2\log r + \log (p-b) + \log (p-c)\right) - \left(\log a + \log c\right)}{2}$ $\sin \tfrac{1}{2}C = \dfrac{\left(2\log r + \log (p-a) + \log (p-b)\right) - \left(\log a + \log b\right)}{2}$

1 Il faut faire attention si l'angle B est aigu ou obtus ; les figures géométriques l'indiquent généralement ; dans ce dernier cas on obtient son supplément.

TABLEAU DE COMPARAISON

DES NOUVELLES MESURES AUX ANCIENNES, ET RÉCIPROQUEMENT.

Longueurs.

Myriamètre	10,000^m
Kilomètre	1,000
Hectomètre	100
Décamètre	10

Surfaces.

Hectare	10,000 m. car.
Are	100 id.
Centiare	1 id.

Capacité.

Kilolitre	1 m. cub. ou 1,000 décim. cub.
Hectolitre	100 id.

Décalitre	10 déc. cub.
Litre	1 id.
Décilitre	$\frac{1}{10}$ id.
Stère	1 m. cub.
Décistère	$\frac{1}{10}$ id.

Poids.

Millier (poids du tonneau de mer)	1,000 kil.
Quintal	100 kil.
Kilogramme, 1 décim. cub. d'eau à la température de 4° au-dessus de la glace fondante.	
Hectogramme	$\frac{1}{10}$ du kil.

Décagramme $\frac{1}{100}$ kil.
Gramme $\frac{1}{1000}$ id.
Décigramme $\frac{1}{10000}$ id.

Monnaies.

gram.
1 pièce de 40 fr. en or pèse 12 90322
id.   20 fr.   6 45161
id.   5 fr. en argent 25 00000
Les pièces de 40 fr. ont 26 mil. de dia.
id.   20 fr.   21   id.
32 pièces de 40 fr. et 8 de 20 fr. donnent le mètre.

1 toise vaut	1m94904
10 id. valent	19 49037
100 id.	194 90366
1000 id.	1949 03659

1 pied vaut	0m32484
2 pieds valent	0 64968
3 id.	0 97452
4 id.	1 29936
5 id.	1 62420
6 id.	1 94904
7 id.	2 27388
8 id.	2 59872
9 id.	2 92355
10 id.	3 24839
100 id.	32 48394

1 pouce vaut	0m02707
2 pouces valent	0 05414
3 id.	0 08121
4 id.	0 10828
5 id.	0 13535
6 id.	0 16242
7 id.	0 18949
8 id.	0 21656
9 id.	0 24363
10 id.	0 27070
11 id.	0 29777
12 id.	0 32484
100 id.	2 70700

millim.
1 ligne vaut	2 256
2 lignes valent	4 512

	millim.
3 lignes valent	6 767
4 id.	9 023
5 id.	11 279
6 id.	13 535
7 id.	15 791
8 id.	18 047
9 id.	20 302
10 id.	22 558
11 id.	24 814
12 id.	27 070
100 id.	225 583
1000 id.	2255 829

	pieds	po.	lig.
1 mètre vaut	3	0	11 296
2 mètres valent	6	1	10 593
3 id.	9	2	9 888
4 id.	12	3	9 184
5 id.	15	4	8 480
10 id.	30	9	4 960
50 id.	153	11	0 8
100 id.	307	10	1 6
1000 id.	3078	5	4 0

	p.	po.	lign.
1 décim. vaut	0	3	8 330
2 décim. valent	0	7	4 659
3 id.	0	11	0 989
4 id.	1	2	9 318
5 id.	1	6	5 648
6 id.	1	10	1 978
7 id.	2	1	10 307
8 id.	2	5	6 636
9 id.	2	9	2 966
10 id.	3	0	11 296

	pieds	po.	lig.
1 cent. vaut	0	0	4 4296
2 cent. valent	0	0	8 8592
3 id.	0	1	1 2989
4 id.	0	1	5 7318
5 id.	0	1	10 1648
6 id.	0	2	2 5977
7 id.	0	2	7 0307
8 id.	0	2	11 4637
9 id.	0	3	3 8966
10 id.	0	3	8 3262

	Toises.		T.	Pi.	Po.	Lignes.
1 mètre vaut	0 513074	ou	0	3	0	11 296
2 mètres valent	1 026148	ou	1	0	1	10 592
3 id.	1 539222	ou	1	3	2	9 888
4 id.	2 052296	ou	2	0	3	9 184
5 id.	2 563370	ou	2	3	4	8 480
6 id.	3 078444	ou	3	0	5	7 776
7 id.	3 591518	ou	3	3	6	7 072
8 id.	4 104592	ou	4	0	7	6 368
9 id.	4 617666	ou	4	3	8	5 664
10 id.	5 130740	ou	5	0	9	4 960

	m. car.
1 toise carrée vaut	3 7987 436
2 toises carrées valent	7 5974 9
3 id.	11 3962 3
4 id.	15 1949 7
5 id.	18 9937 2
6 id.	22 7924 6
7 id.	26 5912 0
8 id.	30 3899 5
9 id.	34 1886 9
10 id.	37 9874 4

	m. c.
1 pied carré vaut	0 1055 206
2 pieds carrés valent	0 2110 4
3 id.	0 3165 6
4 id.	0 4220 8
5 id.	0 5276 0
6 id.	0 6331 2
7 id.	0 7386 4
8 id.	0 8441 7
9 id.	0 9496 9
10 id.	1 0552 1

	m. c.
1 ligne carrée vaut	0 000005089

	m. c.
1 pouce carré vaut	0 00073278

	m. cub.
1 toise cube vaut	7 40389
2 toises cubes valent	14 80778
3 id.	22 21167
4 id.	29 61556
5 id.	37 01945
6 id.	44 42334
7 id.	51 82723

	m. cub.
8 toises cubes valent	59 23112
9 id.	66 63501
10 id.	74 03890

	m. cub.
1 pied cube vaut	0 034277
2 pieds cubes valent	0 068555
3 id.	0 102832
4 id.	0 137109
5 id.	0 171386
6 id	0 205664
7 id.	0 239940
8 id.	0 274218
9 id.	0 308495
10 id.	0 342773

	toise car.
1 mètre carré vaut	0 26324493

	pieds car.
1 mètre carré vaut.	9 47 682
2 mètres carrés valent	18 95 4
3 id.	28 43 0
4 id.	37 90 7
5 id.	47 38 4
6 id.	56 86 1
7 id.	66 33 8
8 id.	75 81 5
9 id.	85 29 3
10 id.	94 76 8
100 id.	947 68 2

	lig. car.
1 mètre carré vaut.	196511 28

	pouce car.
1 id	1364 66

	pieds cub.		gram.
1 mètre cube vaut	29 174	9 onces valent	275 35
2 mètres cubes valent	58 348	10 id.	305 94
3 id.	87 522	11 id.	336 53
4 id.	116 695	12 id.	367 14
5 id.	145 869	13 id.	397 73
6 id.	175 043	14 id.	428 33
7 id.	204 217	15 id.	458 91
8 id.	233 391	16 id. ou 1 livre	489 51
9 id.	262 565		
10 id.	291 739		kilog.
100 id.	2917 390	1 livre vaut	0 4895 058

1 mèt. cub. vaut $0^{t.\ cub.}$,135064129
1 mèt. cub. vaut $50412^{po.\ cub.}$,416
1 mèt. cub.   87112655 l. cub.
1 pouce cub. vaut $0^{m.\ cub.}$,000019836
1 lig. cub. $0^{m.\ cub.}$,00000001148

			kilog.
2 livres valent			0 9790 12
3 id.			1 4685 18
4 id.			1 9580 23
5 id.			2 4475 29
6 id.			2 9370 35
7 id.			3 4265 41
8 id.			3 9160 47
9 id.			4 4055 53
10 id.			4 8950 58

	gram.
10 grains valent	0 53
20 id.	1 06
30 id.	1 59
40 id.	2 12
50 id.	2 66
60 id.	3 19
70 id.	3 72
72 id. ou 1 gros	3 82

	gram.
1 gros vaut	3 82
2 gros valent	7 65
3 id.	11 47
4 id.	15 30
5 id.	19 12
6 id.	22 94
7 id.	26 77
8 id. ou 1 once	30 59

	gram.
1 once vaut.	30 59
2 onces valent	61 19
3 id.	91 78
4 id.	122 38
5 id.	152 97
6 id.	183 56
7 id.	214 16
8 id.	244 75

	liv.	onces.	gros.	grains
1 gramme vaut	0	0	0	19
2 grammes valent	0	0	0	38
3 id.	0	0	0	56
4 id.	0	0	1	3
5 id.	0	0	1	22
6 id.	0	0	1	41
7 id.	0	0	1	60
8 id.	0	0	2	7
9 id.	0	0	2	25
10 id.	0	0	2	44
20 id.	0	0	5	17
30 id.	0	0	7	61
40 id.	0	1	2	33
50 id.	0	1	5	5
60 id.	0	1	7	50
70 id.	0	2	2	22
80 id.	0	2	4	66
90 id.	0	2	7	38
100 id.	0	3	2	11
200 id.	0	6	4	21
300 id.	0	9	6	32
400 id.		13	0	43
500 id.	1	0	2	53

	liv.	onc.	gros.	grains.				liv.	onc.	gros.	grains.
600 grammes valent	1	3	4	64		7 kil. valent		14	4	6	30
700 id.	1	6	7	3		8 id.		16	5	3	65
800 id.	1	10	1	13		9 id.		18	6	1	28
900 id.	1	13	3	24		10 id.		20	6	6	64
1000 ou 1 kil.	2	0	5	35							

	liv.	onc.	gros.	grains.	
1 kilog. vaut	2	0	5	35	15
2 kilog. valent	4	1	2	70	
3 id.	6	2	0	33	
4 id.	8	2	5	69	
5 id.	10	3	3	32	
6 id.	12	4	0	67	

1 liv. vaut 0^{kil},489550585

1 kil. 2^{liv},042876302

1 hectol. 0^{set},641

1 setier 1^{hect},560

Multipliez le prix du kilogramme par 0,4895, vous aurez celui de la livre. Multipliez le prix de la livre par 2,0429, vous aurez celui du kilog.

La perche de 17 pieds 5 pouces vaut 5^m65762

— 18 pieds vaut 5 84711 Perche de Paris.

— 20 — 6 49079

— 22 — 7 14647 Perche des eaux et forêts.

— 24 — 7 79615

Cent.

La perche carrée de 17 pieds 5 pouces vaut 32,00,863

— 18 pieds vaut 34 18,868 Perche carrée de Paris.

— 20 — 42 20,825

— 22 — 51 07,198 Perche carrée des eaux

— 24 — 60 77,988 et forêts.

L'arpent valant 100 perches carrées, on aura sa valeur en ares et centiares en multipliant par 100 la valeur donnée ci-dessus pour chacune des perches.

L'aune de Paris = 3 pieds 7 pouces 10 lignes $\frac{4}{5}$, ou 1^m,21473

1 degré = 10 myriamètres ou 100000 mètres.

1 minute = 1 kilomètre ou 1000 mètres.

1 seconde = 1 décamètre ou 10 mètres.

1 tierce = 1 décimètre.

Lieue française de 25 au degré = 4444^m, 44 = 4, 4444 kilomètres.

Le myriamètre = 2,25 lieues de 25 au degré.

Lieue marine de 20 au degré = $5555^m \frac{5}{9}$; le mille marin est le $\frac{1}{3}$ de la lieue marine.

La brasse de 5 pieds = 1^m,6242.

Le nœud vaut 45 pieds ou 14^m,6178.

Rayon de la terre supposée sphérique = 6366198 mètres ; log = 6,8038801. } d'après les opé-rations exécu-

Degré moyen en France = 57020 toises = 11134 mètres. } tées pour la

Quart du méridien = 5131110 toises = 10000722 mètres. } carte de France.

Et aplatissement { d'après les opérations exécutées pour la carte de France $\frac{1}{309,67}$

d'après Delambre $\frac{1}{298,67}$

Dilatations de diverses substances.

Une colonne de mercure se dilate de $\frac{1}{5550}$ par degré du même thermomètre à partir de la glace fondante.

Platine. . . . . 0, 000008565 pour 1 degré centigrade.
Argent. . . . . 0, 000019097   *id.*
Cuivre. . . . . 0, 000017173   *id.*
Laiton en cuivre jaune. . . . 0, 000018778   *id.*
Fer forgé. . . . . . . 0, 000012204   *id.*
Fer rond passé á la filière. . . 0, 000012350   *id.*
Acier non trempé. . . . . 0, 000010791   *id.*
Tube de verre sans plomb. . . 0, 000008757   *id.*

Air sec passant de la température de la glace fondante à celle de l'eau bouillante 0,3665 d'après les nouvelles expériences de M. Regnault (1841).

Toutes ces dilatations sont en parties de l'unité, et sont comptées à partir de la température zéro.

Indépendamment des logarithmes que nous avons donnés. (*page* 10), on peut encore convertir les grades en degrés anciens, de la manière suivante :

De l'angle donné en grades et parties décimales de grade   49^c 2948″ 7
Otez le dixième. 4 9294   8
_____

Le reste exprime des degrés et des parties décim. de degré.   44° 3653   9
Multipliez par 60 ces parties décimales. 21, 923   4
Vous avez des minutes (21′) de degré plus une fraction décim.   923   4
Que vous multipliez encore par 60. . . . . . . 55, 40   4

Le produit représente des secondes (55″) et des fractions de secondes. Vous avez donc, en somme, 44° 21′ 55″ $\frac{40}{100}$.

Si vous vouliez avoir des *tierces*, il faudrait multiplier les 40,4 par 60.

Pour convertir les angles sexagésimaux en grades :

Soit 44° 21′ 55″ 404, divisez les secondes en fractions de secondes par 60, $=\left(\frac{55\cdot404}{60}\right)$, il vient. 923. 4
Divisez également les minutes (21′), et ces 923,4 par 60
$\left(\frac{21\cdot923\cdot34}{60}\right)$. 3653. 9
Vous avez donc. 44, 3653. 9
Ajoutez le neuvième de ce dernier nombre. 4, 9294. 8
_____

Ce qui vous donne. . . . . 49^g 2948″ 7

Formules usitées pour le cubage des bois.

Soit C la circonférence moyenne, ou le milieu des deux bases, R le rayon, D le diamètre, et H la hauteur de la pièce de bois :

Le volume en grume est donné par $V = \dfrac{CD}{4} \times H$

$$\text{ou } V = \frac{CR}{2} \times H$$

$$\text{ou } V = \omega \cdot R^2 \cdot H$$

$$\text{ou } V = \frac{\omega \cdot D^2}{4} \times H$$

$$\text{ou } V = \frac{C^2}{4\omega} = \frac{C^2}{12.56} \times H$$

$$\text{ou } V = \frac{\frac{1}{2} C^2}{\omega} \times H$$

$$\text{au } \tfrac{1}{4} \text{ réduit } V = \left(\frac{C}{4}\right)^2 = \frac{C^2}{16} \times H$$

$$\text{au } \tfrac{1}{5} \text{ réduit } V = \left(\frac{C}{5}\right)^2 = \frac{C^2}{25} \times H$$

$$\text{au } \tfrac{1}{6} \text{ déduit } V = \left(\frac{C - \frac{C}{6}}{4}\right)^2 \times H.$$

Remarque. Le $\frac{1}{5}$ *sans déduction* donne le carré circonscrit sur l'écorce, et le $\frac{1}{6}$ *déduit* donne le carré inscrit sous l'écorce.

CHAPITRE II.

ARPENTAGE DES TERRAINS DE PETITE ÉTENDUE.

14. — Définitions. — Dresser le plan d'une terre, d'un bois, d'une propriété, ou d'une étendue quelconque de terrain, c'est représenter sur le papier la figure de cette terre, de ce bois, de ce terrain, ou en former l'homologue dans un rapport donné.

Dans d'autres cas, l'arpentage a pour objet de chercher combien une quantité superficielle, prise comme terme de comparaison, est contenue de fois dans une certaine étendue de terrain.

Pour copier une figure donnée, les procédés sont fort simples, mais lorsqu'il s'agit de la reproduire de manière que les lignes qui la composent soient toutes dans un certain rapport, on est obligé de recourir à des principes invariables.

Soit, par exemple, à former une figure semblable au polygone ABCEF (*fig.* 2) et que l'on veuille que tous les côtés soient :: EF : *ef ;* ces lignes formeront le premier rapport d'une proportion dans laquelle viendront successivement, pour second rapport, les autres côtés du polygone proposé et ceux de la figure demandée. La géométrie fournit les démonstrations nécessaires. On aura donc :

$$EF : ef : : AF : af,$$
$$EF : ef : : AB : ab,$$
$$\text{etc.}$$

Supposons que $ef = \frac{1}{7} EF$, l'opération consistera à prendre moitié de chacun des côtés du polygone ABCEF ; mais pour parvenir à former une figure semblable à ce polygone, nous devrons : 1° construire aux extrémités de la ligne ef, des angles respectivement égaux aux angles E et F, porter sur les rayons donnés par ces angles des longueurs ec, $af = \frac{1}{2}$ EC, $\frac{1}{2}$ AF, former de nouveau en a et en c des angles égaux à A et C et faire ab, $cb = \frac{1}{2}$ AB, $\frac{1}{2}$ CB.....

2° Ou bien, abaisser des sommets A, B, C, des perpendiculaires sur le côté EF, et porter sur son homologue ef, $es' = \frac{1}{2}$ Es, $et' = \frac{1}{2}$ Et, $eu' = \frac{1}{2}$ Eu; élevant ensuite de chacun des points s', t', u', des perpendiculaires $s'c = \frac{1}{2} s$ C, $t'b = \frac{1}{2} t$ B et $u'a = \frac{1}{2} u$ A, réunissant enfin tous les sommets par des droites, nous aurons également une figure semblable au polygone donné.

3° Nous arriverons au même but en menant des extrémités du côté EF (*fig. 3*), les diagonales FD, FC, FB; EC, EB, EA, et en construisant aux extrémités de la ligne ef les angles α, β, γ, δ; α', β', γ', δ', formés par ces diagonales et le côté EF; les côtés fd, cd; fc, ec; fb, eb; fa, ea de ces angles se couperont en des points a, b, c, d, qui étant également réunis par des droites, détermineront dans le rapport voulu les côtés de la figure demandée.

Ces procédés sont ceux dont on fait usage dans l'arpentage; le mécanisme en est simple : mais comme l'œil n'embrasse pas toujours entièrement l'étendue sur laquelle on opère, les commençants saisissent moins facilement la marche des opérations.

Le premier procédé se nomme *méthode de proche en proche* ou *de cheminement*; le second, *méthode par alignements*; le troisième, *méthode par intersections*.

On donne beaucoup plus d'extension à la seconde méthode dans le levé des parties étendues de terrain; ainsi, au lieu d'une seule ligne prise pour base, comme nous venons de le faire, on en choisit une quantité plus ou moins grande, suivant les détails que l'on doit déterminer; ces lignes viennent aboutir les unes sur les autres et se lient tellement entre elles, que l'on n'a plus à s'occuper que des angles formés par celles qui enveloppent la partie de terrain dont l'arpentage est projeté.

Ainsi, on entend par *méthode de cheminement*, lorsque les opérations d'arpentage ont lieu sur les limites mêmes du terrain; par *méthode d'alignement*, lorsque sans avoir égard à ces limites, on établit un certain nombre de lignes, nommées

directrices, qui se rattachant les unes aux autres forment une
espèce de charpente qui sert à lever les limites du terrain
(cette méthode est généralement suivie dans le cadastre); et
enfin, par *méthode par intersections*, lorsque prenant une ligne
quelconque dont on mesure la longueur, on observe des
extrémités de cette ligne les angles formés par elle et par les
rayons dirigés sur chacun des sommets ou angles que forment
les limites du terrain.

15. — **Des échelles.** — Le rapport qui doit exister entre
les lignes du terrain et leurs homologues sur le plan, est arbitraire et le géomètre le détermine à volonté; la grandeur
à donner à son plan, le but de ce plan, le guident dans le
choix de ce rapport.

Les administrations qui font dresser des plans, ont senti
dès le principe la nécessité d'adopter pour les lignes des
plans et celles du terrain, un rapport unique, afin de
pouvoir apprécier et comparer avec facilité l'étendue de terrain que les plans représentent. L'administration du cadastre
a adopté d'abord les rapports de 1 à 5000, 1 à 2500, 1 à 1250,
et depuis 1832 environ, 1 à 2000, 1 à 1000. Celle des forêts,
ceux de 1 à 5000 et 1 à 2500, c'est-à-dire qu'une partie
sur le terrain en représente 5000 sur le papier, ou 2500, ou
1250, ou 1000, etc. Cette partie, c'est l'unité de mesure ou le
mètre.

La détermination du mètre est due aux opérations savantes de Bouguer et Lacondamine, sous l'équateur, et à celles
de Delambre et Méchain, en France, achevées en Espagne par
MM. Arago et Biot. Le mètre avait été considéré originai-
rement comme la 10000000ᵐᵉ partie du quart du méridien
terrestre, et avait été fixé approximativement à 3 pieds 11
lignes $\frac{44}{100}$ de ligne de la toise en fer du Pérou à la température
de 13° de Réaumur. Mais la comparaison des opérations exécutées par ces savants a conduit à arrêter définitivement le $\frac{1}{4}$
du méridien à 5130740 toises, en supposant à la terre un aplatissement de $\frac{1}{334}$. La dix-millionième partie de cette longueur
étant 0ᵗᵒⁱˢᵉ,513074, ou de 3 pieds 11 lignes, 295936, ou simplement 3 p. 11 lig.,296, à moins d'un demi dix-millième de
ligne, on a pris ce dernier nombre pour valeur définitive du
mètre.

16. — Ainsi, pour lever le plan d'un terrain, il suffit de déterminer la quantité de mètres contenus dans chacune des lignes du terrain, et de diviser la valeur de chaque ligne par le numérateur du rapport adopté pour le plan. En effet, si l'on adopte le rapport $\frac{1}{2500}$, la ligne M, mesurée sur le terrain, sera donnée sur le plan par $\frac{1}{2500} = \frac{x}{M'}$ ou par

$$2500 : M :: 1 : x ;$$

en supposant donc que le côté EF (*fig.* 2 et 3) contienne 317 mètres, on aura

$$2500 : 317 :: 1 : x = 0{,}127^{\text{mill.}},$$

c'est-à-dire 0,127 millimètres à donner à *ef*. Les autres lignes de la figure *abcef* étant déterminées de la même manière, ces lignes seront aux côtés du polygone ABCEF :: 2500 : 1.

Mais si l'on était obligé de procéder de la sorte, les constructions des plans demanderaient un temps infini. On a donc dû chercher les moyens d'obtenir immédiatement et sans calculs les distances sur le papier : les échelles remplissent ce but.

Les échelles les plus commodes et qui donnent une plus grande approximation sont celles à *divisions transversales*. On parvient à les construire en déterminant 100 de leurs parties ; pour cela on pose simplement $\frac{100}{2500}$, on porte ces parties sur une ligne AB (*fig.* 4) ; par les points A et B, on élève des perpendiculaires à cette ligne, et sur chacune de ces perpendicaires on porte 10 parties égales B*d*, *de*, *ef*,...... *mn*, et assez grandes pour qu'on puisse estimer facilement à vue les fractions ; on trace les parallèles *dd'*, *ee'*, *ff'*,..... *nn'* à AB. On divise ensuite AB, *nn'* en dix parties exactement égales, on mène enfin les transversales B*c*, *b'c'*, b^2c^2, b^3c^3...... b^9n'. Puisque AB et *nn'* = 100 parties B*b'* ou *cn* = 10 parties, et le triangle B*cn* est divisé par les parallèles à AB, en parties proportionnelles, dont la 2e vers e^2 est double de la 1re, la 3e triple de la 1re, ou égale à la 2e plus la 1re, et ainsi de suite ; on trouve donc dans le triangle B*cn* les dix parties que doit contenir B*b'* ; donc si l'on prend une distance *yg*, cette distance sera égale à b^5B + *tg*, autrement dit à 54 parties. Il en est de même de la distance *qk* = b^8 + *uk* ou 87 parties.

Nous avons dit que les fractions s'estimaient à vue; et en effet, en imaginant chaque partie Bd, de, ef.... divisée en dix, si on prend une distance sr, au milieu de Bd et de b^4e, cette distance sera égale à B$b^4 + \frac{1}{2}$ ad, ou bien, en parties décimales, à 40,5.

17.—Recherche des échelles des anciens plans.— Les géomètres sont souvent obligés de rechercher les échelles qui ont servi à dresser les anciens plans, ou bien ils ont à déterminer le rapport de ces plans aux terrains, afin de pouvoir comparer ces plans aux lieux qu'ils représentent et reconnaître les changements survenus dans les limites. Nous allons résoudre les cas qui se rencontrent le plus communément.

1° *On a un plan ancien qui ne porte aucune indication de contenance, mais son échelle est de 6 lignes pour toise, et on demande de construire une échelle à l'aide de laquelle on puisse calculer immédiatement la surface de ce plan en mesure métrique.*

On peut résoudre la question en cherchant d'abord le rapport qui existe entre le plan et le terrain. Puisque 6 lignes représentent une toise sur le plan, une toise contiendra (en réduisant la toise en lignes) $\frac{864}{6}$ toises du plan; donc le rapport sera $\frac{864}{6} = \frac{1}{144}$.

Pour effectuer la construction du (16), on cherche en mesure métrique, la valeur de 100 mètres sur le papier. On pose donc $\frac{100}{144}$, ainsi qu'il a été dit (16); en opérant, on obtient 0,69444, ou 0,694^{millim},44 qui représentent 100 parties de l'échelle à construire.

On parvient au même résultat par la proportion : 1 *toise sur le terrain* (en mesure métrique) : 1 *toise sur le plan* (en mesure métrique) : : 100 *mètres sur le terrain* : 100 *mètres sur le papier.* Ainsi :

$$1,94904 : 0,013535 : : 100 : x = 0,69444.$$

2° Si l'on ne pouvait établir le rapport du plan au terrain, on opérerait alors graphiquement.

(**A.**) *Soit l'échelle d'un plan portant simplement cette indication :* ÉCHELLE DE 6 PERCHES.

Si l'on connaît la nature des perches, on réduira en mètres le nombre de perches désigné par l'échelle; puis on mesurera la longueur de cette échelle avec un double décimètre, soit cette longueur de 0,246 milli. on aura, comme précédemment (1°)

6 perches (réduites en mesure métrique) : 0,246 : : 100 : x,

x désignant, comme ci-dessus, 100 parties de l'échelle à construire pour calculer, en mesure métrique, la surface du plan.

(**B.**) Si la nature de la perche n'était pas indiquée, on parviendrait à la connaître par cette proportion

6 perches : 0,246 : : 1 perche : une perche mesure métrique;
elle est ici — 0,041 ou 1 pouce $\frac{1}{2}$;

donc l'échelle est de 1 po. 6 lignes pour perche.

Et pour connaître le rapport du plan au terrain dans le cas de (A), c'est-à-dire dans quelle proportion le plan a été fait, nous poserons, en supposant que x ait été trouvé, de 0,057^{mill},38.

$$0,057^{\text{m}},38 : 100 : : 1 : x = 174,28 ;$$

le rapport est donc 1 à 174 en négligeant les décimales.

On arriverait à une solution analogue à (A), en prenant sur *l'échelle la longueur d'une des lignes du plan.* — Soit cette ligne de 32 perches et demie, la perche étant de 22 pieds, on réduira ces perches en mètres $= 232^{\text{m}},26^{\text{c}}$, puis on aura :

$$232,26 : 32,50 : : 100 : x = 13,99$$

ou 13,99 parties de l'échelle de l'ancien plan, qui en représenteront 100 de l'échelle métrique à construire.

3° *On a un plan ancien dont on ne connaît pas l'échelle, mais sa surface est connue; déterminer le rapport de l'échelle à laquelle ce plan a été construit.*

Cette question repose sur ce théorème : que les surfaces des polygones sont entre elles comme les carrés des côtés homologues de ces polygones.

Si donc, on calcule la surface de ce plan avec une échelle quelconque, que l'on considère cette échelle comme un côté ou une ligne du plan, on aura, en représentant par S la surface obtenue par le calcul, par P la surface ancienne, et par R le rapport de l'échelle dont on s'est servi,

$$S : P : : \overline{R}^2 : \overline{x}^2 \quad \text{d'où} \quad x = \sqrt{\frac{P.\overline{R}^2}{S}}.$$

Application. — Soit P＝4 arp. 08 perches (l'arpent＝100 perches)

$$S = 2 \text{ hect. } 08 \text{ ares}$$

$$R = \tfrac{1}{2500}.$$

$$\sqrt[3]{4,08} = 202, \quad \sqrt{2.08} = 144,22 ;$$

on aura par conséquent $\dfrac{202 \times 2500}{144,22} = 3501,6.$

$\dfrac{1}{3501,6}$ est donc le rapport cherché.

4° Pour trouver immédiatement l'échelle du plan, *on opérera de la même manière, mais on remplacera* R *dans la formule précédente, par une ligne quelconque* B *de ce plan mesurée sur l'échelle dont on s'est servi pour obtenir* S, *x désignera alors la valeur véritable de cette ligne,* ce qui donne :

(A) $P : S : : \overline{B^2} : \overline{x^2} ;$

on aura ensuite les 100 parties nécessaires pour construire l'échelle demandée par cette formule :

(B) $x : B : : 100 : y.$

Application. — Ainsi, en prenant les mêmes valeurs que ci-dessus, et supposant B $= 249$ mètres mesurés sur l'échelle de 1 à 2500,

(A) $202 : 144,22 : : 249 : x = 177^{m},77^{c},$

et pour avoir 100 parties de l'échelle à construire :

(B) $177,77 : 249 : : 100 : y = 140^{m},07^{c} ;$

donc 100 parties de ladite échelle sont égales à 140^{m},07 pris sur l'échelle de 1 à 2500.

Si nous employons la formule du (16) et le rapport 3502, obtenu précédemment (3°) nous aurons :

$$3502 : 1 : : 177,77 : x = 0,056^{mill},47.$$

Et en effet, 140^{m},07 pris sur l'échelle de 1 à 2500 correspondent exactement à 0,056 millimètres et demi.

5° Mais il peut arriver que l'on ait besoin de savoir, si, lors de l'arpentage du plan, on a employé la perche de 24 pieds, ou celle de 22, ou tout autre. On parviendra à connaître la

nature de la perche, en employant la formule : P *(surface
ancienne)* : (S *surface métrique calculée à une échelle quelconque)*
:: 100 *perches carrées : un arpent z exprimé en mesure métrique*
(nous supposons toujours que l'arpent est composé de 100
perches), ou :

$$P : S :: 100 : z.$$

En prenant la racine carrée du résultat, on aura la nature
des parties, ou de la perche employée lors de l'arpentage.

Application. — Nous prendrons encore les valeurs P =
4 arp. 08 perches, S = 2 h 08 ares.

$$4,08 : 2,08 :: 100 : z = 50,98 ;$$

donc $\qquad \sqrt[2]{50,98} = 7^m,1401.$

Ces $7^m,14$ étant la valeur de la perche de 22 pieds convertie
en mesure métrique, c'est donc cette perche qui a été employée pour l'arpentage du plan.

6° On peut encore rétablir l'échelle d'un plan, lorsqu'on
connaît la surface des figures qui le composent.

*En cherchant le côté d'un carré équivalent à la surface de
l'une de ces figures, ce qui se réduit à extraire la racine carrée
de cette surface; en divisant ce côté en autant de parties égales,
qu'il y a d'unités dans cette racine. Ces parties sont celles de
l'échelle cherchée.*

Pour obtenir, par une opération graphique, le côté du
carré à diviser, on réduit en un triangle équivalent l'une des
figures, la moins irrégulière; on cherche ensuite une ligne
moyenne proportionnelle entre la base et la moitié de la
hauteur dudit triangle; cette ligne est le côté du carré cherché. Car ce carré est équivalent à la figure réduite.

**18. — De la Chaîne ordinaire et de la Chaîne
ruban. — Chaînage des lignes.** — On emploie la chaîne
de 10 mètres (ou décamètre), pour mesurer la longueur des
lignes; ou bien un ruban en métal de même longueur.

Ce ruban, moins connu que la chaîne ordinaire, est formé
d'un ressort en fer, ayant 12 à 15 millimètres de largeur. Nous
le devons à M. Jourdan, géomètre en chef du cadastre. Les
décimètres y sont indiqués par deux petits clous en cuivre,
rivés de chaque côté du ressort, et les mètres par un seul

clou, couvrant le ressort dans toute sa largeur. On peut facilement apprécier les centimètres. Deux poignées droites sont
adaptées à chacune des extrémités, elles portent une rainure
d'une profondeur égale à la moitié de la grosseur des fiches,
afin d'éviter dans le mesurage la différence produite par ces
fiches.

Le mesurage, fait avec cette chaîne, est très-exact : on ne
doit tolérer, en pays plat, entre plusieurs mesurages d'une
même ligne, que un décimètre au plus sur 3,000 mètres. Les
ingénieurs des chemins de fer ont aujourd'hui adopté cette
chaîne pour toutes leurs opérations.

Le mesurage des lignes, ou le chaînage (cette dernière
expression est celle que l'on emploie le plus communément)
exige de l'attention et beaucoup de soins de la part du géomètre ; car la moindre différence faite sur chaque chaînée,
ou longueur de 10 mètres, devient fort grande, lorsque les
lignes ont une certaine longueur.

La chaîne est ordinairement portée par deux hommes ; le
plus intelligent est placé derrière, parce que c'est lui qui toujours dirige le premier.

1° On doit faire bien attention, dans le mesurage d'une
ligne, que les hommes que l'on emploie appliquent parfaitement les fiches contre les poignées.

L'attention, dans ce premier cas, doit se porter principalement sur l'homme
qui marche en avant. On doit veiller à ce que, lorsqu'il est pour planter une
fiche, l'anneau de cette fiche qu'il tient dans la main, touche la poignée de la
chaîne.

2° Que celui qui marche devant plante les fiches bien verticalement.

3° Que celui qui marche derrière, applique la poignée de la
chaîne contre la fiche sans la déranger ; que s'il arrivait
qu'une fiche fût mal plantée, qu'elle inclinât en avant ou en
arrière, elle ne fût pas changée de position, mais que la poignée de la chaîne fut appliquée contre ladite fiche, dans cette
position.

S'il en était autrement, il en résulterait des différences fort sensibles dans le
chaînage ; et, en effet, les fiches étant ordinairement tenues par l'anneau, c'est
cet anneau qui détermine la longueur de la chaîne : en le changeant de position,
vous modifiez nécessairement cette longueur. Ainsi (*fig.* 5) le premier chaîneur
ayant planté la fiche dans une position qui oblique au plan horizontal, d'une

quantité Aa, si vous ramenez le point A en a, vous raccourcissez la distance de la quantité Aa, et vous l'allongez si l'anneau se trouve en b.

On évite ces sortes d'erreurs en laissant traîner la chaîne sur le sol. Le premier homme plante la fiche de la main gauche contre la poignée qu'il maintient à terre de la droite, le second chaîneur applique la poignée contre la fiche qu'il maintient et qu'il relève de la main gauche. Cette manière de chaîner, quoique très-bonne, est peu usitée, parce qu'elle oblige les chaîneurs à se baisser beaucoup, ils se fatiguent par conséquent davantage.

4° Que les fiches ne soient pas trop longues (elles doivent avoir 22 centimètres environ de longueur), afin de donner à la chaîne le moins de courbure possible.

Nous supposons que le chaînage s'effectue en tenant les fiches par les anneaux. Lorsque les fiches sont longues (nous en avons vu qui avaient 40 centimètres de longueur), on est obligé de tendre fortement la chaîne pour l'amener dans un plan horizontal, autrement elle décrit une courbe qui en diminue la longueur. Cette tension fatigue beaucoup les mailles, qui s'ouvrent au bout de très-peu de temps, et finissent même par se rompre.

5° Que les fiches soient plantées bien exactement sur la directrice que l'on suit.

6° Que la chaîne soit toujours tendue également, et cependant sans force.

Plusieurs auteurs recommandent de tendre suffisamment la chaîne pour qu'elle ne traîne jamais sur le sol. Cette recommandation devient ici inutile, puisque nous engageons à ne se servir que de fiches très-courtes. Nous venons d'ailleurs de signaler les inconvénients qui résultent de maintenir la chaîne dans un plan horizontal lorsqu'on a de longues fiches ; si néanmoins on persistait à suivre cette mauvaise méthode, on devrait vérifier tous les jours la longueur de la chaîne, et modifier cette longueur, s'il y a lieu, en ôtant un ou deux anneaux.

7° De faire disparaître les nœuds qui se forment aux mailles assez fréquemment.

8° Que chaque fois que le chaîneur de derrière rend les fiches au chaîneur de devant, le nombre de fiches s'y trouve exactement.

9° Que chaque fois que ce changement a lieu, le second annonce 100, parce qu'en effet on a parcouru cette distance, et qu'on doit en prendre note.

10° Que le chaîneur qui marche en arrière ne relève pas la fiche avant que celui de devant n'ait planté la sienne.

Les erreurs que l'on peut commettre dans le chaînage, sont :

Les erreurs de 100 mètres ;

4

Les erreurs de 10 mètres ;

Les erreurs de compléments de chaîne ;

Les erreurs de plusieurs fiches, lorsqu'on quitte la directrice pour mesurer soit une perpendiculaire, soit une ligne auxiliaire.

On évitera les premières, si l'on a soin de prendre note de toutes les centaines de mètres parcourues.

Il est donc bien important que le porte-chaîne de derrière annonce 100 chaque fois qu'il remet les dix fiches au porte-chaîne de devant. La moindre négligence à cet égard peut amener dans les contenances ou surfaces, et dans le placement des objets, des différences considérables.

On évitera les erreurs de 10 mètres, en vérifiant soi-même le nombre des fiches. On se rappellera que celles du premier chaîneur jointes à celles du second, plus celle qui est plantée, doivent toujours former 10, nombre de fiches voulues. On obligera aussi le chaîneur qui marche en avant, à compter les fiches chaque fois qu'il les reçoit du chaîneur de derrière.

Lorsqu'une fiche aura été perdue, ce qui arrive assez souvent, surtout lorsqu'on n'a pas encore acquis une grande expérience, on devra, avant de la remplacer, s'assurer dans quelle partie de la ligne l'erreur a été commise, et, autant que possible, de quel porte-chaîne provient la faute. Si cette faute avait été faite par le porte-chaîne de devant, on pourra continuer le chaînage si le 100 n'a pas été annoncé. Si elle venait de celui de derrière, il y aurait évidemment erreur dans le mesurage ; dans ce dernier cas, il est parfois difficile de savoir sur quel point la fiche a été perdue. Si, néanmoins, on parvenait à en connaître l'endroit, on ajoutera 10 mètres aux cotes qui auront été relevées depuis cet endroit. Nous recommandons cependant de ne point agir légèrement à cet égard, et de ne pas toujours se fier au dire des hommes que l'on emploie ; le moindre doute que l'on pourrait avoir dans l'un ou dans l'autre cas, devra déterminer à recommencer le mesurage de la ligne sur laquelle on opère.

Les erreurs de compléments de chaîne se commettent presque toujours aux extrémités des lignes, sur la dernière cote ou total de ces lignes ; parce qu'il arrive que le porte-chaîne de devant, au lieu de prolonger sa marche jusqu'à ce que celui de derrière ait saisi la fiche qu'il vient de planter, place

la main à l'endroit où se termine la directrice. On compte
alors, comme d'habitude, la partie de la chaîne comprise entre
la poignée du porte-chaîne de derrière et la fiche, au lieu de
compter la partie qui se trouve entre cette fiche et la poignée
du chaîneur de devant. Pour éviter toute erreur à cet égard,
on doit exiger que le mesurage s'effectue pour cette portion
de la ligne de la même manière que pour les portions précédentes, c'est-à-dire que le porte-chaîne de devant prolonge
sa marche jusqu'à ce que celui de derrière ait saisi la fiche.

Les erreurs de plusieurs fiches, ou de plusieurs dizaines de
mètres, se commettent assez fréquemment ; elles ont lieu
quand on a à chaîner, par exemple, une perpendiculaire dont
la longueur exige l'emploi d'un nombre de fiches plus grand
que celui qui se trouve, en ce moment, entre les mains du
porte-chaîne de devant. Alors celui-ci emprunte des fiches à
son second. Si l'on ne veille pas bien à ce que le nombre
prêté soit compté et rendu exactement, on commettra autant
d'erreurs de dizaines, qu'il y a de différence entre le nombre
de fiches qu'avait ce porte-chaîne avant le chaînage de la perpendiculaire et le nombre qu'il a au moment où il reprend sa
marche sur la ligne directrice. Ou bien, lorsqu'en mesurant
une perpendiculaire, le porte-chaîne de derrière mêle avec les
fiches qui appartiennent à la directrice celles qu'il relève sur
la perpendiculaire. Dans l'un et l'autre cas, on doit être présent et porter toute son attention à ce qui a lieu.

Il est encore une cause d'erreur contre laquelle on doit se
mettre en garde par tous ses soins. Les chaînes ordinaires
tendent constamment dans l'usage à s'allonger. Il est nécessaire, en conséquence, de vérifier fréquemment leur longueur. Pour cela, on établit *un étalon* sur un terrain bien plat
ou sur un mur horizontal, et tous les trois ou quatre jours,
on s'assure de l'exactitude de la chaîne. Si la longueur a va-
rié on la rétablit, soit en courbant un ou deux chaînons, soit
en enlevant l'anneau qui relie un chaînon à un autre. Quoique ces procédés soient généralement suivis par les géomètres, ils sont inexacts, en ce que la rectification n'a lieu que
sur une portion de la chaîne. Nous en conseillerons un autre
qui consiste : d'abord, à refermer les anneaux qui se sont
ouverts pendant le cours des opérations ; ensuite à fixer

chaînon dans un étau, puis frapper avec un marteau sur l'anneau perpendiculairement audit chaînon. Deux ou trois coups suffisent.

Le chaînage doit s'effectuer cumulativement, c'est-à-dire, d'un bout d'une ligne à l'autre bout, sans interruption.

Le chaînage partiel, ou d'une limite du terrain à une autre limite, produit des différences très-sensibles sur la longueur totale des lignes. Ces différences ne se produisent pas précisément dans le mesurage, elles ont lieu principalement lors de la construction du plan : parce que, chaque distance que l'on mesure sur l'échelle étant toujours affectée d'une petite erreur, cette erreur augmente à chaque distance nouvelle, et finit par devenir très-sensible sur l'extrémité des lignes. Il est facile de se rendre compte du résultat, en mesurant avec le compas, sur un double décimètre, plusieurs distances AC, CD, DE... etc. (*fig.* 7), et en portant successivement ces distances sur une droite AB. Si on fait ensuite la somme des valeurs mesurées, et qu'on applique le double décimètre sur AB, de A à B, il y aura une différence, à moins que le hasard n'ait servi. D'un autre côté, si l'on commet une faute en lisant sur l'échelle, cette faute se reproduit sur toutes les ordonnées qui suivent celle sur laquelle elle a été commise. En opérant cumulativement, on n'a rien à craindre à cet égard, parce que les distances ayant toutes une origine commune, fixe, qui est celle de départ sur le terrain, les erreurs restent où elles ont été commises, les distances suivantes n'en sont pas affectées.

19. — Mesurage des lignes situées sur des terrains en pente. — Corrections. — Toutes les opérations d'arpentage s'exécutent dans l'hypothèse que le terrain est horizontal. Il doit en être ainsi ; car il serait fort difficile, pour ne pas dire impossible, de coordonner sur le papier des opérations effectuées sur des plans d'inclinaisons différentes. De là, la nécessité de projeter sur un même plan tous les points du terrain.

On a adopté pour plan de projection, la surface des eaux tranquilles : mais cette surface n'est point plane, elle nous représente la forme de la terre, en sorte que les projections n'ont pas lieu en réalité sur un plan horizontal, mais bien sur une surface convexe.

La terre étant supposée sphérique, sa circonférence est de 40000000^m, un degré aura $\frac{40000000}{360} = 111110^m$, soit 10 myriamètres, ou environ 20 lieues de longueur. Or, la différence entre le sinus et la tangente d'un arc d'un demi-degré, et qui aurait un rayon égal à 6366198^m ou celui de la terre, n'étant que de $2^m,126$, on peut, sans craindre une erreur bien sensible, confondre l'arc avec sa tangente, et supposer qu'une calotte sphérique de 10 lieues de rayon est plane.

Comme il ne peut entrer dans notre sujet de traiter des opérations qui s'étendent au delà de cette limite, nous n'aurons point à nous occuper de la sphéricité du globe, nous supposerons donc que toutes les projections s'effectuent sur une surface plane.

Les projections s'exécutent en même temps que l'on opère sur le terrain : pour les lignes, on tient la chaîne dans une position horizontale, lorsque le terrain est en pente ; pour les angles, les instruments sont construits aujourd'hui de manière à n'avoir plus à s'occuper de la formule dite : *réduction des angles à l'horizon.*

Pour que la chaîne soit horizontale, on fait élever de la quantité nécessaire, dans les cas de descente, la main du porte-chaîne qui marche en avant ; il doit tendre la chaîne suffisamment, pour qu'elle ne courbe que le moins possible, on la soutient vers le milieu s'il est nécessaire. La fiche est alors appliquée contre la poignée sans aucune force, pour qu'elle puisse tomber verticalement sans déviation. Quelques géomètres adaptent une balle de plomb à trois centimètres environ au-dessus de la pointe ; on se sert de cette fiche seulement dans les *nivellements.*

Dans les cas de montée, c'est le porte-chaîne de derrière qui élève la main ; mais il doit se servir du bâton d'équerre, qu'il place contre la fiche et qu'il tient verticalement. On vérifie la verticale, dans l'un et l'autre cas, au moyen d'un fil à plomb.

Lorsque les pentes sont peu sensibles, qu'elles n'excèdent pas 10 degrés, il est préférable de laisser traîner la chaîne sur le sol. On peut toutefois faire subir à ce chaînage une petite correction : souvent il suffit de faire tendre la chaîne un peu plus fort qu'on ne le fait sur un terrain horizontal ; dans d'autres cas, on avance un peu la fiche qui vient d'être plantée. Les tables de réduction donnent au reste la correction à faire en pareille occasion.

Lorsque les pentes sont rapides et que les porte-chaîne ne peuvent tenir la chaîne aussi horizontale qu'on le désirerait, on plie cette chaîne en deux : on opère alors avec cinq mètres ; mais il faut remarquer que chaque fois que le porte-chaîne de derrière remet les fiches à l'autre, on n'a parcouru que 50 mètres. Cette remarque est importante, surtout si l'on a quelques détails à lever.

On a rarement un chaînage bien exact, sur des terrains en pente, qui exigent d'amener la chaîne à l'horizontale; cela tient à des circonstances que l'on appréciera vite, et qui le plus souvent tiennent aux localités. Si, par exemple, on opère dans un bois, les rejets, les branches, peuvent déranger la fiche lorsqu'on la laisse tomber. On doit donc apporter une attention toute particulière, lorsqu'on se trouve dans ces conditions.

Le chaînage fait en descendant les pentes est toujours plus exact que celui fait en montant; cela tient à ce que le chaîneur de derrière cède facilement à la tension exercée sur la chaîne par son second, ou il tire trop à lui, par suite du même effet.

Lorsqu'un terrain présente une pente régulière, on peut mesurer dans le sens de cette pente; mais alors on doit déterminer la différence entre la projection de la ligne mesurée et son développement. Dans ce cas, il est nécessaire de déterminer l'angle d'inclinaison, ou l'angle que fait le terrain avec l'horizontale.

Soient (*fig.* 6) P la projection d'une ligne, D son développement ou la longueur mesurée, et a l'angle d'inclinaison, on aura évidemment

$$P = D \cos a.$$

Mais si l'on avait eu des détails à lever sur D, il serait préférable de faire D=10 ou égal à 1^m, parce que, après avoir calculé la projection de l'unité de distance, il suffit de multiplier chacune des distances prises sur D par cette projection de l'unité.

Application. — Si donc, dans le premier cas, D = 217^m et a = 27° 30', on aura :

$$
\begin{aligned}
\log 217^m &= 2,\ 33646\\
\cos 27° 30' &= 9,\ 94793\\
\hline
\log\ P &= 2,\ 28439
\end{aligned}
$$

et P = 192^m,48^c

Supposons, en second lieu, qu'en mesurant D on s'est arrêté

à $92^m,5$, à $102^m,8$ et à $184^m,2$; en faisant $D=1^m$ le multiplicateur commun sera :

$$\log \quad 1^m = 0, \ 00000$$
$$\cos 27° \ 30' = 9, \ 94793$$

Somme   0, 94793 qui répond à $0^m,887$

Par conséquent

$$92^m,5 \times 0^m,887 = \ 82^m,05^c$$
$$102, \ 8 \times 0, \ 887 = \ 91, \ 18$$
$$184, \ 2 \times 0, \ 887 = 163, \ 39$$
$$217, \ 0 \times 0, \ 887 = 192, \ 48$$

ou la projection des diverses lignes qui composent D et qui doivent servir dans la construction du plan.

On a dû remarquer que dans cette dernière application, il suffit de chercher le log cosinus de l'angle d'inclinaison.

20. — **Du jalonnage.** — Un *jalon* est une baguette, un échalas, une branche de bois quelconque droite, aussi mince que possible, à laquelle on adapte un morceau de papier rectangulaire de $0^m,06$ sur $0^m,08$ environ, au moyen d'une fente qu'on y pratique à l'une des extrémités.

Le papier triangulaire est toutefois préférable : on a soin de l'un des angles au sommet du jalon, le *visé* est ainsi plus exact.

On entend, par JALONNAGE, *le tracé sur le terrain des lignes nécessaires à la reproduction des figures et à la formation du plan.* Il a lieu lorsque les contours de ces figures sont sinueux ou courbes, et qu'il n'est pas possible de les suivre en les mesurant sans s'écarter de la ligne droite.

Il a lieu également lorsqu'on veut diminuer le nombre des sommets, afin d'en restreindre le plus possible le nombre.

L'exactitude des opérations d'arpentage dépend beaucoup du jalonnage : il est évident que si l'on établit des lignes courbes sur le terrain, et qu'on trace ces mêmes lignes droites sur le papier, il n'y aura plus d'analogie entre le travail du terrain et celui du cabinet. Il est donc essentiel que les lignes que l'on trace en jalonnant soient parfaitement droites.

21.—1° Pour tracer une ligne sur le terrain, on plante deux jalons à 80 mètres environ de distance dans la direction que l'on veut donner à cette ligne, puis à une distance semblable, au delà du second jalon, on en plante un troisième qui cache parfaitement la tête des deux premiers, on en plante un quatrième de la même manière, puis un cinquième, et ainsi de suite jusqu'à l'endroit où l'on veut arrêter cette ligne.

Pour s'assurer que le jalon que l'on plante couvre parfaitement les précédents, on s'en éloigne de 4 ou 5 pas, et, en fermant un œil, on examine, en se penchant un peu à droite et à gauche, puis en regardant au-dessus de ce jalon, s'il couvre entièrement tous ceux qui se trouvent en avant.

Lorsqu'on doit traverser des vallées ou des hauteurs, le jalonnage présente assez de difficultés, et l'on ne parvient guère à tracer une ligne qui soit parfaitement droite qu'après s'être exercé longtemps. On doit, dans ces sortes de cas, s'assurer, au moyen d'un fil à plomb, que les jalons occupent bien la position voulue; il est nécessaire aussi que les jalons soient parfaitement verticaux, c'est-à-dire que le pied se trouve exactement sur la verticale passant par la tête, parce qu'il arrive souvent que l'on ne peut viser que le pied de l'un avec la tête d'un autre.

2° *Jalonner entre deux points accessibles; ou tracer une ligne d'un point donné vers un autre point inaccessible.*

Soit à tracer une ligne entre A et B (*fig.* 7), ces deux points étant accessibles. On se placera en A, on dirigera de la main, soit à droite, soit à gauche, un second jalonneur placé en C et éloigné de 80 mètres environ, si les localités le permettent, jusqu'à ce que le jalon C couvre exactement B; on viendra en C, puis on fera placer de la même manière, et à une distance à peu près semblable, un second jalon D; on se portera en D, et on fera placer un troisième jalon E, et ainsi de suite jusqu'à ce qu'on soit arrivé au point E.

Le jalonneur qui est en avant doit se tenir de côté, de manière qu'il n'y ait que le jalon qu'il pose qui se trouve entre l'objet vers lequel on marche et soi.

Ce procédé est employé lorsqu'on veut établir une ligne d'un point donné à un autre point donné : par exemple, d'un signal à un autre.

On l'emploie également, lorsqu'on veut tracer une ligne parfaitement droite : il suffit de remarquer dans l'éloignement un objet quelconque, tel qu'un arbre. une cheminée..... On se dirige alors sur cet objet.

Si l'un des points A ou B était inaccessible, on se placerait au point que l'on pourrait aborder, puis on se dirigerait sur l'autre par le même procédé.

3° *Jalonner une droite entre deux points inaccessibles.*

On se placera en c (*fig.* 8) vers le milieu de la distance AB et à peu près sur l'alignement des deux points, on fera placer un jalon en d sur la direction cA ; le jalonneur en d fera placer en c' celui qui était d'abord en c sur l'alignement dB ; celui-ci fera ensuite placer le second en d' sur c'A, et ainsi de suite jusqu'à ce que les jalons c et d occupent une position c^n et d^n sur la ligne demandée AB. On achèvera de tracer la ligne au moyen de jalons intermédiaires qui se plantent comme au 2°.

On n'arrive, comme on le voit, à établir une droite entre deux points inaccessibles que par un tâtonnement. Il est donc nécessaire de vérifier l'alignement avant de placer les jalons intermédiaires.

On ne doit se servir que rarement de l'équerre dans le jalonnage : lorsqu'on veut, par exemple, conduire une ligne sur un point peu éloigné, et où il est indispensable que cette ligne arrive.

22. — Les lignes dont le tracé exige de la précision sont jalonnées au moyen d'une lunette d'instrument munie de fils micrométriques ; on opère alors comme au problème 2°. Ce procédé est employé principalement en montagne lorsqu'on a des vallées profondes à traverser. Quand on n'est pas astreint à partir de tel ou tel point, on se place sur une hauteur d'où l'on puisse voir le plus de points culminants possibles. On dirige la lunette dans la direction voulue ; puis on fait placer successivement des jalons sur ces points. Il est entendu que chaque jalon doit être coupé par le fil vertical de la lunette, et que lorsqu'un jalon a été placé, l'instrument ne doit plus être dérangé. Les principaux jalons étant ainsi établis, on se transporte sur chacune des hauteurs, et l'on fait ensuite placer des jalons intermédiaires soit à l'aide de la lunette, soit seulement au moyen d'un fil à plomb, en employant le procédé 2°. On évitera toujours de commencer ces sortes de jalonnage par le milieu des lignes. Il est aussi entendu que lorsqu'il est possible de tracer les lignes d'une seule et même station, on ne doit pas négliger de le faire.

23. — Quand une ligne vient se terminer sur une autre ligne

déjà établie, le point de jonction, que l'on nomme ordinairement *rattachement*, doit être désigné et distingué par un double jalon, ou par un second papier adapté au jalon de jonction un peu au-dessous du premier, ou bien encore en penchant ce jalon du côté de la ligne rattachée. On peut distinguer également cette intersection par un piquet planté au pied dudit jalon et fortement enfoncé en terre. Ce piquet doit s'élever au-dessus du sol de 10 centimètres environ. Cette précaution est nécessaire pour ne point faire d'omissions lors du mesurage des lignes qui forcent alors à retourner sur les lieux.

24. — 1° *Prolonger une ligne* AB (*fig.* 9) *au delà d'un obstacle, tel qu'un arbre, une maison,* etc.

La ligne étant jalonnée jusqu'en B, où se trouve l'obstacle, on placera un jalon en *f* sur une perpendiculaire à AB, assez longue pour qu'on ne soit pas gêné. On en placera un deuxième *e* sur une autre perpendiculaire *ed*, exactement égale à la précédente, et qui en soit distante de 100 ou 200 mètres, puis on tracera *ef*, que l'on prolongera suffisamment. Au delà de l'obstacle, en *g*, par exemple, on élèvera sur ce prolongement une perpendiculaire *g*C de même longueur que *f*B, enfin, à une distance de 100 ou 200 mètres de *g*, on élèvera également une perpendiculaire *hh' = f*B. Les points C et *h'* serviront à prolonger la ligne proposée.

On peut répéter l'opération de l'autre côté de AB, si l'on veut avoir plus de précision.

Les perpendiculaires *de*, B*f*, C*g*, *hh'* doivent être mesurées très-exactement ; on emploiera un cordeau, autant que possible.

Il y a beaucoup d'autres procédés, mais qui ne présentent pas la célérité ni l'exactitude de celui que nous venons d'exposer : parce qu'un géomètre qui a l'habitude des opérations peut, quand les perpendiculaires *ed*, B*f*… ne sont pas très-longues, les établir à vue.

2° (*fig.* 10). En B, on formera, avec l'équerre, un angle AB*d'* de 135° (*Usage de l'équerre, n° 27*), sur deux points *c'* et *d'* pris à volonté sur B*d'*, on élèvera les perpendiculaires *c'c*, *d'd*, que l'on fera respectivement égales à B*c'* et B*d'*. On aura ainsi deux points *c* et *d*, à l'aide desquels on pourra prolonger AB.

Nous croyons devoir prévenir nos lecteurs que ce procédé

peut occasionner sur le prolongement de AB une déviation assez sensible, parce que l'équerre dont il faut faire usage ayant un fort petit diamètre, il est difficile d'atteindre la précision nécessaire.

3° (*fig. 11*). En *c*, on tracera *cd* sous un angle quelconque (*Usage du graphomètre, n° 34*) : au point *d* choisi à volonté sur *cd* on fera l'angle *cde* = A*cd* — *dc*B, on mesurera *de* = *cd*, enfin en *e*, on fera l'angle *de*D = A*cd*. De sera le prolongement de AB.

Ce dernier procédé exige l'emploi d'un instrument angulaire, et il est rare qu'on en soit pourvu lorsqu'on procède au jalonnage des lignes ; il exige aussi qu'on éloigne de AB le sommet *d* de l'angle *cde*, afin que *cd* soit aussi grand que possible, autrement il pourrait en résulter un dérangement notable sur la position de CD.

25. — 1° *D'un point donné* A (*fig. 12*), *abaisser sur une directrice* DE, *une perpendiculaire* AB, *sans autre instrument que la chaîne.*

Formez un triangle A*bc*, et mesurez les trois côtés A*b*, *bc*, A*c*. D'après le théorème XII du livre III de la géométrie de Legendre, on a

$$\overline{bc}^2 + \overline{Ac}^2 - \overline{Ab}^2 = 2bc \times cB ;$$

donc

$$Bc = \frac{\overline{bc}^2 + \overline{Ac}^2 - Ab^2}{2bc} ;$$

mais cette expression, quoique donnant directement la valeur des segments B*c* et B*b*, n'est pas commode pour le calcul numérique. Nous engagerons à adopter la suivante :

La même formule de Legendre peut être transcrite de cette manière

$$(Ab + Ac) \times (Ab - Ac) = bc \times (bc - 2Bc),$$

et en remplaçant *bc* — 2B*c* par *x*, on tire facilement

$$bc : Ab + Ac :: Ab - Ac : x,$$

Connaissant *x*, on aura

$$Bb = \frac{bc}{2} + \frac{x}{2} \text{ et } Bc = \frac{bc}{2} - \frac{x}{2}.$$

2° *Élever une perpendiculaire à l'extrémité* A (*fig.* 13) *de la droite* AB *qu'on ne peut prolonger.*

D'un point *c* pris à volonté sur la droite donnée, menez *cd* oblique à cette droite, menez également A*d*; déterminez le segment *ce* comme au 1°, vous aurez

$$ce : cd : : cA : cn,$$

ou bien

$$ce : cd : : cA - ce : cn - cd.$$

Cette dernière expression donne directement la valeur de *dn* que l'on doit mesurer sur le prolongement de *cd*. Joignant *n*A, on aura la perpendiculaire demandée.

Autre solution. — Par un point D de la droite donnée AB (*fig.* 14), menez D*o* oblique à cette droite que vous mesurez; menez et mesurez également A*o*; déterminez le segment D*p* de la manière indiquée au 1°, établissez ensuite C par la proportion connue,

$$Dp : Ap : : Ap : pC;$$

joignant AC, vous aurez la perpendiculaire demandée.

On peut mesurer A*p* nécessaire dans cette formule, mais on l'obtient néanmoins par

$$\overline{Ap^2} = \overline{AD^2} - \overline{Dp^2}.$$

3° *Par un point donné* A (*fig.* 15) *mener sur le terrain une parallèle à une droite* CD, *sans autre instrument que la chaîne.*

Du point A tracez A*b* oblique à CD donnée, par un point *d* pris sur CD et par *o* milieu de A*b*, menez *de* et faites *oe* = *do*, joignez A*e* qui sera la parallèle demandée.

Autre solution. — Tracez *on* (*fig.* 16) faisant avec CD un angle quelconque et passant par le point donné A, menez *om* arbitrairement, mais de manière que cette ligne joigne CD; mesurez *no* et *om*, en ayant soin de coter la distance *o*A, vous aurez

$$on : oA : : om : ob;$$

en donnant à *ob* la valeur donnée par cette expression, on n'aura plus qu'à joindre les points A et *b* pour obtenir la parallèle cherchée.

4° *Déterminer la distance entre* A *et* B (*fig.* 17), *cette distance étant inaccessible.*

Tracez B*b* arbitrairement, prolongez AB d'une quantité quelconque, et établissez *ba* comme au 3°, par le point *o* milieu de B*b*, menez A*oa* qui coupe *ba* en *a*, *ba* sera égal à AB; car *ba* étant parallèle à A*c*, le triangle *abo* est égal au triangle AB*o*.

Autre solution. — Prolongez AB (*fig.* 18) d'une quantité B*c* prise à volonté; menez *ce* arbitrairement par le point *o* milieu de *ce*, et, par le point B, tracez B*ob* en faisant *ob* = B*o*, joignez *eb* que vous prolongez jusqu'à sa rencontre avec A*oa*, *ab* est égal à AB; car triangle *oba* = triangle AB*o*.

26. — **Levé à la chaîne.** — La solution des problèmes précédents nous a fait voir que l'on peut facilement, avec la chaîne et des jalons, résoudre des problèmes d'arpentage; on arrive même à dresser le plan d'un lieu et à en déterminer la surface. Nous ferons remarquer toutefois que les procédés qui sont employés dans ces circonstances sont peu usités, parce que, outre qu'ils sont d'une application difficile sur des terrains couverts ou boisés, ils présentent peu de certitude, en ce que, s'appuyant seulement sur le chaînage, on n'a aucun moyen de reconnaître l'exactitude des opérations.

Soit à dresser le plan du polygone ABCD.....I (*fig.* 19). On commencera par former les triangles I*a*C, IC*k* en tâchant, autant que possible, que les côtés de ces triangles soient communs avec des côtés du polygone proposé. IA et CB pouvant être prolongés seront pris pour former le premier triangle; CD peut également être utilisé, en le prolongeant suffisamment, on pourra établir le côté *k*I du deuxième triangle. *k*I est tracé de manière qu'il passe aussi près que possible du périmètre, et qu'il puisse servir utilement au levé de ce périmètre; enfin, IC ferme les deux triangles I*a*C, IC*k*. Les côtés de ces triangles sont jalonnés, et à chaque sommet il a été planté des piquets au pied des jalons. On procède ensuite au mesurage. Supposons qu'étant parti de I on marche vers A, on s'arrêtera en *e* sur le prolongement de B*d*, afin de déterminer la direction de ce côté du polygone. La chaîne étant alors étendue à terre, le porte-chaîne de derrière annonce le nombre de fiches qu'il a dans la main[1]. Ce nombre indique

_____

[1] On ne doit compter sur la chaîne que lorsque le porte-chaîne de devant a

les dizaines. Si les porte-chaîne ont échangé les fiches pendant le trajet de 1 à c, on a alors des centaines qui s'ajoutent aux dizaines exprimées par les fiches. On compte ensuite les anneaux jaunes de la chaîne qui indiquent les mètres, puis enfin les décimètres, en se rappelant que chaque maille en exprime deux. La cote en e étant prise, on cotera le point A également, et on continuera le chaînage jusqu'à l'extrémité a de la ligne 1a. Parvenu à ce sommet, on se dirigera vers C; arrivé en b, prolongement de Ac, on cotera ce point, puis quittant la ligne aC on mesurera bc, le côté Ac du polygone se trouve donc déterminé. On reviendra sur la ligne aC dont on continuera le mesurage, et arrivé en B, on prendra la cote à ce point, puis on mesurera Bd; la ligne brisée AcdB est ainsi levée. On achèvera le chaînage sur aC.

Partant maintenant du sommet C, on procédera au mesurage de Ck : on s'arrêtera, en conséquence, en f, prolongement de EF, puis en D, et enfin à l'extrémité k de la directrice. On marchera sur kl, en s'arrêtant en g et en h : en g on mesurera immédiatement gE, en prenant la cote au point F : on aura par ce moyen les côtés FE et ED du polygone. En h on mesurera Hh.

Il reste à mesurer la diagonale 1C, afin de pouvoir construire sur le papier les triangles 1aC, 1Ck, ainsi que toutes les opérations que nous venons d'effectuer. Chaînant ce côté, on s'arrêtera en n, extrémité du prolongement de FG, et on mesurera nG.

Il pourrait arriver qu'on ne pût prolonger FG jusqu'en n; dans ce cas, comme dans tous les autres, où les directions ou prolongements ne seraient pas possibles, on devra chercher à n'avoir que deux lignes à mesurer, telles que FG et Gh, parce que la position de ces lignes sera alors déterminée au moyen d'une intersection. Ainsi, les extrémités F et h, de la ligne brisée FGh, étant connues, il suffit de mesurer séparé-

---

planté la fiche, et lorsque celui de derrière a relevé celle qui lui appartient.— La chaîne ne doit pas changer de position. — Il est donc nécessaire que le premier homme rétrograde de un ou de deux pas aussitôt qu'il a planté sa fiche. Celui de derrière doit également faire un pas en avant.

ment FG et G*h*; on peut également mesurer séparément *h*H et HI, H et I étant déterminés.

Cet exposé suffit pour donner l'idée des levés à la chaîne. On a dû voir, ainsi que nous l'avons fait remarquer, qu'il n'existe aucun moyen de vérification, que le chaînage seul est l'élément des opérations ; et c'est un inconvénient très-grave, car, si l'on a commis une erreur dans le mesurage, soit sur l'un des côtés des triangles principaux, soit seulement dans les détails, le plan sera très-différent du terrain. Il est donc bon, lorsqu'on emploie ce procédé, de mesurer d'autres lignes que celles qui sont nécessaires à la formation du plan : la diagonale *ak* pourrait ici faire connaître si l'ensemble des triangles ICa, IC*k* n'est pas fautif.

On a dû remarquer, en outre, que, dans le mesurage des lignes principales, lorsqu'on était arrivé à un point d'intersection, tel que *b*, on quittait cette ligne principale *a*C pour chaîner immédiatement les lignes secondaires *bc*. Il est essentiel, chaque fois qu'on agit ainsi, de ne point relever la fiche que le premier chaîneur a plantée en avant de ce point *b*, parce que c'est de cette fiche que le chaîneur de derrière doit partir, lorsqu'on revient sur la directrice ; si on agissait différemment, on n'aurait point de mesurage exact (18, 10°).

Le procédé que nous venons d'exposer, n'est pas celui que l'on emploie habituellement dans la pratique ; nous l'indiquons, néanmoins, parce qu'il est plus expéditif, qu'il se rapproche davantage des opérations que l'on exécute avec les instruments angulaires, et qu'il peut quelquefois être employé avec avantage. Le procédé ordinaire, d'une application plus rare et plus difficile, consiste à mener des diagonales d'angle en angle, en divisant le polygone à lever en autant de triangles qu'il a de côtés moins deux. On a donc à mesurer tous les côtés de ces triangles, ce qui oblige à un chaînage très-considérable ; on peut aussi commettre beaucoup plus d'erreurs.

Ainsi, en supposant que l'on ait à faire le plan du polygone ABCDE (*fig.* 102), on mènerait les diagonales AC, AD, puis on mesurerait ces diagonales, ainsi que les côtés AB, BC, CD du polygone. On voit de suite que si ce polygone était composé d'un grand nombre de côtés, on aurait un grand nombre de diagonales, le moindre obstacle dans l'intérieur pourrait entraver l'opération.

27. — **De l'Équerre.** — L'équerre n'est guère employée dans le levé des plans que pour élever sur une directrice les perpendiculaires ou ordonnées nécessaires à la détermination des courbes et des lignes brisées. Cependant, quelques géomètres en font un usage plus étendu ; ils l'emploient à l'arpentage des polygones, quand le terrain n'est ni boisé, ni accidenté.

L'équerre est ordinairement un petit cylindre en cuivre de 60 cent. de diamètre sur 70 cent. de hauteur ; il se place au moyen d'une *douille* sur un bâton ferré, que l'on nomme par cette raison *bâton d'équerre*. Elle porte des fentes ou *pinules* qui se correspondent à angles droits.

Son usage. — Pour élever, d'une directrice, une perpendiculaire sur un point donné, il suffit de placer l'instrument sur cette directrice, de diriger le rayon visuel passant par les deux pinules correspondantes dans le sens de cette directrice, la perpendiculaire sera le rayon visuel donné par les deux pinules qui coupent les premières à angle droit. Il est nécessaire de placer l'équerre le plus verticalement possible ; on emploie le fil à plomb au besoin, pour vérifier la verticalité.

On n'arrive, sur le terrain, à déterminer le pied d'une perpendiculaire, qu'après un tâtonnement plus ou moins long. Voici, toutefois, comment on y parvient sans perdre beaucoup de temps.

On se place, par exemple, en e (*fig.* 20) où l'on juge que doit être le pied de la perpendiculaire à abaisser du point A sur CB. On dirige deux des pinules dans le sens de la directrice BC : regardant ensuite par les deux autres, qui forment, avec les premières, un angle droit, on obtient une première perpendiculaire ef, dont le pied e diffère du pied de la perpendiculaire véritable d'une quantité $eD = Af$. On évalue Af, sans quitter la directrice. On porte cette quantité sur BC ; mais comme cette évaluation se fait à vue, on peut supposer que l'on a fait une petite différence ; c'est ce dont on s'assure par une seconde opération. Supposons que l'évaluation approximative ait conduit à placer l'instrument en e' : on aura par conséquent une seconde différence Af, laquelle, étant très-petite, on doit le croire, pourra être alors évaluée exactement, il suffira donc de déplacer une seconde fois l'équerre, et de la placer en D d'une quantité $e'D = Af'$. On s'assurera néanmoins que le rayon visuel perpendiculaire à BC coupe exactement le point A.

Les équerres sont généralement divisées en huit angles de 45 degrés chaque. Lorsqu'on veut former sur le terrain un angle de cette ouverture, on opère de la même manière que ci-dessus; on a soin seulement de diriger le rayon visuel par les pinules qui correspondent audit angle de 45°.

Vérification de l'équerre. — Pour vérifier l'équerre, on fait placer, en regardant par les pinules, trois jalons à 3 ou 400 mètres du point où l'on stationne. On vérifie, au moyen du fil à plomb, la verticalité de l'instrument, puis on lui imprime un quart de révolution; les pinules qui viennent prendre la place des premières doivent découvrir les jalons; si cela n'a pas lieu, l'instrument est faux.

Dans toutes les opérations, l'instrument étant fixé sur le bâton, c'est le bâton que l'on doit tourner. Il est nécessaire que la partie ferrée de ce bâton soit assez lourde; on l'enfonce suffisamment dans le sol pour qu'il conserve toujours sa position verticale.

28. — 1° *Déterminer, à l'aide de la chaîne et de l'équerre, la longueur de la ligne* MB *qu'on ne peut mesurer (fig.* 21).

Au point B élevez Bn perpendiculaire sur MB, marchez sur Bn en chaînant, jusqu'à ce que vous découvriez le point M sous un angle de 45°; vous formez ainsi un triangle isoscèle dans lequel BM et Bn sont égaux.

Ce procédé fort simple est employé journellement dans l'arpentage, alors surtout qu'on s'occupe du levé d'une rivière dont la largeur ne permet pas de déterminer les deux bords d'une même ligne.

Autre solution. — (*fig.* 22.) Si M et B étaient inabordables, placez-vous sur le prolongement de MB, en u par exemple, menez uo perpendiculaire à Mu; en o élevez on perpendiculaire à Mo et qui rencontre MB prolongé en n, abaissez de B la perpendiculaire Bv sur on. Ayant mesuré les lignes no, nv, et nu, vous aurez, d'après la théorie des triangles semblables,

$$un : on : : on : Mn,$$
$$un : nv : : on : nB.$$

En retranchant la seconde de la première, et remarquant que

5

Mn—Bn=MB, on a

$$MB = \frac{on^2 - on \times nv}{un}$$

2° *D'un point* A *invisible d'une droite* BC (*fig.* 23) *abaisser une perpendiculaire sur cette droite.*

D'un point b pris sur la ligne donnée, élevez une perpendiculaire an qui passe aussi près que possible de A. (Pour cela, on envoie un homme sur le point donné ; sa voix indique à très-peu près l'endroit où doit passer la perpendiculaire.) Abaissez ensuite de ce point sur bn une seconde perpendiculaire Aa, et mesurez cette dernière ; portez Aa sur BC, de b en D ; D sera le pied de la perpendiculaire demandée ; élevant de D une nouvelle perpendiculaire, celle-ci passera par le point donné A.

Quand il n'est pas nécessaire d'établir AD sur le terrain, il suffit de mesurer ba.

Ce problème trouve une application fréquente en forêt, lorsqu'on veut rattacher un point (une borne ou un piquet) à une directrice de laquelle ce point ne peut être vu.

On peut encore arriver à la solution de ce problème, en formant un triangle ABC (*fig.* 30) rectangle en A. Mesurant les trois côtés de ce triangle, la longueur de la perpendiculaire AD sera donnée par

BC : AC : : AB : AD,

et la valeur des deux segments, ou le pied D de la perpendiculaire, par

BC : AC : : AC : CD,
BC : AB : : AB : BD.

3° *Par un point donné* F (*fig.* 24) *mener une parallèle à une ligne donnée* AB.

Prolongez AB d'une quantité arbitraire, élevez sur ce prolongement la perpendiculaire cd que vous faites exactement égale à la perpendiculaire BF abaissée du point F sur AB ; tracez Fd que vous prolongez vers g, Fg est la parallèle demandée.

Si les extrémités de la ligne donnée étaient inaccessibles, cherchez un point éloigné N duquel vous puissiez abaisser une perpendiculaire Nb sur AB ou sur son prolongement. Jalonnez une portion suffisante de cette perpendiculaire, et élevez sur elle une autre perpendiculaire fg passant par le point F ; cette dernière sera parallèle à AB.

4° *Prolonger une ligne* AB *au delà d'un obstacle* (*fig.* 25).

Du point A ou d'un point quelconque pris sur AB, tracez une ligne A*d* qui fasse, avec AB, un angle aigu. Élevez sur celle-ci une perpendiculaire *b*B; prenant ensuite *c* et *d* à volonté sur A*d*, vous aurez d'après les triangles semblables A*b*B, A*c*C et A*d*D :

$$Ab : bB : : Ac : cC : : Ad : dD.$$

Ayant mesuré A*b*, *b*B, A*c* et A*d*, vous conclurez à l'aide de cette proportion, les perpendiculaires *c*C, *d*D, à élever sur A*d*, et dont les extrémités C et D déterminent deux points du prolongement demandé.

Il n'est pas nécessaire que l'oblique A*b* aboutisse sur la ligne donnée AB; une ligne quelconque *fd* suffit; car

$$fb : (bB - fe) : : fc : (cC - fe) : : fd : (Dd - ef).$$

En mesurant comme ci-dessus les distances *fb*, *fc*, *fd*, ainsi que les deux perpendiculaires *ef* et B*b*, et ajoutant *ef* à chacune des valeurs données par cette expression, on obtiendra les longueurs des perpendiculaires C*c* et D*d*.

5° *Jalonner une ligne entre deux points* O *et* P, *invisibles l'un de l'autre* (*fig.* 26).

On opère comme au numéro précédent : la grande difficulté est de savoir quelle direction on donnera à la ligne provisoire O*g*; car il faut, autant que possible, que l'extrémité *g* de cette ligne ne soit pas trop éloignée du point donné P. Si la distance entre O et P n'est pas considérable, il suffit d'envoyer, au point opposé à celui où l'on se trouve, un homme qui, criant à haute voix, indique approximativement la direction qu'on doit donner à O*g*. Quand la distance ne permet pas d'employer ce moyen, on convient d'un signal : c'est ordinairement un coup de feu, quelquefois on emploie les fusées. La ligne O*g* étant établie, on la mesure : arrivé en *g*, on abaisse du point P la perpendiculaire P*g* dont on mesure également la longueur. Puis, divisant O*g* en parties égales O*a*, *ab*, *bc*.....*fg*, on élève des perpendiculaires à chaque point de divisions. On calcule la longueur de ces perpendiculaires à l'aide de la proportion précédente (4°) : on obtient ainsi des

points a', b', c', d', e', f', qui appartiennent à la ligne OP
demandée ; on place enfin des jalons à chacun de ces points,
et cette ligne est jalonnée.

En divisant la ligne Og en parties égales (c'est ce que font
la plupart des géomètres), on se trouve dans l'obligation de
mesurer cette ligne une seconde fois pour établir le pied des
perpendiculaires aa', bb', cc',.... etc., et il peut arriver, pour
peu que le terrain soit accidenté, que le second chaînage ne
soit pas exactement semblable au premier. Dans ce cas les
points a', b', c',...f' n'appartiendront pas à la ligne OP. Pour
obvier à cet inconvénient, et en même temps pour obtenir
plus de facilité et plus de célérité dans l'opération, on place,
en mesurant Og, des piquets de cinquante en cinquante mètres ou de cent en cent mètres. Le calcul des perpendiculaires
aa', bb', cc',...ff' s'abrège alors beaucoup ; car, aa' étant connu, on a $bb'=2aa'$, $cc'=3aa'$.... etc. Il suffit, en outre, de se
reporter à chacun des piquets et d'y élever les perpendiculaires nécessaires.

6° *Deux lignes* AB, CB (*fig.* 27), *se coupant en un point* B,
mener par le point M, *invisible de* B, *une ligne qui concoure au
même point d'intersection.*

Du point M abaissez sur les lignes données les perpendiculaires MA, MC, prenez sur l'une d'elles, MA par exemple, deux
points à volonté a et b; par ces points, élevez sur MA les perpendiculaires indéfinies bb'', aa''. Sur MC établissez les points
a',b' de manière que les distances au point M soient : : MA : MC,
on aura :

$$MA : MC : : Ma : Ma',$$
$$MA : MC : : Mb : Mb'.$$

Élevez ensuite sur MC les perpendiculaires $a'c$, $b'd$ qui couperont les premières en c et d, c et d sont des points de la ligne
MB qui concourt à l'intersection B.

Ce problème trouve souvent son application en forêt, lorsqu'on veut, par
exemple, faire concourir une route, ou une laie, à l'intersection de plusieurs autres routes, le point de départ étant donné.

Autre solution. — Le procédé du 5° est également applicable si l'on peut parcourir l'une des lignes données ; mais
il oblige à mesurer cette ligne qui peut parfois être fort longue. De plus, si le point M est éloigné de ladite ligne, on aura

évidemment des perpendiculaires dont la longueur ne permettra pas d'opérer avec exactitude. Voici, au reste, comment on pourra procéder.

Après avoir abaissé la perpendiculaire MC (*fig.* 27), on mesurera BC, on placera *f* à une distance quelconque de C, puis *g* à une distance *gf=fC*, on aura

$$BC : CM :: Bf : fc,$$
$$\text{et } gd = cf - (CM - cf).$$

29. — Nous avons indiqué (26) la manière de procéder à l'arpentage d'un polygone avec la chaîne; mais ce mode est peu employé, tant à cause de la longueur et des difficultés des mesurages, que des erreurs qui peuvent s'y glisser; pour rendre ce procédé plus exact, on a recours à l'équerre.

En se rappelant l'exposé des méthodes d'arpentage (14), on tracera facilement sur le terrain les figures nécessaires à sa reproduction sur le papier. Il faudra donc d'abord en parcourir le contour et ne procéder à l'arpentage qu'en second lieu. Ainsi, pour lever le trapèze LGON (*fig.* 109), il suffit de marcher sur OG, de mesurer le côté ON, et d'abaisser du point L sur OG, et mesurer la perpendiculaire L*e*. Ou bien encore, de mesurer LN ainsi que NO (nous supposons que ce dernier côté est perpendiculaire sur LN, on s'en assure d'ailleurs avec l'équerre), d'élever au point L et de mesurer la perpendiculaire L*e*, élevée sur LN, et, enfin, de chaîner G*e*, différence des côtés LN et OG.

On fera de même le plan du quadrilatère ABCD (*fig.* 112), en abaissant des angles A et B sur CD, base de chaînage, les perpendiculaires A*a*, B*b*, et les mesurant avec CD.

Soit enfin un polygone ABCDE (*fig.* 102), on en aura le plan en jalonnant AC et AD, et en abaissant sur ces lignes les perpendiculaires B*x''*, E*x* et C*x'*. Il faut, en mesurant AC et AD, prendre la cote aux pieds de chacune de ces perpendiculaires; autrement on ne pourrait avoir, sur le papier, une figure semblable à celle du terrain.

Soit à lever le plan d'un polygone avec la chaîne, des jalons et l'équerre.

Nous appliquerons l'un des procédés exposés (14), soit que l'on adopte un côté du polygone pour base de l'opération,

soit que l'on trace dans l'intérieur une droite quelconque A*f*
(*fig.* 28) sur laquelle on abaisse des sommets B, C, E, F, G,
H du polygone les perpendiculaires B*b*, C*c*, E*e*, etc. Ces
perpendiculaires, lorsqu'elles ne sont pas très-longues, sont
établies et mesurées en même temps que l'on procède au
chaînage de la droite A*f*. Quand la longueur des perpendiculaires ne permet pas de les élever et de les mesurer en même
temps que A*f*, on les jalonne d'abord et on procède à leur
chaînage séparément.

On abrège quelquefois les opérations. Ainsi, la perpendiculaire D*d*, abaissée du sommet D sur C*c*, dispense de mesurer la perpendiculaire qui serait abaissée de ce sommet D sur
la directrice A*f*. On diminue ainsi le chaînage d'une quantité
presque égale à *dc*.

Mais quand le contour du polygone est sinueux, ou lorsque l'étendue du terrain à lever est telle qu'il n'est pas possible, sans s'exposer à commettre des erreurs graves, d'a-
baisser des divers sommets des perpendiculaires sur une
seule base, on adopte d'autres dispositions. On peut, par
exemple, tracer, comme précédemment, une ligne de base
AB (*fig.* 29), puis établir des directrices secondaires telles que
BC, CG, AD, DE, EF et FH que l'on rattache à la base principale par des perpendiculaires C*c*, D*d*, E*e*; HF est en même
temps directrice et perpendiculaire à AB. L'opération est,
comme on le voit, beaucoup simplifiée; car au lieu d'avoir
une grande quantité de perpendiculaires qui exigent toujours
beaucoup de mesurages, et laissent constamment des doutes
sur les résultats, on n'en a que quelques-unes. De plus, les
directrices AD, DE, EF, GC et BC viennent corroborer la position de ces perpendiculaires.

La base principale et les directrices précitées, étant jalonnées, et au besoin les perpendiculaires qui rattachent ces directrices à la base, on procède au chaînage.

Partant de A, on mesurera AB en s'arrêtant aux points G, *d*,
e, *c*, *u*, H; on chaînera ensuite les perpendiculaires C*c*, E*e*, D*d*.
Puis marchant sur les directrices secondaires, si l'on se trouve en A, on mesurera AD; arrivé en *n*, on élèvera sur l'angle
n' la perpendiculaire *nn*', et on achèvera de mesurer AD.
Marchant ensuite sur DE: en *m*, on déterminera l'angle *m*'

par une perpendiculaire; on s'arrêtera en *q* où la directrice touche le contour du polygone ; poursuivant le chaînage, on élèvera la perpendiculaire *rr'* qui détermine le sommet *r'*.

On procèdera ainsi à la mesure de toutes les directrices secondaires, en élevant des perpendiculaires sur chacun des sommets du polygone. La figure indique d'ailleurs les diverses opérations que l'on doit effectuer.

S'il se trouvait dans l'intérieur du polygone des détails qu'il fallût lever, on établirait, en même temps qu'on fait le jalonnage, d'autres lignes auxiliaires, telles que *op*, lesquelles sont rattachées aux lignes qui déterminent le contour du polygone, ou aux perpendiculaires qui rattachent ces lignes à la base. Les piquets plantés au pied des jalons en *p* et en *o* indiquent ces rattachements lorsqu'on chemine sur les lignes EF et FH; on cote lesdits rattachements en chaînant.

Les procédés que nous venons d'exposer peuvent être employés utilement dans les levés des enclaves, vides, îles, etc.; ils sont susceptibles de donner des résultats convenables quand on sait bien manier l'instrument et lorsqu'on ne sort pas des limites permises par la nature même de l'équerre.

Dans certains cas, on combine le procédé du (26) avec les précédents. On peut dès lors s'abstenir d'une base principale et des perpendiculaires abaissées des extrémités des directrices secondaires sur cette base, puisque les diagonales permettent d'atteindre le même but.

30. — Quand on doit faire l'arpentage d'un terrain dans lequel on ne peut pénétrer, tel qu'un bois, un étang, on enveloppe ce terrain d'un polygone rectangulaire, et, au besoin, d'une suite de lignes sous des angles de 45°, 90° et 135°.

S'il s'agit de dresser le plan du polygone (*fig.* 31), on trace d'abord une première ligne AB, sur laquelle on élève une perpendiculaire CB, passant le plus près possible du périmètre du polygone; arrivé en C, on voit que si l'on prolongeait cette perpendiculaire en C', par exemple, on s'éloignerait du périmètre, et que, par conséquent, on aurait beaucoup à chaîner inutilement; car on serait obligé, pour éviter les longues perpendiculaires que l'on aurait à abaisser des sommets *i, l, r, n* sur les directrices C'B, C'E, de tracer deux lignes auxiliaires *n'm'*, *m'o'*, tandis qu'en faisant

en C un angle C'CD = 45° ou DCB = 135°, on abrège beaucoup
l'opération. Établissant donc CD de cette manière et répétant
en D ledit angle de 135°, on obtient DE. Observons, toutefois,
que s'il était possible de jalonner le prolongement CC', on
pourrait en C' faire un angle de 90°, ce qui vérifierait la direction de DE. Revenant au point A, on fera AG perpendiculaire sur AB, puis GF perpendiculaire sur AG, et enfin FE
perpendiculaire sur GF. On aurait pu également prolonger
AB jusqu'en F', et élever F'E perpendiculaire sur ce prolongement; mais on eût été obligé d'établir AG et GF, et, par
conséquent, de chaîner AF' et F'F en plus; on peut toutefois, comme moyen de vérification, jalonner ces deux dernières lignes, et s'assurer que l'angle au point F' est bien de
90°. D'après la marche que nous venons de tracer, l'angle en
E doit être exactement de 90°; il est donc bon de s'en assurer, et dans le cas où on trouverait une différence qui occa-
sionnât une déviation sensible sur la position des lignes ED,
EF, on devrait recommencer le jalonnage.

On a dû remarquer, qu'arrivé en D, nous avons quitté ce
point pour nous reporter en A. Nous avons eu pour but de
partager l'opération, afin de diminuer l'erreur qui se forme
sur le dernier angle par suite de la formation successive des
angles droits sur le terrain.

L'établissement de ces premières lignes exige beaucoup de
soins; la moindre déviation sur l'une d'elles change la direction des suivantes, on doit donc y apporter la plus grande attention.

Pour déterminer les sommets du contour du polygone
donné, on procède comme (29) : ainsi, partant de A, on chemine sur la directrice AB en s'arrêtant aux sommets a et b
situés sur cette directrice; on marche sur BC en cotant l'angle c; puis, sur CD on s'arrête en i; arrivé en k, on élève
une perpendiculaire sur l'un des sommets, soit n, on place
quelques jalons sur cette perpendiculaire, parce qu'elle doit
servir à déterminer les sommets l et r. On procède au levé
de ces sommets : enfin, on continue jusqu'à ce qu'on vienne
fermer le polygone en A, point d'où l'on est parti.

31. — Les levés à l'équerre ont l'avantage sur ceux faits
avec les autres instruments, que l'on peut, avant de quitter le

terrain, s'assurer de l'exactitude du chaînage des directrices ; et, en effet, puisque les angles que forment ces directrices sont droits, la somme des lignes établies d'un même côté du polygone doit être égale à la somme des lignes établies du côté opposé. Il est vrai que lorsqu'on a des angles de 45° ou de 135°, il faut chercher la valeur des tangentes de ces angles ; mais le temps que l'on emploie à ce calcul ne doit pas arrêter la vérification, car il compense grandement celui que l'on prendrait si l'on était obligé, en cas d'erreur, de retourner sur les lieux.

Ainsi, pour s'assurer de l'exactitude du chaînage des lignes qui ont servi à lever le polygone qui nous occupe, on fera la somme des directrices AB et GF, on comparera cette somme à celle formée par la directrice ED, et le côté DC' du triangle DC'C qu'on obtiendra par la formule connue :

$$\overline{C'D}{}^2 = \overline{CD}{}^2 - \overline{CC'}{}^2 ;$$

mais nous avons C'D = C'C ;

donc
$$\overline{C'D}{}^2 = \frac{\overline{CD}{}^2}{2}.$$

Si BA + GF = ED + DC', ou si les deux sommes ne diffèrent que des tolérances admises, on pourra s'en tenir à la première opération ; dans le cas contraire, on devra recommencer le chaînage.

On agira de même à l'égard des lignes EF, AG, C'C et CB. On doit trouver EF + AG = C'C + CB.

Remarquons que lorsqu'on n'a qu'un seul triangle rectangle isocèle, comme nous l'avons dans l'opération qui nous occupe, on peut se dispenser de déterminer les côtés qui comprennent l'angle droit de ce triangle ; car C'D est la différence entre DE et AB + GF, et CC' est la différence entre CB et AG + FE ; et comme C'D = C'C, il en résulte que si la différence entre le mesurage de DE et celui de AB + GF est égale à celle entre le mesurage de CB et de AG + FE, on en conclura également que l'on a bien opéré.

On peut souvent, par des combinaisons analogues, s'éviter de longs calculs, on fera donc bien de ne pas les négliger.

Malgré l'avantage que nous signalons des levés à l'équerre, on ne doit pas cependant faire de cet instrument un usage trop étendu. D'abord, il oblige presque toujours à un mesurage considérable, ou bien à augmenter le nombre des directrices. Ensuite, l'équerre ayant un fort petit diamètre, les rayons visuels que l'on dirige peuvent dévier beaucoup et présenter des déplacements notables dans leur position. Il s'ensuit que les constructions sur le papier sont difficiles et quelquefois laborieuses, en ce qu'on ne peut, qu'avec de grandes difficultés, coordonner les longueurs des lignes avec la position de ces lignes données par les angles. On ne devra donc employer ce mode de levé que lorsqu'on aura à dresser le plan de portions de terrain qui n'excéderont pas 60 hectares.

32. — **Des instruments angulaires.** — Parmi les instruments angulaires on distingue :

Le Sextant,

Le Pantomètre,

Le Graphomètre à pinnules,

Le Graphomètre à lunette,

La Boussole,

Le Cercle, cercle répétiteur ou théodolite.

Ce dernier étant consacré spécialement aux triangulations, nous n'en parlerons qu'au chapitre contenant cette partie de l'arpentage.

On reconnaît deux parties bien distinctes dans les instruments angulaires, en général ; le *limbe,* ou demi-cercle (dans le graphomètre) divisé de degré en degré, ou de demi-degré en demi-degré, et le *vernier* ou *nonius,* mobile avec les pinnules ou la lunette (si l'instrument est muni d'une lunette) autour du centre de l'instrument. Cette lunette ne se mouvait dans l'origine que dans un plan parallèle à celui du limbe, et comme on était obligé de mettre ce dernier en coïncidence avec le plan des objets à observer, il fallait alors, après l'observation, projeter chaque angle sur le plan horizontal, c'est-à-dire *réduire les angles à l'horizon.* On a donc dû chercher un moyen de remédier à cet inconvénient: on y est parvenu en rendant la lunette plongeante ou mobile dans un plan perpendiculaire à celui du limbe. Il suffit en conséquence de rendre ce limbe horizontal au moyen de niveaux à bulle d'air (l'instrument doit toujours en être pourvu), la projection des angles se fait alors immédiatement.

Il est nécessaire cependant de faire remarquer que les graphomètres à pinnules ne donnent les angles réduits à l'horizon, qu'autant que le limbe a été maintenu dans le plan horizontal. Si la position des objets obligeait à incliner ce limbe, il faudrait alors faire les réductions nécessaires. Au reste, la disposition des pinnules ne permet pas de faire des observations lorsqu'on se trouve dans cette circonstance.

33. — **Du Vernier.** — Le vernier est une portion de la graduation du limbe, mais en parties plus petites, disposées de manière que lorsqu'un trait de sa graduation coïncide avec un trait de celle du limbe, les divisions comprises entre ce trait et le *zéro* expriment les fractions de degré, ou la quantité de minutes à ajouter au nombre de degrés compris entre le *zéro* du limbe et le *zéro* du vernier.

Quelques explications sont nécessaires :

Si une ligne AB (*fig.* 32), contient 5 parties d'une division quelconque, plus une portion de partie telle que Bn; pour évaluer la valeur fractionnaire de cette portion, on devra, d'après les procédés connus, diviser l'une des parties en dix, en supposant qu'on veuille avoir des dixièmes, porter Bn sur cette partie et compter le nombre de subdivisions contenues dans Bn. C'est ce qui est représenté (*fig.* 32 *bis*). RT est une des 5 parties de AB que l'on a divisée en 10; en y appliquant la portion Bn, on voit que cette portion contient 6 de ces subdivisions.

Mais quand les divisions sont très-petites, comme celles des limbes, cette application n'est pas possible. Vernier, auteur du nonius appelé communément *vernier* du nom de l'auteur, a trouvé un moyen fort ingénieux de déterminer la valeur fractionnaire des portions de lignes comprises entre deux divisions.

Soit (*fig.* 33), DE $= 9$ parties, si nous divisons D'E' en un même nombre de parties plus une, ou en 10 parties, évidemment chacune des parties de D'E' sera $\frac{1}{10}$ plus petite que les premières. Par conséquent chacun des traits de la division DE se trouvera en avance sur chacun des traits correspondants de la division D'E' de $\frac{1}{10}$, en sorte qu'on aura :

$$a = a' + \tfrac{1}{10},\ a + b = a' + b' + \tfrac{2}{10},\ a + b + c = a' + b' + c' + \tfrac{3}{10}, \cdots,$$

et en général, une division q quelconque de D'E' diffère de la division Q correspondante de DE de $\frac{n}{10}$.

Maintenant, si au lieu de compter la fraction $\frac{n}{10}$ par le nombre q de divisions de D'E', nous voulons obtenir cette même fraction sur une seule division de DE, celle a, par exemple, nous y arriverons évidemment en mettant successivement en coïncidence les traits 1,2,3,4,.... q de D'E' avec les traits 1, 2, 3, 4,..... Q de DE, et chacune des fractions $\frac{1}{10}, \frac{2}{10}, \frac{3}{10}, \frac{4}{10}$,.... $\frac{n}{10}$ viendra se dessiner sur a' ; en sorte que pour évaluer la valeur fractionnaire d'une portion de ligne, moindre qu'une division, il suffira de placer immédiatement le zéro du vernier D'E' à l'extrémité de cette portion de ligne, et de compter le nombre de divisions qui sont comprises entre ce zéro et le trait qui se trouve en coïncidence avec l'une des divisions du limbe DE. Ainsi dans le cas de la (*fig.* 34), la ligne AB contient d'abord 6 parties du limbe DE plus une fraction : laquelle est donnée par la 6ᵉ division du vernier D'E'. Donc AB = 6 parties $\frac{6}{10}$.

Il est maintenant facile d'appliquer ces raisonnements à la division des graphomètres. D'abord, lorsqu'on a un instrument de cette nature entre les mains, il est essentiel de savoir comment on parvient à connaître l'approximation fractionnaire de son vernier. Si le limbe est divisé de degré en degré, et si le vernier porte 30 parties, évidemment on aura $\frac{1}{30}$ de degré ou 2'. Si le limbe est divisé en demi-degré, ce qui est facile à voir, le vernier ayant 30 parties également, on aura $\frac{1}{30}$ de demi-degré ou 1'. Enfin; le limbe étant divisé par tiers de degré, et le vernier portant 40 parties, on aura $\frac{1}{40}$ de $\frac{1}{3}$ degré ou 30".

Soit DE (*fig.* 35), une portion de graphomètre dont le limbe L est divisé de degré en degré ; le vernier V glisse sur la division du limbe de E en D, il est fixé en m. L'espace angulaire est compris entre le zéro de L et le zéro en m du vernier. On comptera d'abord, d'après ce qui a été dit précédemment, le nombre de divisions ou de degrés compris entre

---

¹ Deux morceaux de papier divisés comme la fig. 33, aideront beaucoup à nos raisonnements ; il suffira de les glisser l'un contre l'autre de la manière que nous indiquons.

le premier zéro et le deuxième : il y en a 46 ; ensuite la valeur fractionnaire de l'espace compris entre ce 46ᵉ degré et le trait *m* ou zéro de V sera donnée par ce dernier zéro et le trait du vernier qui se trouve en coïncidence avec l'un des traits de L ; et comme le vernier est divisé en 30 parties, chacune de ces parties vaut $\frac{1}{15}$ de degré, ou 2 minutes ; comptant donc chacune des divisions de V pour 2 minutes jusqu'au trait *n*, on trouve 22' ; donc l'angle observé $= 46°22'$.

Afin de pouvoir lire aisément le vernier, on se sert d'une *loupe* qui grossit les objets.

Le limbe et le vernier portent ordinairement une pince et une vis de rappel. L'une et l'autre constituent un mouvement qui sert à fixer ces pièces ou à les diriger sur les objets à observer.

34. — **Mesure des angles.** — Pour mesurer l'angle compris par deux droites, placez l'instrument à l'intersection de ces droites : assurez-vous au moyen d'un fil à plomb, ou d'une petite pierre que vous laissez tomber verticalement, que le centre de l'instrument correspond à la verticale, passant par le sommet de l'angle. Mettez l'instrument dans un plan horizontal au moyen des vis de calage, en vous guidant des niveaux adaptés au limbe, ou simplement au moyen de la genouillère, si l'instrument n'est pourvu que de ce dernier système, faites ensuite coïncider exactement le zéro du vernier avec celui du limbe ; serrez la pince du vernier placée au-dessous du limbe, et vérifiez si les zéros sont toujours en coïncidence ; dans le cas contraire, servez-vous de la vis de rappel tangente à cette même partie de l'instrument pour les y mettre. Dirigez le limbe, en regardant par la lunette (la pince du limbe doit être entièrement desserrée) sur l'une des droites, sur celle de droite si la graduation va de droite à gauche, sur celle de gauche si elle va dans le sens opposé. Assujettissez l'instrument en serrant fortement la pince du limbe, placée habituellement au pied de la colonne verticale, et amenez définitivement les fils de la lunette sur cette droite (on doit toujours viser le dernier jalon) à l'aide de la vis de rappel tangente à ladite colonne. Cela fait, rendez la lunette mobile en desserrant la pince du vernier et faites-la pivoter jusqu'à ce qu'elle soit dans la direction de la seconde ligne ;

fixez-la en serrant la même pince, et amenez enfin exactement la lunette sur le jalon de gauche au moyen de la vis
de rappel.

Ces mouvements doivent s'effectuer délicatement, sans
efforts et sans toucher à la lunette, autrement on pourrait
forcer l'instrument.

On comptera le nombre de degrés parcourus par la lunette, de la manière qui a été indiquée au numéro précédent,
pour l'exemple (*fig.* 35).

Ces explications ne sont pas applicables à tous les instruments angulaires. Nous avons supposé un graphomètre garni d'une lunette et de niveaux; mais on pourrait en avoir un
qui ne portât que des pinnules, ou n'avoir à sa disposition
qu'un sextant; mais comme la manière d'observer les angles ou de lire sur le limbe est la même pour tous, on ne
diffère que de très-peu; il suffira d'une étude et d'un examen
de quelques instants de l'instrument qu'on possède, si l'on
s'est bien pénétré de nos explications, pour être à même de
s'en servir avec succès.

Du Pantomètre. — L'instrument angulaire, qu'on rencontre encore le plus communément, est le pantomètre. Il ne
diffère du graphomètre que par la forme. C'est, au reste, une
équerre cylindrique partagée en deux parties, l'une immobile reposant par une douille sur le bâton d'équerre, l'autre
mobile, tournant sur l'axe, et servant de vernier. Les pinnules
sont disposées semblablement à celles de l'équerre; son usage est tellement simple, que nous ne croyons pas devoir
entrer dans des détails à son égard.

Nous croyons devoir prévenir, cependant, qu'on ne doit
s'en servir que pour des levés d'une très-petite étendue.

35. — **Vérification des instruments angulaires**. —
On reconnaît l'exactitude du graphomètre, du pantomètre,
des cercles, en général de tous les instuments angulaires,
en s'assurant d'abord, que la ligne des zéros des verniers (s'il
y a deux verniers) correspond exactement à celle du zéro et
de la division 180° du limbe. Dans cette position, si l'instrument porte des pinnules, les quatre fils doivent se confondre.
On s'assure que cette coïncidence existe en plaçant un fil à
plomb à une certaine distance de la station. Quant à l'exacti-

lude des divisions, .on observera, autour d'un seul point, et séparément, un nombre d'angles suffisants; on fait la somme des résultats : si cette somme est égale à 360°, ou si elle n'en diffère que d'une quantité de minutes (si l'instrument donne la minute), égale au nombre d'angles observés, on en conclura que l'instrument est exact. Cette tolérance a, toutefois, une certaine limite, parce qu'il est évident que si on avait observé 15 ou 20 angles, et qu'on trouvât sur la somme 15 ou 20 minutes, il y aurait fort à craindre que l'instrument ne fût pas bien précis. On a reconnu, d'ailleurs, que, avec un instrument de condition ordinaire, les erreurs résultant de l'observation se compensaient à très-peu près. Il convient donc de n'admettre que 5 à 6 minutes.

On répètera l'opération en mesurant les angles deux à deux, puis trois à trois, enfin autant de fois qu'on le jugera convenable, mais suffisamment pour que la vérification porte sur toutes les parties de la graduation. On aura soin de viser des objets fixes, saisissables aux fils, et aussi éloignés que possible.

L'observation des angles autour d'un même point est ce qu'on appelle *tour d'horizon*.

On peut aussi vérifier l'exactitude des instruments angulaires en observant les trois angles d'un triangle, ou les angles d'un polygone. Dans ce dernier cas, la somme des angles observés doit donner autant de fois deux angles droits qu'il y a de côtés dans le polygone moins deux. Mais ces deux moyens de vérification ne sont pas rigoureux en ce qu'ils ne portent ordinairement que sur certaines parties de la graduation.

Erreurs qui se commettent en mesurant les angles. — Les erreurs que l'on commet en mesurant les angles sont dues, le plus généralement, à la lecture sur le limbe et sur le vernier. Ce sont les erreurs de 10 et de 5 degrés, celles de 10 et de 5 minutes. Nous n'avons à recommander que d'apporter une grande attention lorsqu'on procède à cette lecture. On a donc à s'assurer, après avoir transcrit sur le papier la valeur de l'angle observé et avant d'avoir dérangé l'instrument, que les rayons visuels n'ont subi aucune altération et qu'on n'a commis aucune faute en comptant le nombre de degrés et de minutes contenu entre ces rayons.

36.— Répétition des angles. — Il est aussi nécessaire de mesurer deux fois, au moins, le même angle observé ; c'est ce qu'on appelle *répéter* l'angle. C'est la meilleure vérification que l'on puisse faire des observations. — Mais il faut avoir soin de mesurer ledit angle en sens inverse, ou de diriger le rayon donné par le zéro du limbe sur un point différent de celui sur lequel on s'est appuyé d'abord. Ce procédé n'est pas toujours applicable avec un graphomètre, lorsqu'il s'agit du levé d'un polygone, parce que les angles de ce polygone sont presque toujours très-obtus. Dans ce cas, on fera la répétition en mesurant l'angle dans un sens opposé à la marche de la graduation. A cet effet, on mettra le zéro de la lunette en coïncidence avec le trait de la division 180° ; dans cette position on amènera l'alidade ou la lunette sur l'objet de gauche ; on braquera ensuite la lunette sur l'objet à droite, la lecture donnera évidemment le supplément de l'angle dont on cherche la valeur. Il sera facile de déterminer cette valeur. Si, entre cette seconde observation et la première, on trouvait une différence de plus de deux minutes, c'est qu'alors on aurait commis une faute ; il faudrait faire une seconde répétition. Quand les résultats s'accordent à cette tolérance près, on en prend la moyenne arithmétique pour valeur définitive de l'angle.

Nous ne pouvons trop recommander aux élèves de s'exercer sur les instruments, de les manier, de les étudier et de les décrire. Il n'est pas suffisant d'en voir et d'en connaître l'usage : on risquera de commettre des fautes grossières si l'on n'opère soi-même.

On a dû déjà comprendre comment on parvenait à lever le plan d'un terrain. Nous avons décrit la manière de procéder avec la chaîne seule et des jalons ; puis avec l'équerre et la chaîne ; l'un et l'autre procédé exigent, ainsi que nous l'avons fait remarquer, certaines conditions de lieux que l'on peut ne pas toujours rencontrer. D'un autre côté, les opérations faites avec ces instruments ne doivent pas dépasser certaines limites, sans quoi on risquerait de ne pas reproduire sur le papier une figure exactement semblable à celle du terrain. Maintenant nous pouvons vaincre toutes les difficultés et nous étendre sur des terrains de deux à trois cents hectares ; le graphomètre mesurant tous les angles, nous permettra d'établir des directrices dans une position quelconque.

37. — **Levé d'un polygone.** — *Soit donc (fig. 36), à lever le polygone ABC..... HI, adjacent dans la partie ABCD, à des bois qui ne permettent d'opérer que sur son contour.*

Après avoir établi au moyen de jalons les lignes AB, BC, CD, sur le périmètre de ce polygone, on tracera de la même manière les directrices DE, EF, FG..... AI le plus près possible dudit périmètre. On mesurera ensuite ces lignes, ainsi que nous l'avons expliqué (26, 29 et 30), en élevant en même temps de ces directrices des perpendiculaires sur chaque sommet d'angles dudit polygone, on mesurera soit en même temps, soit après le chaînage de ces directrices, les angles qu'elles forment entre elles (34).

Lorsque le contour du polygone présente des sinuosités telles qu'on ne peut déterminer ces sinuosités des directrices principales qu'en faisant usage de longues perpendiculaires, il est préférable de tracer des lignes secondaires *ab*, *bc*, se rattachant aux premières ; on observe les angles qu'elles forment entre elles, ainsi que ceux qu'elles forment avec les directrices polygonales, ou bien on se contente de les rattacher au moyen de perpendiculaires telles que *bd*. Ce dernier moyen est celui que l'on adopte le plus généralement ; il présente plus de facilité dans la construction du plan, et moins d'embarras lors du mesurage. Nous ferons remarquer, toutefois, que ces sortes de perpendiculaires doivent être établies avec le plus grand soin, et que, lorsqu'elles ont plus de 200 mètres, on doit en abandonner l'usage.

38. — On ne doit pas quitter le terrain avant d'avoir vérifié l'exactitude des angles observés. On devra donc, aussitôt après la dernière observation, faire la somme desdits angles, et s'assurer qu'elle est égale à autant de fois 2ᵈ qu'il y a de côtés, ou d'angles au polygone, moins deux.

On devra faire attention de ne pas comprendre, dans la vérification, la valeur des angles extérieurs, tels que AIH, (*fig.* 36), mais leur supplément à 360°. Si, en faisant cette somme, on trouve une ou plusieurs minutes, soit en plus, soit en moins, en ayant égard à l'observation faite (35), on répartira la différence sur chacun des angles observés proportionnellement à leur valeur; à moins qu'on ait plus de confiance à quelques-uns.

Soit donc observé (*fig.* 36)

A =	125°	58′	*Report*	660°	38′
B =	93	57	F =	128	29
C =	151	33	G =	141	22
D =	142	49	H =	98	14
E =	146	21	I, suppl. de 128° 36′ =	231	24
A reporter,	660	38	Somme.	1260°	07′

Le nombre des côtés du polygone étant *neuf*, cette somme devrait être égale à $180 \times 7 = 1260°$. Il y a donc 7 minutes en plus que l'on fera disparaître ainsi qu'il vient d'être dit.

En représentant par S la somme des angles, par D la différence existant sur cette somme, par P l'unité de degré, et par p la correction à faire à chaque unité; la formule sera

$$S : D :: P : p.$$

Le produit de p, par chaque valeur observée, sera affecté du signe — si la différence des sommes est en plus, et du signe + si cette différence est en moins.

D'après cela, on aura, pour valeur définitive des angles du polygone dont il s'agit,

A =	125°	58′	—	0′	45″	= 125° 57′ 15″
B =	93	57	—	0	33	= 93 56 27
C =	151	33	—	0	56	= 151 32 04
D =	142	49	—	0	52	= 142 48 08
E =	146	21	—	0	54	= 146 20 06
F =	128	29	—	0	47	= 128 28 13
G =	141	22	—	0	51	= 141 21 09
H =	98	14	—	0	35	= 98 13 25
I =	128	36	—	0	47	= 128 35 13
Sommes.	1260°	07′	—	7′	00″	= 1260° 00′ 00″

Cette manière de répartir la différence existant sur la somme des angles d'un polygone est conforme à la théorie; mais la pratique la rejette, parce que les causes qui ont produit ces différences sont généralement dues au pointé et à la lecture sur le limbe; elles sont pour un angle comme pour l'autre. On se borne donc à diviser la différence trouvée sur la somme par le nombre de sommets, le résultat s'ajoute à chaque valeur, ou se retranche suivant que l'erreur est en moins ou en plus. Ainsi, l'angle A deviendra $125°58' - \frac{7'00}{9} = 125°57'13''$, l'angle $B = 93°57' - \frac{7'00}{9} = 93°56'13''$, etc.

Il arrive fréquemment que les directrices traversent des vallées profondes, et qu'on n'aperçoit, des points de station, qu'une portion de ces directrices : les angles ne sont dès lors observés que sur les parties visibles de ces lignes. Ces dispositions sont vicieuses, et elles peuvent occasionner des déplacements notables sur la position des directrices lorsqu'on rapporte les angles sur le plan, ou elles produisent de fortes différences sur la somme des angles du polygone. Cela arrive souvent dans les forêts, car les arbres que l'on rencontre à chaque pas sont autant d'obstacles. On commettrait donc de graves erreurs si on faisait disparaître les différences par les moyens précités. Lorsque ces cas arrivent, il vaut mieux briser les lignes tout en évitant d'en multiplier le nombre.

Nous devons aussi recommander de chercher, lors de l'établissement des directrices sur le terrain, à ce que ces lignes ne diffèrent pas trop entre elles dans leur longueur ; car, si un angle est formé par une ligne très-petite et par une très-grande, on ne doit le considérer que comme ayant été mesuré entre deux lignes égales à la plus petite, et il suffit d'un faible dérangement sur le pointé pour occasionner un déplacement sensible dans la position des lignes suivantes.

Il est important d'observer tous les angles des polygones ; de même qu'on ne doit pas négliger d'en mesurer tous les côtés, afin d'avoir toujours les moyens de s'assurer de l'exactitude des opérations. Si quelques obstacles s'opposent à ce qu'il en soit ainsi, on doit chercher à vaincre ces obstacles par des opérations secondaires qui ne laissent aucune trace sur le plan, mais qui doivent être effectuées sur le terrain avec la plus grande précision. C'est dans ces circonstances qu'on a besoin d'établir des parallèles aux directrices, de chercher par le calcul, ou seulement par combinaison, la valeur d'un angle ou d'une ligne ; c'est alors que les problèmes de la géométrie sont d'un grand secours.

On voit des géomètres qui, par négligence ou pour gagner du temps, ne mesurent pas le dernier côté des polygones

(lorsque, bien entendu, il ne se trouve pas de détails à déterminer sur ce côté) et n'observent point les deux angles que ce
côté forme avec ceux qui lui sont adjacents. Souvent aussi,
ayant omis d'inscrire la cote de rattachement ou la cote totale d'une ligne d'arpentage, pour ne pas retourner sur les
lieux et s'épargner les frais d'un voyage souvent dispendieux,
ils concluent cette cote par analogie avec celles d'autres
lignes dans une position semblable, ou n'y ont nullement
égard. Ces géomètres courent les risques de commettre de
grandes fautes, car ils n'ont aucun moyen de savoir, dans le
premier cas, si tous les côtés de leur polygone ont été chai-
nés exactement, et s'il n'existe pas d'erreurs sur les valeurs
des angles ; et, dans le second cas, ils peuvent donner sur le
plan, à certains détails, une position différente de celle qu'ils
doivent avoir.

Des erreurs graves peuvent, nous le répétons, se commettre dans les opérations tout en y apportant les soins les plus
minutieux ; on ne doit donc rien négliger pour être à même
de reconnaître ces erreurs. Nous ajouterons que les opérations obligent parfois à faire des additions ou des soustractions de nombres. Ces opérations arithmétiques ne doivent
jamais se faire de mémoire ; les chiffres doivent être posés
sur le croquis que l'on dresse au fur et à mesure que l'on
opère sur le terrain, à l'endroit même des lignes dont la disposition exige ces sortes de calculs. Comme souvent on est
obligé de recourir à ces opérations, on n'a, dès lors, aucune
recherche à faire.

39. — **Chemins, rivières, ruisseaux.** — Les détails
qui se trouvent dans l'intérieur des polygones et qui doivent figurer sur le plan sont déterminés par des procédés
analogues à ceux que nous avons exposés dans le numéro
précédent. Si, par exemple, on a à fixer la position d'un
chemin, on place des jalons n, m, o (*fig.* 36) aux inflexions
principales de ce chemin ; on chaine de l'un à l'autre, en
faisant usage des jalons intermédiaires si la distance qui les
sépare excède 50 mètres. Quant aux sinuosités, elles sont
déterminées par des perpendiculaires qu'on élève des directrices Hn, nm, mo, ob, au fur et à mesure que l'on procède à
ce mesurage. Les angles que forment ces nouvelles lignes

sont également observés, ainsi que ceux qui les rattachent aux côtés du polygone circonscrit.

On agira de même pour déterminer la position des limites de propriétés ou de celles de natures de culture. Les lignes l*f*, *fg* (*fig.* 36), indiquent ce qu'on peut faire en pareil cas. La dernière de ces lignes se rattache, au point *g*, sur la directrice polygonale BC. On doit, toutefois, chercher à tracer des droites qui traversent le polygone : on fait usage, au besoin, de lignes secondaires. Ainsi, il est préférable de tracer et de mesurer l*g*, et d'établir ensuite *fg*, que de se borner à la ligne brisée l*fg*. Le travail, au cabinet, est beaucoup plus facile, et il en résulte plus de régularité dans l'ensemble des opérations et du plan.

Quand l'arpentage d'un terrain ne doit porter que sur le périmètre, il est nécessaire de mesurer une diagonale telle que l*b*, afin de se prémunir contre les erreurs qui peuvent se glisser, soit dans les opérations du terrain, soit dans les constructions au cabinet. Cette diagonale n'a pas besoin, au reste, de ne former qu'une seule droite, une ligne brisée peut remplir le même but, pourvu qu'on apporte dans la mesure de ses parties et dans l'observation de ses angles, le même soin que réclament les côtés et les angles du polygone enveloppe.

Les sinuosités des ruisseaux, des ravins, etc., se déterminent en établissant également des directrices qui suivent le cours de ces objets, et en élevant, sur ces lignes, les perpendiculaires nécessaires pour lever les petites courbures. La *figure* 37 donne un exemple de ces sortes d'arpentages. On voit que sur les directrices AB, BC, CD et DE des perpendiculaires ont été élevées sur chacune des inflexions formées par le cours d'eau. Lorsque ces inflexions s'éloignaient trop des lignes d'arpentage, on a dû établir, au moyen de jalons, des perpendiculaires *kl*, *hi*, sur lesquelles d'autres perpendiculaires ont été élevées. Ainsi *mo* a été menée sur un angle *lmo*=45°, et afin qu'il n'y ait aucun doute sur sa position, on l'a rattachée par une perpendiculaire élevée sur *lk*.

Deux directrices auxiliaires *ab* et *bg* ont été tracées afin d'obtenir plus de précision dans l'opération; nous ferons observer, à propos des arpentages de l'espèce, que l'exactitude ne dépend pas toujours de l'emploi d'un grand nombre de perpendiculaires; il faut savoir les restreindre, et apprécier, avec discernement, les points sur lesquels elles doivent être abaissées.

Lorsqu'il s'agit du levé d'une rivière dont la largeur ne permet pas de déterminer les deux bords d'une seule opération, on établit, de chaque côté, un système de lignes qu'on rend dépendant l'un de l'autre par des rattachements partiels analogues aux procédés indiqués (25, 4° et 28, 1°). C'est ce qui est représenté (*fig.* 38). Lorsqu'il est possible d'apercevoir, d'une des rives, une ou deux des directrices établies sur l'autre, il faut en arrêter les prolongements. Ainsi MN, pouvant être vue de CD, on prend la cote en *m* du prolongement de cette dernière. Il en est de même du prolongement de NO qui a été arrêté en *o* sur BC. On assure, de cette manière, l'écartement des systèmes établis sur chacune des rives.

40. — **Exercices.** — Nous proposerons, pour exercices, deux problèmes dont on peut tirer de grands avantages.

1° *On a le plan du périmètre d'un massif boisé (fig.* 39). *On demande d'établir, dans l'intérieur, la position d'une clairière ou d'un canton de bois dont le plan a été dressé longtemps après la confection du premier plan.*

Le périmètre du massif est inaccessible par rapport à celui de la clairière, mais d'un point tel que O, on a vu les sommets A, B et C du premier plan, on a observé les angles α et β, et d'un autre point P on a aperçu les sommets D, E, F et G; on a par conséquent observé les angles γ, δ et ε.

Joignez par des droites les points A, B et C, sur AB décrivez un segment capable de l'angle α; sur BC décrivez également un segment capable de l'angle β; les segments se couperont en un point O qui sera celui de l'observation.

Joignez par des droites les points D, E, F et G, sur DE, EF et FG décrivez des segments capables des angles γ, δ et ε, l'intersection des trois segments sera le second point P d'observation. Les points O et P étant ainsi établis, on n'a plus qu'à appliquer sur eux les points correspondants du second plan et de rapporter celui-ci à la place qu'il doit occuper sur le premier.

La détermination d'un seul point suffit, pourvu qu'on observe à ce point l'angle formé par l'un des rayons dirigés sur les points inaccessibles avec l'une des lignes d'arpentage du second plan.

2° *Construire un triangle* MNP (*fig.* 40), *connaissant les angles et les trois droites* OM, ON, OP *menées d'un point intérieur* O *aux sommets*.

Construisons, à l'aide des angles connus, un triangle M'N'P', lequel sera semblable au triangle demandé. Il s'agit de trouver un point O dans ce triangle qui donne, en menant OM', ON', OP',

$$OM' : ON' :: OM : ON, \qquad (1)$$
$$ON' : OP' :: ON : OP. \qquad (2)$$

Or, le dernier rapport de ces deux proportions est connu : O sera donc sur le lieu géométrique des points dont les distances, aux extrémités M et N (1), sont comme OM : ON ; O est également sur le lieu géométrique des points dont les distances à N et P (2) sont comme ON : OP, donc O est à l'intersection de ces deux lieux.

Sur les côtés d'un angle quelconque *cod*, portons *on* = ON, et *om* = OM ; du sommet N' comme centre, et, avec un rayon arbitraire, décrivons l'arc de cercle *v* ; portons ce rayon sur *oc* de *o* en *v* ; avec un rayon plus petit décrivons un second arc de cercle *u*, puis un troisième *t* ; portons également ces rayons sur *oc* ; menons *vv'*, *uu'*, *tt'* parallèles à *mn*, puis du sommet M' comme centre, et avec des rayons égaux à *ov'*, *ou'*, *ot'*, décrivons, sur la feuille de construction, les arcs *v'*, *u'* et *t'* ; ces seconds arcs couperont les premiers en des points *r*, *q*, *s* appartenant au lieu géométrique sur lequel doit se trouver O ; en faisant sur P'N' une construction semblable, on obtient un second lieu coupant le précédent ; leur intersection sera le point cherché ; joignant OM', ON' et OP', et portant sur ces droites les droites correspondantes données OM, ON et OP, joignant enfin PN, NM et MP, on aura le triangle demandé. Les côtés de celui-ci doivent être parallèles à ceux du triangle primitif M'N'P'.

Les élèves pourront s'exercer sur la solution de ce problème qui présente un intérêt tout particulier.

3° *Par un point donné* A (*fig.* 41) *tracer une parallèle à une ligne donnée* BC.

Par un point A pris à volonté sur CB, menez aA, mesurez l'angle AaC ; au point A faites un angle aAd=180° — AaC, ou égal au supplément de l'angle observé en a, la ligne Ad donnée par cet angle sera la parallèle demandée.

On peut, pour avoir plus de précision dans l'opération, chercher un point éloigné n, et se placer sur BC à l'intersection de cette droite avec le prolongement de nA ; il suffira, par conséquent, de faire en A un angle nAd=$n$$a$C.

4° Le problème (36) trouve également une solution avec le graphomètre.

Tracez CD (*fig. 42*) arbitrairement, mais passant par le point donné A ; placez c et c' sur cette ligne, de manière que l'on ait :

$$AC : A c :: AD : A c'.$$

Faites au point c l'angle Acb=ACB ; au point c' faites l'angle Ac'b=ADB, la droite Ab partant de A, et passant par l'intersection b des rayons cb et c'b, concourra au point de jonction des lignes CB et DB.

On peut établir sur la droite AB autant de points qu'on le juge convenable ; il suffit de changer dans la formule précédente les valeurs de Ac et Ac'. On aurait, par exemple :

$$AC : A d :: AD : A d'.$$

41. — De la boussole. — La boussole a été longtemps considérée, par les géomètres comme un instrument incomplet et imparfait, bon tout au plus à orienter les plans et qui ne pouvait être employé que dans des opérations de détails de faible importance. Mais ses avantages sont aujourd'hui bien connus, et la plupart des géomètres l'ont adoptée pour toutes leurs opérations. Les arpenteurs forestiers étant surtout plus à même d'en apprécier l'utilité, en ce qu'en effet elle offre dans les bois des commodités que ne présentent pas les autres instruments angulaires, s'en servent presque exclusivement.

La boussole semble présenter, à ceux qui n'ont pas l'habitude de s'en servir, un inconvénient qu'ils regardent au premier abord comme insurmontable ; les oscillations de l'aiguille par les grands vents les gênent beaucoup dans la lecture des angles. D'un autre côté si, en mettant l'instrument en station, le pôle nord de l'aiguille se trouve placé vers la région sud, l'aiguille tendant toujours à se mettre dans le plan méridien.

quitte cette position aussitôt qu'on l'a rendue libre en lâchant le levier latéral qui l'arrête, parcourt une grande portion du limbe, est arrêtée ensuite par la force magnétique qui l'oblige à revenir sur le chemin qu'elle a déjà parcouru, et est arrêtée de nouveau pour reprendre une nouvelle course. Il en résulte un mouvement de va et vient, qui dure fort longtemps, si on ne l'arrête dès le principe. Pour cela, mesurez à l'œil l'espace que l'aiguille a parcouru la première fois et arrêtez-la brusquement vers le milieu au moyen du levier précité. Rendez-la libre ensuite; en peu d'instants vous pourrez lire l'angle. Ce mouvement s'effectue avant l'observation, lorsqu'on a placé la visière ou la lunette, à peu près dans la direction de la ligne directrice. Vous observez ensuite; pendant ce temps l'aiguille se fixe et il vous est loisible de lire sur le limbe la valeur de l'angle marqué par la pointe de l'aiguille.

Quant aux oscillations causées par les grands vents, l'œil exercé de l'observateur triomphe facilement de cet obstacle.

Il est une remarque essentielle à faire : l'angle que l'on mesure et que l'on obtient avec la boussole n'est pas l'angle formé par la rencontre des deux lignes d'arpentage, mais bien celui que font les directrices avec une ligne invisible se dirigeant au pôle magnétique. Ainsi, quel que soit le point où l'on place la boussole sur le terrain, on retrouve cette ligne par la position que prend l'aiguille immédiatement. En corrigeant cet angle de la déclinaison, on obtient l'angle avec le pôle terrestre ou *nord-vrai*.

La déclinaison, ou la déviation du pôle magnétique au pôle terrestre, est actuellement occidentale; elle tend à devenir orientale; mais comme l'oscillation du méridien magnétique ne s'effectue que très-lentement et dans de longues périodes d'années, la différence, même d'une année à l'autre, n'est pas sensible; nous n'y aurons pas égard. La correction de la déclinaison sur les angles, s'opère soit en même temps que l'on observe ces angles, soit après la construction du plan; il suffit, dans le premier cas, d'ajouter à chaque observation la valeur de cette déclinaison (elle est dans ce moment à peu près de 22° 10'); dans le second cas on fait diverger, vers occident, les méridiennes de cette quantité. On doit préférer ce dernier moyen.

Certaines boussoles portent un petit mouvement, qui permet de faire tourner le limbe de manière à opérer sur l'instrument même la correction de la déclinaison. La ligne des pôles, ou le diamètre 0,180°, ne se trouve plus alors parallèle à l'axe de la lunette, elle incline vers l'ouest de la quantité précitée. Il serait à souhaiter que toutes les boussoles portassent ce mouvement, parce que dans les opérations qui doivent se rattacher à des opérations antérieures, on est à même de prendre la même déclinaison que celle-ci, ou coordonner ainsi les unes avec les autres sans aucun embarras ni tâtonnement.

42. — **Mesure des angles.** — Le zéro de la graduation correspondant à la pointe bleue de l'aiguille, ou le pôle nord, la visière ou la lunette est placée à droite de l'observateur; la graduation court de gauche à droite. Cela posé, l'instrument étant dans un plan horizontal, est placé de manière que son pivot corresponde exactement à la verticale passant par le centre de la station. Tournez-le en sens inverse de la graduation, c'est-à-dire de droite à gauche; amenez les fils de la lunette de manière qu'ils coupent exactement le dernier jalon de la première directrice de gauche. L'aiguille reste stationnaire, le zéro du limbe a marché et se trouve dans le plan vertical, passant par cette directrice; l'angle méridien est compris entre ce plan et le plan méridien, désigné par la pointe bleue de l'aiguille; on lit sur le limbe la quantité parcourue, en se plaçant en face de la pointe bleue de l'aiguille, et on évalue à l'œil nu, ou avec une loupe, les fractions de degré. Ainsi, en admettant que la division soit de degré en degré, si, par exemple, l'aiguille se trouve placée au milieu de deux divisions on aura $\frac{1}{2}$ degré ou 30'; si elle se trouve au tiers, on aura $\frac{1}{3}$ degré ou 20', etc. Si le limbe est divisé en demi-degré, comme cela a lieu le plus généralement, on aura, dans la première hypothèse $\frac{0°30}{2} = 0°15'$, et dans la seconde $\frac{0°30}{3} = 0°10'$. L'œil exercé ne doit pas faire une différence de plus de cinq minutes.

43. — Le placement de l'instrument au centre de la station produit sur les angles une différence que l'on nomme *excentricité de la visière;* cette différence est d'autant plus grande, que les directrices ont moins de longueur. Et, en effet, soit O

(*fig.* 43) le centre de la station ; le pivot de la boussole étant
sur la verticale passant par ce centre, l'angle que l'on cherche
est δOB ; mais la lunette étant en a, on a δaB ; l'angle véritable
est donc entaché d'une erreur $= ba\delta = aBO$, et l'on comprend
que plus OB est petit, plus aBO est grand.

On pourra facilement faire la correction nécessaire, connaissant oB et Oa du triangle aBO, car :

$$\text{Sin } OBa = \frac{aO}{OB}.$$

La valeur de aBO, en supposant $aO = 0,10^c$ est, division sexa-
gésimale.

Sur une distance de 10^m . . . $= 0^o\ 34'\ 22''$
20 . . . $= 0\ 17\ 11$
30 . . . $= 0\ 11\ 27$
40 . . . $= 0\ 8\ 36$
50 . . . $= 0\ 6\ 52$
100 . . . $= 0\ 3\ 26$
500 . . . $= 0\ 0\ 41$

Ces résultats se retranchent de l'angle observé.

On voit qu'à 500 mètres la différence n'est plus appréciable,
et que même sur des distances au-dessus de 100 mètres, elle
peut être négligée dans l'arpentage des détails sans inconvénients.

Mais il est rare que dans les levés de plans ordinaires on se
préoccupe de cette correction ; on se contente de déplacer
vers la gauche le trépied de l'instrument d'une quantité égale
à l'oculaire aO, afin que la lunette se trouve dans la direction
du rayon. Ou bien encore on évalue en B (*fig.* 43) une distance $Bb = Oa$ et au lieu de braquer la lunette sur B on la
dirige à droite sur b.

Il arrive parfois que plusieurs angles sont à observer du
même point. On évite le déplacement du trépied de l'instrument en le disposant de manière que le pivot de la boussole
soit écarté des directrices des quantités od, ad (*fig.* 44) égales à
l'oculaire. L'instrument donnera les angles $ba\delta$, $ca\delta$, lesquels
sont respectivement égaux aux angles BOδ', COδ'.

44. — Choix de l'instrument. — Tout ce qu'il y a à observer dans le choix d'une boussole, c'est de s'assurer que les
deux pointes de l'aiguille sont bien fines, que cette aiguille

tourne bien également autour du limbe, et que sans toucher
ce limbe les pointes en approchent de très-près. Ces pointes
doivent aussi correspondre au même angle, c'est-à-dire que
l'angle marqué par la pointe bleue doit se reproduire exactement par la pointe blanche plus 2^b; enfin, que les divisions
du limbe soient bien égales et uniformément tracées.

Quelques géomètres tiennent aussi à ce que l'axe optique
de la lunette soit bien parallèle au diamètre Nord-Sud de la
boîte. Quand cela a lieu, c'est une plus grande régularité dans
la construction de l'instrument ; mais nous pensons que ce
n'est pas une condition indispensable, parce que l'erreur étant
constante, il ne peut en résulter qu'une faible déviation dans
l'orientement du plan et on peut y avoir égard en même temps
qu'on corrige les angles de la déclinaison. Ainsi, soit (*fig.* 45)
les angles a et b observés avec une boussole affectée d'une
erreur dans le parallélisme des axes égale à β. L'angle m formé
par les directrices $= b - a$, si l'observation avait eu lieu avec
une boussole exacte, on aurait encore $(b + \beta) - (a + \beta) = b - a$
$= m$ attendu que β est une quantité qui se produira sur chacune des valeurs données par la graduation et dans le même
sens.

Malgré les soins des constructeurs, il est rare que l'aiguille
de la boussole soit bien *centrée*, c'est-à-dire que les angles
donnés par les deux pointes diffèrent juste entre eux de 2^b.
Cette incorrection, appelée *excentricité de l'aiguille aimantée*,
provient généralement de ce que les deux pointes et le pivot
ne sont pas parfaitement sur la même droite, ou de ce que
ce pivot n'occupe pas exactement le centre de l'instrument.
Dans l'un comme dans l'autre cas, la correction est facile ;
on l'effectue par un petit calcul qui se fait habituellement de
mémoire, en lisant l'angle donné par la pointe bleue et celui
marqué par la pointe blanche ; on retranche 2^b du plus grand,
puis on prend la moyenne arithmétique des deux valeurs
correspondantes.

Supposons que l'aiguille AB (*fig.* 44 *bis*) pivote en O' au lieu de pivoter au
centre O de l'instrument ; la lecture en A donnera β ; si on lit également en B,
l'angle sera à ce point, $ArB + \beta' = 180 + \beta'$. Mais β diffère de α', qu'on devrait
avoir, de la quantité $(\beta - \alpha)$, β' diffère de α de la même quantité. On aura donc
$\alpha = \beta - (\beta - \alpha)$ et $\alpha' = \beta' + (\beta - \alpha)$. Ajoutant ces deux équations, réduisant, di

visant par deux en observant que $\alpha = \alpha'$ comme opposés par le sommet, on aura

$$\alpha = \frac{\beta + \beta'}{2}.$$

Nous avons exposé, en parlant du graphomètre, qu'il fallait chercher, autant que possible, que les angles observés avec cet instrument fussent compris entre des côtés de même longueur. Cet inconvénient n'existe pas avec la boussole, attendu que le rapport des angles sur le plan est tout à fait différent, et que la transcription d'un angle est indépendante de la transcription du suivant. On peut également multiplier le nombre des côtés du polygone sans de graves inconvénients, il n'en résulte qu'un peu plus de peine dans la construction de ce polygone. Enfin, il importe peu que les directrices traversent des vallées ou des coteaux, et que du point de station on n'aperçoive pas l'extrémité des lignes, parce que les angles n'ont pas besoin d'être observés à la jonction desdites lignes, l'angle donné par la boussole étant formé de la méridienne, ligne fixe que l'on retrouve sur tous les points des directrices, avec ces directrices, qu'importe donc le point où l'on se place sur ces dernières, l'angle pourra toujours être rapporté sur le plan.

Voici un problème difficile avec le graphomètre, et qui ne présente aucune difficulté avec la boussole.

La jonction de deux directrices tombe dans un ravin profond ; on ne peut, par conséquent, apercevoir de ce point de jonction les extrémités opposées de ces directrices, on demande néanmoins la valeur de l'angle qu'elles forment entre elles.

Soit A (*fig.* 46) le point de jonction de deux lignes directrices AB, AC. Pour arriver, avec le graphomètre, à connaître la valeur de l'angle demandé, on est obligé de mener d'un point *a* pris sur l'une d'elles au-delà de l'obstacle, une parallèle à l'autre. Menons donc *tu = sr* perpendiculaires sur AB, et traçons *ab*, passant par les extrémités *r* et *u* desdites perpendiculaires ; l'angle demandé sera *rab* = CAB à cause des parallèles. Si l'opération a lieu dans une forêt, l'établissement de la parallèle *ab* présentera, on doit s'y attendre, des difficultés. On n'a aucune opération préparatoire à faire avec la boussole : Plaçons-nous en un point quelconque de la droite AB, en *n*, par exemple (*fig.* 47), la boussole donnera l'angle α ; plaçons-nous également en *m* sur AC, la boussole donnera β; mais comme δ*n*, δ′*m* et δ″A sont parallèles, l'angle A = (180° — α) + β; ainsi, l'opération se réduit à une soustraction et une addition.

45. — Levé d'un polygone. — Lorsqu'on opère avec un instrument angulaire, il se présente généralement deux méthodes : la *méthode du cheminement* et la *méthode des intersections*. Cette dernière ne peut guère être suivie dans un pays couvert; mais lorsque le terrain le permet, elle peut se combiner avec la méthode du cheminement et accélérer beaucoup le travail. Elle met à même, en outre, de reconnaître les erreurs dans le mesurage des lignes, et souvent celles qui ont pu être faites sur les angles.

Nous avons expliqué (29, 30 et 37) comment on disposait les lignes polygonales sur le terrain, et comment on procédait à la détermination des sommets d'angles et des sinuosités du périmètre d'un terrain d'une nature quelconque. Nous n'avons, en conséquence, qu'à indiquer la marche des opérations lorsqu'on emploie la boussole.

Soit (*fig.* 48) un polygone à lever : on peut, lorsque le contour ne présente pas de lignes trop sinueuses, suivre ce contour et faire autant de stations qu'il y a de sommets; ainsi, en supposant que l'on soit en A, on se dirigera sur B en mesurant la distance AB; arrivé en B, on placera l'instrument au sommet (42), on mesurera les angles α et β que nous nommerons *angles de direction* ou *de déclinaison*. De là, mesurant BC, on stationnera en C pour avoir l'angle de direction *y* du côté CD, on marchera sur CD et on stationnera en D, ainsi de suite.

Remarque. Les lignes ponctuées Aδ, Bδ, Cδ..... indiquent les lignes méridiennes ou la position de l'aiguille bleue, dirigée vers δ, au moment de l'observation. Les arcs de cercle α, β, ν... désignent les angles d'après la graduation du limbe.

Lorsque le contour du polygone est sinueux, ou lorsque les droites qui le forment ont moins de 50 mètres (le plan devant être construit à l'échelle de 1 à 2500), ou moins de 100 mètres (pour l'échelle de 1 à 5000), on établit alors des directrices, telles que FG, GH, HI....... le plus près possible de ce contour; on observe également l'angle de direction de ces lignes, et sur chacune d'elles on élève, en les mesurant, les perpendiculaires nécessaires pour déterminer les sinuosités du contour.

Lorsqu'il se présente des détails dans l'intérieur du polygone, tels que chemins, sentiers, ruisseaux, limites de propriétés, on procède de même. Ainsi, pour un chemin MVO, on partira d'un point connu M, ou d'un point O arrêté sur l'une des directrices (on place des piquets aux endroits rattachés s'il est nécessaire); on stationne aux inflexions les plus apparentes de ce chemin; puis on mesure la distance entre chaque station, en relevant les détails au moyen de perpendiculaires. Il est entendu que toutes les lignes qui doivent être mesurées sont jalonnées à l'avance.

Si un point tel que V se trouve élevé par rapport aux sommets principaux du polygone, et qu'il soit visible de plusieurs de ces sommets, on doit faire usage des *recoupements* : on observe alors l'angle de direction des rayons dirigés de ce point sur les sommets visibles. Ainsi, ayant aperçu C, G et L du point V, ces rayons devront, en construisant le plan, se couper en un seul point V. S'il en était autrement, c'est qu'alors on aurait commis quelques fautes soit dans le travail sur le terrain, soit dans celui au cabinet.

46. — **Observations directes et observations renversées.** — D'après ce qui a été posé (42) sur le mouvement et la graduation de la boussole, on peut en tirer certaines conséquences que l'on ne devra pas perdre de vue. Nous n'avons parlé, dans les paragraphes précédents, que des *observations directes*, c'est-à-dire celles faites dans le sens du cheminement; mais rien n'empêche d'observer, d'une même station, l'angle méridien de la ligne sur laquelle on se dirige, et celui de la ligne que l'on vient de quitter; dans ce dernier cas, on fait une *observation renversée*, et celle-ci doit toujours être égale à la première plus ou moins 2^D. Si, après avoir observé, au point B, l'angle méridien de BC=sv (*fig.* 49), on se transporte en C, et que là on observe non-seulement l'angle de direction CD', mais aussi l'angle méridien de CB= mnp, ce dernier sera égal au premier $sv+mno=sv+480^0$. Et, en effet, le zéro du vernier correspondant à la pointe bleue, laquelle prend la direction Cδ, décrit, en partant de cette direction, une demi-circonférence de plus qu'en B, au-

quel point il ne parcourt que l'arc *sv*, en sorte qu'en retranchant 180° 00 ou *mno* de *mnp*, il reste *op*=*sv*.

Les observations directes peuvent quelquefois être plus grandes que 180°, de même que les observations renversées peuvent être plus petites ; cela dépend du sens dans lequel les observations ont eu lieu par rapport à la méridienne, et l'ordre de la marche que l'on a adopté au point de départ. Si, par exemple, de D (*fig.* 49), on venait en C, et que de C on allât en B, on aurait alors en D un angle *k*, pour DC et en C un angle *mnp*, pour CB tous deux plus grands que deux droits. Quand on tient à n'avoir que des angles n'excédant pas les deux premiers cadrans, on doit alors s'attacher à marcher du Sud-Est au Nord-Ouest, ou du Nord-Est au Sud-Ouest.

L'angle renversé contrôle l'angle direct. L'observation simultanée de ces deux angles est une vérification immédiate du travail qu'on ne doit pas négliger dans une opération un peu importante, et, notamment, lorsqu'on s'occupe d'un polygone enveloppe qu'il convient de bien fermer. C'est un avantage qu'on n'a pas avec le graphomètre, puisque la preuve des observations ne peut avoir lieu que lorsqu'on est arrivé au dernier sommet (38). Aussi est-on quelquefois obligé, si cette preuve n'est pas satisfaisante, de parcourir une seconde fois le polygone ; on se trouve rarement dans ce cas avec la boussole, quand on a soin de faire les deux observations.

Nous devons, à cette occasion, rectifier une erreur dans laquelle sont tombés un grand nombre de géomètres, qui recommandent de faire la preuve des angles indiqués (38) après avoir déduit, des angles de la boussole, ceux formés par les côtés du polygone, afin de s'assurer de l'exactitude des observations. Cette preuve n'amène à d'autres résultats que de convaincre que les déductions ont été bien faites, et que l'on n'a commis aucune erreur dans les additions ni dans les soustractions.

Pour démontrer ce que nous avançons, supposons un polygone (*fig.* 50) dont les angles de direction des côtés ont été observés, ainsi qu'il est indiqué sur la figure. En opérant les déductions nécessaires (49), on aura, pour la valeur des angles intérieurs formés par les côtés du polygone,

$$F = \quad 69° \ 55'$$
$$G = 120 \quad 20$$
$$H = \quad 68 \quad 05$$
$$K = 101 \quad 40$$

Somme. . . $= 360°00'$

Supposons maintenant qu'en F on ait fait une erreur de 8 degrés, et qu'au lieu de 69° 45' on ait 77° 45'. Les angles intérieurs du polygone deviendront

$$F = \quad 61° \ 55'$$
$$G = 128 \quad 20$$
$$H = \quad 68 \quad 05$$
$$K = 101 \quad 40$$

Somme. . , $= 360°00'$

Cette somme est semblable à la précédente, et cela aura toujours lieu quelle que soit l'erreur commise. Au reste, si une faute de lecture sur l'instrument pouvait avoir des résultats graves sur la somme des angles d'un polygone, il s'ensuivrait que jamais cette somme ne coïnciderait avec celle voulue par le nombre des côtés, attendu que l'erreur qui résulte sur chaque angle de l'évaluation à vue des fractions de degré suffirait pour produire sur ladite somme une différence assez notable.

47. — Levés rapides en passant alternativement un sommet. — L'emploi de la boussole permet de passer alternativement un sommet. Car si, au point C (*fig.* 49), on fait la double observation (46), on aura évidemment l'angle de direction de CB et celui de CD ; il sera donc inutile d'observer en B et en D. Quelques géomètres suivent exclusivement cette méthode qui, il est vrai, est plus expéditive. Mais il est à remarquer que si on gagne un peu de temps, on est moins certain des observations et par conséquent du travail en général. Disons aussi, que si l'on a commis une faute dans la lecture d'un des angles de direction, le polygone ne fermera pas, et on sera obligé de retourner sur le terrain ; cette obligation fait disparaître la petite économie de temps qu'on s'est proposée en employant cette méthode. Nous n'engageons donc pas à la suivre, à moins, cependant, qu'il ne s'agisse du levé d'objets de faible importance, tels que sentiers et petits ruisseaux qui

R. F.

7

ne doivent figurer sur les plans que pour leur intelligence

48. — Levé d'un polygone par intersections. —
La méthode des intersections consiste à choisir et à mesurer
une base de laquelle on puisse voir tous les sommets du polygone à lever. Des extrémités de cette base on observe successivement les angles méridiens des rayons dirigés sur chacun de ces sommets. On doit avoir soin de prendre également
l'angle méridien de cette base.

Lorsqu'on peut avoir une seconde base, on observe de
celle-ci les points déjà déterminés par la première ; on a alors
des recoupements qui servent de vérification. Si quelques
sommets n'ont pu être aperçus de la base principale, on les
détermine de la seconde.

Cette méthode n'est pas rigoureuse, à moins qu'on n'opère
que sur une faible étendue de terrain ; mais elle peut être cependant employée avec avantages dans les reconnaissances,
comme présentant une grande célérité. On peut opérer également avec le graphomètre.

Soient donc AB, DE (*fig.* 51), deux bases choisies et mesurées : on observera, des extrémités de la première, d'abord en
B, les angles de direction des rayons dirigés de B, sur les
sommets R, M, N...Q, ainsi que sur D et E, afin de déterminer
la position de la base DE par rapport à AB. En A on fera la
même opération. On se transportera en D, puis on observera
l'angle de direction des rayons dirigés sur tous les sommets
qui pourront être vus de ce point. On fera en sorte que les extrémités de AB soient comprises dans ces dernières observations. Opérant également en E, on obtiendra par conséquent
de nouvelles intersections. Ainsi chacun des rayons dirigés
de A et de B venant se couper en des points R, M, O.... détermineront la position des sommets du polygone ; les intersections des rayons partant de D et de E rectifieront cette position. On n'aura donc plus qu'à tracer les droites AP, PQ, QB.
BR, etc., pour avoir la figure du terrain.

Si on opérait avec le graphomètre, il suffirait de mesurer
les angles OAB, EAB, MAB,.... RBA, DBA, MBA, QBA,.... etc.;
l'opération est, comme on le voit, très-peu différente.

Il arrive parfois qu'un point S (*fig.* 52) n'a pu être vu des
bases : on se transportera alors sur ce point, et si on y aper-

çoit quelques sommets du polygone, tels que M, A, P, B, on observera les angles de direction des rayons dirigés de ce point
S sur ces sommets. Ce point sera déterminé. En effet, à cause
des parallèles méridiennes, les angles observés en S peuvent
être considérés comme ayant été mesurés en M, A, P, B, on
pourra donc rapporter ces angles sur le papier en B, P, A, M,
les rayons se couperont au point S.

Nous ne terminerons pas cet article sans parler du seul inconvénient sur lequel se sont principalement appuyés ceux
qui ont contesté les avantages de la boussole. Lorsqu'on procède à la mesure des angles, si l'on approche de l'aiguille une
masse de fer quelconque, elle ne tarde pas à quitter sa position et à obéir à la force d'attraction qu'on lui présente, l'action est d'autant plus rapide que la masse est plus proche.
Ainsi il suffira qu'en s'approchant de l'instrument on ait des
fiches à la main pour imprimer à l'aiguille des oscillations
qui empêchent la lecture sur le limbe, ou produire sur la valeur de l'angle une erreur très-grande.

Il ne faut donc approcher de l'instrument aucune matière
ferrugineuse. Toutefois l'action de ces matières sur l'aiguille
n'a pas d'effet à toutes les distances : une masse de 1 kil. ne
produit pas d'effet à 50 centimètres de distance de l'instrument dans une position horizontale ; en doublant cette masse
l'aiguille ne change pas encore de position, si cette distance
est également doublée. Il serait facile de tirer des expériences qui ont été faites à ce sujet, une équation qui fixerait les
limites dans lesquelles on doit placer la boussole lorsqu'on se
trouve en présence de masses de fer considérables ; mais
comme ce serait sortir de notre sujet nous laisserons ce soin
à des personnes curieuses des expériences de cette nature.

Nous avons vu (45—48) qu'avec la boussole il suffisait de
stationner à un point pour que ce point fût déterminé. Ce procédé trouve souvent des applications, et nous engageons les
élèves à ne pas le perdre de vue. Lorsqu'une propriété se
trouve limitée par des rochers escarpés séparés par des pro-
fondeurs qui rendent tout mesurage impossible, les points
principaux pourront être déterminés par ce procédé, si l'on a
soin de disposer à quelques distances, deux, trois, ou un nombre quelconque de points qui puissent être vus de ces rochers

Les points secondaires seront levés au moyen d'intersections. On peut dans certains cas, et si la nature du levé l'exige, rattacher aux opérations d'arpentages des clochers, des arbres ou des objets fixes sur lesquels on dirige les rayons nécessaires à la détermination de la crête.

49. — Déduction des angles d'un polygone levé à la boussole. — On a souvent besoin de transcrire sur le plan les angles que forment entre elles les lignes d'arpentage. La boussole ne donnant pas ces angles, il faut savoir les former.

On se rappellera ce qui a été exposé (44).

Pour avoir, (*fig* 48), l'angle ABC, on a évidemment $\alpha - \beta$ = 146° 02' — 62° 05' = 83° 57'.

Pour avoir l'angle extérieur BCD, on a, à cause des parallèles méridiennes, 180° — l'angle observé en B + l'angle γ observé en C = (180° — 62° 05') + 22° 13' = 140° 08', ou (180° + 22° 13') — 62° 05'.

Pour avoir DEF, on a également (180° — 102° 33') + 61° 55' = 139° 22', ou (180° + 61° 55') — 102° 33' = 139° 22';

Soit β, l'angle de direction de EF, on a en général l'équation :

$$E = (180 + \varepsilon) - \beta \qquad\qquad (1)$$

si, en cheminant, le polygone se trouve à gauche de l'opérateur; ou

$$E = (180 - \varepsilon) - \beta' \qquad\qquad (2)$$

s'il se trouve à sa droite : c'est-à-dire que ε étant l'angle de direction de la première ligne dans le sens du cheminement, ajoutez-lui 2^d (1) ou retranchez-le de 180° (2), et retranchez β du résultat ou l'angle de la seconde ligne. Il n'y a d'exception que lorsque l'angle du polygone est plus grand que 180°.

Il est nécessaire de se familiariser avec les calculs de cette espèce, afin de pouvoir les exécuter promptement.

50. — Problèmes. — 1° *Pour mener d'un point A (fig. 53) une parallèle à une droite donnée* BC, il suffit d'observer l'angle de direction α de cette droite en un point quelconque et d'ouvrir, en A, un angle semblable audit angle α.

2° *Pour tracer un alignement entre A et B invisibles l'un de l'autre (fig. 54)*, on mène sous un angle quelconque, une ligne AV, et une autre AV', on se transporte ensuite en B et l'on trace BV', sous une direction égale à AV', puis BV, sous la même direction que AV', les lignes AV', BV, et AV, BV' sont parallèles. On joint VV', le milieu o de cette diagonale est un point de AB. Si on partage BV' en deux parties égales, Vi, iB, et qu'on prenne V$n = \frac{1}{2}$ VB, en traçant Vi, V'n, l'intersection o' de ces deux droites sera un second point de la droite demandée. En faisant encore B$c = \frac{1}{2}$ Bi et B$m = \frac{1}{2}$ Bn, l'intersection o'' de V'm et nc sera un troisième point appartenant à AB, etc.

Si cette opération n'est pas praticable, on prendra B$n = \frac{1}{2}$ BV, on mènera no sous le même angle de direction que BV'; en faisant $no = \frac{1}{2}$ BV', on aura le point o. On obtiendra d'autres points appartenant à AB, en divisant Bn en deux ou trois parties, et en menant, par chaque point de division, des parallèles à BV', puis en donnant à ces parallèles des longueurs égales à $\frac{1}{2}$ no ou $\frac{1}{3}$ no.

3° *Prolonger une droite au-delà d'un obstacle.*

La solution de ce problème est beaucoup simplifiée par la boussole; car il suffit d'établir un point tel que N (*fig.* 55), au delà de l'obstacle, et de marcher sous l'angle de direction observé sur la partie de la ligne AB, déjà établi.

Pour avoir le point N, formez le triangle acB, mesurez et divisez en deux parties égales ac et Bc, par les points b et c de division, tracez bc que vous prolongez; menez ensuite cN à volonté et faites dN $= cd$.

51 — Du calepin, brouillon ou croquis du terrain.
— En résumant les diverses opérations que l'on doit exécuter sur le terrain, on trouve : 1° Établissement des lignes d'arpentage ou *directrices*; 2° chaînage de ces lignes et des ordonnées qui déterminent les sinuosités du périmètre du terrain, lorsqu'il n'est pas possible de cheminer sur ce périmètre; 3° observation des angles que les directrices forment entre elles, quand on procède au graphomètre, ou observation des angles de direction, lorsqu'on opère avec la boussole. Mais il ne suffit pas, on a dû l'entrevoir, d'effectuer ces opérations, il faut aussi prendre les notes nécessaires pour former le plan au cabinet.

Quelques géomètres ont introduit depuis peu dans l'arpentage, l'usage des calepins pour recueillir les opérations; ces calepins sont, en général, disposés de la manière suivante :

Calepin d'un Levé au graphomètre.

STATIONS.	ANGLES.	CÔTÉS.	OBSERVATIONS.
A	° ′ ″ », », »	m d	
B	», », »	AB = », »	
C	», », »	BC = », »	

Calepin d'un Levé à la boussole

(Méthode de cheminement), *fig.* 48.

STATIONS	POINTS VISÉS	ANGLES DE DIRECTION	CÔTÉS.	ANGLES		OBSERVATIONS.
				pris sur	de direction	
		° ′ ″	m d	° ′		
A	M	116, 55, »	AB = 190, 0	»	»	
B	C A	62, 05, » 146, 02, »	BC = 137, 1	»	»	
C	D V k	22, 13, » 133, 13, » 129, 15, »	CD = 76, 5 Ck = 83, 2	V	313, 13	

Lorsqu'il ne s'agit que d'un petit polygone dont on a pu suivre le contour, les opérations du terrain peuvent être recueillies sur un calepin : mais lorsqu'on a à lever des limites sinueuses, telles, par exemple, qu'on en voit (*fig.* 48) sur les directrices FG, GH,.... KL, il faut inscrire non-seulement les longueurs totales des lignes et les valeurs des angles, mais encore les distances de l'origine de départ à chaque pied des perpendiculaires et les longueurs de ces perpendiculaires qui déterminent ces limites. De plus, les opérations d'arpentage ne se bornent pas toujours au levé du contour d'un polygone : on a le plus souvent à dresser le plan d'un lieu dans l'intérieur duquel se trouvent des chemins, des ruisseaux, des maisons, des villages ; on a par conséquent un grand nombre de mesures à inscrire et souvent des annotations à prendre, qui certes

ne peuvent pas trouver place dans un calepin ; le plan doit être
la représentation fidèle du terrain : or, nous pensons qu'on
ne peut arriver à cette représentation qu'en copiant ce terrain
au fur et à mesure qu'on le parcourt, c'est-à-dire à mesure
que l'on chemine sur les directrices.

Il n'y a point de méthode établie pour la rédaction du croquis ou brouillon du terrain. Chaque géomètre a sa manière ;
aussi en résulte-t-il qu'un arpenteur peut fort rarement dresser le plan d'un lieu quand les opérations d'arpentage ont été
exécutées par un autre.

Comme il n'est guère possible d'avoir avec soi des couleurs,
des pinceaux, etc...., les dessins se font à la plume ; on se
munit alors d'un petit encrier que l'on attache par un cordon à sa boutonnière. Quelquefois on emploie simplement le
crayon lorsqu'il ne s'agit que d'une très-petite opération et
que l'on n'a pas à craindre que les traces s'en effacent pendant le temps qu'on opère sur le terrain. Ainsi, les lignes
directrices, les perpendiculaires, et en général toutes les lignes qui ne font pas partie du plan, lignes que l'on distingue,
quand les administrations le prescrivent, par un trait fin de
couleur bleue ou rouge, sont indiquées sur le croquis par un
trait ponctué.

Toutes les lignes qui appartiennent au plan, ou qui représentent les limites du terrain. sont tracées en trait plein.

On distingue les perpendiculaires des prolongements ou directions par un petit v placé au pied et dont l'ouverture est
dirigée du côté où la perpendiculaire a été élevée ; c'est ainsi
que l'indique la *fig.* 65. en *a, b, c, d*.... Lorsque ces perpendiculaires se prolongent de chaque côté de la directrice, on remplace ce signe par celui-ci ×.

Les directions ou les prolongements sont désignés par un
gros point noir. *k* et *l*. Les extrémités des directrices, ou leurs
rattachements entre elles, le sont par un petit cercle, A. B, C,
I, K....

Les mesures sont inscrites sur le croquis dans le sens de la
marche. Ainsi étant parti du point A (*même figure*) pour mesurer AB, le croquis est tenu à la main de manière que l'extrémité B de la ligne qui y est tracée se trouve tournée vers cette
extrémité en faisant face au point B : les cotes sont alors in-

scrites perpendiculairement à cette ligne; par ce moyen on peut reproduire facilement la figure du terrain sans craindre de porter à droite de la ligne ce qui doit être à gauche; de plus on n'est pas obligé de changer la position du croquis chaque fois qu'on a une mesure à y inscrire. Il en résulte aussi moins de confusion dans les cotes, parce que s'il se rencontre des mesures très-rapprochées, on a tout l'espace nécessaire pour les inscrire. Cette disposition permet en outre, à l'inspection seule du croquis, de reconnaître dans quel sens le chaînage a eu lieu et de quel point on est parti, ce qu'il est essentiel de se rappeler.

Les cotes désignant les longueurs totales des lignes d'arpentage sont enveloppées d'un cercle, afin de ne pas les confondre avec celles qui peuvent être placées auprès et qui appartiennent aux détails. Ce soin est indispensable pour n'éprouver aucun embarras lorsqu'on construit le plan. Il évite souvent de longues recherches et des tâtonnements qui peuvent parfois conduire à des fautes fort graves. La ligne AB, ayant une longueur totale de 527,8, cette cote est enveloppée d'un cercle, il en est de même de la cote totale de BC, =199,5.

Les cotes de rattachements des lignes qui viennent aboutir sur d'autres lignes, sont également enveloppées d'un cercle, c'est ce qui a été fait en C, K, L et M.

Les valeurs des angles sont inscrites, lorsque ces angles ont été observés avec la boussole, sur une ligne parallèle à la directrice dont elles déterminent la direction. Elles sont entre parenthèses et aussi rapprochées que possible du point de station. On doit toujours chercher à les placer à droite de ce point, afin de reconnaître également le sens dans lequel les rayons ont été dirigés.

Lorsque les angles ont été observés au graphomètre, on inscrit leurs valeurs sur la birsextrice de cet angle; une flèche indique au besoin le point de la station (angles B, C). Souvent on les inscrit comme en A.

Quelques géomètres indiquent les angles de la boussole par une flèche dirigée dans le sens de la méridienne et au bout de laquelle ils inscrivent les valeurs. Cette indication qui semble, à un premier aperçu, préférable à celle que nous indiquons, peut cependant faire commettre des erreurs considérables lors de la construction du plan; car si l'ouverture de l'angle est très-petite, il est facile de tracer la flèche à gauche de la ligne, au lieu de l'indiquer à droite; on donnera donc sur le plan, à cette ligne, une position différente de celle qu'elle doit avoir. D'ailleurs, comme il suffit de se rappeler que pour traduire les angles de la boussole sur le papier, il faut les construire dans un sens opposé à la marche de la graduation du limbe de l'instrument, nous ne voyons pas la nécessité de charger le croquis d'indications inutiles.

La confection du croquis a une grande importance dans l'arpentage. Un brouillon figurant bien exactement les lieux et toutes les sinuosités des limites des propriétés, des ruisseaux et des chemins, et qui présente de la clarté dans les notes et surtout une bonne disposition dans l'inscription des chiffres, permettra toujours à l'opérateur de produire un plan fidèle du terrain dont il a fait le levé.

On doit aussi bien arrêter à l'avance les signes et les annotations que l'on se propose de porter sur le croquis et ne jamais abandonner ces signes, ni ces annotations pour en adopter d'autres, on risquerait alors de commettre des erreurs graves.

Quelques géomètres ont conseillé de dresser préalablement un plan visuel des lieux dont on se propose de faire l'arpentage. Ce plan visuel, destiné à servir de croquis, doit recevoir les indications et annotations nécessaires à la construction du plan. Nous n'engageons point à adopter cette méthode, car, outre qu'il est fort difficile de figurer convenablement un terrain à vue, lorsque ce terrain est d'une certaine étendue, on ne peut admettre comme possible d'indiquer de cette manière les sinuosités des limites, ni les inflexions si multipliées des ruisseaux et des chemins. Il est préférable de dessiner ces objets au fur et à mesure qu'on procède au mesurage des lignes; ils se groupent tout naturellement chaque fois qu'on élève une perpendiculaire.

Une reconnaissance des lieux est cependant nécessaire; car on ne peut savoir à l'arrivée sur le terrain, à quels endroits on établira les directrices, premières bases du travail; et il n'est possible de disposer leur ensemble qu'après en avoir conçu la charpente, et s'être assuré que toutes les parties du travail seront bien reliées.

Lorsqu'on a omis de déterminer, par une perpendiculaire, un angle du contour d'un polygone, et que l'on ne voit pas la possibilité de revenir sur les opérations pour réparer cet oubli, on résout la question en imaginant une droite AB, (*fig.* 57), qu'on jalonne au besoin, et dont les extrémités s'appuient sur deux sommets déterminés ; on abaisse sur cette droite, du point *n*, une perpendiculaire *mn*, on mesure cette perpendiculaire ainsi que l'une des distances *n*A, *n*B. Cette opération s'indique sur le croquis telle qu'elle a été effectuée sur le terrain.

Mais si le périmètre du polygone n'est pas très-fixe, ou bien arrêté sur le terrain par un fossé, des bornes ou des signes quelconques, on se borne à apprécier à vue la valeur de la flèche *mn*. La ligne périmétrale est alors tracée droite sur le croquis ; mais on indique la courbure en inscrivant la valeur approchée de la flèche dans un petit arc de cercle à l'endroit et du côté de cette courbe (*fig.* 58).

On peut encore déterminer le point *m*, (*fig.* 57), en prolongeant B*m* jusqu'au prolongement de la perpendiculaire *o*A, on mesure alors A*o* et *om*.

La *fig.* 59 représente plusieurs angles déterminés par le procédé précédent ; la *fig.* 60 indique cette même ligne périmétrale rapportée sur le plan.

Lorsque les bords d'un chemin présentent de l'incertitude, on se contente souvent de ne lever que le milieu de la charrière la plus apparente ; on désigne ce milieu sur le croquis par une petite croix, ainsi qu'il est indiqué sur la ligne FG (*fig.* 65), on donne ensuite sur le plan, la largeur voulue à ce chemin en portant moitié de cette largeur de chaque côté de l'axe ainsi déterminé. On agit de même à l'égard des petits ruisseaux, sentiers, etc.

Les fossés, les haies, les chemins, etc., lorsqu'ils dépendent des propriétés, sont figurés du côté de la propriété à laquelle ils appartiennent. Lorsqu'ils sont mitoyens, on les figure de chaque côté du trait qui indique la limite de ces propriétés ; telles sont (*fig.* 65), les lignes DE et EF.

Les bornes, les croix, les arbres isolés ou autres, et enfin tous les objets remarquables, sont indiqués avec soin. On consultera à cet égard le modèle de topographie placé à la suite de cet ouvrage.

Le cours des ruisseaux s'indique par une flèche. Les bâtiments sont distingués au moyen de hachures, ainsi qu'on le fait généralement sur les cartes gravées.

Les piquets qu'on plante ordinairement lors des délimitations entre propriétés sont également distingués par un signe particulier (e, f, g.)

Nous bornerons nos indications à ces données principales, en engageant nos lecteurs à adopter les divers signes que nous venons de présenter; il ne peut en résulter qu'une amélioration sensible dans la partie d'art. Nous n'avons nullement la prétention de faire prédominer notre méthode sur toutes celles qui existent: nous savons qu'elles sont toutes bonnes du moment où le plan qui en résulte est exact. Mais comme aucun auteur n'est encore entré, à notre connaissance, dans des détails de cette nature; que, d'un autre côté, nous avons été à même de reconnaître les inconvénients qui résultaient, tant pour les géomètres que pour les administrations, de l'existence des méthodes particulières, nous avons réduit, autant qu'il nous a été possible, toutes ces méthodes à une seule qui fût générale et pût être suivie par tous. Avec les méthodes particulières, en effet, s'il arrive qu'un géomètre soit forcé d'abandonner un travail commencé, il perd ce travail et les frais qu'il a faits, parce que celui qui le remplace ne peut tirer parti de ses croquis, qui sont pour lui des signes sténographiques dont il ignore et ne peut saisir la clef.

CHAPITRE III.

RAPPORT AU CABINET, CONSTRUCTION DU PLAN.

52. — **Définitions.** — Lorsqu'on a procédé, sur le terrain, à la mesure des lignes et des angles, que l'on a pris, sur un croquis, toutes les notes nécessaires à la formation d'un plan, on a ensuite à dresser ce plan au cabinet.

Cette partie de l'arpentage est, sans contredit, la plus délicate : elle exige beaucoup de soins, de l'aptitude et une grande pratique. C'est dans la construction du plan, qu'on reconnaît un bon géomètre.

Si deux points A et B (*fig.* 74) sont donnés de position ; si l'on a établi entre ces deux points une suite de lignes AC, CD, DE, EF, FB ; si, enfin, on a mesuré les distances AC, CD, ...FB, et observé les angles en C, D, E, F ; on doit s'attendre, en établissant ces lignes sur le papier, à l'aide de ces distances et de ces angles, que les points extrêmes A et B tomberont exactement sur les points donnés ; cependant, il n'en est pas toujours ainsi, les angles pourront souvent conduire à un résultat final, tel que B^1 ; d'autres fois, le chaînage portera le point extrême B, en B^2 (en admettant que l'on ait commencé la construction par A). Il faut donc savoir prévenir les écarts qui résultent des angles, lorsqu'ils sont traduits par les procédés graphiques, et faire disparaître les différences qui proviennent du mesurage des lignes. D'après cela, on peut établir la règle suivante :

Le rapport au cabinet consiste à construire sur le papier, au moyen de mesures, des figures semblables à des figures données sur le terrain ; et à coordonner ces mesures de manière que les différences qui résultent de l'imperfection des instruments, jointes

à celles qui proviennent des difficultés locales qui ont pu se pré-
senter lors de ces mesurages, soient restreintes à leurs plus pe-
tites limites possibles.

53. —La construction la plus facile est celle des plans levés
à la chaîne. Ces sortes de levés consistant, en général, dans
l'établissement de triangles ayant toujours un côté commun
et dont les trois côtés sont mesurés; il suffit de savoir former
un triangle avec ces éléments pour être à même de rapporter
les plans qui ont été levés de cette manière.

Ainsi, ayant tracé sur le papier la ligne I*a* (*fig.* 19), on pourra
établir le sommet C du triangle I*a*C, ou la position des directrices *a*C, IC, en décrivant, du point *a* comme centre et avec
un rayon = *a*C, un arc de cercle indéfini, et en décrivant
également du point I comme centre et avec un second rayon
= IC un arc de cercle coupant le premier au point C; on tracera ensuite *a*C et IC. On construira semblablement le triangle IC*k*, en formant au point *k* une intersection à l'aide de
rayons égaux à I*k* et C*k*. On procédera, après cette première
construction, au rapport des détails : ainsi, on prendra sur
l'échelle à l'aide de laquelle on a établi les côtés IC, I*a*, *a*C,
C*k* et I*k*, une distance IA, que l'on portera de I en A, puisque,
lors du mesurage de cette ligne, on est parti du point I (26),
et une autre = I*e*, de I en *e* ; on portera également sur *a*C, les
distances *ab*, *a*B, de *a* en *b* et en B, on joindra, par une droite
tracée au crayon, les points A, *b*, et par une autre, les points
e, B; sur la première, on portera la distance *bc* mesurée, et
sur la seconde, B*d* également mesurée en partant des points *b*
et B. On joindra *c* et *d* ; la portion de périmètre CB*dc*AI de la
figure est construite. On terminera en portant sur C*k*, les distances C*f*, CD, et sur *k*I toutes celles qui y ont été mesurées ;
on joindra *gf*, sur laquelle droite on portera les distances *g*F
et *g*E, puis sur IC on établira le point *n* qui détermine la position de F*n* ; *n*C ayant été mesuré, on obtiendra, à l'aide de
cette distance, toute la portion du contour DEFG*k* ; sur le
prolongement de G*k* on portera *k*H, on achèvera ainsi le
polygone.

On voit que l'on procède à la construction du plan, tout
comme s'il s'agissait d'un nouvel arpentage. L'ordre est le
même ; la seule différence, c'est qu'on opère sur une bien

plus petite étendue et qu'on emploie l'échelle, le compas et la règle, au lieu de jalons et d'une chaîne.

54. — Nous avons supposé que les côtés des triangles IaC, ICk, étaient assez petits pour qu'on pût, avec le compas, les mesurer sans difficulté sur l'échelle, et établir les intersections nécessaires pour former ces triangles; mais si la longueur de ces côtés ne permettait pas de faire usage de ce procédé, il faudrait alors recourir aux calculs, et opérer de la manière suivante :

Puisqu'on connaît les trois côtés des triangles IaC et ICk, on peut, dès lors, déterminer les valeurs de leurs angles et en faire usage dans la construction. Opérons d'abord pour le premier, et remplaçons les lettres a, b, c de la formule trigonométrique VIII, par celles a, i, c qui indiquent les côtés opposés aux angles correspondants a, I, C (*fig.* 19). Supposons, en outre, que a ou $IC = 950^m8$, i ou $Ca = 677^m7$ et c ou $Ia = 1184^m4$. nous aurons :

$$\frac{a+i+C}{2} = p = \frac{950,8 + 677,7 + 1184,4}{2} = 1406^m45$$

$$\sin \tfrac{1}{2} a = \sqrt{\left(\frac{(p-i)(p-c)}{ic}\right)} = \frac{(\log 728.75 + \log 222,05) - (\log 677,70 + \log 1184,40)}{2}$$

$$\sin \tfrac{1}{2} I = \sqrt{\left(\frac{(p-a)(p-c)}{ac}\right)} = \frac{(\log 455,65 + \log 222,05) - (\log 950,80 + \log 1184,40)}{2}$$

$$\sin \tfrac{1}{2} C = \sqrt{\left(\frac{(p-a)(p-i)}{ai}\right)} = \frac{(\log 455,65 + \log 728,75) - (\log 950,80 + \log 677,70)}{2.}$$

Type du Calcul.

Angle I.

$$\log 455, 65 = 2, 6586314$$
$$\log 222, 05 = 2, 3464508$$

complément arithm. de $\log 950, 80 = 7, 0219108$

Id. $\log 1184, 40 = 6, 9265016$

Somme :   18, 9534946

$$\log \sin \tfrac{1}{2} I = 9, 4767473$$
$$\text{angle } \tfrac{1}{2} I = 17° 26' 30''$$
$$\text{et } I = 34 \ 53 \ 00$$

Nous avons pris, ainsi qu'il est d'usage dans la pratique, le complément arithmétique du logarithme des nombres 950, 80 et 1184,40, pour n'avoir à la fin qu'une addition à effectuer; mais il n'en résulte pas, pour cela, plus de célérité dans le calcul, puisque les soustractions qu'on cherche à éviter, s'exécutent sur les tables. Si on voulait procéder tel que l'indique la formule, il faudrait faire entrer dans le calcul, la valeur du rayon, on aurait alors pour l'angle a

$$2 \log R = 20.\,0000000$$
$$\log 728,\,75 = 2,\,8625786$$
$$\log 222,\,05 = 2,\,3464508$$

$$\text{Somme}: \quad 25,\,2090294 —$$

$$\left. \begin{array}{l} \log\ \ 677,\,70 = 2,\,8310375 \\ \log 1184,\,40 = 3,\,0734984 \end{array} \right\} = 5,\,9045359$$

$$\text{différence} \ = 19,\,3044935$$
$$\log \sin \tfrac{1}{2}\,a = 9,\,6522467$$
$$\text{angle}\,\tfrac{1}{2}\,a = 26^{\circ}\,40'\ 45''$$
$$\text{et}\ a = 53\quad 21\quad 30$$

En calculant semblablement l'angle C, on trouvera 91° 45′ 30″; puis, en faisant la somme des résultats, on a :

$$\text{angle}\ a = \ 53^{\circ}\,21'\,30''$$
$$l = \ 34\quad 53\quad 00$$
$$C = \ 91\quad 45\quad 30$$

$$\text{somme}: \quad 180^{\circ}\,00'\,00'',$$

ou exactement 2^{d}.

Nous aurions pu nous dispenser de chercher la valeur du troisième angle C, puisque, les trois angles du triangle valant 2^{d}, il suffisait de faire la somme des deux premiers et de retrancher cette somme de 180°; c'est ce que font beaucoup de géomètres pour abréger leurs calculs; mais cette manière d'opérer, peut avoir de faux résultats; car, si on s'est trompé dans les calculs de l'un ou de l'autre des premiers angles, on ne peut s'en apercevoir, puisqu'on n'a aucun moyen de vérification et on a alors deux angles inexacts.

En procédant pour le triangle lCk, comme nous venons de le faire pour lvC, et en supposant que $lk = 985,6$ et $kC = 1007,8$, on trouvera pour valeur des angles l, k, C de ce triangle :

$$I = 62° 41' 40''$$
$$k = 56\ 57\ 40$$
$$C = 60\ 20\ 40$$

Connaissant donc les angles des triangles IaC, ICk, il est facile, quelle que soit la longueur de leurs côtés, de les construire sur le papier.

55. — **Rapport des angles sur le papier.** — Il existe diverses méthodes pour rapporter les angles sur le papier : elles seraient toutes exactes, si les instruments qui servent à ces sortes de constructions étaient convenables.

Ce qui vient d'abord à l'esprit, c'est de se servir d'un instrument analogue au graphomètre, ou à la boussole; c'est-à-dire, qu'ayant observé les angles sur le terrain comme nous l'avons vu, avec un cercle ou un demi-cercle divisé en un certain nombre de parties égales, on fasse usage, également sur le papier, d'un cercle ou d'un demi-cercle divisé en un même nombre de parties; mais ce procédé, qui cependant est le plus simple, le plus expéditif et le plus répandu parmi les géomètres, n'est pas celui qui donne les meilleurs résultats. Et en effet, l'opération sur le terrain a lieu entre des côtés fort longs, comparativement au diamètre de l'instrument; les erreurs ordinaires du pointé, ne produisent, sur la division du limbe, qu'une différence fort minime; tandis qu'au cabinet, le contraire a lieu. Les angles ne dépendent pas des côtés, ce sont ces côtés, au contraire, qui sont dépendants des angles quant à leur direction, et comme les instruments qu'on emploie ont des diamètres très-petits, comparativement aux côtés, il en résulte presque toujours, des déviations dans la direction de ces derniers. Supposons (*fig.* 61) que AB soit le rayon d'un cercle à l'aide duquel nous avons à construire un angle M; l'arc intercepté sera sur la circonférence égal à BO; si les côtés qui comprennent M sont beaucoup plus longs que AB, nous devrons prolonger les rayons AB, AO, par conséquent appliquer la règle sur les points A et B et tracer AK; appliquer également cette règle sur les points A et O et tracer AL : mais, dans cette opération, les points A et O, A et B étant rapprochés, il est facile de tracer une ligne telle que AK', et une autre telle que AL', tout en opérant avec le même soin. Cependant, l'ouverture K'AL' est bien différente de KAL, et si l'on devait faire l'application d'une ligne *mn* comprise entre les côtés de cet angle, on trouverait évidemment une grande différence sur la longueur de cette ligne. Cet exposé suffit pour démontrer la nécessité de n'employer dans le rapport des angles, *lorsqu'on opère graphiquement*, que des instruments d'un diamètre aussi grand que possible, et lorsque les côtés de ces angles dépassent le double du diamètre de l'instrument, il faut rejeter cet instrument; ainsi, pour le cas (54), la longueur des côtés des triangles *a*lC, lC*k* (en employant l'échelle de 1 à 2500), ne permettant pas de faire usage des procédés graphiques, nous allons indiquer immédiatement un mode qui peut être employé avec avantage, chaque fois que l'on aura plusieurs triangles à construire sur le papier.

Le cas le plus simple, c'est de déterminer la position de l'un des sommets, au moyen d'une perpendiculaire abaissée de ce sommet sur le côté opposé.

Abaissons C*m'* (*fig.* 19) perpendiculaire sur *la*; nous décomposons le premier triangle l*a*C en deux triangles rectangles, dans lesquels nous connaissons l'hypoténuse et un des angles aigus. Nous aurons, par conséquent, suivant la formule trigonométrique (1),

$$Cm' = aC \sin a,$$
$$am' = aC \cos a,$$

Et pour vérification :

$$Cm' = lC \sin l,$$
$$lm' = lC \cos l,$$
$$lm' + am' = al.$$

Type du Calcul.

$\log 677.5 = 2,8310375$		$\log 677.7 = 2,8310375$
$+ \sin 53^o 21'30'' = 9,9043921$		$+ \cos 53^o 21'30'' = 9,7758350$
$\log Cm' = 2,7354196$		$\log am' = 2,6068725$
$Cm' = 543^m 77^c$		$am' = 404^m 46^c$

Pour abréger ce calcul, on peut disposer les logarithmes de la manière suivante :

$$\left.\begin{array}{ll} \text{Sin } 53^\circ\ 21'\ 30'' = 9,904\ 3821 \\ \text{Log } 677\quad 7 \qquad = 2,831\ 0375 \\ \text{Cos } 53^\circ\ 21'\ 30'' = 9,775\ 8350 \end{array}\right\}$$

$$\begin{array}{l} = \log Cn \\ = \log an \end{array}$$

$$\begin{array}{ll} \text{Log } Cm' = 2,735\ 4196 & = 543^m,\ 77^c \\ \text{Log } am' = 2,606\ 8725 & = 404\quad 46 \end{array}$$

On fait, comme on le voit, la somme des deux premiers, puis la somme du 2ᵉ avec le 3ᵉ. On évite ainsi la double transcription du logarithme du nombre.

Portant donc sur al, en partant de a, une distance $am' = 404^m,$ 46 mesurée sur l'échelle à laquelle on doit construire le plan, et élevant au point m' une perpendiculaire d'une longueur $= 543^m,$ 77, faisant $al = 1184,4$, et menant Ca et Cl, le triangle laC est construit avec une précision qui ne laisse rien à désirer.

On procèdera de la même manière pour le triangle lCk. En abaissant une perpendiculaire du sommet k sur lC, on devra trouver $875^m,$ 80 pour la valeur de cette perpendiculaire, et $498^m,$ 60 pour celle du plus grand segment.

Dans le cas où on ne voudrait pas se livrer aux calculs trigonométriques de l'espèce, on pourrait faire usage de l'une des formules du n° 25, 1°.

Passons maintenant aux divers modes employés par les géomètres dans le rapport des angles sur le papier.

56. — **Du rapporteur.** — L'instrument le plus en usage est un demi-cercle en corne ou en cuivre, que l'on nomme *rapporteur*. Il est divisé de la même manière que les limbes des graphomètres, c'est-à-dire, de degré en degré, ou de demi-degré en demi-degré, les fractions s'estiment à l'œil. Le rapporteur en corne, est préférable en ce qu'il ne salit pas le papier et qu'il s'applique plus exactement sur le trait et sur le point qui servent de base à la construction. On doit rechercher les plus grands, les plus plats et les plus transparents, mais qui aient une épaisseur convenable. Il faut avoir soin de ne pratiquer ni point, ni trou à son centre, les deux traits perperdiculaires qui marquent ce centre étant préférables à toute autre indication. Le côté sur lequel la division a été effectuée, doit toujours être appliqué sur le papier.

On s'assure de l'exactitude de cet instrument, en construisant un grand nombre d'angles et en appliquant successivement son diamètre sur chacun des rayons qui résultent de cette construction. Les divisions du rapporteur doivent correspondre à ces angles, à la différence près causée par chaque déplacement.

Quand on se sert du rapporteur en corne, on doit faire bien attention à la température du lieu où l'on se trouve ; si le local est humide, on le tiendra constamment sur la face graduée ; s'il est chaud, on le posera sur la face opposée.

Rapporter un angle de 34° sur le papier.

On trace une ligne indéfinie MN (*fig.* 62) ; on fixe, par un point très-fin ou par un petit trait tracé légèrement au crayon, le centre O de l'angle, on place le diamètre *ab* de l'instrument, de manière que le trait couvre exactement la ligne MN et que le centre couvre également le point O ; on compte ensuite sur la graduation, le nombre de degrés *av* = 34°, on marque cette division, en *v*, sur le papier, à l'aide d'une aiguille très-fine, puis on enlève le rapporteur : on joint les points O et *v* par une droite, l'angle demandé est construit.

Lorsque les angles à rapporter comprennent des fractions de degré, on évalue ces fractions, de la même manière que sur un limbe de boussole.

On doit avoir soin, dans les constructions de l'espèce, de prolonger suffisamment la base MN, afin que le diamètre de l'instrument y soit toujours contenu en entier.

Quelques géomètres construisent, en outre, l'angle opposé par le sommet à celui dont ils ont besoin : ainsi, ils feront MO*d* = NO*v*, ils obtiennent de la sorte, trois points *d*, O, *v*, à l'aide desquels ils tracent le côté O*v*. Ce procédé est bon : c'est, au reste, une vérification de la construction première.

On a adapté un vernier à des rapporteurs en cuivre : l'opération est alors semblable à celle qui s'exécute sur le terrain avec le graphomètre. Il semble que cette addition soit une bonne amélioration dans le rapport des angles, il n'en est cependant pas ainsi, parce qu'on n'est pas dispensé de prolonger les côtés qui forment l'angle, et qu'on n'évite pas non plus les erreurs dues à l'épaisseur des traits du crayon, et c'est en cela principalement, que les constructions de l'espèce laissent à désirer. Au reste, l'expérience en a fait justice, on en trouve fort peu aujourd'hui dans le commerce.

57. — Rapporteur exact ou table des cordes de

Francœur. — L'imperfection du rapporteur a donné l'idée à Francœur, de calculer la valeur des cordes des arcs compris entre 0° et 180°, pour un rayon de 1000 parties, et d'en former une table. Il suffit, en conséquence, de décrire un arc sur la base qui doit recevoir la construction, avec un rayon = 1000^p, et de porter sur cet arc, la quantité de ces mêmes parties indiquées dans la table.

La formule qui a servi à déterminer la valeur de la corde d'un angle a (*fig.* 63), est celle démontrée (9, *théor.* 1).

Soit abaissée la perpendiculaire Ov sur la corde AD, et qui partage cette corde en deux parties égales, on a :

$$Av = AO \sin \tfrac{1}{2} a,$$

par conséquent,

$$AD = 2AO \sin \tfrac{1}{2} a.$$

AO étant égal à 1000, le calcul se réduit à prendre dans les logarithmes des nombres, le nombre correspondant au sinus de la moitié de l'angle donné et de doubler ce nombre.

Cette formule nous apprend à déterminer sur le papier, avec assez de précision, la valeur d'un angle donné.

Soit AOD (*même fig.*), un angle dont on veut connaître la valeur. Avec un rayon = AO, décrivez un arc de cercle AD, mesurez, avec le compas, la longueur de la corde AD, vous aurez :

$$\sin \tfrac{1}{2} a = \frac{AD}{2AO}.$$

Le rapport des angles par la table des cordes, est bien préférable au procédé (56). Cependant, il ne remplit pas encore le but; car, lorsque les angles sont très obtus, l'intersection qui est faite sur l'arc en y portant la longueur de la corde, est parfois difficile à saisir. D'un autre côté, quand les cordes sont trop longues, on ne peut prendre leurs parties d'une seule ouverture de compas; il faut alors recourir à des tâtonnements qui peuvent amener une erreur sur l'angle et une déviation sur la position du côté à établir.

Rapporter un angle de 48° 20′ (*fig.* 64).

Du sommet O de l'angle, décrivez sur une droite indéfinie OM, un arc de cercle Dq avec un rayon OD = 1000 parties (ces parties sont celles d'une échelle quelconque), cherchant ensuite dans la table, la valeur de la corde 48° 20′, on trouve 818,8, prenant donc sur l'échelle 818 parties $\frac{8}{10}$ que l'on porte sur l'arc Dq, de D en A, le point d'intersection A, joint au sommet O, détermine l'angle demandé.

Si l'on avait un angle dont la partie décimale ne fût point dans la table, on parvient à en déterminer la corde par un calcul semblable à celui indiqué (4).

Quand les angles sont obtus, on opère sur leur supplément. On suppose alors un angle aigu $x = 180 - A$ (*fig.* 66), la construction s'exécute sur le prolongement OL du côté OP de l'angle.

Nous avons admis pour rayon le terme 1000 des tables, mais s'il était nécessaire de réduire ce rayon, dans le cas, par exemple, où on ne posséderait pas d'échelle assez petite (ou ayant les parties assez petites) pour qu'il ne dépassât pas les dimensions de la feuille de papier. On pourrait alors le supposer de 100 ou de 10 parties : il suffirait de déplacer la virgule qui sépare, dans la table, les parties entières des parties décimales, en la reportant d'un ou de deux chiffres vers la gauche. On peut aussi supposer le rayon de 500 parties ; il faut, dans ce cas, prendre la moitié de la valeur des cordes.

58. — Rapport des angles par les sinus naturels. — Ce procédé, fort simple, peut être d'un grand secours en forêt, lorsqu'on ne possède qu'une table de logarithmes.

La mesure d'un angle MOC (*fig.* 67), étant la perpendiculaire av, abaissée de l'extrémité a du rayon Oa ; si nous connaissons cette perpendiculaire, il nous sera facile de construire l'angle O, en décrivant un arc de cercle d'un rayon $= av =$ sin O, et en menant une tangente OC à cet arc. Si donc nous faisons Oa égal au rayon des tables $= 1$, la valeur numérique de av ne sera autre chose que le rapport qui existe entre cette ligne trigonométrique et le rayon.

Construire un angle de 39° 54'.

Sur OM indéfinie, portez O$a = 1$, cherchez dans les tables trigonométriques, le sinus de 39° 54', il est 9, 8071626 ; voyez dans la table des logarithmes des nombres, à quel nombre correspond ce sinus, vous aurez 0, 64145 (2) : du point a et d'un rayon $av = 0$, 64145, décrivez un arc de cercle, et tracez Ov tangentiellement audit arc ; l'angle sera aOv.

Si on fait $Oa =$ 10, av devient =   6, 4145
—   = 100,   —   = 64, 145
—   =1000,   —   =641,   45, etc.

Ce procédé présente, toutefois, un inconvénient, c'est que quand l'angle diffère peu de 90°, av se rapprochant de aO, le tracé de Ov n'est plus possible. Dans ce cas, élevez OD (*même fig.*), perpendiculaire sur OM, prenez le complément de l'angle à traduire, et opérez sur OD comme nous venons de le faire sur OM.

Ainsi, en supposant qu'on veuille avoir l'angle MOC', on construira l'angle C'OD' = (90° — MOC').

Le tracé de la tangente OC pouvant, dans certaines occasions, présenter des difficultés, on peut, dans la construction, faire usage du cosinus naturel de l'angle. On cherchera dans les tables logarithmiques, la valeur numérique de cette ligne, de la même manière qu'on a cherché celle du sinus; on portera ce cosinus de O en v (*fig.* 69), au point v, on élèvera la perpendiculaire vn sur PL, puis on portera également la valeur du sinus naturel sur vu, de v en n, joignant On, l'angle demandé sera POn.

59. — Rapport des angles par les tangentes. — Le rapport des angles par les tangentes, a lieu principalement lorsque ces angles ont été observés avec la boussole. Cependant, le procédé peut être appliqué, quel que soit l'instrument dont on a fait usage lors du levé sur le terrain.

Les tables qui sont nécessaires, ont été dressées par Leterrier, géomètre du cadastre, leur terme ou le rayon est de 500 parties. La formule trigonométrique qui a servi à les établir, est celle démontrée (9, *théor.* 11), on a (*fig.* 68) :

$$bn = ab \; \text{tang} \; a.$$

Soit un carré $abcd$ (*même fig.*) dont le côté ab ou $ad = 500$ parties; il est évident que si l'on considère ce côté comme rayon, la tangente de l'arc bD sera bn. On pourra donc construire tous les angles dont les tangentes prendront place sur bc, ou tous ceux compris entre 0° et 45°; de même que les angles entre 45° et 90°, pourront être construits sur dc, car la tangente d'un arc $bDF > 45°$, n'est autre que celle d'un arc dF ou de son complément.

Rapporter un angle de 33° 54' (*fig.* 69).

Sur LP, portez du point O, où doit se trouver le sommet de l'angle, une distance Ov = 500 parties d'une échelle quelconque ; au point v, élevez une perpendiculaire indéfinie vu, cherchez dans la table, la valeur de la tangente de l'angle 33° 54', elle est 335,99, portez sur vu ces 335 parties $\frac{99}{100}$, de v en n, et joignant On, l'angle demandé est nOP.

On pourrait faire Ov = 50 parties ; on aurait alors, en déplaçant la virgule, vn = 33,599.

De même que si on voulait avoir un rayon de 1000, de 100 ou de 10 parties, on aurait, en doublant la valeur donnée par la table :

pour 1000 parties vn = 671ᵖ98
pour 100 vn = 67,20
pour 10 vu =   6,72

Lorsqu'on n'a pas les tables de Leterrier à sa disposition, on peut se servir des tables logarithmiques ; on procède comme au (58), en remarquant qu'il faut, dans le cas qui nous occupe, prendre le log tangente de l'angle, au lieu du log sinus.

Si l'angle était > 45°, d'après ce qui a été dit, ci-dessus on élèverait OR perpendiculaire sur LP, on porterait les 500 parties = Ov', sur cette perpendiculaire, puis menant $v'u'$ parallèle à LP, la tangente donnée par la table étant $v'n'$, l'angle serait alors u'OP.

Quand l'angle est > 90° et < 135°, on retranche d'abord 1ᵈ de cet angle, et au lieu d'opérer à gauche de la perpendiculaire OR (*fig.* 66), on opère à droite : on porte donc la tangente de v en n ; l'angle demandé est POn.

Si l'angle excède 135° ou 1ᵈ ½, on prend son supplément, puis on procède sur le prolongement de OP ; supposons, pour donner un exemple de ce dernier cas, un angle de 168° 42' ; on a pour supplément 180° 00' — 168° 42' = 11° 18' ; faisant donc Ov = 500 (*même figure*) et $v'n'$ perpendiculaire sur OL = 99ᵖ 91, valeur indiquée dans la table pour tang 11° 18', l'angle dont il s'agit, est POn.

Enfin, s'il n'était pas possible de prolonger OP, l'angle supplémentaire, 11° 18', serait construit au-dessous de OP ; on aurait alors On'' = 500 parties, et $v''n''$ = 99,91 parties ; en prolongeant On", on obtiendrait également POn' = 168° 12'.

Ces constructions sont usitées, lorsqu'on a mesuré les angles avec le graphomètre; mais, si on s'était servi de la boussole, il serait plus avantageux de construire à l'avance, un carré de 500 mètres de côté (*fig*. 68) ; on porte alors les tangentes sur les côtés de ce carré. Nous verrons d'ailleurs bientôt comment on procède dans cette circonstance.

60. — **Rapport des levés à l'équerre.** — Avant de passer au rapport des levés faits avec l'équerre d'arpenteur, il est nécessaire de connaître l'usage des instruments employés dans les diverses opérations qui s'exécutent au cabinet.

Choix et usage des échelles. — Plusieurs auteurs ont recommandé de construire les échelles sur le papier, soit sur la feuille même qui doit recevoir le plan, soit sur un morceau séparé, collé sur une règle bien plane. L'un et l'autre de ces moyens sont incommodes et donnent rarement de bons résultats, parce que, d'abord, il est assez difficile d'arriver à une construction bien exacte de l'échelle; ensuite, parce que les pointes du compas détruisant promptement les traits des échelles de cette nature; on est obligé de les renouveler souvent, et c'est un inconvénient grave, parce qu'il est fort rare que deux échelles, construites ainsi séparément, soient identiques. Il est donc préférable de se servir immédiatement d'une échelle en cuivre.

Les divisions de ces dernières doivent être bien nettes, fines, mais assez profondes, pour que les pointes du compas puissent s'y placer sans difficulté. On en vérifie l'exactitude avec un compas à pointes très-fines.

Le compas dit à *pointes sèches*, est le plus convenable pour mesurer les distances. Ses pointes doivent être allongées et assez fines pour qu'en les tenant l'une près de l'autre, sans les serrer fortement, et les appliquant sur le papier, elles ne forment qu'un seul point.

Supposons une échelle de 1 à 2500, et soit à prendre une distance de 147^m. Placez la pointe de gauche du compas sur le premier trait numéroté 40 (b^4, *fig*. 4); glissez cette pointe, sous une inclinaison du 35° environ, le long de la transversale (b^4, c^4) qui part de cette division 40, et arrêtez-la sur la parallèle cotée 7 (k), qui va d'un bout à l'autre de l'échelle ;

puis appliquez la seconde pointe, celle de droite, sur le trait numéroté 100, et qui coupe perpendiculairement toutes les parallèles ; tenez votre compas d'une main, par la pointe de droite seulement, et maintenez-le du pouce ; portez cette distance sur le plan, en appliquant les pointes de manière à faire des points aussi fins que possible.

Cet exemple est suffisant pour faire comprendre comment on mesure les distances sur l'échelle. On se donnera des longueurs qu'on mesurera plusieurs fois ; les résultats devront être identiques.

Échelle à biseau. — Plusieurs géomètres font usage des échelles dites à *biseau*. C'est une règle plate avec biseau, en ivoire, graduée de la même manière que les double-décimètres ; leur usage consiste donc à compter sur la division, le nombre de parties contenues dans la ligne qu'on veut avoir sur le plan. Les fractions s'estiment à vue.

Ces échelles sont plus commodes que celles en cuivre, surtout dans les calculs graphiques des surfaces ; elles donnent même, dans ce dernier cas, des résultats plus exacts. Aussi, leur emploi a-t-il été fortement recommandé par divers arpenteurs. Cependant, lorsque dans les constructions, le chaînage ne coïncide pas parfaitement avec les distances du plan, elles présentent l'inconvénient d'obliger à des calculs continuels dont on s'affranchit facilement avec le compas. Ajoutons même que pour la division des directrices (74), elles sont d'un bien faible secours, et qu'on se trouve presque toujours dans la nécessité de faire usage de l'échelle en cuivre et du compas, ce qui oblige alors à faire emploi des deux échelles.

Pour porter les distances sur le plan, placez le biseau de l'échelle sur la ligne dont vous voulez déterminer la longueur, de manière que la ligne de foi, ou le zéro de l'échelle, corresponde exactement avec le point de départ de cette ligne, ou son extrémité connue, comptez le nombre de mètres et piquez avec une aiguille l'autre extrémité de la ligne.

Règles et équerres en bois. — Pour élever ou abaisser les perpendiculaires sur le papier, on se sert d'une règle et d'une équerre en bois, ou bien de deux équerres. Ces instruments doivent être bien dressés et aussi minces que possible. Les plus usités sont ceux de Tachet.

Abaisser d'un point P *(fig.* 70) *une perpendiculaire sur* AB.

Placez sur AB l'hypoténuse *nm* de l'équerre *nmo*, appliquez la règle *qr* le long du côté *on* qui forme l'angle droit de l'équerre ; appuyez fortement de la main gauche sur la règle, pour qu'elle n'éprouve aucun dérangement ; faites ensuite tourner l'équerre de manière que le deuxième côté *om* de l'angle droit prenne la position *o'm'* qu'occupait le premier, et faites glisser ladite équerre contre la règle jusqu'au point P ; tracez la ligne le long de l'hypoténuse qui se trouve actuellement dans une position perpendiculaire à AB.

Lorsqu'on a plusieurs perpendiculaires à élever sur la même ligne, on a soin de porter à l'avance toutes les distances qui déterminent la position des pieds des perpendiculaires, on n'a plus alors qu'à faire glisser l'équerre aux différents points où doivent être élevées ces perpendiculaires.

On s'assure de l'exactitude de l'équerre, c'est-à-dire que les côtés qui forment l'angle droit, sont bien perpendiculaires l'un à l'autre, en plaçant l'un des côtés, soit *on* (*fig.* 71), le long d'une règle *qr* bien dressée, puis, avec un crayon très-fin ou une pointe d'aiguille, on trace *om* le long du second côté de l'angle droit. On retourne l'équerre sans déranger la règle, on trace une seconde perpendiculaire *om'*, les deux traces doivent se confondre.

Comme la propreté d'un plan dépend beaucoup de la propreté des instruments dont on se sert, on doit nettoyer ces instruments le plus souvent que possible. On emploie, à cet effet, la gomme élastique et préférablement la peau de gant. Il faut, toutefois, avoir soin de toujours placer sur le papier le même côté de la règle ou de l'équerre ; de même qu'on pose les échelles en cuivre sur une bande de papier, pour éviter que le contact de ce métal ne noircisse le plan. Ou mieux on encastre les échelles dans une petite planche en bois disposée de manière qu'elles se trouvent inclinées vers la lumière de 10 à 15 degrés.

Avant de procéder à la construction d'un plan, il faut être fixé sur l'échelle à laquelle ce plan doit être construit. Nous avons indiqué (15) les échelles adoptées par les administrations des forêts et du cadastre ; mais rien ne fixe sur le choix de celles des plans de propriétés particulières. On peut donc avoir à adopter les rapports de 1 à 10, de 1 à 100, ceux de 1 à 25, de 1 à 250 ; ceux de 1 à 50 ou de 1 à 500, etc., suivant la grandeur ou le degré de précision que ces plans doivent avoir. Or, ces rapports sont évidemment décuples ou centuples, de ceux de 1 à 1000, de 1 à 2500 ou de 1 à 5000 ; on peut donc employer les échelles de 1 à 1000, de 1 à 2500, etc., en multipliant par 100 ou par 10 chacune des distances que l'on aura à prendre sur ces échelles.

Si l'on a, par exemple, $37^m, 4^d$ à porter sur un plan dont le rapport au terrain soit de 1 à 100, on prendra l'échelle de 1 à 1000, on multipliera ces $37^m, 4$ par 10, ce qui donne $374^m, 0$; si le rapport de ce plan était de 1 à 10, on aurait $37^m, 4^d \times 100 = 3740, 0$ à mesurer sur la même échelle.

De même qu'on peut se servir de ces mêmes échelles pour des rapports 10 fois ou 100 fois plus petits, on aura, dans ce cas, à diviser par 10 ou par 100, chacune des valeurs des distances à mesurer sur les échelles.

61.—Construction d'un polygone levé à l'équerre. — Passons maintenant à la construction du polygone (30) (*fig.* 31). Assurons-nous d'abord de l'exactitude du mesurage des lignes d'arpentage, opération que nous ferons actuellement, bien qu'elle doive être faite avant de quitter le terrain. nous aurons (31) :

$$AB = 245, 6$$
$$+ GF = 213, 2$$
$$\text{somme } 458, 8$$

$$DE = 313, 3 +$$
$$C'D = \sqrt{\frac{\overline{CD^2} \dots}{2}} = 144, 6$$
$$\text{somme } 457, 9$$

La différence entre ces deux sommes, n'étant que de $0^m, 9^d$, nous en concluons que le chaînage des directrices AB, FG, CD, DE est exact.

Ensuite :

$$EF = 187^m, 2^d$$
$$AG = 105, 8$$
$$\text{Somme. } 293, 0$$

$$CB = 149^m, 0^d$$
$$CC' = 144, 6$$
$$\text{somme. } 293, 6$$

La différence n'étant que de $0^m, 6^d$, nous pouvons conclure également qu'il n'a été commis aucune erreur dans le mesurage des lignes EF, GA, CB et CD.

Pour construire ce polygone, nous tracerons une première ligne indéfinie BF'; à l'extrémité B, nous élèverons une perpendiculaire BC, et prenant sur l'échelle adoptée pour le plan, une distance BC = 149^m, 0, nous la porterons de B en C; à ce dernier point, nous construirons un angle BCD = 135° 00'; prenant une seconde distance AB = $245^m, 6^d$, nous la porterons de B en A; en A nous élèverons une perpendiculaire AG d'une longueur = $105^m, 8^d$, puis menant GF parallèle à BF', nous ferons GF = $213^m, 2^d$; en F, nous élèverons FE perpendiculaire sur GF, que nous ferons = $187^m, 2^d$, puis nous mènerons, par l'extrémité E, une parallèle ED à BF', nous porterons ED = $313^m, 3^d$ sur cette parallèle; cette dernière distance doit tomber à l'intersection de cette droite avec CD, tracée précédemment; de plus, nous devons avoir CD = $204^m, 6^d$ et l'angle EDC = 135° 00'.

Cette construction peut être abrégée: on peut porter GF sur BA prolongé et élever en F', une perpendiculaire F'E = EF + AG = $293^m, 0^d$; puis prolonger la perpendiculaire BC d'une quantité CC' = $\sqrt{\overline{\dfrac{CD^2}{2}}} = 293^m, 6^d$. On devra, par conséquent, avoir EC' = ED + C'D = $457^m, 9^d$.

Si la somme des lignes parallèles ne présentait aucune différence, il est clair que les côtés ED et CD que nous avons établi en dernier lieu, contiendraient exactement le nombre de parties de l'échelle indiqué par le mesurage, et l'intersection en D, ne formerait qu'un seul point. Mais les lignes parallèles AB, FG et DE différant entre elles, de $0^m, 9^d$, et les lignes AG, EF et BC de $0^m, 6^d$, l'intersection D n'aura pas lieu. Dans ce cas, doit-on déplacer les directrices et faire coïncider les distances sur le plan avec le mesurage, ou doit-on considérer les angles comme invariables? alors les valeurs des lignes devront être modifiées. La nature de l'instrument ne doit pas nous faire balancer à adopter la première proposition; mais faut-il changer un angle plutôt que l'autre? Si l'angle E où l'on est venu fermer le jalonnage (30), a été trouvé exact, on ne peut évidemment ne modifier qu'un seul sommet. Dans ce cas, on devra déplacer toutes les lignes, de manière que chaque angle subisse une légère modification dans son ouverture, tout en donnant à chaque ligne les longueurs indiquées par le chaînage. Si, au contraire, cet angle E ne s'est pas trouvé tout à fait de 90°, on pourra, sans craindre d'erreur sensible dans les parties du plan, porter toute la modification sur ce seul sommet. On aura cependant à considérer que si ledit angle E se fût trouvé > 90°; il faudrait chercher à ce que, sur le plan, il remplît cette condition ; de même que s'il eût été trouvé < 90°, il devrait avoir sur le plan une ouverture plus grande que 1ᵈ.

Nous recommandons, toutefois, de ne pas agir trop légèrement dans les corrections de l'espèce, les difficultés que l'on aura rencontrées sur le terrain, en mesurant les lignes ou en les établissant avec l'équerre, doivent guider principalement ; la pratique fait le reste. Une conclusion trop prompte peut conduire à dresser un plan qui ne soit pas entièrement homologue à la figure du terrain. Ce serait également un tort grave de n'avoir nullement égard aux différences qui se produisent à la suite des constructions, car la longueur de chaque ligne étant donnée par le chaînage, on doit avoir sur le plan la même quantité de parties de l'échelle, qu'on a trouvé de mètres sur le terrain, et si l'on fait subir une correction à l'une de ces lignes, une correction proportionnelle doit être faite à toutes les autres. C'est un principe qui frappe l'esprit et duquel on ne doit pas se départir.

En engageant à modifier, sur le plan, les angles établis avec l'équerre, nous n'avons pas entendu poser un principe général qu'on devra appliquer dans toutes les circonstances. Bien que ces angles ne puissent jamais être considérés comme très-précis, on ne doit pas cependant en modifier trop l'ouverture, parce qu'il pourrait en résulter un changement notable dans la forme du plan. Si nous avions trouvé une différence de 2, 3 ou 4 mètres sur la somme des directrices opposées et parallèles, nous n'aurions pas pu, avec des longueurs comme celles cotées sur la *fig.* 36, établir d'une manière satisfaisante, le polygone principal A, B, C... G ; il aurait fallu, évidemment, chercher à connaître la cause de cette différence.

Les opérations faites à l'équerre, donnent un moyen de vérification sur le terrain même, et la nature du procédé d'arpentage exige que l'on fasse cette vérification aussitôt après le mesurage des lignes.

Après avoir arrêté le canevas du plan, on passera au rapport des détails. On suit, dans ce rapport, la marche adoptée dans le levé. Ainsi, sur BC, on portera une distance = Bc, on obtiendra le point c ; sur CD, on portera la distance Ci, puis la distance Ck ; en k, on élèvera kn perpendiculaire sur CD ; sur cette perpendiculaire, on portera une distance = kl', puis une autre = kr' et enfin une dernière kn ; on élèvera les perpendiculaires l'l, r'r, que l'on fera respectivement égales aux distances mesurées, on joindra les points c, i, l, r, n, par des droites qui donneront cette partie du contour du polygone. On procèdera ainsi sur toutes les directrices ; on s'aidera des cotes inscrites sur la figure.

62. — Rapport des levés au graphomètre. — Nous avons déterminé (38) les valeurs définitives des angles du polygone (*fig.* 36) ; nous allons procéder à la construction de ce polygone, en nous servant des mesures inscrites sur cette figure. Quant au rapport des angles, nous adopterons le procédé indiqué (57).

Tracez, avec un crayon très-fin (1), une droite indéfinie, et (*fig.* 72) portez sur cette droite une distance DE = 244, 3 ; des points D et E comme centres avec un rayon = 1000 ou 100 parties de l'échelle du plan, décrivez les arcs indéfinis mn, m'n' (les côtés du polygone n'étant pas très-grands, nous admettrons 100 parties de l'échelle pour le rayon), puis, cherchez dans la table des cordes, la valeur de la corde du supplément de l'angle E, ou 33° 40', elle est 54p, 4, en reportant la virgule d'un chiffre vers la gauche, c'est donc 54m, 4 à porter de m en n, tracez la droite En que vous prolongez indéfiniment ; l'angle DEF = 146° 20' est construit. Pour avoir l'angle D, son supplément étant 37° 12', la table donne 63p, 9 pour la corde m'n' ; portant donc 63m, 9 mesurés sur l'échelle,

---

(1) Il est bon, quand on procède aux constructions premières des directrices, de tailler la mine du crayon plate en forme de lame de grattoir ; les traits sont alors plus fins, plus nets et plus saisissables à la pointe du compas.

de m' en n', vous aurez cet angle=142° 48'; faites ensuite EF=160^m, 5 et DC=162^m, 2, et sur les prolongements de ces côtés, établissez FG et CB de la même manière, c'est-à-dire, faites l'angle $n''Fm''$= 180° — EFG = 51° 32', et l'angle $m'''Cn'''$= 180°—BCD=28° 28', puis faites FG=220^m, 7, et CB=150^m, 6; continuez de droite et de gauche à la fois, afin que l'erreur (s'il en existe une), lorsque vous arriverez aux derniers côtés, soit aussi petite que possible; vous obtiendrez à la fin une intersection. Les côtés qui forment cette intersection, devront avoir sur le plan, autant de parties de l'échelle qu'il a été mesuré de mètres sur le terrain; de plus, l'angle intercepté devra avoir une ouverture égale à celle observée. La moindre différence que l'on reconnaîtrait, soit dans la longueur de l'un ou de l'autre côté, soit dans la valeur de l'angle, dénoterait une erreur dans le mesurage des lignes ou dans l'observation des angles. Dans l'un ou l'autre cas, on doit se garder d'arrêter le canevas, autrement l'analogie qui doit exister entre le plan et le terrain, n'aurait pas lieu.

Au cas dont il s'agit, le côté GH, qui a été mesuré 96^m, 1^d, se trouve avoir 106 mètres par suite de la construction que nous venons d'effectuer. Nous avons donc une différence de 10^m, 1^d. Le côté HI' contient bien les 285^m, 6^d indiqués par le brouillon, et l'angle en H ne présente pas, dans son ouverture, de différence sensible. Ce résultat peut nous porter à croire qu'une erreur de 10 mètres a été faite en chaînant GH; cependant, avant de nous arrêter à cette hypothèse, nous devons nous assurer si, en ajoutant 10 mètres à la valeur de ce côté, nous serons dans le vrai. Cette vérification ne peut avoir lieu, comme on le pense bien, qu'en se transportant sur les lieux et en mesurant de nouveau GH; mais, contre notre attente, nous trouvons que la cote totale 96^m, 1^d ne doit pas changer. Il faut alors poursuivre notre vérification, car, bien certainement, une erreur existe sur l'un des côtés du polygone. Et d'abord, en mesurant HI, nous trouvons qu'au lieu de 285^m, 6^d, cette ligne n'a que 284^m, 4^d; c'est une erreur de complément (18) qui a été commise sur la chaîne à la dernière portée; en outre, AI doit avoir 126^m, 2^d.

On voit que si nous avions persisté dans notre première hypothèse, nous aurions donné 10 mètres de plus à GH, tandis que 10 mètres doivent être ajoutés à AI; qu'en outre, nous aurions considéré HI comme exempt d'erreur, lorsque sa longueur doit être diminuée de 1^m, 2^d, le polygone eût donc augmenté du trapèze HH'II'.

Nous avons admis que les erreurs existaient sur les cotes totales des lignes, et que c'était seulement en inscrivant ces dernières cotes qu'on s'était trompé. Il pourrait arriver cependant, que ces erreurs eussent été commises sur une partie quelconque des directrices, alors les cotes de détail seraient entachées elles-mêmes de ces erreurs, il faudrait dès lors, au moment de la vérification, chercher à quel endroit on a commis la faute.

Étant revenu au cabinet avec la certitude qu'il n'existe plus d'erreurs dans le chaînage, nous recommençons le rapport des lignes principales d'arpentage, ou seulement nous rectifions celles sur lesquelles nous avons trouvé des différences. Mais la seconde application nous fait reconnaître que le côté III', qui est devenu I'H, au lieu de 284^m, 4^d, a actuellement sur le plan 282^m, 4^d, c'est donc une nouvelle différence de 2^m. Mais cette dernière rentrant dans les tolérances que l'on accorde aux géomètres; nous nous en tiendrons à ce qui a été fait, car elle peut aussi bien provenir de la construction que des diverses pentes du sol qui, malgré tous les soins qu'on peut apporter dans le chaînage, occasionnent toujours des différences sur les longueurs.

Ici se présente la même question qu'au n° 61, devons-nous laisser la construction telle que nous venons de l'établir en dernier lieu? Dans ce cas, le côté IH n'aura que 282^m, 4^d sur le plan au lieu de 284^m, 4^d mesurés : évidemment non, car il n'y a pas de raison pour que ce côté ait plutôt que tout autre moins de parties de l'échelle qu'il a été trouvé de mètres sur le terrain; on doit donc modifier le rapport de manière que, *tout en ne changeant pas les angles, les côtés subissent une correction proportionnelle à la différence reconnue à la jonction des deux derniers côtés du polygone.* Ces corrections sont fort délicates; aussi peu de géomètres s'y attachent, ils se contentent de modifier arbitrairement la position des deux ou trois dernières lignes construites, en se fondant sur ce que les différences de l'espèce étant généralement fort minimes, c'est peine

perdue que de s'en occuper sérieusement. Comme nous devons donner les moyens de dresser des plans exempts de
toute irrégularité, et que d'ailleurs des raisonnements semblables dénotent peu d'aptitude et de goût pour les travaux
géodésiques, nous allons indiquer, en invitant nos lecteurs
à le retenir, un procédé qui, sans obliger à de longues opérations, permet de faire disparaître d'une manière rationnelle
ces petites différences et même de plus fortes.

63. 1º — Supposons que deux points A et B (*fig.* 73) soient
donnés de position; que de A pour arriver à B, on ait établi
les lignes AC, CD, DE, EF, FB, et que par suite de la construction on ait sur le plan AC', C'D',....F'B'; ainsi, le point
extrême B' au lieu de tomber en B, se trouve occuper la position B'. Il faut nécessairement que les sommets C', D', E' et
F' soient reportés vers A d'une certaine quantité, laquelle doit
être dans le rapport : : AB : AB', c'est-à-dire qu'ayant abaissé
les perpendiculaires $Cc, C'c'$, Dd, $D'd'$,.... on doit avoir :

$$AB' : AB :: Ac' : Ac :: Ad' : Ad ::\ldots\ldots :: Af' : Af.$$

Ainsi on pourra toujours établir, soit graphiquement, soit
par le calcul, les pieds c, d, e, f, des perpendiculaires $cC, dD\ldots$
fF, sur AB; en menant ensuite BF parallèle à B'F', EF parallèle à E'F', DE à D'E', etc.; la ligne brisée ABCDEFB sera dans
les mêmes conditions que la ligne primitive A'B'C'D'E'F'B',
les longueurs des parties de cette dernière seulement auront
changé.

La formule : $AB' : AB :: Af' : Af$, donne :

$$AB' : AB :: AB'-Af'=B'f' : AB-Af=Bf;$$

Et à cause des angles égaux fBF, f'B'F',

$$B'f' : Bf :: B'F' : BF,$$

Et par suite : $AB' : AB :: B'F' : BF.$

Ce qui donne le moyen de déterminer la valeur numérique
de BF. On a également :

$$AB' : AB :: E'F' : EF,$$
$$AB' : AB :: C'D' : CD, \text{ etc.}$$

L'opération serait la même si B', au lieu d'être placé sur le
prolongement de AB, se trouvait sur cet axe, entre A et B.

2º Mais il peut arriver aussi que le point B' se trouve au-
dessus ou au-dessous de AB. En supposant qu'il soit au-dessus

(*fig.* 74) : le tracé sur le plan de la suite de lignes AC¹, C¹D¹...
F¹B¹ nous donne un axe AB¹, lequel devrait passer par le point
donné B. Pour amener cet axe dans sa position véritable, il
suffit de rabattre chacun de ses points sur AB. Abaissons sur
AB¹ les perpendiculaires F¹f², E¹e¹, D¹d¹, C¹c¹, et d'un rayon
égal à AB¹ décrivons l'arc de cercle B¹B², rabattons de la même manière les pieds f¹, e¹, d¹, c¹, des perpendiculaires abaissées sur AB¹, des points f², e², d², c², où les arcs rencontrent
AB, élevons les perpendiculaires f²E², e²E²... c²C², que nous
ferons respectivement égales à f¹F¹, e¹E¹....c¹C¹, joignant les
extrémités F², E², D², C², de ces perpendiculaires, la ligne
brisée AC¹ D¹E¹F¹B¹ est rabattue sur AB. L'opération est actuellement ramenée au cas précédent.

Il faudrait que la différence BB¹ fût très-grande pour qu'on
fût obligé de faire cette dernière opération entièrement.

Généralement il suffit de prendre la différence entre AB et
AB¹ et de poser, dans le cas de la figure

$$AB' : AB^1—AB :: Af^1 : x,$$

x désignant la quantité dont on doit diminuer Af^1 pour pouvoir être placée sur AB. On agit de même à l'égard des autres
parties de AB¹. On a ainsi les points f, e, d, c, par lesquels on
élève, sur AB, des perpendiculaires que l'on fait respectivem-
ment égales à celles abaissées sur AB¹.

Appliquons ces procédés au polygone ABC.... H (*fig.* 75).

Le rapport sur le plan donne, entre la suite A'B'C'.... B' et
celle AK'I' H", une différence = H'H". Nous devons en premier
lieu, fixer la position de l'axe AH sur lequel doivent s'effectuer
les constructions précédentes. Or, si les directrices AB', B'C'
G'H' se trouvent sur le terrain dans les mêmes conditions que
les directrices AK', K'I', I'H", le point extrême H' donné par les
premières doit aussi bien changer que son correspondant H",
et nous pourrons admettre, pour l'une des extrémités de
notre axe, un point tel que H, milieu de la droite qui joint
H'H". L'autre extrémité pourra être un sommet du polygone
le plus éloigné de H, en cherchant toutefois que l'axe partage
autant que possible ce polygone en deux parties égales. Ceci
arrêté, on rabattra sur AH chacun des axes AH', AH", puis
on achèvera la construction.

Dans le cas où l'une des suites de lignes présenterait plus de certitude que l'autre, on pourrait admettre comme invariable le point extrême de cette suite, les corrections porteraient alors sur la suite opposée. De même qu'on peut adopter pour axe une droite dépendant du périmètre, mais généralement on choisira une diagonale mesurée avec soin. Une laie, une route, fût-elle brisée, sera toujours admise de préférence.

On serait porté à croire que ces procédés dussent apporter un changement sur l'ouverture des angles A et H ; cela arriverait sans doute, si la distance H'H'' était considérable ; mais comme elle ne doit jamais dépasser la limite des tolérances accordées aux géomètres, qu'elle ne doit être, en définitive, que de quelques mètres, les sommets du polygone n'éprouveront, en général, que de légers déplacements, lesquels seront presque nuls aux abords des extrémités de l'axe. Ainsi, la tolérance accordée pour la mesure des lignes étant généralement $\frac{1}{500}$ on aurait 4 mètres environ pour la distance H'H'', en supposant que AB + BC + CD +.... + GH = 1,000 mètres, et que AK + KI + IH = 1,000 mètres également. Les sommets B et K n'auraient donc à subir qu'un déplacement de 2 à 3 décimètres, et l'on peut faire cette différence en rapportant graphiquement l'angle BAK.

Nous avons adopté le procédé (57) pour construire les angles sur le papier ; mais on pourrait en admettre un autre sans qu'il en résultât un changement notable dans l'opération. Supposons qu'on veuille se servir du rapporteur (56). On commence par tracer la ligne indéfinie $\alpha\beta$ sur laquelle on porte une distance DE = 244,3 (*fig.* 72 et 36), on applique la base de l'instrument sur $\alpha\beta$, son centre en E, on compte, à partir du zéro qui se trouve alors sur la portion de la ligne αE, le nombre de degrés que l'angle E contient. On trace EF, que l'on prolonge suffisamment pour qu'en traduisant l'angle DEF, la base du rapporteur puisse être entièrement contenue sur cette droite. On fera de même en D ; les distances EF = 160, 5, DC = 1622, étant portées sur En et sur Dn', on construira, en F et C, les angles EFG et DCB. On continuera ainsi jusqu'à ce que le polygone qui circonscrit la *figure* 36 soit formé.

64. — Lorsqu'on procède au levé d'un plan, il est rare que ce levé s'applique seulement au périmètre du terrain dont on

s'occupe; on a alors dans l'intérieur des lignes d'opération qui
doivent être établies avant même de se livrer aux corrections
que nous venons d'indiquer; car souvent le rapport de ces lignes secondaires vous détermine à modifier un côté du polygone plutôt que l'autre, et même si l'on a commis des erreurs
dans le mesurage des directrices principales, ainsi que nous
l'avons supposé (62), en rapportant les lignes intérieures, on
peut reconnaître les endroits où ces erreurs ont été commises;
on s'épargne ainsi de longues recherches sur le terrain. C'est
ce qui fût infailliblement arrivé si, après avoir établi le polygone ABCD.... GH (*fig.* 72) nous avions procédé au rapport des
lignes *gf*, et *f*1; *bo*, *om*, *mn* et *n*H (*fig.* 36). Les premières eussent fait connaître que le point I devait se trouver en I', et
les dernières, que le point H ne devait pas changer, ou que
la distance GH était exacte.

Les explications qui précèdent exigent que l'on consulte simultanément les
figures 36 et 72.

Nous sommes maintenant à même de terminer le rapport
du polygone (*fig.* 72) et d'en arrêter définitivement le contour.
Nous passerons ensuite au rapport des détails, en adoptant
le mode indiqué (61 d^{er} §). La *figure* 36 donne les cotes nécessaires, les élèves pourront s'exercer.

Nous nous sommes étendu sur les constructions qui s'exécutent à l'aide de la règle et du compas seulement sans calculs préparatoires, parce que ce sont celles qui, dans la pratique, sont généralement préférées. Cela tient sans doute à ce
qu'elles offrent aux géomètres une plus grande célérité. Mais
elles ne sont pas les plus précises; car, lorsque les directrices
circonscrivent une grande étendue de terrain, ou qu'elles sont
fort multipliées, la construction marchant successivement,
les erreurs dues à l'épaisseur des traits et à plusieurs autres
causes qu'on ne peut éviter, croissent sans cesse et finissent
par devenir assez considérables sur les derniers sommets.
Ainsi, tout en ayant apporté beaucoup de soin dans les opérations du terrain, la position des lignes sur le plan peut
laisser encore à désirer.

65. — **Construction d'un polygone par la méthode
des coordonnées.** — Pour éviter les erreurs dues aux constructions graphiques, on calcule les coordonnées de chaque

sommet à deux axes rectangulaires. Quoique ce procédé ne soit, en général, appliqué que pour fixer la position des points d'une triangulation, il peut néanmoins être employé avec avantage à l'établissement des polygones ; nous le donnons comme le moyen le plus sûr et le plus certain pour obtenir des résultats qui ne laissent rien à désirer. On doit surtout en faire usage lorsque l'arpentage a été effectué au graphomètre.

On appelle COORDONNÉES RECTANGLES *l'ensemble de deux lignes perpendiculaires déterminant la position d'un point par rapport à un ou deux axes ;* ainsi (*fig.* 76), AB étant un axe, la distance AE$=x$ est l'*abscisse,* et EP$=y$ l'*ordonnée. x* et *y* considérées ensemble, forment les *coordonnées* du point P.

Puisque la position d'un point est déterminée quand on en connaît les coordonnées, la position d'une droite, d'une ligne brisée ou courbe, sera également déterminée quand on connaîtra les coordonnées des divers points de la ligne. Or, si des sommets D, E, F, G, d'une ligne brisée ADEFG (*fig.* 77), nous abaissons sur une droite AB les perpendiculaires Dd, Ee, Ff, GB, et si nous parvenons à déterminer la valeur des distances de l'origine A à chacun des pieds $d, e, f,$ B des perpendiculaires, ou des abscisses, ainsi que la valeur des perpendiculaires, ou des ordonnées, la ligne brisée ADEFG sera déterminée suivant l'axe AB.

Les opérations du terrain donnent les distances AD, DE, EF et FG, et les angles en D, E et F. Par le point E menons kl parallèle à AB, et par G menons Gn également parallèle à AB, nous formons ainsi des triangles rectangles, savoir : DkE, FlE et FnG, à l'aide desquels, connaissant les côtés qui comprennent l'angle droit, nous parviendrons à déterminer les valeurs des abscisses et celles des ordonnées. Et, en effet, Ae=A$d+k$E, Af=A$e+$El et AB=A$f+n$G. De même que eE$=$ D$d-$Dk, Ff=F$l+e$E et BG=F$f-$Fn. La valeur desdits côtés est facile à obtenir ; car, dans chacun des triangles, on a 1° l'hypoténuse, comme directrice mesurée sur le terrain ; 2° les angles aigus que l'on détermine au moyen d'une certaine combinaison.

D'abord, rien ne nous engageant, quant à présent, à adopter pour AB une direction plutôt que l'autre, nous donnerons à l'angle DAB une valeur égalant α. Maintenant, l'angle ADd du triangle rectangle dDA=90—α=β; l'angle kDE, du second triangle rectangle DkE=ADE—β=γ, et à cause des parallèles, l'angle EFl=DEF—γ=δ, enfin l'angle nFG = ε = EFG—δ.

La formule trigonométrique 1 donne ensuite :

$$A d = AD \sin \beta, \quad D d = AD \cos \beta,$$
$$E k = DE \sin \gamma, \quad D k = DE \cos \gamma, \text{ etc.}$$

Quant à la construction, elle est extrêmement facile, et on doit l'entrevoir, car il suffit de porter sur AB les abscisses Ad, Ae, Af et AB, mesurées sur l'échelle du plan, d'élever des perpendiculaires de chacun des points d, e, f et B auxquelles on donne respectivement les valeurs des ordonnées Dd, eE, fF et BG également mesurées sur l'échelle. La ligne brisée proposée sera formée des droites qui joindront les sommets de ces perpendiculaires.

Pour appliquer ce procédé à un polygone, on tracera une ligne quelconque AO (*fig.* 78), de chacun des sommets B, C, D, E,.....M du polygone, on abaissera des perpendiculaires sur cette ligne, puis on mènera d'une perpendiculaire à l'autre des parallèles à AO passant par lesdits sommets. On obtiendra ainsi les triangles rectangles ABb, Bc'C, Dd'C, Dd''E, etc., dont les angles aigus seront déduits de ceux du polygone, en commençant par donner à l'angle BAO une valeur arbitraire (on peut mesurer cet angle avec le rapporteur). Puis on calculera les inconnues de ces triangles rectangles de la manière indiquée précédemment. On procédera ensuite à la détermination des coordonnées des sommets. On aura par conséquent : pour le point B, x=Ab, y=bB ; pour le point C, x=Ac=Ab+Bc', y=cC=bB+c'C ; pour le point D, x=Ad=Ac+Cd', y=dD=cC+d'D ; pour E, x=Ae= Ad+d''E, y=Ee=dD—Dd'',... etc. Et de l'autre côté de l'axe, pour le point M, x=Am, y=mM ; pour L, x=Am—lL ; y= Mm+Ml, etc.

66. — Rapport des coordonnées rectangles au moyen des carrés. — Il arrive fréquemment que la longueur des abscisses et celle des ordonnées sont telles, qu'il n'est pas possible de les mesurer sur l'échelle du plan d'une seule ouverture de compas. Dans ce cas, on fait usage de carrés. On porte sur AO (*même fig.* 78), des distances Aα, $\alpha\alpha'$, $\alpha'\alpha'' = 500^m$ ou 1000^m, selon l'échelle à laquelle le plan doit être construit ; par les points A et α'' on élève, à AO, deux perpendiculaires, on fait Aβ, Aγ et $\alpha''\beta'$, $\alpha''\gamma' = A\alpha$, on trace $\beta\beta'$ et $\gamma\gamma'$, par les points α et α', ou même des parallèles à $\gamma\beta$. On forme ainsi une suite de carrés ayant 500 ou 1000^m de côté, dans lesquels on rapporte, à l'aide des coordonnées rectangles, les points qui se trouvent dans leurs limites.

Le tracé de ces carrés exige beaucoup de soins et une grande précision ; car la régularité du plan dépend entièrement de leur exactitude. Ordinairement on élève une troisième perpendiculaire vers le milieu de la feuille qui doit recevoir le plan ; celle-ci sert d'origine aux distances que l'on a à porter sur $\beta\beta'$ et $\gamma\gamma'$. Nous reviendrons, d'ailleurs, sur la manière de construire ces carrés.

L'usage de ces carrés est facile à saisir : supposons les coordonnées x et y d'un point P (*fig.* 79) qu'il s'agit de placer sur la feuille. Sur $\alpha\alpha'$ et $\beta\beta'$ nous porterons une distance $=x=$ αp et $\beta p'$, nous tracerons pp' ; sur cette droite nous porterons y, de p en P, nous aurons par conséquent la position de P.

Si x avait une valeur plus grande que 500^m (le côté du carré étant de 500^m), P devrait être alors placé dans la seconde série de carrés ; on commencerait d'abord par retrancher 500 de x, l'excédant serait en conséquence porté sur $\alpha'\alpha''$ et $\beta\beta''$. On agirait de même si y était $> 500^m$. Nous reviendrons également sur ce procédé.

Avant d'arrêter définitivement la valeur des abscisses et celle des ordonnées, on doit s'assurer si la somme des côtés parallèles à AO (*fig.* 87) des triangles rectangles situés au-dessus de cet axe est égale à la somme des côtés également parallèles à AO des triangles situés au-dessous. Car la dernière abscisse, ou la distance Ag, formée de la somme des côtés Am, mk, k'I, iH et hG, doit être égale à cette même abscisse formée de la somme des côtés opposés Ab, Bc', Cd', d''E, e'F et f'G. On doit également obtenir le même résultat en déterminant l'ordonnée gG du point G, par les côtés bB, c'C, d'D,.... f'F des triangles rectangles au-dessous de AO ; et par les côtés mM, Ml, k''K,... Hh des triangles rectangles situés au-dessus de cet axe. Dans le cas de différence, on doit faire des corrections analogues à celles expliquées (63).

67. — Application numérique des procédés précédents. — Nous supposerons qu'avant d'avoir quitté les localités, on a construit un plan provisoire des lignes d'arpentage, et qu'on s'est assuré, par conséquent, de l'exactitude du mesurage de ces lignes et de celle de la valeur des angles (38). Ce plan est ordinairement construit par les procédés graphiques, à une échelle double de celle à laquelle on se propose de rapporter le plan définitif. On commencera par tracer les lignes polygonales à l'encre noire; on y inscrira, également en noir, les longueurs totales des directrices, et les valeurs corrigées des angles formés par leurs jonctions (*fig.* 80) (¹). On se donnera ensuite l'axe AO (65, dern. §) en partant d'un sommet, mais, autant que possible, de l'angle le plus saillant, et en divisant le polygone en deux parties égales; on mesurera avec le rapporteur l'angle que fait cet axe avec l'un des côtés de l'angle duquel il part. Soit $NAO = 60^\circ 06'$; puis, après avoir tracé à l'encre rouge (lignes en pointillé fin sur la figure), les perpendiculaires et les parallèles nécessaires (65), on procédera à la déduction des angles aigus des triangles rectangles formés par ces nouvelles lignes. Ces angles s'inscriront au fur et à mesure à l'encre rouge. On aura :

$BAb = 101^\circ 38' - 60^\circ 06' = 41^\circ 32'$, d'où $ABb = 48^\circ 28' 00''$.

$CBc' = 145^\circ 31' - (48^\circ 28' + 90^\circ 00') = 7^\circ 03'$, d'où $BCc' = 82^\circ 57'$.

$DCd' = 180^\circ 00' - (82^\circ 57' + 74^\circ 48' 40'') = 22^\circ 14' 20''$, d'où $CDd' = 67^\circ 45' 40''$.

$EDe' = 88^\circ 57' - 67^\circ 45' 40'' = 21^\circ 11' 20''$, d'où $DEe' = 68^\circ 48' 40''$.

$FEe' = 115^\circ 11' 40'' - 68^\circ 48' 40'' = 46^\circ 23'$, d'où $EFf' = 43^\circ 37' 00''$.

Lorsqu'on a bien présente à l'esprit la théorie des parallèles, on abrége beaucoup ces calculs de la manière suivante. On a d'abord, comme ci-dessus, $BAb = 101^\circ 38' - 60^\circ 06' = 41^\circ 32'$. Ensuite on a $CBc' = 41^\circ 32' + (145^\circ 31' - 90^\circ) = 7^\circ 03' 00''$; $DCd' = 74^\circ 48' 40'' - 7^\circ 03' 00'' = 67^\circ 45' 40''$; $EDe = 88^\circ 57' 00'' - 67^\circ 45' 40'' = 21^\circ 11' 20''$; $FEf' = (115^\circ 11' 40'' + 21^\circ 11' 20'') - 90^\circ 00' = 46^\circ 23' 00''$, etc. On inscrit indifféremment sur le plan provisoire l'un ou l'autre des angles aigus.

---

(1) Ces quantités sont distinguées sur la figure par des chiffres renforcés ; les résultats des calculs auxquels nous allons nous livrer, sont distingués par des chiffres tracés faiblement.

Il est évident que si la somme des angles du polygone est égale au produit de 2ᵈ par le nombre de côtés de ce polygone moins deux, on devra retrouver pour l'angle NA*n*, après avoir passé successivement par tous les sommets, sa valeur primitive 60° 06', ou une valeur égale à son complément, autrement on aurait commis dans les additions ou dans les soustractions exigées par ce genre d'opération une ou plusieurs erreurs, qu'il faudrait rechercher avant de continuer les calculs.

On procédera ensuite aux calculs des triangles rectangles (65, § 5ᵉ), en donnant au cahier la forme suivante (55) :

Nᵒˢ des triangles.	VALEURS.	LOGARITHMES.	CÔTÉS.	OBSERVATIONS.
1. (AB*b*)	sin 48° 28' 00"	9. 87423		
	log 371. 8	2. 57031		
	cos 48° 28' 00	9. 82155		
	log A*b* —	2. 44454 =	278ᵐ 3ᵈ	
	log B*b* —	2. 39186 =	246 5	
2. (BC*c'*)	sin 7° 03' 00"	9. 08897		
	log 412. 6	2. 61763		
	cos id.	9. 99670		
	log C*c'*	1. 70660 =	50 9	
	log B*c'*	2. 61433 =	411 5	
	etc.			

Les calculs effectués, et les résultats inscrits en rouge sur le plan provisoire, on s'assurera que le polygone *ferme*, c'est-à-dire que la somme des côtés parallèles à AO des triangles rectangles d'un même côté de cet axe, est égale à la somme des côtés également parallèles à AO des triangles opposés. Il y a nécessairement, dans cette opération, un point de départ et un point d'arrivée. Le point de départ est nécessairement l'angle A, par lequel passe l'axe AO ; quant au point d'arrivée, on adoptera le sommet le plus éloigné de A, et, autant que possible, celui qui se trouve le plus près de l'axe : nous adopterons le sommet H. On devra observer que toutes les distances qui tendent vers H doivent être considérées comme positives, et que toutes celles qui tendent vers A sont considérées comme négatives. On dressera un tableau comparatif semblable à celui qui fait suite, dans lequel on inscrira, colonnes 2, 3, 8 et 9, les résultats des calculs précédents.

| | A gauche de l'axe. | | | | | A droite de l'axe. | | | | | |
COTÉS. (1)	(Positifs.) + (2)	(Négatifs.) − (3)	CORRECTIONS. + (4)	VALEURS CORRIGÉES DES CÔTÉS. + (5)	− (6)	COTÉS. (7)	+ (8)	− (9)	CORRECTIONS. − (10)	VALEURS CORRIGÉES DES CÔTÉS. + (11)	− (11)
Ab'	278m 3	»m »	0m 56	278m 86	»m »	Aa	147m 4	»m »	0m 29	147m 11	»m »
Bc'	411 5	» »	0 82	412 32	» »	Nm'	348 6	» »	0 70	347 90	» »
Dd'	» »	56 3	0 11	» »	56 41	Nl'	116 0	» »	0 23	115 77	» »
De'	413 8	» »	0 82	414 62	» »	Nl''	518 3	» 4	1 03	517 27	» »
Ff'	193 6	» »	0 39	193 99	» »	Ik'	90 5	» »	0 18	90 32	» »
Fg'	» »	172 3	0 34	» »	172 64	Ii'	» »	235 4	0 47	» »	234 93
Gh''	» »	87 2	0 17	» »	87 37						
Sommes.	1297 2	315 8		1299 79	316 42	Sommes.	1220 8	235 4		1218 37	234 93
	315 8			316 42			235 4			234 93	
Différence ou Ah.	981 4			983 37		Différence ou Ah.	985 4			983 44	

En faisant la somme des valeurs portées dans les colonnes 2, 3, 8 et 9, et retranchant les parties négatives, col. 3 et 9, des parties positives, col. 2 et 8, on trouve une différence de 4 mètres entre les deux résultats; donc le polygone ferme à 4^m près dans le sens de AO; c'est-à-dire, que si les directrices AB, BC, CD.... GH, à gauche de l'axe, et celles AN, NM, ML.... IH, à droite avaient été rapportées par le procédé graphique (62), le point extrême (H) des premières eût différé de 4^m avec le point extrême (H) des dernières dans un sens parallèle à AO.

Pour faire disparaître cette différence, remarquons que, suivant la suite des lignes de gauche, H est porté vers A d'une quantité que l'on peut considérer comme étant égale à la moitié de cette différence, et que suivant la suite des lignes de droite, ce même point est porté dans un sens opposé. Or, en ajoutant 2^m à la première somme 981^m, 4, et en retranchant 2^m à la seconde 985^m, 4, nous rentrons dans le principe établi (63). De là nous aurons :

$$981.4 : 983.4 :: 278.3 = Ab : x,$$
$$981.4 : 983.4 :: 411.5 = Bc' : x', \text{ etc,}$$

ou bien,

$$981.4 : 983.4 :: 371.8 = AB : x,$$
$$981.4 : 983.4 :: 414.6 = BC : x', \text{etc.}$$

Et pour la suite des lignes à droite de AO,

$$985.4 : 983.4 :: 147.4 = An : y,$$
$$985.4 : 983.4 :: 348.6 = Na' : y', \text{ etc.}$$

ou bien,

$$985.4 : 983.4 :: 295.7 = AN : y,$$
$$985.4 : 983.4 :: 354.8 = NM : y', \text{ etc.}$$

Mais dans la pratique on fait peu usage de formules qui obligent à des calculs numériques longs et souvent laborieux; on pose donc tout de suite :

$$1^o \; 981.4 : 2^m :: 100 : x = 0^m 20^c,$$
$$2^o \; 985.4 : 2 \;\; :: 100 : y = 0 \; 20.$$

C'est la correction à faire sur cent mètres de l'axe AO; on n'a donc que des multiplications fort simples à effectuer. Le résultat s'ajoute ou se retranche à chaque valeur des abscisses, suivant le sens de la différence. D'après cela, on aura :

A gauche de l'axe :

$$278^m3 \times 0^m20 = 0^m56, \text{ donc } Ab = 278^m3 + 0^m56 = 278^m86$$
$$411 \quad 5 \times 0 \quad 20 = 0 \quad 82, \text{ donc } Bc' = 411 \quad 5 + 0 \quad 82 = 412 \quad 32$$
$$56 \quad 3 \times 0 \quad 20 = 0 \quad 11, \text{ donc } d'D = 56 \quad 3 + 0 \quad 11 = 56 \quad 41$$
$$413 \quad 8 \times 0 \quad 20 = 0 \quad 82, \text{ donc } Dc' = 413 \quad 8 + 0 \quad 82 = 414 \quad 62$$

etc.

A droite de l'axe :

$$147^m4 \times 0^m20 = 0^m29 \text{ donc } An = 147^m4 - 0^m29 = 147^m11 +$$
$$348 \quad 6 \times 0 \quad 20 = 0 \quad 69 \text{ donc } Nn' = 348 \quad 6 - 0 \quad 70 = 347 \quad 90 +$$
$$116 \quad 0 \times 0 \quad 20 = 0 \quad 22 \text{ donc } Ml' = 116 \quad 0 - 0 \quad 23 = 115 \quad 77 +$$

etc.

Les corrections s'inscrivent, ainsi qu'on le voit, dans la col. 10 du même tableau, en indiquant par le signe + en tête de cette colonne, celles des quantités qui doivent s'ajouter, et par le signe — celles qui doivent se retrancher des valeurs portées dans les colonnes 2, 3, 8 et 9. On peut ainsi faire immédiatement les additions et les soustractions nécessaires; les produits et restes s'inscrivent alors dans les col. 5, 6, 11 et 12.

C'est à l'aide de ces derniers résultats qu'on détermine la valeur des abscisses de chacun des sommets du polygone. On a donc en définitive :

$$Ab = 278^m86 \dots \quad Ac = 278^m86 + 412, 32 = 691^m18 \dots$$
$$Ad = 691^m18 - 56^m41 = 634^m77^c, \text{ etc.}$$

$$An = 147^m11 \dots \quad Am = 147^m11 + 347^m90 = 495^m01$$
$$Al = 495 \quad 02 + 115^m77 = 610^m79, \text{ etc.}$$

On agira d'une manière tout à fait semblable pour déterminer les ordonnées de ces mêmes sommets. Ainsi, ayant imaginé un second axe LV, perpendiculaire au premier, on s'assurera que la somme produite par les côtés parallèles des triangles à droite de LV est la même que celle donnée par les côtés parallèles des triangles, à gauche de ce même axe ; dans le cas de différence, on fera les corrections nécessaires.

La longueur totale LV est, d'après les calculs effectués et dont les résultats sont inscrits sur la *figure* 80, pour les côtés

parallèles à LV des triangles rectangles de droite. $= 1082^m,4.$
et pour ceux de gauche. . . . . $= 1077^m,5.$

Différence. . . . . $\overline{\quad 4^m,9.}$

Donc le polygone *ferme* à $4^m,9$ pris dans le sens de LV. Par suite on a :

$$1077, 5 : 2^m45 :: 100 : x \ (x \text{ ayant le signe} +),$$
$$1082, 4 : 2 \ 45 :: 100 : y \ (y \text{ ayant le signe} -).$$

Enfin, on consignera dans un tableau le résultat final ou les coordonnées rectangles des sommets du polygone. Ce tableau peut être de la forme suivante.

TABLEAU des coordonnées rectangles des sommets du polygone établi pour le levé du plan de

SOMMETS.	ABSCISSES $x.$	ORDONNÉES $y.$	OBSERVATIONS.
	m.	m	
A	0 0	0 0	
B	278 9	247 0	à gauche de AO.
C	691 2	298 0	id.
D	655 8	436 0	id.
E	1019 4	596 9	id.
F	1253 4	413 0	id.
G	1070 8	267 2	id.
H	983 4	77 9	id.
I	1218 4	122 3	à droite de AO.
K	1128 0	366 1	id.
L	610 8	483 1	id.
M	495 0	322 9	id.
N	147 1	256 9	id.

68.—Rapport du plan définitif. — On établira, sur une ligne indéfinie AO (*fig.* 81) un nombre de carré $A\alpha'\beta'\beta$ (66) convenable ayant 500 mètres de côté, on choisira l'origine de départ des coordonnées, soit A. Alors sur $A\alpha'$ et sur $\beta\beta'$, on portera une distance Ab, $\beta b' = 278^m,9$ ou l'abscisse de B donnée par le tableau précédent, joignant bb', on portera sur bb' une distance $bB = 247^m,0$ ou l'ordonnée du même point. La position de B est donc déterminée sur le plan.

Pour obtenir C, on fera Ac et $\beta c' = 691^m,2$, mais on remarquera que le côté $A\alpha'$ du premier carré ayant 500 mètres, il suffit de faire $\alpha'c = 191^m,2 = (691^m,2 - 500)$ (66) ; joignant les extrémités *cc'* de cette distance, on fera *c*C=298^m, 0. On continuera ainsi pour tous les sommets. On réunira enfin ces sommets par des droites, et le polygone ABCD.....NA sera construit.

Ce procédé est fort simple, les résultats en sont très-exacts : il pèche seulement par la longueur des calculs préparatoires ; mais on ne doit pas reculer devant ces calculs ; car la régularité d'un plan dépendant entièrement de la manière dont le polygone principal a été établi, le temps qu'on passe à déterminer ainsi les sommets est largement compensé par la facilité avec laquelle toutes les opérations intérieures et de détails s'effectuent.

69. — **Rapport des levés à la boussole.** — Le rapport des levés à la boussole est un peu différent de celui des levés au graphomètre. Nous avons vu (41) que la boussole ne donnait pas directement les angles que les lignes d'arpentage forment entre elles, mais les angles que ces directrices font avec une ligne de position constante que l'on retrouve à chaque station. En sorte que l'on peut admettre que des parallèles à une droite donnée, passant par chacun des sommets du polygone, sont tracées sur le terrain ; et que l'observation des angles a lieu entre ces parallèles et les directrices.

Usage du rapporteur simple. — Quelques géomètres suivent ce principe dans la traduction sur le papier des angles de la boussole. Après avoir tracé, au crayon, une première méridienne δ (*fig.* 50), ils construisent le premier angle *a*, ils mènent, à l'extrémité H, de GH, une parallèle δ', à δ, et construisent *b'*=*b* (observé) — 180° ; à l'extrémité K, de HK, ils tracent une seconde parallèle δ'' à δ, construisent l'angle *c'*=*c* (observé) — 180°, enfin au moyen d'une troisième parallèle δ''', ils construisent l'angle *d*.

Ce procédé a l'inconvénient d'obliger à mener sur le papier autant de parallèles à la méridienne qu'il y a d'angles au polygone, et si pour tracer ces parallèles on n'a pas soin de les mener toutes à la droite qui a été tracée en premier lieu, il pourra résulter des déviations assez notables sur les dernières qui influeront nécessairement sur la position des lignes du plan.

Nous proposerons de remplacer ce procédé par le suivant

qui est très-simple et très-facile pour les commençants.

Tracez au milieu de la feuille de papier une méridienne indéfinie δδ (*fig.* 82), fixez, en C, par un petit trait perpendiculaire, le centre autour duquel vous devez construire tous les angles. On observera :

1° *Que les angles dont la valeur est comprise entre* 0° *et* 180° *de la graduation de la boussole, sont traduits sur le papier,* A L'OUEST *de la méridienne, la division partant du* NORD ALLANT A L'OUEST, PUIS AU SUD.

2° *Que ceux dont la valeur excède deux droits sont traduits* A L'EST *de la méridienne, après en avoir retranché* 180°, *en partant* DU SUD ALLANT A L'EST, PUIS AU NORD.

Pour construire un angle de 72° 40´. Cet angle se trouvant dans les conditions de 1° doit être construit à l'ouest de la méridienne : on placera le diamètre, ou la base du rapporteur sur δδ, et son centre en C; le plan de l'instrument étant à gauche de δδ; puis on comptera l'arc NV = 72° 40´ : l'angle demandé sera NCV.

Pour un angle de 150° 00´ : on comptera NOR; l'angle sera NCR.

S'il s'agissait de construire un angle de 197° 15´, on remarquera d'abord, que le rapporteur n'étant qu'un demi-cercle, sa graduation ne dépasse pas 180°. En conséquence, pour former sur la méridienne δδ un angle plus grand que deux droits, on doit considérer l'espace de gauche NOS, ou 180°, comme faisant partie de l'angle à construire, auquel on doit ajouter une quantité 197° 15´—180° 00 = 17° 15´. On placera donc la partie convexe du rapporteur à droite de δδ, et son centre en O, puis on comptera ST = 17° 15´.

Enfin, si l'on avait à construire un angle de 288° 35´, on aura, d'après le même principe, 288° 35´—180° 00 = 108° 35´. On fera donc l'arc SEP = 108° 35´.

D'après ce procédé tous les angles sont rapportés autour d'un seul point, et ils le sont suivant une même base; en cela la construction est plus exacte que celle qui résulte du procédé que nous avons précédemment indiqué.

Application à la construction d'un polygone. — Ayant adopté A pour point de départ de la construction du polygone ABGD (*fig.* 83) (ce point peut être pris à volonté), on traduira en C l'angle de direction *a* du côté AB, on mène-ra AB parallèle à CA'; on formera également en C, l'angle *e* de direction de AD, puis on mènera AD parallèle à CD'; ayant fixé les extrémités B et D des deux droites, on achè-vera le polygone en formant toujours en C les angles de directions de BG et de DG, et en menant, par les points B et D des parallèles à CG' et CD".

70. — **Rapporteur complémentaire**. — Les deux procédés précédents peuvent être beaucoup simplifiés : rap-pelons-nous la marche de la boussole dans l'observation. L'aiguille ne change pas de position, le limbe seul est en mouvement, de plus les angles sont lus de gauche à droite (42). Rien n'empêche de lire les angles sur le rapporteur de la même manière et de donner à cet instrument un mouve-ment semblable à celui du limbe de la boussole, en suppo-sant son diamètre fixé à son milieu. L'angle sera alors compté sur la méridienne même et le second côté de l'angle sera donné par la base du rapporteur.

1º *Construire, d'après ce principe, un angle de* 37º 00' (*fig.* 84).

Le rapporteur étant placé à droite de la méridienne $\delta\delta$, pour que sa graduation marche de gauche à droite, et son diamè-tre couvrant $\delta\delta$, faites-le tourner de droite à gauche, en con-servant toujours son centre C, sur cette méridienne, jusqu'à ce que la division 37º corresponde avec $\delta\delta$, tracez DD, cette droite fera avec $\delta\delta$ un angle de 37º 00.

2º Pour obtenir un angle de 148º 00', le rapporteur conti-nuant à marcher de droite à gauche (*fig.* 85), on l'arrêtera lorsque sa division 148º se trouvera sur la méridienne. L'an-gle demandé sera ACδ.

On peut, à l'aide de la méthode précédente, supprimer jusqu'à une certaine limite le tracé des parallèles.

69. — S'il s'agissait d'établir, d'un point A (*fig.* 84) la direc-tion d'une ligne qui fît avec la méridienne un angle de 37º 00', il suffirait de glisser sur $\delta\delta$, le rapporteur dans la position où nous l'avons placé primitivement jusqu'à ce que son diamètre DD rencontre ledit point A.

Les rapporteurs en corne portant toujours une petite règle parallèle à leur diamètre, on doit s'assurer, pour faire usage de ce dernier procédé, que cette règle est bien dressée et que son bord extérieur est parfaitement parallèle audit diamètre de l'instrument.

On a construit des rapporteurs à l'aide desquels on peut traduire sur le papier les angles depuis 0° jusqu'à 360° sans
qu'on soit obligé de retrancher 180° 00' à ceux plus grands
que 2°. Lorsque l'instrument a décrit une demi-circonférence de l'est, où on l'avait d'abord placé, il se trouve entièrement à l'ouest, en ajoutant 180° aux premières divisions
(0° à 180°) on pourra construire comme ci-dessus, et sans
soustraction, tous les angles donnés par la graduation de la
boussole. La *fig.* 86 nous représente un rapporteur sur lequel on a établi cette nouvelle graduation. On en voit encore
deux autres ; nous en expliquerons bientôt l'usage.

3° Ainsi, pour un angle de 203° 00', le rapporteur ayant
tourné vers la gauche, autour du centre C, se trouvera dans
la position de la *fig.* 88. Si le second côté de l'angle doit passer par un point A, on le fera glisser sur la méridienne, dans
cette position, jusqu'à ce que le bord extérieur DD de la règle
coupe ledit point A. L'angle demandé sera δOA + 180° 00'.

4° Pour construire un angle de 320°, le rapporteur sera
mis dans la position de la *fig.* 89. L'angle demandé sera
δOA + 180° 00.

Les deux autres graduations placées (*fig.* 86) au-dessous
des premières et plus rapprochées du centre, sont destinées
à traduire les angles à l'aide d'une ligne auxiliaire perpendiculaire à la méridienne. Traçons $\varrho\varrho$ (*fig.* 90) perpendiculaire
sur $\delta\delta$, pour déterminer, à l'aide de cette droite, la position
d'une ligne qui fasse avec la méridienne un angle AOδ, il suffit d'ajouter δOϱ ou 90° à la première graduation du rapporteur, ce qui revient à faire BCϱ=AOδ. Le zéro de la division
est, en conséquence, placé sur le trait qui marque 90° sur
l'instrument, et cette division marche de manière qu'en tournant toujours le rapporteur de droite à gauche, les angles
comptés entre ce zéro et $\varrho\varrho$, sont traduits sur $\delta\delta$.

5° Pour construire un angle de 30°, le trait CB du rapporteur étant placé sur $\varrho\varrho$, on amènera, tout en conservant le
centre C sur $\varrho\varrho$, la division R = 30° 00', sur ladite perpendiculaire $\varrho\varrho$. L'angle demandé sera AOδ.

On peut agir sur $\varrho\varrho$ comme sur $\delta\delta$; si on voulait par exemple que le second côté AO de l'angle passât par un point
donné M, il suffirait de conserver au rapporteur la position

qu'il occupe sur ₚ₂ et de le faire glisser sur cette droite jusqu'à ce que le bord extérieur de la règle coupât le point M.

6° S'il s'agissait d'un angle de 140°, on donnerait au rapporteur la position indiquée (*fig.* 91), l'angle sera compté en R sur la première graduation complémentaire ; on aura donc AOδ pour l'angle demandé.

7° Pour avoir un angle de 230°, le rapporteur prendra la position indiquée (*fig.* 92), l'angle sera alors lu sur la seconde graduation complémentaire ; on aura donc δOA + 180° = 230°.

8° Enfin, si l'on voulait construire un angle de 300°, on donnerait au rapporteur la position de la *fig.* 93. L'angle étant également lu sur la seconde graduation complémentaire, à partir, comme aux trois cas précédents, de la perpendiculaire .

71. — Application à la construction d'un polygone. — Lorsqu'il s'agit de la construction d'un polygone, il arrive souvent que les sommets sont éloignés de la méridienne et de sa perpendiculaire ; on serait alors conduit à procéder comme (69), soit sur la méridienne, soit sur la perpendiculaire. On obvie à cet inconvénient en établissant sur la feuille un système de parallèles espacées suffisamment , et sur lesquelles on opère comme il est indiqué audit numéro.

Quand la boussole n'est pas déclinée , c'est-à-dire quand la ligne N-S. du limbe est parallèle à l'axe de la lunette, on incline vers l'ouest les lignes méridiennes d'une quantité égale à la différence qui existe entre le pôle magnétique et le pôle terrestre.

Pour obtenir un système convenable de parallèles, on trace au milieu de la feuille (*fig.* 94) une première ligne indéfinie AB, inclinant à l'ouest de 22° 10' (déclinaison actuelle) ; on élève, sur cette ligne, au moyen de plusieurs intersections *c, d, c', d'*, une perpendiculaire CD, qui partage également la feuille en deux parties ; puis on établit provisoirement deux parallèles *kl*, *k'l'*, à cette perpendiculaire, sur lesquelles on porte des distances égales *am*, *mo*, *am' m'o'*, joignant *mm*, *oo*, *m'm'*, *o'o'* par des droites. On porte ensuite ces mêmes distances sur *oo*, et *o'o'* en partant de CD ; on joint enfin *ff*, *gg*, *ff'*, *g'g'*, *hh*.

On s'assure de l'exactitude des carrés et de leur similitude, en appliquant une grande règle *bien dressée* sur la diagonale qui serait menée par toutes les intersections qui correspondent à une même droite : la règle doit couper exactement ces intersections.

Quand le rayon du rapporteur est d'un décimètre, on peut donner un décimètre aux distances *am, mo*, etc.

Proposons-nous de construire, à l'aide des données indiquées, le polygone (fig. 94 bis), au moyen du système de parallèles que nous venons d'établir.

Le point de départ P de la construction étant arrêté *(fig. 94)*, on construira sur la méridienne ou sur la perpendiculaire l'angle de direction de *pq (fig. 94 bis)*, soit sur la méridienne *ff*, (on consultera alternativement les *(fig. 94 et 94 bis)*, le rapporteur occupera alors la position indiquée (70 — 1°). On tracera PQ que l'on fera =113ᵐ,0. La position de *qr* sera établie en plaçant le rapporteur, soit sur la méridienne, soit sur la perpendiculaire la plus rapprochée de l'extrémité Q de PQ, en adoptant la perpendiculaire *m'm'*, l'instrument occupera la position indiquée (70—6°).

L'angle de direction de *rs* obligera à placer le rapporteur ainsi qu'il est indiqué au 3° du même n°, l'extrémité R, de RS, se trouvant proche d'une méridienne. Celui de la directrice ST lui fera prendre la position 7°. Et enfin, l'instrument occupera la position 8° pour traduire l'angle de 301° 35′ de la directrice *tp*.

72. — Construction par les tangentes, d'un polygone levé à la boussole. — Quand les directrices sont longues, ou que le polygone est un peu étendu, les procédés que nous venons d'exposer présentent des inconvénients analogues à ceux que nous avons fait remarquer (55). Il peut arriver évidemment qu'en prolongeant les lignes, dont une faible portion est seulement donnée par la base du rapporteur, il y ait à l'extrémité de ces lignes une déviation, qui pourrait être d'autant plus grande que les directrices dépassent davantage le rayon de l'instrument. La table des tangentes (89) obvie à cet inconvénient ; elle est d'ailleurs d'un grand secours dans les levés à la boussole, et peut, jusqu'à un certain point, suppléer aux calculs trigonométriques que nous expliquerons bientôt. Cette table donne la valeur des tangentes des arcs depuis 0° jusqu'à 90°. On doit donc rejeter d'abord autant d'angles droits qu'il s'en trouve de trop dans la valeur des angles à construire, afin que ces angles n'excèdent pas la limite des tables ; on tient compte néanmoins des angles retranchés lors de la construction, pour donner aux côtés la direction indiquée par l'observation. On se rappellera :

1° Que les angles compris entre 0° et 90° de la graduation de la boussole sont construits dans la région *N. O.*

2° Que ceux entre 90° et 180° le sont dans la région *S. O.*

3° Que ceux dont la valeur se trouve entre 180° et 270° sont rapportés dans la région S. E.

4° Enfin, que ceux compris entre 270° et 360° sont traduits dans la région N. E.

Il est nécessaire de se rappeler aussi, que les tangentes des angles > 45° sont portées sur la perpendiculaire, et que celles des angles < 45° le sont sur la méridienne.

Nous allons dresser le plan du polygone qui circonscrit la *fig.* 65.

On commencera par établir sur la feuille un ensemble de carrés (*fig.* 95), lesquels auront pour côté le terme des tables, ou 500 mètres (66). — Si l'on a choisi le point B pour départ de la construction, on aura à déterminer sur la feuille la position des directrices AB et BC (*consulter alternativement les fig.* 65 *et* 95) ; soit en premier lieu AB ; l'observation directe donne 2° 30′, et l'observation renversée 182° 30′, en retranchant 2ᴰ de cette dernière, on a 2° 30′, ou une valeur égale à celle donnée par la première observation. Ainsi l'angle à construire est de 2° 30′ ; mais remarquons que d'après la position du point B, AB doit être dirigé vers le S. E. L'observation en B l'indique. Par conséquent l'angle 2° 30′ doit être construit dans cette région. On cherchera dans la table la valeur de la tangente correspondant à cet angle : elle est 21ᴾ 83, que l'on portera sur l'un des côtés des carrés perpendiculaires à la trace méridienne la plus voisine de B. Ainsi les méridiennes étant $\delta\delta$, $\delta'\delta'$, $\delta''\delta''$, et cette dernière $\delta''\delta''$ étant la plus proche dudit point, on portera la valeur de la tangente = 21ᵐ 83, sur $\beta'\rho'$, de ρ' en a. On appliquera l'hypoténuse de l'équerre sur ρ et sur a, la règle contre l'un des côtés de l'angle droit (60), puis glissant ladite équerre le long de la règle, on amènera l'hypoténuse sur B, on tracera BA que l'on fera $= 527^m, 8$.

On traduira ensuite l'angle de direction de BC. L'observation directe est 94° 28′ et l'observation renversée 274° 25′; retranchant encore 2^D de cette dernière valeur, on a 94° 25′. Les deux observations présentent donc une différence. La moyenne arithmétique donnera la valeur définitive de cet angle de direction; on aura par conséquent $\frac{94°\,28'\,+\,94°\,25'}{2} =$ 94° 26′ 30″. L'observation en B indique encore que l'angle à construire se trouve dans la région S. O. On cherchera donc dans la table la valeur de la tangente de l'angle 4°26'30″ : elle est 38^p 77; puis tenant compte de l'angle droit retranché de 94° 26′ 30″ et qui est δ″ρα′, si on adapte le carré δ'δ″ρα′ pour la construction, on portera 38^m, 77^c de α′ en b, et l'on mènera BC parallèle à ρb, ce qui donne l'angle $b_ρ$δ″ = 94° 26′ 30″; on fera BC$=199^m, 5$.

Passant de là au point C, on aura, d'après les observations directes et renversées, 34° 45′ pour CD. L'observation en C indiquant que cet angle doit être construit dans la région N. O. on fera dδ″ = tang 34° 45′ = 346^p 86. On mènera CD parallèle à dρ, puis on fera CD = 98^m, 9, et ainsi de suite, la *fig.* 95 indique comment on doit procéder pour établir les autres côtés du polygone.

Quand il se présentera des différences sur les derniers côtés d'un polygone, on fera les corrections indiquées (63).

Ce procédé peut être également employé dans les constructions des plans levés avec le graphomètre; et, en effet, ayant disposé les triangles rectangles comme pour les calculs (65) et déduit les angles aigus de ces triangles à l'aide de ceux du polygone, on peut considérer ces angles comme ayant été observés à la boussole et établir la position des côtés au moyen des carrés formés sur l'axe AO (*fig.* 81).

Les calculs des coordonnées rectangles (67) se trouvent simplifiés par les observations à la boussole de toutes les déductions d'angles qu'entraîne un levé au graphomètre; car les angles aigus des triangles rectangles à l'aide desquels on parvient à déterminer les abscisses et les ordonnées, sont

donnés directement, après toutefois avoir retranché autant
d'angles droits qu'il peut y en avoir dans les valeurs des angles observés. On doit néanmoins dresser un plan provisoire
pour y inscrire tous les résultats des calculs. La manière de
procéder étant au reste identique à celle que nous avons
expliquée (67).

Les élèves qui voudront s'exercer à ces sortes de calculs,
et ils le doivent s'ils veulent acquérir la pratique sans laquelle
il n'est pas possible d'opérer avec certitude, trouveront tous
les éléments nécessaires sur le brouillon de terrain que nous
avons proposé pour modèle (51). Leurs résultats devront
coïncider avec ceux indiqués dans le tableau suivant :

*TABLEAU des coordonnées rectangles pour servir à la
construction du polygone* (fig. 65).

SOMMETS.	ABSCISSES.	ORDONNÉES	RÉGIONS	OBSERVATIONS.
A	574^m 9	218^m 5	S.-E.	
B	551 9	308 5	N.-E.	
C	353 2	293 1	id.	
D	299 7	376 2	id.	
E	82 0	242 5	id.	
F	» »	» »	»	Intersection des axes.
G	44 3	283 0	S.-E.	
H	304 4	293 0	id.	
I	420 1	366 5	id.	

Ils pourront également s'exercer à l'aide des mesures inscrites sur la *fig.* 48.

73. — **Rapport des détails intérieurs par les calculs.** — Il nous reste à expliquer comment on procède au
rapport des détails intérieurs, lorsque les lignes polygonales
sont définitivement arrêtées.

Ces détails ont pu être levés de deux manières : au moyen
de lignes brisées dont les angles ont été observés avec le
graphomètre ou avec la boussole, ou seulement par des droites, ou diagonales, dont les extrémités sont rattachées aux
lignes polygonales.

Le levé des détails étant fait en même temps que l'arpentage du périmètre de la masse, est subordonné à celui-ci. Ainsi lorsque les lignes polygonales sont fixées de position, toutes les distances intérieures doivent s'y encadrer exactement. Elles doivent *céder* lorsqu'elles diffèrent avec leurs correspondantes sur le plan. Ce principe n'est cependant absolu qu'autant qu'il serait bien reconnu que les opérations extérieures ne laissent rien à désirer et qu'elles offrent toutes les garanties désirables d'exactitude. C'est donc pourquoi on doit s'attacher plus particulièrement à mesurer exactement les lignes polygonales ainsi que leurs angles, afin de n'être pas obligé de revenir sur leur position. Nous ajouterons que beaucoup de géomètres font deux mesurages de ces lignes, l'un en masse, sans s'occuper aucunément des sinuosités qu'on doit déterminer sur elles, et le second en levant ces sinuosités. Nous ne pouvons qu'engager les élèves à suivre cet exemple.

Prenons d'abord le côté AB (*fig.* 80). Ce côté a été trouvé sur le terrain de 371^m,8, mais par suite des corrections effectuées (67), le côté Ab du triangle AbB, établi pour déterminer les coordonnées du point B, de 278^m,3 donnés par le calcul, est devenu 278^m,9 par suite de ces corrections; Bb du même triangle, de 246^m,5 a été porté à 247^m,0. Ces côtés ont donc allongé et par suite l'hypoténuse AB a, sur le plan, une plus grande longueur que celle donnée par le chaînage. Puisque par le fait de la construction AB a grandi, toutes ses parties ont subi la même loi; par conséquent, toutes les mesures qui ont été prises sur ce côté doivent être corrigées d'une quantité proportionnelle à la différence qui existe entre AB sur le plan et AB sur le terrain.

Pour connaître AB suivant le plan, on fera usage de la formule trigonométrique (IV). Nous aurons d'abord,

$$\text{Tang AB}b = \frac{Ab}{Bb};$$

ensuite nous connaîtrons AB, par

$$AB = \frac{Ab}{\sin B}.$$

Type du Calcul.

Angle B :	*Côté* AB :
log 278, 9 = 2. 4454485—	log Ab = 2, 4454485—
log 246, 5 = 2. 3918169	log sin 48°31′40″ = 9, 8746423
log tang B = 0. 0536316	log AB = 2, 5708062
angle B = 48° 31′ 40″	AB = 372^{m}22^c

D'où il résulte que AB a 372^m, 22^c par suite de la construction du plan. La différence entre cette mesure et celle du terrain est donc de 0^m,58, différence tolérable, mais qu'on ne peut laisser sur un seul point de la ligne.

Supposons qu'en mesurant AB, on se soit arrêté en Z, à une distance de A = 217^m, 8 (*fig.* 81); pour savoir quelle sera cette distance sur le plan, on aura évidemment : AB sur le terrain : AB sur le plan : : AZ sur le terrain : AZ sur le plan. De là,

$$371,8 : 372,3 :: 217,8 : x = 218,1.$$

Ainsi 218,1 est la distance que l'on doit porter sur le plan, de A en Z, pour y établir le point de rattachement Z.

Maintenant, si du point Z on avait dirigé une droite sur le sommet 1; et que le mesurage ait donné Z1 = 1089,5; pour savoir quelle est la correction à faire à cette diagonale, on devra 1° calculer les coordonnées rectangles de Z (celles du sommet I étant connues) ; 2° chercher, comme nous l'avons fait pour AB, la longueur de Z1 d'après le plan. On aura donc

$$1^c \ \ AB : AZ :: A b : Zt = 372,3 : 218,1 :: 278,9 : 163,4$$
$$AB : AZ :: B b : At = 372,3 : 218,1 :: 247,0 : 144,7$$

(On emploie les logarithmes pour ces calculs).

Ainsi, les coordonnées de Z sont $\begin{cases} x = 163^m, 4^c \\ y = 144, \ \ 7 \end{cases}$

Remarquons maintenant que pour calculer la distance Z1, nous devons former le triangle rectangle Zr1, dont les côtés Zr, r1, qui composent l'angle droit sont formés de Zt + i1 et de Ai — At, ou de l'ordonnée de Z + l'ordonnée de 1, et de l'abscisse de 1 — l'abscisse de Z. Ainsi les coordonnées de 1 étant : $x = 1218,4$, $y = 122,3$ (67), on aura :

$$Zr = \ \ 144,7 + 122,3 = \ \ 267^m \ 0,$$
$$r1 = 1218,4 — 163,4 = 1055 \ \ 0;$$

effectuant les calculs (5ᵉ §), on trouve :

$$\text{tang } ZIr = 14° \ 12' \ 10'',$$
$$ZI = \ 1090^m,8.$$

Le chaînage de ZI diffère donc avec le plan de $1090^m,8'$—$1089^m,5=1^m,3$.

S'il avait été pris plusieurs cotes de rattachement sur cette diagonale, on procèderait pour chacun de ces rattachements, comme nous l'avons fait pour le point Z, sur AB.

Nous avons déterminé les côtés inconnus du triangle rect-angle AZt, par la comparaison de ce triangle au triangle ABb; mais on peut évidemment avoir ces côtés en calculant ledit triangle AZt par la formule trigonométrique (1) : c'est la mar-che que l'on suit ordinairement dans la pratique, surtout lorsqu'on a plusieurs rattachements sur la même directrice. L'une et l'autre méthodes conduisent aux mêmes résultats.

Comme il est nécessaire d'acquérir une grande habitude de ces sortes de calculs, nous engageons les élèves à s'exer-cer. Ils supposeront qu'en mesurant ZI, on s'est arrêté en S (*fig.* 81), et qu'on a ZS$=601^m, 4^d$; qu'en mesurant ED on a ET$=172^m, 7^d$. Ils devront trouver :

coordonnées du point S $\begin{Bmatrix} x=745^m8^d \\ y= \ \ 2, \ 7 \end{Bmatrix}$ à droite de AO,

coordonnées du point T $\begin{Bmatrix} x=888, \ 1 \\ y=534, \ 3 \end{Bmatrix}$ à gauche de AO,

angle de direction de ST$=14° \ 50'30'',$
$$ST = \ 555^m5^d.$$

Lorsqu'on est curieux de coordonner les mesures du ter-rain avec les résultats de la construction, on tient compte, au fur et à mesure, des corrections que l'on effectue sur les li-gnes et sur les angles. C'est surtout lorsqu'on est obligé d'in-scrire les mesures d'arpentage sur le plan que cette petite innovation aux règles de l'art est avantageuse. Ainsi, on in-scrira sur le plan $372^m,2$ pour AB, au lieu de $371^m,8$; $415^m,4$ pour BC, au lieu de $414^m,6$; $149^m,1$ pour CD, au lieu de $148^m,8$; $444^m,7$ pour DE, au lieu de $443^m,8$; etc. Et les an-gles B, C, D, deviendront :

$$B=145° \ 34' \ 40'' \text{ au lieu de } 145° \ 31' \ 00'',$$
$$C= \ 74 \ \ 49 \ \ 10 \ \ \ — \ \ \ 74 \ \ 48 \ \ 40,$$
$$D= \ 88 \ \ 58 \ \ 40 \ \ \ — \ \ \ 88 \ \ 57 \ \ 00, \ \ \ \ \text{etc.}$$

Si on voulait avoir l'angle DTS, que fait la diagonale TS avec le côté DE du polygone, on aurait :

Complément de l'angle de direction TS = 75° 09' 30" — l'angle de direction de DE = 21° 12' 30", donc DTS = 53° 57' 00".

On aurait également :

$$TSI = 75° 09' 30" + 14° 12' 10" = 89° 21' 40".$$

On doit concevoir maintenant comment on peut coordonner, par les moyens trigonométriques, toutes les opérations effectuées dans l'intérieur d'un polygone, et comment on peut passer, par le calcul, de la détermination des sommets à celle des lignes secondaires.

74. — Par les méthodes graphiques. — La méthode que nous venons d'exposer est fort longue ; on a dû le remarquer. Aussi est-il rare qu'on en fasse usage dans la pratique, à moins qu'on ne veuille atteindre à un haut degré de perfection. Le moyen que l'on emploie est simple, expéditif, et il satisfait généralement aux conditions qui sont imposées aux géomètres. Voici en quoi il consiste.

On mesure sur le plan, le plus exactement possible, avec le compas, la distance AB, (*mêmes fig.* 80, 81) ; on compare la distance trouvée à la cote totale inscrite sur le brouillon ; on cherche la correction à faire sur cent mètres de la ligne. Puis on porte sur la directrice autant de fois cent mètres *corrigés* qu'il peut y en être contenu. On complète ensuite les distances mesurées sur cette directrice, en partant de chacun des points de centaine établis de la sorte. Ainsi, en supposant que AB ait été trouvé sur l'échelle de 372^m,3, la différence avec la mesure du terrain est de 0^m,5^d, on aura :

$$371^m 8 : 0^m 5 :: 100 : x = 0^m 13^c ;$$

donc 100 mètres seront allongés sur le plan de 0^m,13 cent. Par conséquent on prendra sur l'échelle 100^m + 0^m,13 ^{c}, que l'on portera trois fois sur AB ; on partira de chacun des points ainsi établis, en ayant soin de les numéroter (il est entendu que si le chaînage a eu lieu dans le sens de A vers B, les centaines partiront du point A) pour fixer sur le plan les points de rattachement et les pieds des perpendiculaires qui ont servi à déterminer les sinuosités de la limite du terrain. Il est à remarquer toutefois, que la difficulté de mesurer bien exactement les distances sur l'échelle, peut occasionner un petit déplacement sur chacun des points de centaine. On agit alors de la manière suivante.

La valeur de AB étant $=371^m,8^d$: la partie 71,8 deviendra après la correction $71,8 + (71, 8 \times 0, 13) = 71^m,89$, ou simplement $71^m, 9^d$. On portera cette valeur sur AB (*fig.* 87) de B en q, il restera, par conséquent, à diviser la distance Aq, en trois parties, dont chacune sera égale à $100 + 0^m, 13$. Ce moyen prévient toute erreur sur la position des points de centaine.

On peut encore porter sur le prolongement de AB, une quantité B$p = 400 - 371^m,8 = 28^m, 2 = 28,2 + (28, 2 \times 0,13) = 28^m,24$, et diviser A$p$, d'abord en deux parties, ensuite en quatre : l'opération est alors plus facile.

Pour porter, sur AB, une distance AZ$=218^m, 1$, il suffit, comme on le voit, de porter entre les 2e et 3e divisions la partie $18^m,1$ de cette cote mesurée sur l'échelle, en partant de la 2e division. On fait de même pour toutes les mesures, en tenant compte, évidemment, des corrections faites sur les directrices.

Lorsqu'il s'agit de lignes brisées, les corrections sont un peu plus longues, toutefois on en vient facilement à bout en faisant usage du procédé (63).

Supposons encore que du point S au sommet L (*fig.* 81), on a établi une ligne brisée SUVRL, et qu'en rapportant cette ligne sur le plan, l'extrémité L au lieu d'arriver directement sur le sommet du polygone se trouve en L' ; on a par conséquent, SL$=$SL'$+$LL', et l'on doit modifier toutes les parties de la ligne brisée de manière que l'on ait SL'$=$SL. On cherchera la valeur de SL ainsi que celle de LL', soit par le calcul (65-67), soit seulement en les mesurant avec le compas. La formule (63) donnera la valeur de chacune des parties de la ligne brisée, ou bien, en opérant comme au n° précédent, on aura

$$\text{SL} : (\text{SL} - \text{SL}') :: 100 : x,$$

de là,

$$\text{SU corrigé} = \text{SU} + (\text{SU} \times x),$$
$$\text{UV corrigé} = \text{UV} + (\text{UV} \times x) \text{ etc.}$$

On construira de nouveau la ligne brisée SUVRL, ou en divisera chacune des parties en centaines, puis on construira les détails, à l'aide des points de division, s'il en a été levé sur la ligne.

Nous recommandons aux élèves de s'exercer beaucoup sur les divers procédés que nous venons d'exposer ; c'est dans ce but que nous avons inscrit sur chacune de nos figures, toutes les mesures nécessaires à leur construction. Ils emploieront alternativement les échelles de 1 à 5000, de 1 à 2500 et de 1 à 1250, ils pourront dès lors comparer leurs résultats. Ils doivent bien se garder de croire cependant que les procédés à l'aide desquels on parvient à faire disparaître les erreurs qui se présentent sur les derniers côtés des polygones ou sur les diagonales, doivent s'appliquer dans tous les cas. On doit toujours chercher à fermer juste. Si ces procédés atténuent les différences de toutes natures, ils ne détruisent pas les erreurs matérielles, causes premières du rejet d'un plan.

75. — Comparaison des résultats obtenus par un levé au graphomètre, avec ceux qui résultent d'un levé à la boussole. — Nous ne terminerons pas cette partie, sans faire connaître la remarque faite par plusieurs géomètres à l'occasion des résultats que l'on obtient, lors de la construction des plans, avec les angles observés à la boussole, et ceux qui résultent des angles mesurés au graphomètre.

Les opérations que l'on exécute avec ce dernier instrument sont liées entre elles et s'enchaînent tellement les unes aux autres, que si l'on commet une erreur sur un angle, l'écart résultant de cette erreur affecte, non-seulement les côtés qui comprennent cet angle, mais encore les suivants, de telle sorte que plus on s'éloigne du point où l'erreur a été commise, plus l'écart augmente.

Si nous désignons par a l'erreur faite sur un angle, et par D la distance droite de cet angle à un sommet quelconque du contour d'un polygone, on aura généralement,

$$D \sin a.$$

Et en effet, soit une suite de lignes ABCDEF (*fig.* 96), supposons qu'en observant l'angle VAB on a commis une erreur de 5 degrés, soit en plus, soit en moins; en rapportant cet angle sur la feuille, le côté prendra une direction AB', si l'erreur est en moins, ou une direction AK, si elle est en plus. Admettons AB'. Pour traduire l'angle en B, on appliquera la base du rapporteur sur B'A, le centre en B', et BC prendra la position B'C'; la différence sera évidemment la même, ou à très-peu près, que si on avait prolongé AB et AB' vers c et c', de manière à avoir $Ac=AC$ et $Ac'=AC'$. Il ne pourrait y avoir d'exception qu'au cas où l'angle B approchant de l'angle droit, les deux côtés Bb, Bb', se confondraient.

Si l'on construit un plan d'après les procédés (56), il n'est pas besoin d'une erreur dans la valeur des angles pour voir se produire des écarts de l'espèce; l'épaisseur des traits du crayon, la non-coïncidence du diamètre du rapporteur avec le trait tracé sur le plan, suffisent pour occasionner des déplacements sur la position des directrices; il suffit aussi d'appliquer le côté du rapporteur sur une ligne très-courte, ou bien encore de prolonger beaucoup l'un des côtés de l'angle pour avoir des dérangements de l'espèce. Rien de semblable n'arrive quand on a opéré avec la boussole, et c'est ce qui en fait un instrument précieux, surtout pour l'arpentage des polygones. Nous n'avons pas à revenir sur la nature des angles que l'on obtient avec cet instrument, mais on a dû remarquer, sans doute, que chaque angle est isolé, et que la position d'une directrice est indépendante de la position de la précédente. Si l'on a commis une erreur dans l'observation, cette erreur existe évidemment, mais elle ne grandit pas.

Supposons qu'on ait fait une faute de lecture sur l'un des angles de direction d'une suite de lignes KLMNO ($fig.$ 97); admettons que cette faute ait été faite en K, et qu'elle soit, comme ci-dessus, de 5 degrés; en traduisant cet angle sur le papier, KL prendra la position KL'; mais l'angle de direction de LM est formé par LM et par la méridienne Lδ, il sera traduit au moyen de cette méridienne; l'erreur de position qui existe sur LK n'aura donc d'autre influence que de déplacer LM d'une quantité $=LL'$, parce que l'angle formé en $L'=\delta L'M'$ est égal à celui qui eût été établi en $L=\delta LM$. L'angle suivant, qui fixe la position de MN, ne change pas non plus, ni celui qui détermine NO, les droites L'M', M'N', N'O', sont donc respectivement parallèles à leurs semblables LM, MN, NO.

Ces résultats seraient beaucoup plus sensibles, si on comparait la construction d'un polygone levé au graphomètre, avec celle d'un polygone levé à la boussole. L'erreur que nous avons supposée étant toujours progressive dans le premier cas, la différence sur les derniers côtés du polygone, ou entre les deux points de jonction, serait tellement considérable, que tout moyen de correction deviendrait impossible.

Les erreurs de chaînage ne produisent pas, dans la construction des plans, les mêmes écarts que celles provenant des angles; les directrices sont déplacées, mais leur position est toujours dans un sens parallèle à celle qu'elles devraient avoir. Il est donc généralement facile, quand un polygone ne ferme pas, et notamment lorsqu'on a procédé sur le terrain avec le graphomètre, de reconnaître la nature de l'erreur commise.

CHAPITRE IV.

CALCUL DES SURFACES.

76. — L'arpentage a généralement pour but de déterminer la surface d'une étendue de terrain donnée. Cette surface se calcule, soit sur le terrain même, aussitôt après le le mesurage des lignes et l'observation des angles, soit au cabinet après la confection du plan.

Les méthodes employées pour la détermination des aires, sont de deux sortes : les procédés purement graphiques, à l'aide de la règle et du compas, et ceux du calcul dans lesquels les cotes du terrain entrent comme principaux éléments.

Il existe un grand nombre de formules à l'aide desquelles on parvient à connaître la surface d'un polygone, soit en fonction des coordonnées de ses sommets, soit en fonction de ses angles et de ses côtés, soit enfin que ce polygone ait été levé par intersections. Mais ces formules, d'une grande élégance, sont peu employées dans la pratique, parce que leur solution en est toujours fort laborieuse et que la mise en équation exige des soins et un temps considérables. Nous n'exposerons donc dans ce chapitre que les formules dont l'emploi présente le moins d'embarras et qui sont d'un usage continuel.

Principes des surfaces. — CARRÉ. L'aire ou la surface d'un carré est égale au produit de l'un de ses côtés pris pour base par ce même côté.

Les quatre côtés du carré étant désignés par A, B, C, D, sa surface sera exprimée par A^2, ou par B^2, ou par C^2, ou enfin par D^2.

Parallélogramme. L'aire d'un parallélogramme est égale au produit de la base par la hauteur.

Les quatre côtés étant désignés par A, B, C, D (A et C étant les deux plus grands côtés), la surface sera exprimée par $A \times B$, ou par $C \times D$, ou enfin par $A \times D$.

Rectangle. L'aire d'un rectangle est égale au produit de la base par la hauteur.

Les deux bases parallèles étant A et C, et la distance perpendiculaire entre ces bases, ou la hauteur étant H, la surface sera exprimée par $A \times H$ ou par $C \times H$.

Trapèze. Celle du trapèze est égale au produit de la demi-somme des côtés ou bases parallèles, par la hauteur ou la distance perpendiculaire entre ces deux bases.

Soient A et C les deux bases parallèles, H la hauteur :

$$S = \frac{A + C}{2} \times H = \frac{(A + C) \times H}{2}$$

Lozange. Soient B l'un des côtés du lozange, H la perpendiculaire abaissée sur ce côté d'un des points du côté opposé :

$$S = B \times H.$$

Triangle. L'aire ou la surface d'un triangle est égale au produit de sa base par la moitié de sa hauteur.

La hauteur H d'un triangle étant la perpendiculaire abaissée sur l'un des côtés B pris pour base, du sommet de l'angle opposé :

$$S = B \times \tfrac{1}{2}H, \text{ ou } S = \tfrac{1}{2}B \times H, \text{ ou } S = \frac{B \times H}{2}.$$

Cercle. Soient C, la circonférence d'un cercle, R le rayon, π le rapport du diamètre à la circonférence, on a

$$\left. \begin{array}{l} S = \dfrac{C}{2} \times R \\ \text{ou } S = C \times \dfrac{R}{2} \end{array} \right\} \text{ou } S = \frac{C \times R}{2}$$

$$\text{ou enfin } S = \pi \times R^2$$

Secteur. La surface d'un secteur a pour mesure le produit de l'arc qui lui sert de base, par la moitié du rayon du cercle auquel cet arc appartient.

Segment. Celle du segment a également pour mesure le produit de l'arc ou la base, par la moitié du rayon, moins la surface du triangle isocèle formé par les rayons qui le limitent et la corde qui soutend l'arc.

ELLIPSE. La surface de l'ellipse a pour mesure le produit du rapport du diamètre à la circonférence par le plus grand diamètre et par le plus petit, le tout divisé par quatre.

Ainsi, (*fig.* 98) :

$$S = \frac{\pi \times D \times d}{4}.$$

POLYGONES RÉGULIERS. L'aire d'un polygone régulier a pour mesure le produit de son contour par la moitié de la perpendiculaire abaissée du centre commun des cercles inscrits et circonscrits, sur l'un des côtés.

Cette perpendiculaire s'appelle l'apothème.

Ainsi, (*fig.* 99) :

$$S = (A + B + C + D + E + F) \times \tfrac{1}{2} H,$$

ou simplement
$$S = 6B \times \tfrac{1}{2} H,$$

ou
$$S = 3B \times H.$$

NOTA. — Les formules trigonométriques à l'aide desquelles on calcule l'aire des triangles rectilignes ont été développées au chapitre 1er (12).

77. — Calcul des surfaces par les procédés graphiques en employant les figures décomposantes. — Pour déterminer l'aire d'un polygone par les méthodes graphiques, c'est-à-dire, avec le secours seul de la règle, de l'échelle et du compas, on sent qu'on ne peut y arriver qu'en décomposant ce polygone en triangles, trapèzes et rectangles. Les distances des lignes nécessaires pour le calcul sont prises au compas et mesurées sur l'échelle qui a servi à la construction du plan. Ainsi, pour arriver à la connaissance de cette surface, on doit d'abord dresser le plan du terrain ; et comme la mesure des lignes avec le compas présente toujours quelques difficultés, le rapport de l'échelle doit être aussi grand que possible.

Déterminer la surface du polygone ABCD (*fig.* 102).

On décomposera ledit polygone en trois triangles α, β, ν, en menant les diagonales AD, AC du sommet A aux sommets opposés C et D ; on mesurera, à l'aide du compas et de l'échelle, la diagonale AD prise pour base du triangle ADE et la hauteur E*x* ; on fera de même pour les deux autres triangles ADC,

11

ACB, dans lesquels on a pour bases AD et AC et pour hauteurs Cx' et Bx''. Par conséquent, l'aire du polygone proposé sera égale à

$$AD \times \frac{Ex}{2} = \text{surf. } \alpha \qquad \text{ou bien } AD \times \frac{Ex + Cx'}{2} = \alpha + \beta$$

$$+ AD \times \frac{Cx'}{2} = \text{surf. } \beta \qquad + AC \times \frac{Bx''}{2} = \gamma$$

$$+ AC \times \frac{Bx''}{2} = \text{surf. } \gamma$$

$$\overline{\text{Somme}} = \text{surf. ABCDE.}$$

Quand le contour du polygone est très-sinueux, l'opération ne diffère de la précédente, qu'en ce qu'on cherche d'abord à former dans l'intérieur des triangles de formes convenables et d'une plus grande étendue possible ; on abaisse ensuite de chacun des sommets du polygone, des perpendiculaires sur les côtés de ces triangles, afin d'obtenir des trapèzes ou figures secondaires ; ou bien on forme de nouveaux triangles.

On doit éviter de faire aboutir toutes les diagonales au même sommet, parce que les pointes du compas étant constamment placées sur le même point, finissent par percer le papier, ce qui occasionne alors des différences sur la valeur des lignes. Ces diagonales doivent être tracées avec soin, et aussi fines que possible.

On obtient aussi plus d'exactitude en prenant pour base des triangles le plus grand de leurs côtés. Il importe peu, il est vrai, en théorie, d'adopter un côté plutôt que l'autre, mais il n'en est pas de même en pratique où tout dépend des instruments et de l'habileté de l'opérateur.

Soit à calculer la surface du polygone (fig. 103).

D'après les observations précédentes, on décomposera ce polygone en triangles de premier ordre a, b, c, d, e, f, qui n'aient pas d'angles trop aigus ; on formera ensuite des figures secondaires trapézoïdales autant que possible : elles sont indiquées par les lettres $k, l, m, n\ldots\ldots$; on donnera une lettre alphabétique à chacune de ces figures, puis on procédera à la mesure des lignes.

On disposera le cahier de la manière suivante :

LETTRES ind.catives des FIGURES.	VALEUR DES LIGNES ou FACTEURS.	PRODUITS des FACTEURS.	CONTENANCES totales PAR POLYGONE.
		H. A. C.	
a	96,7 × 27,7	0, 26, 78	
b	118,0 × 32,1	0, 37, 87	
c	145,6 × 35,5	0, 51, 68	
d	102,5 × 30,2	0, 30, 95	
e	82,0 × 16,4	0, 13, 44	
f	82,0 × 10,2	0, 8, 36	
g	23,4 × 5,75	0, 1, 34	
h	23,4 × 4,0	0, 0, 93	
i	47,5 × 7,0	0, 3, 32	
k	21,5 × 13,5	0, 2, 90	
l	43,0 × 25,9	0, 11, 13	
m	11,7 × 17,4	0, 2, 03	
n	29,0 × 16,5	0, 4, 78	
o	17,5 × 20,0	0, 3, 50	
p	21,0 × 8,5	0, 1, 78	
q	60,0 × 4,0	0, 2, 40	
r	58,0 × 5,85	0, 3, 39	
s	22,4 × 7,3	0, 1, 63	
t	35,3 × 14,2	0, 5, 01	
u	39,0 × 6,9	0, 2, 69	
	Somme. .	2, 15, 91	2, 15, 91

On remarquera toutefois que l'on peut abréger beaucoup les calculs consignés dans ce tableau ; car, au lieu de prendre moitié de chacun des facteurs, on peut les porter dans la seconde colonne tels qu'ils sont donnés par les mesures du plan, et prendre ensuite moitié de la somme de leurs produits.

78. — Par un polygone enveloppe. — On peut encore obtenir la surface d'un polygone, en le circonscrivant dans un rectangle ABCD (*fig.* 104), dont on détermine la superficie ; puis on calcule, à part, les parties comprises entre le périmètre du polygone et les limites de ce rectangle. Ces parties, qu'on considère alors comme négatives, sont retranchées de la superficie totale ABCD ; le reste exprime la surface du polygone proposé.

La *fig.* 104 nous donne, d'après cet énoncé :

Triangle ACB=267×125, 3= 3^h 34^a 55^cent
Id.   ACD=267×124, 0= 3   31   08

Somme. 6 65 63
1/2 . . . . . 3 32 81

Parties négatives.

FIGURES.	FACTEURS.	PRODUITS.		
		H.	A.	C.
a	112,0×43,2	0,	48,	38
b	33,0× 9,0	0,	2,	97
c	85,0×17,0	0,	14,	45
d	64,0× 9,4	0,	5,	91
e	25,4× 6,0	0,	1,	52
f	88,0×24,0	0,	21,	12
g	88,0×38,0	0,	33,	44
h	44,0×21,5	0,	9,	46
i	46,7×26,0	0,	12,	14
k	40,5×24,3	0,	9,	84
l	50,0×10,6	0,	5,	30
m	70,0×18,2	0,	12,	74
n	70,0×17,0	0,	11,	90
o	73,0×18,0	0,	13,	14
Somme. .		2,	02,	31
1/2		1,	01,	15 — 1 01 15

Surface **P** =   2^h 31^a 66^cent

Ce procédé est employé plus généralement comme vérification du précédent : on évalue d'abord l'aire du polygone
en le décomposant en triangles ou trapèzes ; ensuite, on
l'inscrit dans un rectangle ou dans un nouveau polygone d'un
très-petit nombre de côtés. Les parties étrangères à la figure
que l'on considère étant retranchées de la surface totale du
rectangle ou polygone enveloppe, le reste doit exprimer l'aire
obtenue par le premier procédé, ou il n'en doit différer
que d'une quantité dont nous déterminerons bientôt les
limites.

79. — **Des compensations.** — Quand il se trouve des
détails dans l'intérieur des polygones, la surface de chaque
parcelle est calculée séparément : on détermine ensuite l'aire
de la masse entière, soit par le procédé du n° 77, soit par le

précédent. La somme des surfaces partielles doit être égale
à l'aire de cette masse. Il arrive parfois que les angles des
limites des parcelles sont si peu prononcés qu'on risquerait,
en y ayant égard dans la décomposition en triangles, de faire
de plus fortes différences que si on considérait ces limites
comme formées d'une seule droite. Dans ces cas, on établit
des *compensations*, c'est-à-dire qu'on trace une droite qui,
prenant des parties qui ne dépendent pas des parcelles, en
abandonnent d'autres d'une surface équivalente qui leur
appartient.

Ainsi (*fig.* 105) la ligne brisée ABOD peut être remplacée
par la droite *ab*, sans qu'il y ait à craindre une erreur sensible dans l'évaluation de la surface de la parcelle ou du polygone au contour duquel cette ligne brisée appartient. Les
triangles *aa'*, dépendant du polygone, sont abandonnés; mais
on prend, en échange, les triangles ββ' équivalents.

Quand les lignes brisées, ainsi redressées, sont communes
à plusieurs parcelles, on a soin de faire servir les droites
qui établissent les compensations à chacune des parcelles.

Ces compensations s'établissent ordinairement à l'aide
d'une petite règle en corne ou en verre bien dressée.

80. — **Par réduction.** — La Géométrie (Legendre, liv. III,
problème x), nous fournit un moyen très-expéditif pour obtenir la surface d'un polygone, en réduisant sa figure en un
triangle équivalent. Ce moyen présente aussi plus d'exactitude alors surtout que le contour du polygone est très-
sinueux, en ce qu'il diminue le nombre des mesures à prendre
sur le plan. Comme il y a moins de multiplications à faire,
on a par conséquent moins de chances de se tromper.

Quoique ce procédé soit suffisamment expliqué dans la
Géométrie, nous le rappellerons néanmoins parce qu'il est
rare que dans son application on puisse réduire en un seul
triangle un polygone un peu étendu.

Nous supposerons en conséquence qu'un polygone (*fig.*
106), a assez d'étendue pour que d'un point A pris sur son
contour, l'équerre ou la règle ne puisse atteindre au point B.
On devra dès lors diviser l'opération en deux et choisir un
point, tel que C, duquel l'équerre puisse atteindre le point
opposé A sans difficulté. On tracera une droite indéfinie CD,

on imaginera ensuite le triangle *abc*, et par le sommet *c* de ce triangle, on mènera *ca'* parallèle à *ab*, joignant *a'* et *b* par une droite ; cette droite peut être considérée comme faisant partie du contour du polygone ; car les triangles *acb*, *aa'b* ont même base *ab*, leurs sommets sont placés sur une parallèle à cette base ; ils sont donc équivalents : le polygone se trouve avoir par conséquent un côté de moins.

Maintenant on imaginera le second triangle *a'bd*, on mènera *vd'* parallèle à *a'd*, en joignant également *d'd* on ôte encore un côté audit polygone sans en changer la surface ; ainsi, les trois côtés *ac*, *cb*, *bd* deviennent *d'd*. Enfin, en imaginant le triangle A*d'd*, et en menant *d*F parallèle à A*d'*, la droite AF qui unit les points A et F réduit la partie du contour *acbd*A en une seule ligne AF.

On procédera de la même manière pour la partie A*c*M, en prenant AF pour base : on obtiendra donc GM. Enfin, le redressement du contour *klmn*M donnera une droite telle que DM et la portion P du polygone proposé sera réduite en un quadrilatère équivalent DFGM, qu'on pourrait réduire en un triangle ; mais comme cette dernière opération n'apporterait pas un résultat plus avantageux, on peut s'en tenir à ce quadrilatère.

En agissant de même sur le contour de la seconde portion Q du polygone, en prenant également CD pour base, on arrivera au triangle CBE.

En définitive, l'évaluation de la surface du polygone proposé se réduit à calculer l'aire des triangles FMG, FMD et CBE.

On doit apporter beaucoup d'attention dans les réductions de l'espèce, car le moindre déplacement sur la position de l'un ou de l'autre des points F, G, M, D, E peut occasionner de grandes différences dans les résultats.

On emploie ordinairement pour cette opération la règle, l'équerre et une aiguille très-fine, ou piquoir [1]. On applique exactement l'hypoténuse de l'équerre sur les sommets *a* et *b*; on fait glisser l'équerre contre la règle jusqu'au sommet *c*; alors plaçant la pointe de l'aiguille en *a'* on fait pivoter l'é-

---

(1) On entend par piquoir, une aiguille enfoncée, par la tête, dans un petit morceau de bois (le noyer est le plus propre) taillé en forme de crayon fort allongé, ou revêtue à sa partie supérieure d'une petite boule de cire à cacheter.

querre autour de cette aiguille jusqu'à l'angle d, on glisse
ensuite l'équerre jusqu'en b, on place de nouveau l'aiguille
en d', on fait pivoter l'équerre jusqu'en A, etc., on ne doit
pas séparer la règle de l'équerre, si on veut opérer avec célérité et exactitude.

Il existe des règles à roulettes, dites *règles à parallèles*, qui
sont d'un grand secours dans ces sortes de réductions.

81. — On peut, par ce procédé, s'épargner la multiplication
des facteurs, opération toujours fort longue et ennuyeuse
lorsqu'on n'a pas à sa disposition les tables de *Oyon*. Il suffit
de ramener les triangles obliquangles à des triangles rectangles dont un des côtés de l'angle droit a une valeur telle que
par la mesure seule de l'autre côté de même espèce, on a immédiatement la surface dudit triangle.

Prenons un triangle quelconque ABC, (*fig.* 107). Élevons
à l'extrémité A, de AB une perpendiculaire AO, menons CO
parallèle à la base AB et joignons OB; le triangle ABO est
équivalent au triangle ABC. Prolongeons maintenant AB vers
K et faisons AK=200 mètres. Si nous supposons un triangle
rectangle AKD d'une base =AK et d'une surface =AOB=ACB,
on aura :

$$\frac{AD}{2} = \frac{ACB}{AK} = \frac{ACB}{200}, \text{ ou bien } AD = \frac{ACB}{100};$$

la surface ACB sera donc donnée directement par la mesure
seule de AD à laquelle on devra toutefois ajouter deux zéros.

Pour déterminer AD on imaginera le triangle OBK, puis on
mènera BD parallèle à OK, on joindra DK; le triangle rectangle ADK résultant de cette construction est équivalent au
triangle rectangle AOB; il est aussi équivalent au triangle
ACB. Et, en effet, les deux triangles OBK, ODK, ayant même
base OK et même hauteur, sont équivalents; or, nous avons
ajouté OBK au triangle OBA, puis nous avons ensuite retranché
ODK du triangle OKA, ou une surface égale à celle que nous
avions ajoutée au premier triangle OBA.

Si AD a été trouvé sur le plan de $77^m,5$, on aura :

$$\text{surf. ADK} = \text{surf. ACB} = \frac{200 \times 77,5}{2} = 100 + 77.5 = 77^{ares},50^{cent}.$$

Ce procédé est facile à appliquer à tous les triangles obliquangles, même lorsqu'il s'agit d'évaluer la surface d'un polygone dont le plan a été construit par le procédé (68). Dans ce cas, on aura soin de prendre pour base de réduction les côtés des carrés qui ont servi au rapport de ce plan, et pour base des triangles rectangles ces mêmes côtés.

Toutefois, pour que l'élève n'éprouve aucun embarras, voici comment il devra opérer dans ce dernier cas.

Il prendra, pour base de réduction, le côté $\alpha\beta$ (*fig.* 108) du carré $\alpha\beta\nu\delta$; il réduira en un triangle équivalent Bba la portion de polygone ACDB comprise dans ledit carré. Les sommets a et B du triangle Bba devant se trouver en α et β, il commencera par y amener le sommet B; à cet effet, il imaginera le triangle αbB et tracera Bb' parallèle à αb, il joindra $b'\alpha$, et le triangle Bba deviendra $\alpha b'a$ sans que pour cela sa surface ait changé. Il mènera ensuite $b'n$ parallèle à $\alpha\beta$ et achèvera la réduction comme au numéro précédent; il obtiendra enfin un triangle $\alpha\beta\iota$ équivalent à la portion de polygone ACDB.

Si $\alpha\beta = 500^m$, comme nous l'avons indiqué (68), et $\alpha\iota = 282^m,8$, il aura :

$$\text{surf. ACDB} = \frac{500 \times 282,8}{2},$$

multiplication par 5 dans laquelle il ne peut se glisser aucune erreur.

82. — Surfaces d'un parcellaire à figures rectangulaires. — Les plans du cadastre représentent souvent des figures qui approchent beaucoup du rectangle ou du trapèze. On n'évalue pas la surface de ces figures par la décomposition ni par la réduction; on se contente d'en déterminer les longueurs et largeurs moyennes.

Ainsi, la surface de la parcelle LGON (*fig.* 109) sera calculée en mesurant les distances ab et cd. Dans d'autres cas, on mesure ab, puis les largeurs Le et NO perpendiculaires à ab. Pour éviter l'addition de ces deux dernières quantités, on porte l'une d'elles, soit la première, sur le prolongement de la seconde de N en l, puis on mesure lO. On a donc :

$$\text{surf. LGON} = ab \times \frac{Le + lO}{2}.$$

On ne décompose les figures de l'espèce en triangles que lorsqu'on a inscrit sur le plan les valeurs des côtés LG et NO et qu'on veut faire entrer ces valeurs dans le calcul. Alors LG sera considéré comme base du triangle GOL, la hauteur On de ce triangle sera mesurée au compas. On aura également ON pour base du triangle ONL et la hauteur de celui-ci sera Lm. Ainsi,

$$\text{surf. GLNO} = \frac{\text{GL} \times \text{O}n}{2} + \frac{\text{ON} \times \text{L}m}{2}.$$

83. — Décomposition d'un polygone en zones parallèles. — M. Beuvière, géomètre en chef du Cadastre, a présenté, en 1845, à l'Institut, un instrument qui réduit l'évaluation des sufarces à une simplicité remarquable. Les résultats que l'on obtient sont exempts d'erreurs et présentent une approximation telle, que, sur une série de calculs de la même figure, la plus grande différence n'excède pas $\frac{1}{500}$. Nous regrettons que le plan que nous nous sommes tracé, pour cet ouvrage, ne nous permette pas d'en donner la description. Voici, au reste, le principe sur lequel il est basé.

Supposons (*fig.* 110) qu'un polygone P soit divisé en bandes ou zones de 10^m de hauteur, l'aire de ce polygone sera égale à la somme des surfaces de toutes ces bandes. En les calculant par le procédé (82) on aura :

$$
\left.
\begin{array}{l}
\text{surf. zone N}^\circ \; 1 = ab \times 10 \\
\quad id. \qquad \text{N}^\circ \; 2 = cd \times 10 \\
\quad id. \qquad \text{N}^\circ \; 3 = cf \times 10 \\
\quad \cdots\cdots\cdots \\
\quad \cdots\cdots\cdots \\
\quad \cdots\cdots\cdots \\
\quad id. \; \text{N}^\circ \; 12 = nm \times 10
\end{array}
\right\} = \text{surf. P.}
$$

Mais comme chacun des facteurs $ab, cd, ef \ldots nm$ se trouve multiplié par un même facteur qui est 10, l'opération peut se réduire à faire la somme des longueurs $ab, cd, ef \ldots nm$ et à multiplier cette somme par 10 ; ce qui donne

$$(ab + cd + ef + \ldots\ldots + nm) \times 10 = \text{surf. P.}$$

La division du polygone en zones parallèles s'effectue par l'instrument même, au moyen d'une règle transparente graduée qui, par un mouvement horizontal, fait tourner une roulette également graduée sur laquelle on lit le chiffre de la contenance.

Un autre instrument fondé sur le même principe a été annoncé dans les *Annales forestières ;* mais celui-ci, d'un maniement incommode, présente l'inconvénient d'obliger l'opérateur à se servir de papier végétal, et on sait à quels dérangements ce papier est sujet.

84. — Vérification des calculs des surfaces. — De même que toutes les opérations qui se rattachent à l'arpentage, les calculs des surfaces doivent subir une vérification rigoureuse. D'abord on peut se tromper en lisant sur l'échelle les valeurs des lignes; on peut ensuite omettre de séparer par une virgule les décimales des nombres entiers ; on peut également faire des fautes dans les multiplications des facteurs; enfin, on peut négliger de séparer aux produits les chiffres décimaux nécessaires. On ne doit donc jamais considérer comme définitive une première évaluation.

Quelques géomètres se servent, pour les vérifications des calculs des surfaces, des figures décomposantes établies lors du premier calcul. Ils procèdent alors d'une manière analogue à leur première évaluation, en ayant soin toutefois de ne comparer leurs résultats qu'après avoir fait la somme des produits de tous les facteurs. C'est quand tout est fini qu'ils s'assurent que les surfaces partielles sont bien sur un calcul comme sur l'autre et qu'il ne s'est glissé aucune erreur lors de leur première évaluation.

D'autres n'ont point égard à ce qu'ils ont fait en premier lieu et emploient, pour la vérification, un procédé différent de celui qu'ils avaient adopté d'abord. Si pour l'évaluation de la surface, ils ont fait usage de la méthode (77), ils se serviront du procédé (78) pour la vérification. Cette marche a l'inconvénient que si les deux résultats ne sont pas semblables, on est obligé de revoir les deux opérations et souvent de recommencer tout le travail. Quelle que soit la marche que l'on adopte, on ne devra jamais conclure un calcul avant d'avoir acquis la certitude qu'il est exempt de fautes, soit dans les mesures, soit dans les multiplications, soit enfin dans les additions des facteurs.

Dans le cadastre la vérification des contenances a lieu ordinairement, par le calculateur qui a procédé à l'évaluation des surfaces du parcellaire, par la comparaison des parcelles entre elles. Cette vérification est suffisante, car elle s'applique, dans le plus grand nombre de cas, à des rectangles d'une faible largeur. Et, en effet, les parcelles 1, 2, 3 et 4 (*fig.* 117) ayant à peu près même largeur et même longueur, les surfaces ne doivent différer que de très-peu. L'œil exercé se trompe rarement dans cette comparaison.

Souvent aussi, on assemble un certain nombre de ces parcelles de manière à former des polygones de 1 à 5 hectares ; chacune des surfaces de ces polygones doit être égale à la somme des surfaces des parcelles qui les composent.

Enfin, on emploie avec avantage un calque dit *transparent*. C'est un ensemble de petits carrés ayant ordinairement un are de superficie, ou 10 mètres de côté, établi sur une feuille de papier végétal. Placé sur un polygone dont on veut vérifier la surface, le nombre de carrés contenus dans ce polygone est autant d'ares que l'on doit trouver dans cette surface.

Sa construction consiste à former un carré ABCD (*fig.* 111) dont chaque côté est divisé en parties d'une valeur =10 mètres ; chaque point de division étant réuni par des droites, on obtient de petits carrés de 1 are de superficie. On a soin de forcer les traits de 5 en 5 parties, afin de faire ressortir de nouveaux carrés qui alors contiennent 25 ares.

Pour évaluer la surface du polygone GKLM, on place le transparent sur ce polygone, puis, on compte d'abord les carrés de 25 ares ; on peut, sur la figure, en considérer trois ; on compte ensuite les plus petits, tantôt en supposant comme occupé par le polygone un carré qui se trouve coupé par son contour, et tantôt en négligeant un carré de même espèce, mais toujours de manière à ce qu'il y ait compensation. Les carrés marqués d'une croix indiquent suffisamment comment on doit effectuer ce comptage.

Le nombre de ces carrés étant de. 81
Les trois carrés de 25 ares donnant $3 \times 25 =$. . . . 75

On a pour la surface du polygone. . . . . 156 ares ou 1 hectare 56 ares.

On répète cette opération plusieurs fois en donnant au

transparent des positions différentes. On doit pressentir que ce n'est que la grande habitude qui puisse faire arriver à un résultat convenable. Les calculateurs habiles ne se tolèrent entre la contenance qu'ils obtiennent avec ce transparent et celle donnée par les calculs rigoureux, que de 2 à 10 ares pour les surfaces de 1 à 50 hectares.

On ne devra jamais employer ce procédé lorsqu'il s'agira d'évaluer avec exactitude la surface d'un polygone, car nous ne l'indiquons que comme un moyen expéditif de vérification, et qui ne doit d'ailleurs être employé que lorsqu'on veut s'assurer qu'il n'a été commis aucune erreur matérielle dans les calculs primitifs.

85. — Évaluation des surfaces à l'aide des mesures du terrain. — Passons maintenant à l'évaluation des surfaces dans lesquelles les mesures du terrain entrent comme principaux éléments.

Proposons-nous d'abord, d'évaluer la surface du quadrilatère ABCD (*fig.* 112) à l'aide des mesures inscrites.

Ce quadrilatère peut être décomposé en deux triangles ADB et DBC, dans lesquels nous connaissons deux côtés et l'angle compris entre ces côtés ; par conséquent la formule (12—3º) nous donne :

$$\text{surf. ADB} = \frac{AB \times AD}{2} \times \sin A, = \frac{124 - 92}{2} \times \sin 103º\ 37'$$

$$\text{surf. DBC} = \frac{DC \times CB}{2} \times \sin C = \frac{159 \times 117}{2} \times \sin 74º\ 39'$$

$$\frac{AB \times AD}{2} \text{ revient à } AB \times \frac{AD}{2} \text{ ou à } \frac{AB}{2} \times AD,$$

On a encore :
$$\frac{(AB \times AD \times \sin A)}{2}$$

Nous prendrons indifféremment l'une ou l'autre de ces transformations.

Type du Calcul.

$$\begin{aligned}
\log 124 =&\ .\ .\ .\quad 2,\ 0934217 \\
\log \tfrac{92}{2} = 46 =&\ .\ .\ .\quad 1,\ 6627578 \\
\sin 103^c\ 37' =&\ .\ .\ .\quad 9,\ 9876183 \\
\hline
\log \text{surf. ADB} =&\ 3,\ 7437978 \\
\text{surf. ADB} =&\ \ 55 \text{ ares } 44 \text{ cent.} \qquad 55^a\ 44^c
\end{aligned}$$

$$\textit{Report.} \quad . \quad . \quad . \qquad 55^a\,44^c$$

En procédant d'une manière semblable pour le triangle DBC, on trouvera pour sa surface. . .   89, 70

$$\text{Donc surface ABCD} \quad . \quad . = 1^h\,45^a\,14^c$$

En employant la formule (12—8°), on a :

$$\text{surf. ABCD} = \sqrt{(p-AB)\times(p-BC)\times(p-CD)\times(p-DA)}$$

$$p = \frac{AB+BC+CD+DA}{2} = \frac{124+117+159+92}{2} = 246$$

donc

$$\text{surf ABCD} = \sqrt{(246-124)\times(246-117)\times(246-159)\times(246-92)}$$

$$\text{ou surf. ABCD} = \sqrt{122\times129\times87\times154} = \sqrt{210,857,724}$$

$$\text{et surf. ABCD} = 1^h\,45^a\,16^c.$$

On peut, en employant les logarithmes, abréger beaucoup les calculs qu'entraîne cette formule : on opère alors de la manière suivante :

$$
\begin{aligned}
\log 122 &= 2{,}0863598 \\
\log 129 &= 2{,}1105897 \\
\log 87 &= 1{,}9395193 \\
\log 154 &= 1{,}1875207 \\
\hline
\text{somme ou } \log 210857724 &= 8{,}3239895 \\
\tfrac{1}{7} \text{ ou } \log \sqrt{210857724} &= 4{,}1619947
\end{aligned}
$$

qui correspond dans les tables à 14516 ou $1^h\,45^a\,16$ cent. comme ci-dessus.

Quand le polygone contient un plus grand nombre de côtés, la formule (12—3°) est encore applicable, mais on doit préalablement décomposer ce polygone en autant de triangles qu'il a de côtés moins deux et chercher les valeurs des angles et des côtés inconnus de ces triangles.

Ainsi, pour évaluer la surface du polygone ABCDEF (*fig.* 113), on formera les triangles AEF, AEB, BEC et CDE ; les angles en A et en E du premier seront déterminés par la formule trigonométrique VII ; puis on obtiendra le côté AE par la formule V.

L'angle FAE étant connu, on le retranchera de FAB, ce qui donnera EAB nécessaire à la détermination des inconnus du second triangle AEB. Celui-ci étant calculé on passera au triangle ECD, puis enfin au triangle EBC. Quoique les inconnus de ce dernier puissent se conclure des résultats obtenus par les calculs des triangles qui lui sont adjacents, il n'en doit pas moins être calculé, afin qu'on s'assure de l'exactitude des opérations précédentes. On procédera ensuite à l'évaluation de la surface de chacun desdits triangles, la somme donnera la contenance du polygone proposé.

Procédons pour le triangle AFE afin de donner une idée de la marche de l'opération.

La formule trigonométrique VII, donne :

$$AF + EF : AF - EF :: \tang \tfrac{1}{2}(A-E) : \tang \tfrac{1}{2}(E-A) =$$
$$181 + 107,3 : 181 - 107,3 :: \tang \tfrac{1}{2} 101^o 27' : \tang \tfrac{1}{2}(E-A).$$

Type de calcul.

$$\tang \tfrac{1}{2} 101^o 27' = \tang 50^o 43' 30''. \ldots = 10,08737$$
$$\log 181 - 107,3 = \log 73,7 \ldots \ldots = \bar{1},86747$$
$$\underline{ 11,95484-}$$
$$\log 181 + 107.3 = \log 288.3 \ldots \ldots = 2,45984$$
$$\overline{}$$
$$\tang \tfrac{1}{2}(E-A) \ldots \ldots = 9,49500$$
$$(E-A). \ldots = 17^o 21' 30'$$

donc A ou FAE $= 50^o 43' 30'' - 17^o 21' 30'' = 33^o 22'$

et   E ou AEF $= 50^o 43' 30'' + 17^o 21' 30'' = 68^o 05'$;

Et pour avoir la valeur de AE, la formule V donne :

$$\sin E : \sin F :: AF : AE = \sin 68^o 05' : \sin 78^o 33' :: 181.0 : AE$$
$$\log 181.0 = 2,25768$$
$$\sin 78^o 33' = 9,99127$$
$$\underline{ 12,24895-}$$
$$\sin 68^o 05' = 9,96742$$
$$\overline{}$$
$$\log AE = 2,28153$$
$$AE = 191^m 2^d.$$

Pour vérification, on aura :

$$\sin AEF : \sin EAF :: AF : EF.$$

Connaissant maintenant l'angle EAF, nous aurons EAB $= 96^o 56' - 33^o 22' = 63^o 34'$; lequel angle servira, avec les côtés AE et AB, à déterminer les inconnus du triangle AEB.

On s'exercera sur les données de la figure ; le résultat final devra être 4ʰ 23ᵃ 19ᶜ pour la contenance du polygone.

L'emploi de ce procédé exige beaucoup de temps; aussi peu de géomètres en font usage, alors surtout que les polygones sont composés d'un grand nombre de côtés. Il présente en outre l'inconvénient que, pour arriver à la connaissance des éléments nécessaires à l'évaluation de la surface, on est obligé de conclure les angles inconnus des triangles au moyen de lignes dont le mesurage a pu se trouver dans des conditions différentes. Il en résulte évidemment des incorrections sur les angles et sur les côtés calculés ; c'est pour diminuer autant que possible ces incorrections que nous avons, dans les calculs précédents, opéré d'abord par AEF et AEB, puis ensuite par les triangles EDC et ECB ; il est évident que s'il existe une différence sur EB par suite du calcul des triangles AEF, AEB, cette erreur sera moitié de ce qu'elle eût été sur CD, si nous eussions continué les calculs par BEC, puis par ECD.

86. — Le mode qui s'emploie le plus fréquemment consiste à circonscrire dans un rectangle, la figure dont on veut avoir la surface. C'est, à très-peu près, le procédé que nous avons indiqué (78).

Pour évaluer la surface du polygone ABCDEF (*fig.* 114), on adoptera pour base du rectangle circonscrit un côté quelconque de ce polygone, soit AB ; on élèvera sur cette base prolongée, s'il est nécessaire, les perpendiculaires *mp, no,* passant par les sommets extrêmes C et F ; enfin, on achèvera ledit rectangle en menant *op* parallèle à AB.

Les parties polygonales, telles que *p*FED*p,* seront décomposées en triangles rectangles et en rectangles, au moyen de perpendiculaires, telles que E*r,* abaissées des sommets sur les côtés du rectangle circonscrit et de parallèles comme F*q* à ces mêmes côtés. Nous revenons ainsi à l'application du procédé (78), puisque nous avons à chercher la surface du rectangle *mnop* et à retrancher de cette surface les aires des parties étrangères au polygone proposé.

Pour avoir les valeurs numériques des lignes nécessaires aux calculs, on emploie la formule trigonométrique 1, ainsi :

$$A m = AF \sin AFm, \qquad Fm = AF \cos AFm ;$$
$$Bn = BC \sin BCn, \qquad Cn = BC \cos BCn, \text{ etc.}$$

Les côtés du rectangle *mnop* seront conclus des valeurs des côtés des triangles rectangles. On aura donc :

$$no = nC + Co, \quad mn = mA + AB + Bn....$$

On devra donc commencer par résoudre ces triangles. On se rappellera, pour avoir les angles nécessaires aux calculs, les principes (65 et 67). Ces calculs effectués, on passera à l'évaluation des surfaces.

D'abord surf. *mnop*.

$$mn = 18.\,9 + 180.\,5 + 61.\,7.\,.\,.\,.\,.\,. = 261,1$$
$$op = pr = Fq = 107.\,0 + 81.\,9 + 73.\,6 \quad = 262,5$$

Ces deux sommes devraient être égales, mais leur différence 1^m, 4^d peut être attribuée au chaînage des directrices. On prendra la moyenne arithmétique des deux résultats pour valeur de la base du rectangle *mnop*, on aura :

$$\frac{261,1 + 262,5}{2} = 261^m,8.$$

La hauteur sera

$$no = 121,\,0 + 109,\,1.\,.\,.\,.\,.\,.\,.\, = 230,1$$
$$mp = 179,\,7 + 48,\,7 = (Er - qE).\,.\,.\, = 228,4$$
$$\frac{230,1 + 228,4}{2} = 229,25.$$

Donc, enfin,

surf. *mnop* $= 261,80 \times 229,25 = .\,.\,.\,.\,$ $6^h\,00^a\,08^{cent}$

A déduire :

	A.	A.	C.
Triangle AF*m* $= 179,7 \times 18,9$	0,	33,	96
Trapèze *p*FE*p* $= 107,0 \times 105,8$	1,	13,	20
Triangle Er D $= 81,9 \times 57,1$	0,	46,	76
Triangle D*o*C $= 73,6 \times 109,1$	0,	80.	29
Triangle CB*n* $= 121,0 \times 61,7$	0,	74,	67

Somme. . .   3, 48, 86
1/2 . . .   1, 74, 34 . —   1   74   43

Surf. ABCDEF $= 4^h\,25^a\,65^{cent}$

On obtiendrait, sans doute, plus d'exactitude, si, à l'aide des valeurs de *op*, *mn*, *no*, et *mp*, on calculait les angles des triangles qui seraient formés en menant la diagonale *pn* ou *mo*, puis en déterminant la surface de chacun de ces triangles.

Mais ce procédé exigerait beaucoup plus d'opérations et serait par conséquent assez long.

Nous n'avons pas parlé, dans l'exemple précédent, des corrections qu'il est nécessaire de faire subir aux côtés des
triangles rectangles mAF, FqE, ErD... qui ont servi à former
les côtés du rectangle circonscrit ; car, en prenant la moyenne
arithmétique des valeurs 261,1, 262,5 et 228,4, 230,1, nous
avons modifié, en réalité, les valeurs des côtés op, mn, no,
mp de ce rectangle ; il faut donc, pour être rationnel, faire
des modifications analogues aux lignes qui ont servi à former
ces côtés.

On sent davantage la nécessité de modifier les valeurs des
côtés des triangles rectangles, lorsqu'on détermine l'aire des
polygones en décomposant ces polygones en trapèzes et qua-
drilatères, au moyen de perpendiculaires abaissées de chacun des sommets sur l'un des côtés.

Abaissons des sommets F, E, D, C (*fig.* 114) les perpendiculaires Fm, Ee, Dd et Cn, sur AB prolongé s'il est nécessaire.
La surface du polygone ABC....F sera égale à la somme des
aires des figures AFEe, eEDd, dDCB. On aura, comme précédemment, à résoudre les triangles rectangles AmF, EFq,
ErD..... De là eE = mF — Eq, dD = eE + Er, mais on aura
aussi dD = nC + Co, et comme nous avons trouvé une différence entre mp et no, nous aurons évidemment deux valeurs
pour dD, l'une ne pouvant être adoptée plutôt que l'autre
(à moins qu'on y soit engagé par des cas particuliers), la
moyenne arithmétique sera la valeur définitive de dD.

Maintenant si de dD, nous retranchons Er, nous aurons
Ee et comme aussi Ee = Fm — qE, nous obtiendrons également deux valeurs pour cette perpendiculaire. Nous prendrons donc encore la moyenne arithmétique de celles-ci pour
valeur définitive de Ee. On voit que si on avait un grand
nombre de perpendiculaires, on diminuerait successivement
toutes les différences.

On abrège toutefois ce calcul. Ainsi,

$$d\mathrm{D} = 179{,}7 + (57{,}1 — 8{,}4) = 228{,}4,$$

et également,

$$d\mathrm{D} = 121{,}0 + 109{,}1.\ \ .\ .= 230{,}1$$
$$\text{différence.}\ \ .\ \ .\ \ .= \ \ \underline{1{,}7}$$

12

Cette différence devant être répartie par moitié de chaque côté de dD, on aura (67).

$$228,4 : \frac{1,7}{2} :: 100 : x = 0,37.$$

Par conséquent, chacun des côtés Er, Eq et mF des triangles rectangles ErD, FEq, AmF devront augmenter de $\frac{0,37}{100}$, et les côtés nC, Co des triangles rectangles nBC, CDo, devront diminuer de la même quantité.

On aurait à faire la même opération pour obtenir mA, Ae, ed, dB et Bn nécessaires au calcul de la surface.

Quand la figure à calculer est un quadrilatère, tel que ABCD, (*fig.* 112), on parvient plus rapidement au résultat (lorsqu'on est certain que le chaînage de tous les côtés est bien en rapport) en résolvant immédiatement les triangles rectangles CBb, DAa; on décompose alors le quadrilatère en deux triangles rectangles et un trapèze.

Les calculs que nous venons d'indiquer se trouvent beaucoup abrégés quand on a procédé à la construction du plan par la méthode des coordonnées (65 et 67). On peut, en effet, faire entrer comme facteurs dans l'évaluation de la surface du polygone (*fig.* 78) les abscisses et les ordonnées des sommets de ce polygone; on aura dans ce cas :

> Surface ABCD..... MA :
>
> 　　Triangle AbB
> + 　Trapèze BbcC
> + 　Id.　　cCDd
> + 　Id.　　dDEe
> + 　Id.　　eEFf
> + 　Triangle f'FG
> + 　Id.　　Hh'G
> + 　Rectang. $ff'h'h$
> + 　Trapèze IhH
> + 　Id.　　KkiI
> + 　Triangle KLk''
> + 　Id.　　LMl
> + 　Rectang. $lmkk$''
> + 　Triangle AMm
> 　　　　　　　　　　———————
> Somme = surf. ABCD......MA.

On peut également inscrire le polygone dans un rectangle. Alors les côtés de ce rectangle, parallèles à AO (*fig.* 78), seront

tangents en K et D du contour de la figure à calculer, et les côtés perpendiculaires à AO seront tangents en G et A. Les distances coordonnées des sommets du polygone serviront à déterminer les distances nécessaires au calcul de la surface (87).

Les procédés (85 et 86) s'appliquent à des polygones formés
d'un petit nombre de côtés, ou lorsque les opérations d'arpentage présentent une certaine suite facile aux calculs ;
mais dans le cas de la *fig.* 65, ces procédés ne peuvent plus
être employés, car les limites du terrain étant très-sinueuses,
ce ne serait qu'avec beaucoup de peine qu'on parviendrait à
établir la contenance comprise dans ces limites. On en fait
cependant usage : on suppose alors que le polygone formé
par les lignes d'arpentage est un polygone enveloppe duquel
on retranche les parties étrangères au terrain. Si quelques
parties se trouvent en dehors des limites de ce polygone, on
les ajoute au résultat :

On commencera donc par calculer, par l'une des méthodes
précédentes, la surface ABCD.... HI, (*fig.* 65), comprise entre
les lignes d'arpentage ; on déterminera, à l'aide des mesures
du terrain, l'aire des figures partielles formées par les perpendiculaires élevées des directrices sur les points d'angles
du périmètre, par ces directrices et les limites du terrain ; et
comme il s'en trouve de deux sortes, les unes, ainsi qu'on le
voit sur les lignes polygonales AB, BC, CD... sont en dedans
du polygone, et doivent se retrancher de la surface ABCD....
HI ; les autres, lignes GH, III, sont en dehors et doivent y
être ajoutées. On aura donc des parties positives et des parties négatives. Le cahier de calcul présentera alors la forme
suivante ;

CAHIER du calcul de la contenance du plan, etc.

LETTRES indicatives des figures.	PARTIES POSITIVES.		LETTRES indicatives des figures.	PARTIES NÉGATIVES.		SURFACES des parcelles.
	FACTEURS.	PRODUITS.		FACTEURS.	PRODUITS.	

87. — Quoique l'évaluation des surfaces des figures partielles ne puisse donner lieu à aucun embarras, ces figures se présentent cependant à la jonction de deux directrices sous des formes qui peuvent, au premier abord, ne pas paraître solubles aux commençants. Voici les cas les plus généraux :

1° La forme qui se présente le plus communément est celle qu'on remarque en A (*fig.* 116). L'aire de cette figure est facile à déterminer : on la décomposera en trois triangles A*dc*, A*ab* et A*bd* ; les deux premiers sont rectangles, le mesurage donne les côtés A*a*, *ab* et A*c*, *cd* de l'angle droit. Quant au troisième de ces triangles, on en obtiendra la surface par la formule 3° (12), en calculant les hypoténuses A*b*, A*d* des premiers, et l'angle *b*A*d* sera donné par la soustraction des angles aigus *b*A*a*, *d*A*c* de l'angle EAB, observé.

2° La seconde forme qui se présente également assez fréquemment est celle qui se trouve entre les perpendiculaires *hg* et B*e* élevées sur BC.

Il s'agit de deux triangles rectangles B*ef*, *hfg*, dont on connaît les côtés *hg* et B*e* de l'angle droit, et la somme B*h* des deux autres. Par *g* menons *gi* parallèle à B*h*, nous formons ainsi un nouveau triangle rectangle *eig*, dont les deux côtés *ei*, *gi* de l'angle droit sont connus. On a $gi = \mathrm{B}h$ et $ei = \mathrm{B}e + hg$. Les triangles semblables donnent :

$$ei : ig :: e\mathrm{B} : \mathrm{B}f,$$
$$ei : ig :: hg : hf ;$$

connaissant B*f* et *hf*, on pourra calculer la surface des triangles B*ef* et *fhg*.

3° La surface du quadrilatère *cde*B sera donnée en le décomposant en deux triangles, dont l'un *cd*B est rectangle en *c* : on connaît *cd* et B*c*, on conclura l'angle aigu *c*B*d*, de là

$$\text{angle } d\mathrm{B}e = \mathrm{ABC} - (c\mathrm{B}d + e\mathrm{B}f).$$

Déterminant en outre l'hypoténuse B*d* du triangle B*dc*, on a tout ce qu'il faut pour calculer la surface du quadrilatère.

4° La figure, en C, présente plus de difficultés, parce qu'en opérant sur le terrain on a arrêté, sur CD, le prolongement de *gn* en *m*, et qu'on a mesuré seulement la distance *mn*.

On peut arriver à l'expression de la surface de cette figure de plusieurs manières : d'abord, en calculant l'angle Cmk du triangle mkC, on a alors, angle $omn = 180° — Cmk$, la surface des triangles mkC, onm sera donnée par la formule 3° (12).

Si, en mesurant BC, on n'avait pas pris la cote en k, il faudrait déterminer Ck par le 2°.

On peut encore calculer les perpendiculaires lk, $l'n$, abaissées de k et n sur CD. On imagine alors le triangle rectangle lkC dans lequel on a l'angle aigu lCk observé, et l'hypoténuse Ck. Ensuite $l'n$ est donné par

$$ml : lk :: ml' : l'n ;$$

$l'n$ est, comme on le voit, la hauteur du triangle onm.

On n'a, dans ce dernier exemple, que des triangles rectangles dont la résolution est toujours plus facile et plus prompte.

5° Passons aux diverses figures qui sont représentées à l'angle D. L'arpentage de la portion du périmètre $ursx$ du terrain a eu lieu au moyen des prolongements Dr et Dt des directrices DE et CD ; on a mesuré en outre ts.

On arrive à l'expression de la surface du triangle sru en imaginant la perpendiculaire ss' abaissée du sommet s sur ru. Pour avoir la valeur de cette perpendiculaire, on remarque que dans le triangle rectangle tpD, on a tD, et l'angle tD$p = 180° —$EDC. On pourra donc calculer tp. On déterminera ensuite l'hypoténuse tu du triangle rectangle tpu. De là :

$$tu : tp :: tu + ts : ss'.$$

On peut encore former les triangles tDu, trD et trs. La surface du premier est égale à D$u \times \frac{1}{2} tp$, celle du second sera donnée par la formule 3° (12). Quant à la surface du troisième str, on ne pourra l'obtenir qu'en calculant le côté tr du triangle trD, ainsi que les angles rtD, Dtu, on aura alors l'angle $str = 180° — (rt$D $+ Dtu)$.

6° Enfin la surface du quadrilatère vxyE sera calculée au moyen des deux triangles rectangles vxE, Exy, qui donnent immédiatement vE $\times \frac{1}{2} vx + Ey \times \frac{1}{2} yx = $surf. vxyE.

Si on n'avait déterminé le sommet x du terrain qu'au moyen de l'une ou de l'autre des perpendiculaires vx et xy, il faudrait déterminer la valeur de celle qui serait inconnue.

On s'épargne beaucoup de calculs quand on a soin, lors du mesurage des directrices, de coter les intersections u, f, k, o des limites du terrain avec ces lignes. Au reste, on peut remplacer ces calculs avec avantage par une construction des figures partielles à une échelle décuple ou centuple de celle adoptée pour le plan. Les contenances se déterminent alors avec l'échelle et le compas, l'approximation que l'on obtient ainsi est presque toujours suffisante. En admettant que le plan (*fig.* 116) soit rapporté à l'échelle de 1 à 2500, on construira la *figure aAcdb*, sur une feuille séparée, à l'échelle de 1 à 250, les mesures Ac, cd et Aa, ab, serviront à déterminer l'aire des triangles Acd, Aab, on n'aura à mesurer sur le plan que les lignes nécessaires au calcul de la surface du triangle Abd. On procédera de même pour la figure partielle onkC, ainsi que pour toutes celles qui se trouveraient dans le même cas.

88. — Évaluation des surfaces d'un parcellaire à l'aide des mesures du terrain. — Les procédés (85, 86 et 87) ne s'appliquent, ainsi qu'on a dû le remarquer, qu'à l'évaluation de la surface totale du polygone formé par les limites du terrain dont on cherche la contenance. Mais lorsqu'il se trouve des détails ou parcelles dans l'intérieur de ces polygones, on peut se demander avec raison si les mêmes procédés doivent être adoptés. Il devrait évidemment en être ainsi, car l'obligation de faire entrer les mesures du terrain comme éléments de calculs, n'est point applicable seulement aux masses, elle s'étend aussi au parcellaire.

Ainsi, on doit, dans l'évaluation des surfaces des parcelles intérieures, suivre la même marche que celle que nous avons indiquée pour un polygone. On devra toutefois commencer par déterminer la contenance de la masse totale, on passera ensuite à celles des figures secondaires. La somme de ces dernières devra évidemment être égale à la surface de la masse.

On a vu (67) que pour arriver à *fermer* un polygone, on était souvent conduit à modifier les mesures du terrain. Toutes les fois que ces cas arriveront, on ne devra pas faire entrer dans l'évaluation de la surface les mesures mêmes du terrain, mais les distances corrigées qui ont servi à la construction du plan, autrement les surfaces n'auraient pas de relation avec cette construction. On ne doit pas se le dissimuler, les calculs à faire par suite de cette disposition sont nombreux et fort laborieux, car on est obligé de chercher par la trigonométrie les valeurs des lignes d'arpentage, et de répartir les différences sur toutes les parties de ces lignes. Aussi est-il peu de géomètres qui se déterminent à entreprendre un travail d'une aussi longue haleine. Ils suivent une méthode qui, sans produire des résultats aussi rigoureusement exacts, satisfont à la majeure partie des conditions demandées.

Après avoir déterminé par les formules trigonométriques ou à l'aide des coordonnées rectangles, la surface de la masse du terrain dont ils s'occupent, ils calculent graphiquement (77 à 83) l'aire des figures secondaires ou des parcelles intérieures; ils trouvent évidemment une différence entre la somme des surfaces partielles et celle de la masse; lorsque cette différence n'excède pas $\frac{1}{300}$, ils la répartissent sur les parcelles proportionnellement à leur étendue.

Cette méthode n'est pas numériquement rigoureuse; mais quand elle est bien appliquée les résultats ne laissent rien à désirer. Il est nécessaire cependant, lorsque le plan est un peu étendu, de diviser ce plan en plusieurs polygones dont chacun est calculé à l'aide des mesures effectives, afin de rendre plus facile et plus rationnelle la répartition des différences résultant des calculs graphiques.

89. — Tolérance que l'on peut admettre dans le mesurage des lignes. — Nous avons admis dans les constructions des plans, une tolérance sur la somme d'une suite de lignes établies entre deux points donnés, ou sur la somme de deux suites tendant à se rencontrer. Ces tolérances ont des limites; ce serait, en effet, un tort de croire que, quelles que soient les différences qui se présentent dans les mesures d'arpentage, on doit passer outre et procéder au rapport du plan.

Celles qui sont généralement adoptées ont été fixées par les administrations qui font dresser des plans. Bien qu'elles ne s'appliquent qu'aux résultats des vérifications que ces administrations font faire avant d'admettre les travaux des géomètres, ces préposés s'attachent cependant à ne pas les dépasser.

Elles sont, en général, pour les lignes :

De 500 mètres et au dessus. . . $\frac{1}{500}$

De 300 à 500. . . . . . . $\frac{1}{300}$

De 100 à 300. . . . . . . $\frac{1}{100}$

et au dessous de 100 mètres. . . $\frac{1}{50}$

Mais quand il s'agit de l'établissement de polygones dans lesquels l'amplitude des écarts est due autant aux différences angulaires qu'à celles du chaînage, ces tolérances ne peuvent être appliquées qu'en partie.

Supposons que par suite du rapport primitif des mesures d'arpentage la suite des lignes ABCDEFGH (*fig.* 75) présente à sa jonction avec la suite des lignes AK'T'H'' un écart HH'', en considérant comme exacte la suite supérieure, la seconde, après correction (63), deviendra AKIH. La surface du polygone sera donc comprise entre le périmètre ABCD.... GHIKA. Maintenant, s'il est accordé au géomètre une tolérance sur les surfaces, on conçoit que tant que la surface de l'espace compris entre les deux lignes brisées AKIH et AK'T'H'' se trouvera dans les limites de cette tolérance, on pourra continuer le rapport du plan ; dans le cas contraire, on devra revoir les opérations du terrain.

L'évaluation de la surface AKIHH''T'K'A est facile : il suffit de mesurer HH'' ainsi que la longueur développée de A à H'' (les mesures du terrain donnent toujours cette dernière), le demi-produit de l'un par l'autre fournira la surface demandée.

Nous proposerons d'adopter, pour le cas dont il s'agit, les tolérances suivantes :

$\frac{1}{300}$ pour les polygones au-dessus de 300 hectares.

$\frac{1}{200}$ pour ceux de 100 à 300 hectares.

$\frac{1}{100}$ pour ceux au-dessous de 100 hectares.

90. — **Erreurs dues à la différence de longueur des chaînes.** — Il arrive quelquefois que l'on procède à l'arpentage d'un terrain avec une chaîne dont on n'a pas eu soin de vérifier la longueur (18) et qui par conséquent a plus ou moins que 10 mètres. Les surfaces sont alors entachées d'une erreur qu'on peut cependant rectifier sans, pour cela, procéder à un nouveau levé.

Quand la chaîne est trop longue, la surface qui résulte du mesurage est trop faible, et lorsque la chaîne est moindre que 10 mètres on a une plus grande contenance. Et, en effet, les extrémités des lignes étant invariables sur le terrain, on aura évidemment plus de portées sur ces lignes, si la chaîne a moins de longueur, de même qu'il s'en trouvera un nombre moins considérable si la chaîne a plus de 10 mètres.

Appelons L la chaîne vraie, ou 10 mètres, l la chaîne au moment de l'arpentage; celle-ci sera $=$ L $\pm$ une quantité quelconque qu'il sera facile de déterminer : appelons aussi s la surface d'un polygone émanant des mesures obtenues avec l, enfin S la surface que devrait avoir ce même polygone, s'il avait été levé avec L, on aura, par application du Théorème 27, liv. III, de Legendre.

$$l^2 : L^2 :: s : S \dots\dots \qquad (A).$$

On en déduit que *les carrés des échelles, ou des chaînes, sont entre eux comme les surfaces obtenues avec ces mêmes échelles.*

Mais si on avait une grande quantité de surfaces à modifier, cette formule entraînerait des calculs fort longs. On peut les abréger.

Soient (*fig.* 115), AB$=$L$=$10^m, AC$=l$, l étant alors $>$ 10^m, formons les carrés sur AB et sur AC et terminons la figure. La différence entre $\overline{AB}^2$ et $\overline{AC}^2$ est 2AB$\times$BC$+\overline{BC}^2$, ou les deux rectangles a et b faits sur L et $l-$L et le carré n fait sur $l-$L. Donc

$$\overline{L^2} = l^2 - \left[2L\times(l-L) + (l-L)^2 \right]\dots\dots \qquad (B)$$

Si l était $<$ L, la formule deviendrait :

$$L^2 = l^2 + \left[2l\times(L-l) + (L-l)^2 \right]\dots\dots \qquad (C)$$

Nous pouvons en déduire par extension, que la différence qui existe entre la surface vraie d'un polygone quelconque, et la surface de ce même polygone obtenue par un mesurage avec une chaîne inexacte est égale *au carré fait sur la différence des racines carrées de ces surfaces, plus au double du rectangle fait sur la racine de la première surface et sur la différence des deux racines ;* car ce qui a été fait sur L^2 ou sur $\overline{10}^2$ $=$1,00 are, peut être fait sur un nombre quelconque d'ares. Par conséquent, il suffira de déterminer a, b et n, de multiplier la somme de ces trois quantités par la surface fausse connue, d'ajouter ou de retrancher le résultat, selon que la chaîne aura moins ou plus de longueur, à cette surface fausse pour avoir la surface vraie. Ainsi, connaissant le facteur $(a + b + n)$, l'opération sera toujours facile en ce que ce facteur ne sera jamais composé que d'un petit nombre de chiffres.

APPLICATION.— *On a fait l'arpentage d'un terrain : la chaîne dont on s'est servi avait* 0,027^{mill} *de plus que 10 mètres ; la surface obtenue avec cette chaîne est de* 24^h 05^a 36^{cent}, *réduire cette surface à sa valeur véritable.*

Formule (B).

$$a = 10 \times 0,027 = 0,270, \quad a + b = 0,540$$
$$n = 0, \overline{027^2} = 0,000729$$

$a + n + d = 0,540 + 0,000739 = 0,540729$, ou simplement 0,541.

Donc la surface réelle est

$$24^h 05^a 36^c + (24.05.36 \times 0,541) = 24^h 05^a 36^c + 12^a 91^c =$$
$$24^h 18^a 27^c.$$

Dans la pratique, et lorsque la différence des chaînes ne dépasse pas 0,20 c. on peut négliger le terme n.

CHAPITRE V.

ARPENTAGE DES TERRAINS DE GRANDE ÉTENDUE.

TRIANGULATIONS.

91. — Nous ne nous sommes occupé dans les chapitres précédents que de l'arpentage des terrains d'une étendue de 1 à 300 hectares. On a dû remarquer que pour parvenir à former le plan de ces terrains, on commençait par les envelopper dans un polygone ou par un système de lignes dont l'ensemble est toujours subordonné au chaînage. Or, ce chaînage peut être quelquefois très-différent d'une directrice ou d'un côté du polygone à un autre; il dépend entièrement des conditions dans lesquelles les lignes ont été placées. On est donc conduit généralement, pour mettre tout le travail en harmonie, à rétrécir certaines parties du contour du polygone, et à allonger les autres; mais rien ne justifie que les corrections que l'on fait subir aux lignes dans ces circonstances sont rationnelles. D'un autre côté, la fixation des sommets des polygones, dépend aussi de l'exactitude des angles, et les valeurs de ceux-ci peuvent présenter également, dans certains cas, des incorrections notables; car, pour que ces angles aient une précision convenable, il faut que les côtés qui les comprennent aient toujours une longueur à peu près semblable et que l'observation soit faite sur les derniers jalons, il faut aussi donner aux polygones qui circonscrivent la partie de terrain à lever le plus petit nombre de côtés possible. Ces conditions peuvent être rarement remplies, parce que la configuration des localités s'y oppose presque toujours. Bien que nous ayons recommandé de ne pas craindre, lors de l'établissement des polygones, de s'é-

loigner des limites du terrain, sauf à revenir sur ces limites par des opérations secondaires, on est toujours porté à s'affranchir de ce précepte, afin d'abréger le travail laborieux du terrain ; on augmente alors le nombre des côtés des polygones, on a par conséquent une plus grande quantité d'angles, plus d'éléments de calculs. De là aussi plus de causes et de chances d'erreur.

Il est évident que plus l'étendue du terrain sur lequel on opère est grande, et plus on aura à craindre les différences qui résultent de ce mode de procéder, et il arrivera, sans doute, une certaine limite où les résultats ne seront plus que des approximations. On évite les écarts et on parvient à donner aux opérations d'arpentage toute la liaison, toute la correction dont elles sont susceptibles, en les faisant précéder d'une *triangulation*.

La triangulation a donc pour but, de fournir au levé des plans, des bases principales sur lesquelles viennent s'étayer les diverses parties d'un système d'opérations établi pour parvenir à ce levé.

L'établissement d'un canevas fondamental est une opération reconnue indispensable par tous les géomètres et les praticiens habiles ; elle l'est en montagne comme en plaine, dans les pays boisés comme dans les pays découverts. Mais comme c'est une opération très-delicate, qui exige des connaissances, du soin, et entraîne à beaucoup de fatigue, peu de géomètres se décident à l'entreprendre ; ne craignons pas de dire cependant que son utilité a été contestée par quelques géomètres, mais les raisonnements qu'ils font valoir à l'appui de leurs opinions, démontrent bien plutôt une inexpérience, ou une crainte de se voir obligés à supporter une fatigue peu commune que le résultat d'une conviction, fruit d'un grand nombre d'observations ; d'ailleurs ils sont en très-petit nombre, et l'on a suffisamment expérimenté dans le cadastre, pour que l'on puisse aujourd'hui n'avoir aucun égard à leurs observations.

Ce titre *triangulation* indique suffisamment la nature des *figures* qui en forment l'assemblage. On ne connaissait généralement qu'une seule méthode de procéder, elle consistait à former un triangle dont on mesurait un côté et les trois angles, les inconnus étant ensuite déterminés par le calcul ; à former d'autres triangles sur celui-ci, puis d'autres sur ces derniers, et ainsi de suite jusqu'à ce que toute la partie de terrain à arpenter en fut couverte. Il fallait donc, dans un enchaînement semblable, apporter beaucoup de soins dans toutes les parties du travail pour arriver à des résultats convenables. Mais depuis peu de temps deux autres méthodes ont été proposées ; l'une à laquelle l'auteur, M. Beuvière que nous avons eu déjà occasion de citer, a donné le nom de *méthode par les lieux géométriques* et qui par sa simplicité, se rapproche beaucoup du procédé d'arpentage par intersections, a été décrite, en 1843, dans deux articles (février et juin) des *Annales forestières*. Enfin, la seconde est indiquée dans le Traité d'arpentage de Lefèvre. Cette dernière peut justement être comparée à l'arpentage avec la boussole.

92.—Ire MÉTHODE.—**Méthode ordinaire.**—La méthode de triangulation ordinaire peut être divisée en sept parties : 1° Disposition sur le terrain des points du réseau trigonométrique, ou plantation des signaux ; 2° emplacement et mesure de la base ; 3° observation des angles ; 4° formation du canevas provisoire ; 5° calculs des triangles ; 6° calculs des distances à la méridienne et à la perpendiculaire ; 7° rédaction du registre et du canevas trigonométriques.

Emplacement des signaux.— La position que doivent occuper les points d'une triangulation exige une reconnaissance préalable du terrain. Ce qui se présente d'abord à l'esprit, c'est de placer sur les hauteurs les sommets des triangles, parce que les signaux qui fixent ces sommets se dessinant sur l'horizon, sont mieux vus de l'un à l'autre, l'observation des angles est aussi plus facile. Mais la nature des opérations d'arpentage oblige quelquefois à en placer dans des vallées. D'ailleurs plus un terrain doit présenter de difficultés dans le levé, et plus il doit attirer l'attention du triangulateur ; il est donc convenable de se transporter aux points qui semblent par leur élévation et leur situation les mieux disposés pour recevoir les sommets des triangles et à ceux qui peuvent fournir des rattachements faciles lors du levé du plan. Les triangulateurs ont souvent négligé cette dernière condition. Quand on a à s'occuper d'une grande étendue de terrain, la carte de l'État-Major fournit des indications précises sur la position des lieux et la configuration des localités, il est bon de la consulter d'avance.

Il est nécessaire de distinguer plusieurs ordres de réseaux trigonométriques ; l'un dit du 1er ordre, qui compose la triangulation proprement dite, est formé de grands triangles dont les sommets placés sur les points culminants des montagnes, servent à la détermination d'un second réseau de triangles de moindres dimensions ; ce dernier est destiné principalement à servir de base à l'arpentage. C'est dans sa disposition que le triangulateur doit plus spécialement s'attacher, afin que les côtés des triangles entrent autant que possible comme éléments dans le levé du plan. Il en placera surtout les sommets, sur les limites d'une grande continuité, aux abords des chemins, des ruisseaux et des rivières, sur la lisière des bois, enfin dans le fond des vallées où il est souvent difficile de coordonner convenablement les lignes d'arpentage.

La reconnaissance des points doit embrasser la totalité du terrain à mesurer. Il ne faut pas craindre de revenir sur leur position, afin de toujours avoir des observations convenables. On aura soin aussi de donner aux triangles la meilleure forme ; le réseau ne doit pas non plus être interrompu, afin de ne pas interrompre la relation qui doit exister dans toutes les parties du travail.

93. — **Des signaux**. — Les sommets des triangles sont fixés sur le terrain au moyen de signaux. Les signaux du 1er ordre qui ont été disposés pour les opérations géodésiques de la Carte de France, sont des pyramides quadrangulaires en charpente d'une hauteur $= \frac{1}{7000}$ de la distance du point le plus éloigné à observer et dont la base est égale à la moitié de la hauteur ; une borne a été plantée au milieu de la base afin d'en retrouver la place au besoin. Dans les localités où la nature du sol n'a pas permis de consolider suffisamment ces signaux, et là où la pierre était commune, on a construit des pyramides en pierre de même dimension, au milieu desquelles on y a encastré une pièce de bois dépassant le sommet de 3 mètres, pour servir de point de mire. Les signaux du second ordre consistent seulement en une forte perche de 4 à 5 mètres de hauteur, au sommet de laquelle est placée une petite pyramide renversée de 0, 30^c de

base et autant de hauteur. Cette perche a été consolidée par des pierres jusqu'à 0, 80ᶜ de profondeur dans le sol ; un fort pieu et une couche de charbon y ont été mis afin d'en retrouver la place au besoin. Toutefois les ingénieurs chargés des opérations se sont attachés à adopter des clochers, des tours, pour sommet de leurs triangles ([1]).

On doit pressentir que dans les opérations de l'ordre qui nous occupe, on ne peut admettre ces dispositions, elles occasionneraient des dépenses considérables qui ne pourraient souvent être couvertes par les administrations ; mais elles nous apprennent que la hauteur et la largeur des signaux sont assimilées aux distances. Il est donc bon de connaître à l'avance, même approximativement, la distance D entre les signaux ; on en déterminera la hauteur H par cette formule empirique adoptée par MM. les ingénieurs géographes :

$$H = 0, 00015 \times D.$$

La disposition la plus commode, en ce qu'elle est la plus simple et la moins dispendieuse, consiste à prendre une forte perche, à y placer au haut une torche de paille élargie en son milieu comme à la *fig.* 118. On y ajoute, quand les distances sont longues, un petit drapeau à son extrémité, lequel est attaché à la perche N par deux liens *a* et *b*, ce drapeau est plus spécialement adopté aux signaux du 1ᵉʳ ordre, pour les distinguer. Plus les distances sont considérables, plus on doit élargir la paille.

D'autres sont disposés comme à la *figure* 119 ; c'est un petit chapeau conique ou pyramidal en toile de 0,40ᶜ de hauteur, sur 0,30ᶜ de base, fixé à la perche par plusieurs liens *n*, *m*, *o*. La toile est teinte en noir quand les signaux se projettent dans le ciel, on la conserve blanche lorsqu'ils doivent se voir sur des fonds verts. Cette disposition est la meilleure, en ce que le chapeau étant plus léger que la paille, la perche se courbe moins promptement. Elle est cependant moins suivie que la précédente dans la pratique, sans doute parce qu'elle présente un peu plus d'embarras et qu'elle est moins connue.

([1]) Description géométrique de la France, par Puissant.

La plantation du signal demande quelques soins. On pratique un trou dans le sol, de 0,40ᶜ à 0,60ᶜ de profondeur et de manière que l'un des côtés A (*fig.* 120) soit bien vertical ; le signal est enfoncé avec force et appuyé contre ce côté; un fort pieu V chassé à coups de masse le long de la perche la maintient; on consolide ensuite le tout en remplissant le trou de pierrailles. La terre battue fortement forme butte. Le pieu sert à retrouver l'endroit du signal en cas de disparition de la perche.

Il existe beaucoup d'autres systèmes, tant pour la disposition des signaux que pour leur plantation, chaque triangulateur a le sien. Nous indiquons ceux que nous avons vus employer et qui nous ont paru présenter une stabilité plus durable.

Nous ajouterons qu'il serait utile de pratiquer une empreinte quelconque tant aux signaux qu'aux piquets. Les habitants des campagnes sont toujours disposés à détruire tout ce qui se rattache à des opérations dont ils n'apprécient pas bien le but et l'utilité, une marque suffit souvent pour les arrêter.

Indépendant des signaux que nous venons d'indiquer, les clochers, les tours et les donjons couronnés de plates formes sont en général des stations commodes qu'on ne doit pas négliger. Les arbres bien droits et dépouillés de branches vers le bas de leur tige, sont aussi de bons signaux naturels; lorsqu'ils se trouvent isolés et sur les sommets des montagnes, ils s'aperçoivent de très-loin. Quand ils ne remplissent pas ces conditions et qu'on est néanmoins obligé de les faire entrer dans le réseau trigonométrique, c'est ce qui arrive principalement dans les bois, ou aux abords des villages et des hameaux, on y place une perche M (*fig.* 121) garnie de paille qu'on attache solidement à la branche la plus haute. Cette perche sert pour le visé. Le point inférieur R de la verticale, passant par le sommet de la perche, se détermine sur le sol, au moyen d'une intersection à angles droits autant que possible donnée par deux fils à plomb. Un fort piquet fixe ce point.

94. — Disposition du réseau trigonométrique. — La disposition du réseau trigonométrique présente quelques difficultés aux commençants, parce que, n'ayant point encore d'habitude, ils ne savent pas très bien apprécier les distances. Voici la marche qu'ils pourront d'abord adopter, sauf à la modifier par l'expérience.

Soit un signal M (*fig.* 122) placé sur un point élevé, ou soit un clocher, une tour, etc. On se transportera en un point N à une distance convenable, qu'on évalue à l'avance et où l'on juge qu'un signal est nécessaire. On se transportera ensuite en un autre point C également distant de M et de N, ce qui peut être facilement apprécié, ayant déjà MN pour comparaison. On ira ensuite en D, également éloigné de C et de M, puis en E, de là en F et enfin en G, de manière à former un polygone régulier autant que possible. On opérera ensuite autour de l'un des signaux N, C, D...... G, soit C, comme on a agi autour de M, on obtiendra un nouveau polygone N, H, I, K, L, D, M, de même condition. Une troisième plantation aura lieu autour de l'un de ces nouveaux points, puis une quatrième, et ainsi de suite, jusqu'à ce que l'on soit arrivé aux limites du terrain à arpenter.

La plantation des signaux du second ordre a lieu d'une manière tout à fait semblable, on n'a plus qu'à former dans le premier réseau des polygones de moindres dimensions. Les points *a*, *b*, *c*, *d*, *e*, *f*, *g*, représentent des signaux du 2ᵉ ordre.

Il entre pour condition dans la plantation des signaux, que tous les points soient vus du signal autour duquel le polygone a été formé, et que de plus chaque signal N, C, D..... G soit visible de l'un à l'autre. Nous verrons comment on parvient à résoudre les triangles quand les localités ne permettent pas de satisfaire à cette condition.

Lorsqu'il s'agit de l'arpentage d'une forêt ou d'un terrain dans l'intérieur desquels il n'est pas possible de pénétrer, le réseau trigonométrique présente une disposition différente. L'arpentage devant suivre les limites de ce terrain, la triangulation en suivra également le périmètre. On commencera donc par planter les signaux A, B, C, D..... H, I (*fig.* 123) aussi près que possible de ce périmètre et de manière que de A on puisse voir B, et que de B on aperçoive C, etc. On placera une seconde suite de signaux K, L, M, N...... R, S, qui puissent être vus, savoir : K de A et de B, L de K, de B et de C, M de L, de C et de D; etc... On doit prévoir que dans cette disposition l'espacement entre les signaux ne pourra toujours être uniforme, que souvent il sera loisible de former des triangles de 3 à 4000 mètres de côté. Chaque fois que cette disposition pourra avoir lieu, on devra en profiter, parce que moins on a de triangles et plus on a d'exactitude dans les opérations de l'espèce, mais alors on établira des points secondaires a, b, c, d, e, sur 'le périmètre de la forêt, afin de faciliter le rattachement des opérations d'arpentage. Lorsque la distance entre les signaux sera faible, on aura soin, lors des observations, de croiser les rayons, afin d'avoir des moyens de vérification au moment des calculs.

Quand il ne sera pas possible de continuer le réseau trigonométrique de manière à revenir au point d'où l'on est parti, on cherchera, sur un sommet culminant, un arbre K', qui servira à lier un second réseau A'B'C'D'..... H'I' qu'on établira sur la partie du périmètre qui se trouve isolée par rapport au réseau primitif. Lorsqu'il sera possible d'établir deux signaux de cette nature, l'opération sera plus facile.

95. — Forme à donner aux triangles et limite de l'instrument. — On doit chercher à donner aux triangles une forme équilatérale.

Supposons que sur l'angle D (*fig.* 124), une erreur α, due à l'imperfection inévitable de l'instrument ou à son maniement, produise sur CF une différence $=$ AF, cette différence sera donnée par la formule :

$$AF = \frac{DF \sin \alpha}{\sin A} ;$$

mais comme AF ne peut être que très-petit, on peut supposer $A = 90°$, la formule sera donc

$$AF = DF \sin .$$

La tolérance sur les lignes étant $\frac{1}{500}$, en choisissant le plus grand côté des triangles du réseau, on saura immédiatement l'erreur α, que l'instrument ne peut dépasser. Mais au cas dont il s'agit, on fera bien de réduire cette tolérance à $\frac{1}{1000}$, afin que les différences, en se multipliant, n'excèdent jamais $\frac{1}{500}$.

La forme la plus désavantageuse, c'est quand l'angle F devient très-aigu, le côté CF tendant à se réunir à la base CD,

AF s'allongera davantage. En général, il ne faut admettre aucun angle au-dessous du tiers d'un angle droit, à moins que les localités ne forcent à s'écarter de ce précepte. La forme équilatérale, ou la forme isoscèle, pourvu que dans cette dernière l'un des côtés égaux serve de base au triangle, est celle qui convient le mieux.

96. — **Nombre de points, distance entre les sommets.** — Le nombre des points est ordinairement limité ; la distance entre les signaux l'est aussi : l'une et l'autre de ces conditions se lient intimement et dépendent de l'échelle à laquelle le plan doit être construit. L'expérience a démontré que la distance entre les signaux doit être égale à la moitié du rapport de l'échelle à laquelle le plan doit être construit.

Ainsi, le plan devant être construit à l'échelle de 1 à 2500, la distance entre les signaux sera de $\frac{2500}{2} = 1250$ mètres.

Si on devait employer l'échelle de 1 à 5000, elle serait de $\frac{5000}{2} = 2500$ mètres.

Les sommets des triangles de l'ordre supérieur pourront être à une distance double ou triple.

97. — **De l'emplacement de la base et de sa mesure.** — L'emplacement et la mesure de la base sont des conditions importantes de la triangulation. La détermination des triangles s'effectuant de proche en proche, on doit d'abord procéder à la mesure d'un côté de l'un de ces triangles, lequel sert à connaître les deux autres côtés. Ceux-ci sont ensuite employés comme bases dans les calculs des triangles adjacents au premier ; on a donc de nouveaux côtés qui servent à résoudre d'autres triangles et ainsi de suite. On doit pressentir que l'exactitude de tous ces côtés dépend explicitement du côté primitif, ou de la base première, origine de départ et qu'on ne doit rien négliger pour obtenir sa valeur exactement.

La base doit être placée sur un terrain parfaitement horizontal et dépourvu d'obstacles. Avant de procéder à sa mesure, on trace une droite, au moyen de jalons, entre les deux signaux qui fixent ses extrémités. Le jalonnage s'effectue avec le plus grand soin, on emploie le procédé du n° 22, ou bien celui du n° 20,2°, en se servant d'un fil à plomb.

La longueur est déterminée par trois mesurages successifs au moins. La moyenne arithmétique des trois résultats donne la valeur définitive. On se servira de la chaîne ruban (18), en la maintenant constamment sur le sol.

Lorsque les localités ne présenteront pas un emplacement parfaitement horizontal, on choisira une pente douce et aussi régulière que possible, on mesurera cette pente, et par la connaissance de l'angle d'inclinaison (19), on fera la projection de la base sur le plan horizontal.

La base doit être égale, au moins, à un côté des triangles du réseau. Cette condition n'est pas cependant toujours possible, alors surtout qu'on divise le système en plusieurs ordres de triangles ; car évidemment cette base doit faire partie d'un des triangles de l'ordre supérieur. Quand il n'est pas possible d'avoir une base de longueur convenable, on conditionne les triangles du réseau de manière qu'ils s'agrandissent peu à peu, à partir de la base mesurée. Généralement on dispose (*fig.* 125) un triangle isoscèle ABC dont le plus petit côté est pris pour base, on en établit ensuite un second CBD de même forme qui atteint alors les côtés du réseau. On fait en sorte que AB ne soit pas moindre que moitié ou le tiers des deux autres côtés du triangle ABC.

Les côtés des triangles que MM. les officiers d'État-Major ont établi pour la carte de France, sont des bases d'une exactitude rigoureuse ; on ne doit pas négliger de s'en servir. Mais pour faire entrer ces côtés comme tels dans les triangulations de l'ordre qui nous occupe, il est nécessaire de procéder à quelques opérations préparatoires que nous expliquerons plus loin.

98. — De la mesure des angles (description du cercle). — Les angles d'un réseau trigonométrique doivent être observés avec un cercle entier, ou un théodolite muni d'une ou de deux lunettes.

Les lunettes portent à leurs extrémités deux verres convexes d'inégales dimensions. Celui qui a le plus grand diamètre se nomme l'*objectif*, c'est le verre qui est traversé le premier par les rayons lumineux venant de l'objet. L'autre verre ou lentil e, se nomme l'*oculaire*, parce que c'est à travers cette lentille que l'on regarde directement.

L'objectif est formé de deux verres de différente espèce :

le premier, verre ordinaire ou de *crown-glass*, est convexe, il est placé tout à fait au bout de la lunette ; le second, de cristal ou de *flint-glass* est concave, se trouve placé du côté de l'oculaire, de manière à emboîter exactement la convexité du premier. Les lunettes qui ont un pareil objectif sont dites *achromatiques*, parce qu'elles ne produisent aucun iris autour de l'image de l'objet et que la vision est alors très-nette.

Le *champ* de la lunette est tout l'espace circulaire dans lequel l'œil aperçoit les objets extérieurs.

Dans les lunettes à deux verres convexes seulement, les objets sont vus renversés, et plus clairement que dans celles où ils sont vus droits, à l'aide d'un plus grand nombre de lentilles. Ce renversement de l'image n'a aucun inconvénient, parce qu'on est bientôt accoutumé à discerner les objets dans cette situation.

Le lieu intérieur des lunettes où viennent se peindre les objets extérieurs, se nomme le *foyer* de l'objectif. On tire ou bien l'on enfonce le petit tube qui porte l'oculaire à très-court foyer jusqu'à ce que les objets soient vus avec netteté. La distance de l'oculaire à l'objectif varie selon la vue de l'observateur.

Le *réticule*, placé près de l'oculaire et au foyer de la lunette, est un diaphragme ou petit anneau en métal, dont les diamètres rectangulaires, un peu plus petits que ceux de la lunette, sont représentés par deux fils de soie, d'araignée ou d'argent. Cet instrument a la propriété de se mouvoir perpendiculairement à l'axe de la lunette, et de s'incliner d'un demi-quadrant. S'il arrivait que ces fils donnassent lieu à une *parallaxe*, c'est-à-dire que leur image parût éprouver du dérangement à l'égard de l'objet que l'on fixe, lorsque l'on regarde par différents points de l'ouverture de l'oculaire, alors on ferait mouvoir en avant ou en arrière, et parallèlement à elle-même, la pièce qui entraîne l'objectif, de manière à en ramener le foyer à l'endroit même des fils supposés fixes. Au contraire, quand ces fils sont mobiles dans le sens de la longueur de la lunette, on les rapproche ou on les éloigne de l'objectif jusqu'à ce qu'il n'y ait plus de parallaxe [1].

---

(1) Extrait du *Traité de Géodesie* de Puissant, page 164 et suivantes.

Le limbe et les lunettes se meuvent autour d'un axe fixe ou colonne. Le limbe entraîne dans ses mouvements de rotation autour de la colonne, une petite pince emboîtant un plateau fixe à engrenage, ainsi qu'une vis sans fin tangente à ce plateau, dite *vis de rappel*. Ce système est placé un peu au-dessus du pied de l'instrument. Lorsqu'on veut fixer ce limbe, on serre la *vis de pression* de la pince qui se trouve alors au-dessus du plateau. Les mouvements doux s'effectuent à l'aide de la vis de rappel.

Le limbe porte ordinairement deux niveaux disposés à angle droit. On a soin, lorsqu'on veut caler l'instrument, ou le mettre dans le plan horizontal, de placer l'un de ces niveaux exactement au-dessus de deux des trois vis calantes, situées à l'extrémité des branches du pied. On tourne ces deux vis en même temps (on fait usage des deux mains), l'une à droite, l'autre à gauche; on achève de mettre le limbe de niveau au moyen de la troisième vis en considérant alors le second niveau (nous supposons évidemment que le *système de callage* est un pied à trois branches). Quand les deux bulles d'air se trouvent bien au milieu des tubes, on s'occupe alors de la mesure des angles.

L'instrument est fixé à la plate-forme du trépied par un fort ressort.

La lunette supérieure est placée à l'extrémité de la colonne, à 0,06^c environ au-dessus du limbe ; elle entraîne dans ses mouvements de rotation, autour de l'axe, une règle, dite *alidade* qui lui est ordinairement perpendiculaire et aux extrémités de laquelle se trouvent les *verniers* ou *nonius* (33). Le vernier à droite de l'oculaire de la lunette, porte également une pince et une vis de rappel tangente au limbe. Quand on veut fixer la lunette, on serre la pince au moyen de la vis de pression située au-dessous du limbe, on achève d'amener la lunette sur l'objet à l'aide de la vis de rappel.

La lunette supérieure se meut en outre dans un plan perpendiculaire à celui du limbe, elle est alors dite *plongeante*. Ce mouvement dispense de la réduction des angles à l'horizon. Il est nécessaire, avant de procéder à la mesure des angles, de s'assurer que dans le mouvement vertical de la lunette, le fil vertical du réticule coupe bien le fil à plomb qu'on dispose à cet effet, à quelque distance (35).

La seconde lunette, dite *lunette inférieure*, est placée (lorsque l'instrument en est pourvu) au-dessous du limbe, quelquefois au-dessous de la première ; elle est souvent excentrique. Lorsqu'on l'emploie pour déterminer l'un des côtés de l'angle à observer, il y a alors une petite correction à faire à la valeur lue sur le limbe. Mais cette lunette n'est généralement employée que comme repère et pour s'assurer que pendant le cours de l'observation, l'instrument n'a subi aucun dérangement.

L'instrument doit donner la minute *au moins*. Son usage est à très-peu près semblable à celui du graphomètre ou demi-cercle (34). Ainsi, on doit d'abord placer l'axe bien exactement au centre de la station (on enlève, à cet effet, la perche ou le signal qu'on replace après l'observation), en mettant autant que possible la plate-forme du trépied dans un plan horizontal ; on assujettit l'instrument en serrant fortement les vis du trépied, puis on amène le plan du limbe, au moyen des niveaux, dans un plan parfaitement horizontal. On met ensuite les *zéros* du vernier en coïncidence avec le *zéro* du limbe et la division 180. L'instrument est alors en station.

Quand on prend la valeur d'un angle, il faut avoir soin de lire plusieurs fois sur le limbe le nombre de degrés et de minutes que cet angle contient ; on met ordinairement un petit intervalle entre la première lecture et la seconde. Il est aussi nécessaire d'examiner, si pendant le cours de l'observation, l'instrument n'a pas été dérangé. Cette vérification s'obtient immédiatement par la lunette inférieure, que l'on braque à l'avance, sur un point éloigné, ou bien, lorsque cette lunette manque, on ramène la lunette supérieure sur *la base* de l'observation.

99. — **Répétition des angles.**—Nous avons vu (95) que l'erreur α résultant de l'imperfection ou du maniement de l'instrument produisait sur CF (*fig.* 124) une différence$=$AF; voyons, en supposant $\alpha = 0° 1'$, et DF$= 4000^m$ longueur moyenne des côtés des triangles du premier ordre, quelle est cette différence.

$$\text{Log } 4000^m. \ . \ . \ . = 3,60206$$
$$\text{Sin } 0^\circ \ 1'. \ . \ . \ . \ . = 6,46373$$
$$\overline{\hphantom{xxxxx} 0,06579}$$
$$\text{AF} = 1^m,16^c$$

Remarquons que nous avons admis l'angle A = 90° et que AF se trouve alors à son minimum. Quoique cette différence de $1^m,16^c$ soit bien inférieure à la tolérance admise sur les lignes, elle doit cependant être rarement dépassée. Puissant démontre « que l'erreur qui affecte le côté cherché est égale « à celle qui existe déjà sur la base du triangle multipliée « par le rapport $\dfrac{\sin A}{n\,B}$. Elle grandira donc d'un triangle à un autre, et avec assez de rapidité pour qu'à la rencontre de deux réseaux opposés, on trouve sur le côté commun aux deux triangles où l'on se ferme, une différence bien supérieure à celle qui peut se tolérer.

La répétition des angles fournit le moyen de réduire α à une aussi petite limite que l'on veut. Cette répétition doit avoir lieu, d'abord, pour s'assurer qu'on n'a point commis d'erreur dans le pointé ou dans la lecture des angles sur l'instrument ; mais son but principal, pour les triangles de l'ordre supérieur, est d'avoir une plus grande approximation dans les valeurs.

Les zéros de l'alidade étant en coïncidence avec le zéro et la division 180° du limbe, on amènera, par le mouvement du limbe, l'axe optique de la lunette sur le signal de gauche G (*fig.* 126)[1]. On fixera le limbe en serrant la pince fortement. On rendra la lunette mobile, puis on l'amènera délicatement sur le signal de droite D, on la fixera au limbe au moyen de la pince du vernier. On prendra note de l'angle ainsi mesuré. Ensuite, on ramènera la lunette par le mouvement du limbe rendu mobile sur le signal de gauche G, le zéro se trouvera par conséquent reporté en *g* d'une quantité = DCG ; le limbe fixé, on dirigera de nouveau la lunette sur le signal de droite D,

---

[1] Nous supposons, dans tout ce qui va suivre, que la graduation de l'instrument est numérotée de droite à gauche pour l'observateur qui regarde le centre, et que la numération de zéro va jusqu'à 360°.

on lira cette valeur qui devra être double de la première.

On voit que cette répétition peut avoir lieu 3, 4, 5.... n fois, et que la valeur définitive de l'angle cherché sera donnée par le $\frac{1}{3}$, le $\frac{1}{4}$, le $\frac{1}{5}$ ou le $\frac{1}{n}$ des n répétitions.

Voici la manière de procéder quand l'instrument porte deux lunettes et qu'on veut faire usage de la lunette inférieure dans l'observation :

1° Dirigez sur l'objet à gauche la lunette supérieure fixée sur zéro, amenez ensuite la lunette inférieure sur l'objet à droite, en desserrant son agrafe pour la rendre libre ; quand les deux lunettes seront exactement sur les deux objets, fixez-les [1].

2° Sans déranger les lunettes, rendez le limbe libre, et dirigez la lunette inférieure sur l'objet à gauche, fixez le limbe, et amenez, après l'avoir rendue libre, la lunette supérieure sur l'objet à droite, fixez-la au moyen de son agrafe. Cette lunette a décrit un arc égal au double de la première observation. On lira cet arc, la moitié devra être égale à la valeur de l'angle ; abstraction faite toutefois de la petite erreur causée par l'excentricité de la lunette inférieure.

Cette manière d'observer les angles est dite *observation conjuguée.*

En répétant l'opération 1, 2, 3, 4.... fois, en partant toujours du point où la lunette supérieure est arrivée sur le limbe, à la fin de la seconde observation conjuguée, ou de l'observation paire, on a évidemment le quadruple, le sextuple, l'octuple, etc..., de l'angle ; il faut avoir soin de tenir compte du nombre des circonférences parcourues.

Dans les cercles, la lunette supérieure entraîne ordinairement deux verniers. Comme il est rare que la ligne de foi ou des zéros de ces verniers corresponde bien exactement au zéro du limbe et à la division 180 ; il faut évidemment corriger l'erreur qui résulte de cette non-coïncidence ; on lira, en conséquence, la valeur de l'arc sur chacun des verniers, on obtiendra par là une *moyenne* plus indépendante de la construction de l'instrument et de sa division. Supposons, par

---

[1] Si lors de cette première observation, on voulait connaître l'angle mesuré, il faudrait ramener la lunette supérieure, après avoir fixé le limbe, sur l'objet de gauche.

exemple, que l'on ait :

$$1° \quad 1^{er} \text{vernier} \quad 0, 00 \ldots \ldots 57° 38',$$
$$2^e \text{ vernier } 180°, \ 00' \ 30''. \ldots 237, 39 ;$$

l'angle donné par le second vernier sera évidemment

$$237° 39' - 180° 00' 30'' = 57° 38' 30'',$$

et l'angle moyen mesuré :

$$\frac{57° 38' 00'' + 57° 38' 30''}{2} = \ldots \ldots 57° 38' 15'' ;$$

2° et qu'à la répétition on ait :

$$1^{er} \text{ vernier} \ldots \ldots 115° 17' 00'',$$
$$2^e \text{ vernier} \ldots \ldots 295, 18, 30 ;$$

l'arc parcouru par le 2° vernier sera

$$295° 18' 30'' - 180, 00, 30 = 115° 18'.$$

De là, angle mesuré $\dfrac{115° 18' + 115° 17}{2} = \ldots \ 115° 17' 30''$

Somme des deux observations. . . 172° 55' 45''
Valeur définitive de l'angle = 57° 38' 35''

100. — Ces deux modes d'observation ont l'inconvénient qu'on ne peut s'occuper que d'un seul angle à la fois, aussi est-on obligé de faire la preuve du *tour d'horizon*. Cette preuve consiste à faire la somme des angles observés autour d'un point C (*fig. 122*), laquelle doit être égale à quatre angles droits. Lorsque la différence n'excède pas 4 à 5 minutes, on la répartit sur chacun des angles proportionnellement à leur valeur.

On peut faire usage de la formule suivante, dans laquelle H=4 droits, h= la somme des angles observés, A l'un de ces angles, et a ce même angle corrigé.

$$h : H :: A : a,$$

ou de celle-ci qui donne la correction à faire sur 1°

$$H : d :: 1° : \delta,$$

d désignant la différence sur le tour d'horizon. Ces corrections donnent lieu à des calculs assez longs, aussi les géomètres s'en préoccupent rarement, ou bien ils y procèdent d'une manière tout-à-fait arbitraire; on s'en affranchit facilement par le procédé suivant :

L'instrument étant en station : plaçons l'axe optique de la lunette supérieure sur un signal quelconque G (*fig.* 126), fixons le limbe : dirigeons cette lunette sur le premier signal de droite D, lisons l'angle α, amenons ensuite la lunette, *sans déranger l'instrument,* sur le second signal de droite D_1, et lisons l'angle β, lequel est composé de $GCD + DCD_1$; enfin, amenons la lunette sur D_2, toujours *sans déranger l'instrument,* et lisons l'angle ν, composé alors de $β + D_1CD_2$.

Pour la répétition, qui est en même temps une vérification, on mettra les zéros en coïncidence, puis on braquera la lunette, par le mouvement du limbe, sur un point opposé à celui où on l'avait dirigée d'abord, soit sur D_2, on fixera le limbe dans cette position, puis on dirigera successivement la lunette, rendue libre, sur les objets G, D et D_1, on lira les angles $α'$, $β'$, $ν'$.

La seconde, la troisième et la quatrième répétitions s'effectueront d'une manière analogue : on prendra pour base de l'observation un troisième côté CD, puis on mesurera les angles D_1CD_2, ($D_1CD_2 + D_2CG$), on choisira un quatrième côté et ainsi de suite. Il est évident que chaque angle partiel se trouve vérifié, et que, de plus, la somme des angles autour du point C est bien égale à 4 droits.

Ce procédé a, en outre, l'avantage que si l'instrument pèche, soit par la colonne qui ne se trouve pas bien perpendiculaire au plan du limbe, soit par l'axe de rotation de la lunette qui ne serait pas bien parallèle au même plan ou perpendiculaire à l'axe de l'instrument, soit enfin par les divisions qui pourraient ne pas être toutes parfaitement égales, il rectifie ces imperfections, en ce sens que chaque angle se trouve mesuré sur des parties différentes de la circonférence.

Quand l'instrument est muni d'une seconde lunette, celle-ci n'a d'autre but que de faire connaître que l'instrument n'a pas bougé. On la fixe alors sur un point éloigné et même étranger au réseau trigonométrique ; elle peut permettre aussi de ne ne point mettre les zéros en coïncidence, opération très-délicate et qui exige beaucoup de soin. Pour cela, on assujettit le limbe dans une position quelconque, on fixe la lunette inférieure sur un point choisi à volonté, puis on dirige la lunette supérieure sur le signal de droite le plus voi-

sin : on lit la portion de la graduation comprise entre le zéro
du limbe et celui du vernier, ensuite on amène cette dernière
lunette sur le second signal de droite également, la valeur de
l'axe mesuré est évidemment comprise entre les deux lec-
tures.

Supposons (*fig.* 127) que le zéro du limbe se trouve en A ;
le limbe étant fixé, la lunette supérieure sera dirigée en premier lieu sur G, le vernier marque 37° 17' ; cette lunette étant
ensuite reportée vers D, le vernier marque alors 94° 21' ; enfin, l'alidade amenée sur D₁, on a 179° 46', par conséquent :

$$GCD = 94° \ 21' - 37° \ 17' = 57° \ 04',$$
$$\text{et } DCD = 179° \ 46' - 94° \ 21' = 85° \ 25'.$$

Si on voulait avoir l'angle GCD₁, on aurait

$$179° \ 46' - 37° \ 17' = 142° \ 29'.$$

101. — On sait maintenant comment on parvient à diminuer les erreurs dues à l'imperfection de l'instrument ou au
pointé, toutefois les angles des triangles de l'ordre secondaire
n'ont pas besoin d'être mesurés avec une aussi grande précision, parce que ces triangles étant déterminés directement
par ceux du réseau de l'ordre supérieur, on n'a pas autant
à craindre les différences sur la position de leurs sommets.
On peut donc se contenter, dans leur observation, d'une seule
répétition, et seulement pour s'assurer que la première lecture n'est pas fautive. Quant au nombre de répétitions à faire
pour les triangles du premier ordre, il convient de le porter
à cinq (*six observations*) ou trois seulement en lisant la valeur
des arcs sur les deux verniers. L'instrument ne donnant que
la minute, on aura alors la moyenne de six observations ;
l'approximation sera donc $\frac{1}{6}$ de $1' = 10''$, suffisante pour les
triangulations de l'ordre qui nous occupe.

Il est de rigueur que dans le réseau du premier ordre les
trois angles de chaque triangle soient observés. On évitera de
faire des observations dans les moments où il y a beaucoup
de vapeurs et d'ondulations qui rendent le pointé difficile et
incertain ; le moment le plus convenable est de onze heures
du matin à sept heures du soir en été.

Avant de commencer l'observation, on doit s'assurer de
l'exacte verticalité des signaux. Si on aperçoit le signal en en-

tier, on le vise au niveau du sol. Les résultats des observations sont inscrits immédiatement, soit sur un canevas dressé à vue, et que l'on prépare en même temps qu'on procède à la reconnaissance des lieux, soit sur un calepin disposé à cet effet. Il est aussi nécessaire, afin de reconnaître les signaux, de les désigner, soit par des lettres alphabétiques ou des numéros, soit par des noms particuliers. Ces derniers sont préférables en ce qu'on adopte ordinairement le nom de la localité dans laquelle ils sont situés ; ces noms se gravent aussi mieux dans la mémoire.

Calepin de triangulation.

DÉSIGNATION de 'SIGNAUX.'	OBSERVATIONS.			VALEUR moyenne des angles.
	1re	2e	3e	
Observation au pic d'Aillo.				
La Haute Perche	0° 00′ 00″(1)			
Le Lièvre.. . . .	37° 17′ 00″			
La Demie. . . .	179° 46′ 30″			
Le Colombier. .	245° 58′ 00″			

Avant de quitter le terrain, il est nécessaire de s'assurer que l'on possède tous les éléments nécessaires à la détermination des sommets. On devra se rappeler qu'on ne peut parvenir à connaître la position d'un point, par rapport à deux autres, que par l'intersection de deux rayons. Or, cette intersection ne peut être faite que par la connaissance de deux angles et d'un côté, la suite des calculs déterminant presque toujours ce côté, ou par deux côtés et un angle, ou bien enfin par la connaissance des trois côtés. Pour qu'un point soit déterminé rigoureusement, il est nécessaire d'en vérifier la position par des calculs contradictoires, c'est-à-dire par deux intersections, ce qui entraîne la résolution de deux triangles. Ainsi le point *a* (*fig.* 122) ne sera pas suffisamment déterminé si on se contente du seul triangle M*a*N, on doit également résoudre le triangle M*a*C, lequel vérifie le côté commun M*a*.

(1) 0° 00′ 00″ désigne la base de l'observation. C'est le rayon visuel dirigé en premier lieu sur le signal ou l'objet à gauche, lorsque les zéros sont en coïncidence et correspondent à ce rayon.

102. — Formation du canevas provisoire. — Avant de procéder aux calculs trigonométriques, on doit dresser un canevas provisoire de la triangulation. On adopte, pour ce canevas, une échelle quelconque, telle cependant que ses dimensions n'excèdent pas la feuille grand-aigle. Ainsi, on emploiera indifféremment les échelles de 1 à 10,000, 1 à 20,000, 1 à 25,000, ou 1 à 30,000, selon l'étendue du réseau trigonométrique.

La construction de ce canevas consiste à établir sur la feuille la base de la triangulation, et à construire successivement ou de proche en proche, à l'aide des angles observés, chacun des triangles du réseau. Il est destiné à recevoir tous les résultats des calculs; on y inscrit également les résultats obtenus sur le terrain; on emploie ordinairement l'encre noire pour ceux-ci, et l'encre rouge pour les autres. Quelques géomètres se contentent de transcrire, sur ce canevas, les valeurs moyennes des angles mesurés, ils donnent alors un numéro d'ordre à chacun des triangles qu'ils reportent sur le cahier de calcul au fur et à mesure qu'ils procèdent à la résolution des triangles. Cette dernière méthode est préférable, parce que dans la transcription des résultats des calculs sur le canevas provisoire on peut se tromper; ensuite, si l'on n'apporte beaucoup d'ordre et de soin dans cette transcription, on peut prendre un nombre pour un autre et commettre alors des erreurs fort graves qui donnent lieu quelquefois à plusieurs jours de recherches.

Pour former le canevas provisoire, on se sert des valeurs des angles inscrites dans l'une ou l'autre des colonnes du cahier d'observation. On commence par placer sur la feuille la base de la triangulation, puis on construit tous les angles observés aux extrémités de cette base. On inscrit au crayon, au bout de chaque rayon, le nom du signal sur lequel il a été dirigé, et lorsque deux rayons, portant le même nom, se coupent, on a évidemment la position d'un sommet.

Ainsi soit (104) le cahier d'observation, et soit AB (*fig.* 135), la base de la triangulation établie sur la feuille à peu près dans la position qu'elle occupe sur le terrain par rapport à la méridienne (le nord étant au haut de cette feuille). Cette base ayant été chaînée trois fois, on a obtenu :

1er chaînage. . . . . 1549^{m}63^c
2e *id.* 1549, 55
3e *id.* . . . . 1550,'05

Somme. . . . . 4649^{m}23
Moyenne. . . . 1549,75

on fera AB=1549^m,75^c, et on inscrira cette valeur définitive sur le canevas.

En se reportant ensuite au calepin, on remarque qu'aux observations faites à l'extrémité *sud* de la base (1re colonne) le premier rayon a été dirigé sur le signal dit *les Chartreux,* et que pour arriver sur l'extrémité *nord* de la base, l'alidade a passé successivement sur les signaux *la Butte* et *le Pic-d'Aillo,* et qu'elle a par conséquent parcouru une portion du cercle = 111° 50' 00''; donc, en formant au point B l'angle ABP = 111° 50' 00'', on aura un rayon BP sur lequel se trouve P. Et comme la lunette a été dirigée en premier lieu sur P, on pourra appliquer la base du rapporteur sur BP, son centre en B, et traduire tous les angles observés en B, ce qui donnera les rayons BX, BK et BO. On prendra ensuite les observations faites à l'extrémité *nord* de la base; mais là se présente une difficulté: l'alidade ayant été dirigée en premier lieu sur le signal *la Butte,* a passé sur les points *Pic-d'Aillo* et *le Tuc,* pour arriver sur B, extrémité *sud* de ladite base; il est donc nécessaire de construire d'abord le rayon AX; on l'obtiendra en faisant l'angle BAX, formé du rayon dirigé de A sur le signal *la Butte* et du rayon dirigé sur B = 0° 00' 00'' ou 360° 00' 00'' — 283° 23' 30'' = 76° 36' 30''; AX coupera en X le rayon BX tracé primitivement. On appliquera le rapporteur sur AX, puis on formera les angles XAK = 61° 18' 30'', XAO = 139° 26' 00''.

Procédant en X (*la Butte*), comme nous venons de le faire en A et en B, on formera les triangles XKA et XBP; puis, à l'aide des observations faites aux signaux *les Chartreux, le Pic-d'Aillo* et *le Tuc,* on formera les triangles PSK, OKT, et ainsi de suite.

La construction de ce canevas, comme on doit le penser, n'a pas besoin d'une grande exactitude; néanmoins, il est bon d'approcher le plus que possible de la vérité, afin de n'être pas gêné quand on arrive aux calculs des distances à la méridienne et à la perpendiculaire expliqués plus loin.

103. — Calcul des triangles. — Le canevas provisoire étant dressé, on procède immédiatement à la formation des angles des triangles. Cherchons les angles du triangle *le Pic d'Aillo, les Chartreux* et l'extrémité *sud* de la base.

En nous reportant au calepin (104), nous trouvons qu'à la première observation faite à ce dernier point, l'alidade ayant été dirigée en premier lieu sur *les Chartreux*, on a 0° 00' 00", que de là elle a été conduite sur le *pic d'Aillo* on a eu. . . . . 82° 09' 00"

On a donc pour la première observation. . .   82° 09' 00" qu'à la répétition, l'alidade a été fixée sur *le pic d'Aillo*, et qu'on a. . 0° 00' 00" ou 360° 00' 00" qu'étant revenu sur *les Chartreux*, après avoir parcouru toute la graduation, l'angle a été compté. . . 277, 51, 30

On a donc pour la 2ᵉ observ. . . 82° 08' 30"   82, 08, 30 qu'à la seconde répétition, elle a été fixée sur le signal dit *le Tuc*, puis dirigée sur *les Chartreux*, on a eu. . 226, 38, 00 on l'a ensuite amenée sur *le pic d'Aillo*, où on a compté. . . . 308, 47, 00

On a enfin pour la 3ᵉ observ. . 82° 09' 00"   82, 09, 00

Somme des trois observations. 246° 26' 30"

angle moyen. .=   82, 08, 50

Cette valeur est inscrite sur le calepin dans la colonne intitulée *angles moyens*.

Passant ensuite aux observations faites au *pic d'Aillo*, on trouve :

1ʳᵉ observation.

Au rayon visuel dirigé sur l'extrémité *Sud* de la base. . . . . . . 256° 08' 00" au rayon visuel dirigé sur *les Chartreux*. 299, 55, 30

Différence. . . 43° 47' 30"   43° 47' 30"

A reporter. . . . . . . 43° 47' 40"

Report de la 1re *observation*. . 43° 47′ 30″

2e *Observation.*

Sur l'extrémité *Sud* de la base. . 109° 36′ 00
sur *les Chartreux*. . . : . . . 153 23 30″

Différence. . . 43° 47′ 30″   43 47 30

3e *Observation.*

sur l'extrémité *Sud* de la base. . . 0 00 00
sur *les Chartreux*. 43 47 00   43 47 00

Somme des trois observations. 131° 22′ 00″
Angle moyen. . . . 43 47 20

Enfin les observations faites au signal dit *les Chartreux* donnent :

1re observation. . . . 54° 04′ 00″
2e observation. . . . 54 03 30
3e observation. . . . 54 04 00

Somme. . . 162° 11′ 30″
Angle moyen. . . 54 03 50

Les angles du triangle PBK ont donc pour valeur :

Angle B. . . .= 82° 08′ 50″
Angle K. . . .= 43 47 20
Angle P. . . .= 54 03 50

Somme. . .= 180° 00′ 00″

ou exactement deux droits. Nous pouvons donc inscrire avec confiance ces valeurs sur le canevas provisoire.

En cherchant d'une manière analogue les angles du triangle, extrémité *sud* de la base, le *Pic d'Aillo* et le *Tuc*, on trouvera :

que l'angle KBO. . .= 51° 13′ 10″
que l'angle KOB. . .= 62 52 10
et que l'angle OKB. . .= 65 54 30

Somme. . . . 179° 59′ 50″

Cette somme diffère de 10″ de deux droits. Ces 10″ doivent

14

être réparties sur chacun des trois angles proportionnellement à la valeur de chacun (100); toutefois, pour que les élèves qui voudront résoudre les triangles du réseau indiqué (*fig.* 135), n'éprouvent aucun embarras dans la recherche des logarithmes, et aussi pour que leurs résultats s'accordent avec ceux inscrits sur la figure, nous nous bornerons, dans les valeurs des angles, aux dizaines de secondes.

Ils pourront, à l'aide du calepin de triangulation que nous donnons, continuer à former les angles de tous les triangles dont se compose la *fig.* 135, sauf toutefois ceux des triangles qui ont l'un de leurs sommets au point S, ou *clocher de Bayeux ;* la disposition de ce clocher n'ayant pas permis d'y stationner. Les angles, à ce point, seront alors *conclus* par la différence de la somme des deux autres sur deux droits.

On rencontrera sur la somme des angles de plusieurs triangles des différences doubles et quelquefois triples de celle que nous avons trouvée sur le triangle KBO, on les répartira, ainsi qu'il a été dit.

(104)   *Calepin d'observation.*   (*fig.* 135.)

DESIGNATION des STATIONS.	OBSERVATIONS.			SOMMETS	ANGLES moyens.
	1re	2e	3e		
Extrémité Nord de la base.					
La Butte.	0° 00' 00''	298° 42' 00''	220° 34' 00''		
Le Pic d'Aillo.	61 18 30	0 00 00	281 52 30		
Le Tuc.	139 26 00	78 07 30	0 00 00		
Extr. S. de la base.	283 23 30	222 05 30	143 58 00		
La Butte.					
Le Pic d'Aillo.	0 00 00	288 41 00	160 09 30		
Extr. N. de la base.	71 19 00	0 00 00	231 29 00		
Extr. S. id.	110 47 00	39 28 00	270 57 00		
Les Chartreux	199 49 30	128 30 00	0 00 00		
Extrémité Sud de la base.					
Les Chartreux.	0 00 00	277 51 30	226 38 00		
La Butte.	47 54 30	325 46 00	274 32 30		
Le Pic d'Aillo.	82 09 00	0 00 00	305 47 00		
Extr. N. de la base.	111 50 00	29 41 30	338 28 00		
Le Tuc.	133 22 00	51 13 30	0 00 00		

Les Chartreux.

Clocher de Bayeux	0" 00'00"	291°30'00"	237°26'00"	SPK	68°30'00
Le Pic d'Aillo.	68 30 00	0 00 00	305 56 00	KPB	54 03 50
La Butte.	79 31 00	11 00 30	316 57 00		
Extr. S. de la base.	122 34 00	54 03 30	0 00 00		

Le Pic d'Aillo.

Clocher de Bayeux	0 00 00	213 27 30	103 51 00	SKF	79 28 50
La Douve.	79 28 30	292 56 00	183 20 00	FKT	67 04 20
Le Talus.	146 33 00	0 00 00	250 25 00	TKO	43 40 50
Le Tuc.	190 13 30	43 41 00	294 06 10	OKB	65 54 30
Extr. N. de la base	241 19 00	94 46 30	345 11 30	BKP	43 47 20
Extr. S. id.	256 08 00	109 36 00	0 00 00	PKS	60 04 10
La Butte.	288 41 30	142 09 00	32 34 30		
Les Chartreux.	299 55 30	153 23 30	43 47 00		

La Douve.

Clocher de Bayeux	0 00 00	263 14 30	139 31 00
Le Lièvre.	50 23 30	313 37 40	189 54 20
La Fontaine.	96 44 00	0 00 00	236 14 40
La Longue Perche.	178 00 00	81 16 00	317 30 10
Le Talus.	220 28 00	123 44 00	0 00 00
Le Pic d'Aillo.	295 02 00	198 17 00	74 34 00

Le Tuc.

Extr. S. de la base	0 00 00	297 08 00	197 18 30	KOB	62 52 10
Extr. N. de la base	12 05 00	309 14 00	209 23 00		
Le Pic d'Aillo.	62 52 00	0 00 00	260 11 00	KOT	9 49 40
Le Talus.	162 41 30	99 50 00	0 00 00		

Le Talus.

Le Pic d'Aillo.	0 00 00	321 39 00"	36 29 30	KTF	38 21 30
La Douve.	38 21 30	0 00 00	74 51 30	FTU	48 12 00
La Longue Perche.	86 33 30	48 11 30	123 04 00	OTK	36 29 50
Le Tuc.	323 30 00	285 08 50	0 00 00		

La Longue Perche.

Le Talus.	0 00 00	270 40 30	321 04 30
La Douve.	89 20 00	0 00 00	310 24 00
La Fontaine.	138 56 00	49 36 30	0 00 00

La Fontaine.

La Longue Perche.	0 00 00	310 51 30	219 05 00
La Douve.	49 08 00	0 00 00	268 13 00
Le Lièvre.	140 54 00	91 46 00	0 00 00

Le Lièvre.

La Fontaine.	0 00 00	318 07 00	252 28 30
La Douve.	41 53 00	0 00 00	294 21 00
Clocher de Bayeux	107 32 00	65 38 30	0 00 00

105. — Marche à suivre dans les calculs. — On a dû remarquer que dans la formation des angles des triangles, nous ne nous sommes pas préoccupé de leur somme autour d'un même sommet ou de la *preuve du tour d'horizon.* Bien que le mode d'observation que nous avons suivi ne puisse produire aucune différence sur cette somme, il peut néanmoins arriver que les angles pris ensemble autour d'un même point, après les corrections nécessaires pour que la somme des angles de chaque triangle soit égale à deux droits, fassent plus, ou dépassent quatre droits. Cette preuve est inutile : elle ne peut apporter plus d'exactitude dans la position des sommets, ni sur l'ensemble du réseau. Ajoutons qu'elle produit l'effet contraire ; car plus on fait subir de modifications aux valeurs, et moins on obtient de précision.

Tous les angles du réseau étant disposés et inscrits à l'encre noire sur le canevas provisoire on procède alors aux calculs trigonométriques.

Les calculs des triangles ne présentent pas en eux-mêmes de difficultés réelles, mais ils exigent du soin, de l'attention et surtout de l'ordre dans la marche que l'on adopte ; car c'est principalement de cet ordre que dépend l'exactitude des résultats.

On procède, d'abord, aux calculs des triangles du premier ordre. On doit éviter les longues suites de triangles sur lesquelles les erreurs s'accumulent souvent à un tel point qu'on est obligé de revenir sur le travail de plusieurs journées. C'est donc en procédant par petites parties, en groupant convenablement les calculs de manière à avoir une vérification au bout de 5 ou 6 triangles qu'on s'affranchit des difficultés. L'exposé suivant donnera une idée exacte de la marche qu'il convient de suivre dans cette partie de la triangulation.

Mais avant de procéder, indiquons comment on arrive à la connaissance d'un des côtés des triangles du premier ordre, quand la base ne fait pas partie du réseau.

On commencera par calculer le triangle ABX, qui donnera AX et BX ; on calculera ensuite BXP, on aura donc PB qui fait partie du réseau supérieur. Puis on résoudra le triangle AXK et enfin AKO, ce qui donnera KO qui fait également partie du réseau. On a donc deux côtés BP et KO qui pourraient, à la rigueur, servir comme bases ; mais il convient de s'assurer préalablement si les valeurs de ces côtés sont bien en rapport ; pour cela on calculera KOB à l'aide de KO, et BPK à l'aide de PB, on devra évidemment trouver, par ces deux calculs contradictoires, une même valeur pour BK, autrement il y aurait déjà une erreur, soit dans les calculs, soit dans les observations des angles. Lorsqu'il n'y a qu'une faible différence, on prend la moyenne arithmétique des deux résultats, et c'est alors cette moyenne que l'on adopte pour base des calculs des triangles du premier ordre.

Ayant arrêté définitivement la valeur de KB, on s'en servira pour calculer de nouveau le triangle KBO, ce qui rectifiera la valeur de BO et celle de KO (ce sont celles qu'on devra admettre), puis on passera à la détermination des triangles KOT et KTF [1].

On reviendra au triangle BKP, le nouveau calcul rectifiera encore la valeur première des côtés BP et PK, on continuera par les triangles KPS et KSF. Ainsi KF se trouve également déterminé par deux calculs contradictoires, et c'est ce que l'on doit toujours chercher. Si la valeur de KF donnée par le triangle KSF, n'était pas la même que celle donnée par le triangle KTF, ou si la différence excédait $\frac{1}{1000}$ il faudrait revoir les calculs ou les observations. Les différences proviennent souvent des modifications qu'on a fait subir aux angles en faisant la preuve de chaque triangle. Il convient donc, lorsque les résultats contradictoires ne s'accordent pas, d'essayer, si en reportant sur un angle plutôt que sur un autre la différence qu'on avait alors trouvée en faisant cette preuve, cela n'amènerait pas des résultats plus satisfaisants. Dans le cas contraire, il faudrait retourner sur le terrain et faire un plus grand nombre de répétitions. On doit bien se garder de modifier les valeurs des angles arbitrairement.

Lorsque les deux résultats se trouvent dans les limites voulues, on en prend la moyenne arithmétique, puis on considère le côté comme une nouvelle base de laquelle on part pour résoudre les triangles qui ont un sommet à l'une des extrémités de ce côté. Ainsi on calculera de nouveau à l'aide

---

[1] On remarquera que le côté du triangle qui sert de base aux calculs est désigné par les deux premières des trois lettres qui désignent le triangle.

de la valeur moyenne de KF le triangle FKT, puis successivement TFU et FUD. On prendra ensuite le triangle FKS, puis
FSL et FLD, on obtiendra encore deux résultats pour FD, la
moyenne servira de départ pour les triangles suivants, etc.

Il est évident qu'en adoptant dans les calculs un ordre
semblable, on a toute facilité pour retrouver, sans une
grande perte de temps, les erreurs de toute nature qui pourraient se glisser dans les calculs.

Les élèves pourront s'exercer à l'aide du calepin n° 104,
les résultats de leurs calculs devront coïncider avec ceux
inscrits sur la *figure* 135. Ils pourront donner à leur cahier,
la forme suivante, qui permet de ne pas reporter les résultats
sur le canevas provisoire.

(106)   *CAHIER du calcul des triangles.*

Lettres indicat. des sommets.	ANGLES rectifiés.	TYPE DU CALCUL.	
Triangle N° 1.			
	base AB	log 1549,75 = 3,1902617	 3,1902617
A	76°36′30″	sin 76°36′30″ = 9,9880278	sin 63°55′40″ = 9,9533928
B	63 55 40	13,1782895	13,1436545
X	39 27 50	sin 39°27′50″ = 9,8031783	 9,8031783
	180°00′00″	log BX = 3,3751112	log AX = 3,3404762
		BX = 2371ᵐ98ᶜ	AX = 2190 26ᶜ
Triangle N° 2.			
	base BX	log 2371ᵐ98 = 3,3751112	 3,3751112
X	89°02′20″	sin 89°02′20″ = 9,9999389	sin 47°54′30″ = 9,8704468
B	47 54 30	13,3750501	13,2455580
P	43 03 10	sin 43°03′10″ = 9,8342119	 9,8342119
	180°00′00″	log PB = 3,5408382	log PX = 3,4113461
		PB = 3474ᵐ07ᶜ	PX = 2578ᵐ38ᶜ

Lorsque les calculs des triangles du premier ordre sont
terminés, on procède à la résolution des triangles secondaires; la *fig.* 135 présente en traits fins une disposition de
triangles du deuxième ordre. Les calculs de ceux-ci s'effectuent d'une manière entièrement semblable aux premiers.
Mais comme les bases primitives des triangles de l'ordre inférieur sont prises parmi les côtés du premier ordre, il est

nécessaire de chercher, lors des observations, à déterminer des points principaux, tels que c, d, e qui facilitent le passage d'un ordre à un autre. On procède donc d'abord aux calculs des triangles qui ont ces points pour sommets et les signaux du premier ordre, on passe ensuite à des sommets plus rapprochés.

Ainsi on procédera à la résolution des triangles KPe, KSc et SPe, ainsi qu'à celle des triangles KFd et FSd; on passera ensuite aux triangles Kcd, KXc, Sdc, Sce et Pce. Enfin, on viendra aux triangles cef, cXh, chf, efg, fgh et ghP, puis Xhu et huP, en cherchant toujours, comme on le voit, à venir se fermer sur l'un des sommets du premier ordre par la voie la plus courte, et à obtenir des comparaisons le plus tôt possible.

107. — Divers cas qui se rencontrent dans une triangulation. — Il arrivera fréquemment que des triangles tels que eml, lmn et lnS ne pourront être entièrement formés, parce que les localités n'auront pas permis de diriger des stations l, m et n les rayons nécessaires à la résolution de ces triangles; si l'on tenait à avoir les côtés lm et ln, on y arriverait par la formule trigonométrique VII. Et, en effet, les observations en c donnent l'angle lcm, et les calculs les côtés lc et cm; le premier triangle lmc pourra donc être résolu. On aura ensuite, angle $nml = nmc$ (donné par les observations) $-lmc$; ayant en outre les côtés lm et nm, le second triangle lnm pourra être aussi calculé, et ainsi de suite.

Si dans un triangle tel que xqF, on n'avait pu observer que l'angle xFq, comme les calculs fourniront la valeur des côtés xq et qF, ce triangle sera résolu par la formule trigonométrique VI. Cependant, ces sortes de solutions ne doivent être recherchées qu'autant qu'on y est obligé, et seulement lorsqu'on n'entrevoit pas d'autres moyens pour arriver à la connaissance d'un rayon trigonométrique indispensable pour résoudre certains triangles nécessaires à la détermination d'un ou de plusieurs points de la triangulation, parce qu'il est rare que les angles qui sont tirés de ces solutions soient exempts d'erreur; d'un autre côté, il suffit qu'un côté ou qu'un angle, même mesuré, ne soit pas bien exact pour occasionner un déplacement sensible sur la position des points déterminés de la sorte.

On doit pressentir que les opérations qui se rattachent à une triangulation étendue ne s'exécutent pas sur le terrain sans rencontrer des difficultés ; en pays couverts, surtout, ces difficultés se présentent sous tous les aspects. Il faut recourir alors à des opérations auxiliaires qui s'effectuent partie sur le terrain, partie au cabinet, et qui cependant ne laissent aucune trace au moment du calcul.

En admettant comme ci-dessus que dans le triangle xqF on n'ait que l'angle xFq, et en supposant que le calcul n'ait pu fournir que le côté Fq, on sera obligé évidemment de mesurer l'un des deux autres côtés xF ou xq, afin de pouvoir résoudre ce triangle.

S'il fallait, par exemple, lier le point a' au réseau trigonométrique et qu'il ne fût pas possible d'observer les angles en o et en x du triangle oxa', ni mesurer le côté $a'x$, on prolongerait ce côté en b', mesurant $a'b'$ et les angles $oa'b'$, $ob'a'$, on résoudrait le triangle $oa'b'$, puis à l'aide des côtés connus oa', ox, ce dernier étant donné par la suite des triangles du réseau et de l'angle $oa'x = 180,00 - oa'b'$, on pourrait résoudre le triangle $a'ox$ qui rattacherait enfin le point a' à la triangulation.

Si ce procédé ne pouvait avoir lieu, on établirait une ligne quelconque $m'n'$ que l'on mesurerait exactement et de l'extrémité de laquelle on observerait les angles $a'n'x$, $xn'm'$, la solution des triangles $n'm'x$, $n'xa'$ ferait connaître évidemment $a'x$, mais il faudrait encore mesurer l'angle oxm'.

Si cette observation était impossible, on chercherait alors sur $a'x$ (*fig.* 128) un point tel que b' duquel on puisse mesurer l'angle $ob'x$, la valeur des côtés xb', et xa' sera connue en calculant les triangles $m'n'a'$, $m'a'x$ et $m'n'b'$, $m'b'x$; on passera ensuite à la résolution des triangles $b'xo$ et $a'b'o$ dans lesquels on aura, pour le premier, deux côtés $b'x$, xo, et l'angle b' opposé à l'un d'eux ; pour le deuxième, deux côtés ob' $a'b'$ et l'angle compris $a'b'o = 180° \ 00 - b'$ entre ces côtés.

Faisons une application de ce dernier procédé ; posons

$n'm'a' = 28° \ 39'$		$m'n'b' = 75° \ 27'$
$n'm'b' = 48 \quad 54$		$m'n'a' = 106 \quad 08$
$b'm'x = 52 \quad 43$		$xb'o = 94 \quad 32$
$m'n'x = 33 \quad 33$		

$$n'm' = 843^m 12^c$$
$$ox = 1234, 40$$

Triangle $n'm'a'$ (côté $a'm'$).

Log $843^m.12 = 2,9258894$
$+$ Sin $106° 08' = 9,9825506$

$\overline{2,9084400}$

$-$Sin $n'a'm' \qquad 9,8511211$
$= 180,00 - (106°08' + 28°39')$ ————

$3,0573189$

$a'm' = 1141, 09$

Triangle $n'm'x$ (côté $m'x$).

Log $843, 12 = 2,9258894$
$+$ Sin $33° 33' = 9,7424616$

$\overline{2,6683510}$

$-$Sin $n'xm' = \qquad 9,8831908$
$= 180°00 - (96°37' + 33°33')$ ————

$2,7851602$

$m'x = 609, 76$

Triangle $a'm'x$.

$$a'm' - m'x = 1141^m 09 - 609^m 76 = 531^m 33^c$$
$$a'm' + m'x = 1141, 09 + 609, 76 = 1750, 85$$

$$\text{Tang} \frac{1}{2} a' + x = \frac{180°00 - a'm'x}{2} = \frac{180°00 - 67°58'}{2} = 56°01'$$

Log $531^m 33 = 2,78536$
$+$Tang $56°.01' = 0,17129$

$\overline{2,89665}$

Log $1750, 85 = 3,24325$

Tang $\frac{1}{2} a' - x = 9,65340$
$a' - x = 24°14'$
$a' = 56°01' - 24°14' = 31°47'$
$x = 56\ 01 + 24\ 14 = 80\ 15$

Côté $a'x$.

Log $a'm'. \quad . = 3,0573189$
$+$ Sin $67°58' = 9,9670637$

$\overline{3,0243826}$

$-$Sin $80°15' = 9,9936813$

Log $a'x = 3,0307013$
$a'x = 1073^m 25^c$

En répétant ces calculs pour les triangles $n'b'm'$ et $b'm'x$, on trouvera que la valeur de $b'x = 746^m 15^c$.

Triangle $xb'o$.

La formule trigonométrique VI donne :

$$\text{Angle } b'ox > \sin o > \frac{xb' \sin b'}{ox}$$

Log $746^m 15^c = 2,8728265$
$+$ Sin $94°32'. . = 9,9986392$

$\overline{2,8714657}$

$-$Log $1234, 40. . = 3,0914559$

Sin $o = 9,7800098$
$xob' = 37°03'20''$
de là $b'xo = 48°24'40''$

Côté ob'

Log $1234, 40 = 3,0914559$
$+$Sin $48°24'40' = 9,8738591$

$\overline{2,9653150}$

$-$ Sin $94°32' = 9,9986392$

Log $ob' = 2,9666758$
$ob' = 926^m 13^c$

Triangle $a'b'x$.

$$a'b'=a'x-xb'=1073^m 25-746^m 15=327^m 10^c$$
$$\text{angle } a'b'o=180°00'-94°32'=85°26'$$

De là   angle $a'ob'=19°54'40''$ $a'o=957^m 51^c$

     angle $b'a'o=74\ 37\ 20$

Enfin

Triangle $a'ox$.

angle $xa'o=76°05'20''$	$ox=1234^m 40^c$
$a'ox=56\ 58\ 00$	$a'x=1073\ 25$
$a'xo=48\ 24\ 40$	$a'o=\ 957\ 51$

108. — Réduction au centre de la station. — Souvent la disposition d'un signal, d'un arbre, d'un clocher ou d'une tour, ne permet pas d'observer au centre même de la station ; pour avoir cet angle, on place l'instrument en un point quelconque, mais à une distance aussi petite que possible de l'objet qui forme le sommet de l'angle que l'on veut obtenir, puis on observe l'angle formé par les rayons visuels dirigés du point où on est placé sur les deux signaux opposés. La correction à faire à l'angle observé dépend de la position de l'instrument, il existe en conséquence plusieurs solutions.

1° On peut se placer en O (*fig.* 129) sur l'un des rayons CG ou CD de l'angle C que l'on cherche. L'angle mesuré étant GOD, on aura l'angle au centre C=GOD—ODC. Il suffit donc de déterminer ODC et les distances OD et OC.

Soit mené O*d* parallèle à CD, l'angle GO*d*=GCD, et l'angle *d*OD=ODC ; donc GCD ou C=GOD—*d*OD=GOD—ODC

On mesurera OC sur le terrain ; quant à OD, on pourra, si GD est donné par le réseau de la triangulation et si DGO est connu, calculer le triangle GOD. Dans le cas contraire, OD sera mesuré graphiquement sur le canevas, car OC étant toujours très-petit, la différence résultant de cette mesure graphique ne pourra affecter sensiblement la valeur de ODC.

2° Si on s'était placé en O' sur le prolongement de GC, l'angle au centre C=GO'D+O'DC. Le calcul, est au reste, le même.

3° On peut ensuite se placer en O (*fig.* 130), alors

$$C=GCK+DCK ;$$
$$\text{mais } GCK=GOK—CGO,$$
$$\text{et } DCK=DOK—CDO ;$$
$$\text{Donc } GCD=GOK—CGO+DOK—CDO=GOD—(CGO+ODC).$$

On chaînera OG; OG et OD seront donnés, soit par le canevas, soit par le calcul provisoire. On résoudra les triangles OCG et OCD.

4° Placé en O' (*même figure*).

$$C = GCK + DCK;$$
$$\text{mais } GCK = GO'K + CGO',$$
$$\text{et } DCK = DO'K + CDO',$$
$$\text{donc } GCD = GO'D - CGO' + CDO'$$

5° Placé à droite ou à gauche du centre C, soit en O (*fig.* 131).

$$a = o + d,$$
$$\text{et } a = c + g;$$
$$\text{donc } o + d = c + g;$$
$$\text{et enfin } c = o + d - g. \qquad (A)$$

Maintenant il s'agit d'évaluer g et d, o étant donné par l'observation.

Dans le triangle CGO, on connaît $OC = r$ mesuré sur le terrain; on connaît également $GOC = y$ observé; $GC = G$ (distance de gauche) sera donné par le canevas ou par un calcul provisoire, on aura donc g par :

$$\sin g : \sin y :: r : G. \qquad (B)$$

Dans le triangle COD, on connaît $OC = r$, on connaît $COD = o + y$, observés, $CD = D$ (distance de droite) sera donné par le canevas. Donc :

$$\sin d : \sin y + o :: r : D. \qquad (C)$$

Application.

Soient $o = 51°34'$
$y = 58\ 32$ $\Big\}\ y + o = 110°06'$
$r = 14^m$
$D = 818$
$G = 935$

Triangle GCO (formule B).

$$\sin g = \frac{r \sin y}{G} =$$

Log 14^m . . .	$= 1,14613$
Sin $58°32'$ . .	$= 9,93092$
	$11,07705$

*Report du triangle*GCO. . . 11,07705

Log 935. . . = 2,97081

Sin g. . = 8,10624

g. . = 0°43'55"

Triangle COD (formule C).

$$\sin d = \frac{r \sin (r + o)}{D} =$$

Log 14ᵐ. . . = 1,14613

Sin 110°06'. . = 9,97271

11,11884

—Log 818. . . = 2,91275

Sin d. . . = 8,20609

d. . . = 0°55'16"

(formule A) $c = 51°34' + 0°55'16" — 0°43'55" = 51°45'21"$.

Il faut observer que quand d et g sont égaux les termes de (B) et de (C) se détruisent, les quatre points G, D, C et O sont alors sur une même circonférence; l'angle o (observé) $= c$ (cherché). Il y a donc avantage à se placer sur cette circonférence.

Ce dernier procédé s'applique dans tous les cas. En réunissant les formules (B) et (C) on aura cette formule générale connue :

$$\text{réduction au centre } C = \frac{r \sin (o + y)}{D} - \frac{r \sin y}{G};$$

formule très-simple et dont l'usage ne peut embarrasser dans aucun cas, si l'on a égard aux signes sin $(o + y)$ et de sin y. Ainsi la correction sera positive si l'angle $o + y < 180°$; elle sera négative si $(o + y) > 180°$: le contraire aura lieu dans les mêmes circonstances pour le second terme qui dépend de *l'angle de direction y* :

6° Nous rapporterons, en dernier lieu, un procédé à l'aide duquel on peut obtenir immédiatement sur le terrain l'angle au centre.

On se place en O (*fig.* 132) sur l'un des rayons, soit sur CD; puis choisissant un point éloigné K fixe, pouvant être facilement saisi par les fils de la lunette et coupant le second rayon CD ; on mesure l'angle KOD, transportant ensuite l'instrument sur l'intersection O', des rayons OK et CG, on mesure également l'angle KOG, l'angle C=KOD—KOG. Et, en effet, si nous menons O'd parallèle à CD, KO'd=KOD, de même GO'd=GCD; donc en retranchant KO'G de KO'd=KOD, il reste GO'd=GCD.

Ce procédé est fort simple, et il est très-expéditif, en ce qu'il évite tout calcul; mais il faut avoir soin de se placer bien exactement sur les rayons qui forment l'angle C, ce qui peut n'être pas toujours facile; de même qu'on peut ne pas trouver d'objet convenable pour diriger le rayon auxiliaire OK. On peut, au reste, jalonner une portion convenable des rayons.

109. — Centres invisibles des tours *à bases circulaires*. — La réduction au centre entraîne parfois à une autre opération, quand, par exemple, C est le centre d'une tour ronde qu'on ne peut apercevoir du point de station.

Mesurez les angles GOT et GOT' (*fig.* 133) formés par le rayon visuel dirigé sur l'objet à gauche et par les deux rayons menés tangentiellement à la surface curviligne de la tour, l'angle de direction y sera $\dfrac{\text{GOT}+\text{GOT'}}{2}$, et la distance $r=$OK+KC, KC étant le rayon de la tour qu'on parviendra à déterminer en menant une ligne mn sur laquelle on élèvera les perpendiculaires h et i tangentes à la même surface, le rayon GK sera évidemment $=\frac{1}{2}hi$.

A bases polygonales. — Mesurez, comme précédemment, les angles GOT et GOT' (*fig.* 134), mesurez ensuite les distances OT et OT' de la station aux extrémités de la diagonale TT'. Sur OT, prenez arbitrairement un point d, et établissez c par :

$$\text{OT} : \text{O}d :: \text{OT'} : \text{O}c\ ;$$

joignez cd, et par k, milieu de cette droite, tracez OK. Vous aurez

$$\text{angle de direction } y = \frac{\text{GOT}+\text{GOT'}}{2},$$

$$\text{distance } r \text{ au centre} = \text{OK}+\text{KC},$$

$$\text{KC} = \sqrt{\overline{\text{C}n^2}+\overline{n\text{K}^2}}.$$

$$\text{Généralement on a OC} = \frac{\text{OT}+\text{OT'}}{2}.$$

110. Réduction à l'horizon. — Bien que nous ayons annoncé que la construction des instruments actuels dispensait de cette réduction, en ce que les lunettes, rendues plongeantes, projetaient immédiatement les angles sur le plan horizontal, on peut néanmoins se trouver dans des circonstances telles qu'on ne puisse obtenir la valeur d'un angle sans incliner le plan du limbe.

Pour obtenir cet angle, il est nécessaire d'incliner le plan du limbe de manière à ce qu'il passe à très-peu près par les deux points de mire. On observe, outre l'angle incliné entre lesdits objets, les angles formés par les deux rayons visuels et la verticale passant par le point de station. La valeur réduite, qui entre dans les calculs, est donnée en projetant l'angle ainsi observé sur le plan horizontal.

Soient α (*fig.* 136) l'angle mesuré qu'il faille réduire à l'horizon ou à l'angle gOd du plan horizontal, ν l'angle formé par la verticale OV et le rayon oblique OG sur l'objet de gauche, β l'angle formé par la même verticale et le rayon oblique OD sur l'objet de droite, en faisant $\frac{1}{2}(\alpha+\nu+\beta)=p$. On a :

$$\sin \tfrac{1}{2}O \text{ ou } \tfrac{1}{2}gOd = \sqrt{\frac{\sin(p-\beta)\sin(p-\nu)}{\sin\beta\sin\nu}}.$$

Application. Soient $\alpha=46°25'$, $\nu=65°52'$ et $\beta=68°29'$

on a $\quad p=\frac{1}{2}(46°25'+65°52'+68°29')=90°23'$

$\quad (p-\beta)=(90°23'-68°29')=21°54'$

$\quad (p-\nu)=(90°23'-65°52')=24°31'$

$\quad$ Sin $21°54'$. . . . . $= 9,5716946$

$\quad + \sin 24°31'$ . . . . . $= 9,6180041$

comp. arith. sin $68°29'$ . . . . $= 0,0313719$

comp. arith. sin $65°52'$. . . . . $= 0,0397212$

$\overline{\qquad\qquad\qquad\qquad 19,2607918}$

$\qquad\qquad$ Sin $\tfrac{1}{2}O$. . . $= 9,6303959$

$\qquad\qquad \tfrac{1}{2}O$. . . $= 25°16'30''$

et $O=gOd$. . . . . $=50°33'00''$

Une autre espèce de réduction est celle relative à la *phase des signaux*. La correction qui en résulte n'a jamais lieu dans les opérations de l'ordre qui nous occupe, parce que les perches que l'on emploie pour fixer les sommets étant d'un très-petit diamètre, elles sont, vu leur éloignement de l'observateur, toujours couvertes par les fils de la lunette ; nous nous dispenserons donc de rappeler les formules que nous devons à Delambre et rapportées par Puissant, dans son *Traité de Géodésie*.

111. — Correction des angles lorsque deux bases ne concordent pas. — Dans une chaîne de triangles, semblable à celle que nous avons représentée (*fig.* 123), si, pour calculer les triangles qui composent cette chaine, les localités ont obligé à partir d'une base AK située à l'extrémité, on mesurera, bien entendu, une seconde base HS à l'autre extrémité de la chaine, afin de s'assurer de la régularité des observations et de l'exactitude des calculs. Il est présumable que la mesure de HS présentera une différence avec la valeur de ce côté obtenue par le calcul, en passant par la suite de triangles AKB, BKL, BLC..... RHS. Pour faire coïncider les deux résultats, tout portant à croire que la différence provient de légères incorrections dans les angles, dont les valeurs sont généralement moins sûres que celles des bases mesurées, le parti le plus simple qu'on aurait à prendre, serait celui d'altérer imperceptiblement ces valeurs. En désignant par A l'angle opposé à la première base AK = a, par B l'angle adjacent à cette base, mais opposé à BK = a' (ce côté devant entrer comme base dans le calcul du second triangle KBL); puis, par A' l'angle opposé à a', et par B' l'angle adjacent à a' mais opposé à BL = a''; enfin par $A^{(n-1)}$, $B^{(n-1)}$ les angles opposés et adjacents à l'avant-dernière base calculée $a^{(n-1)}$, on a

$$\frac{\varepsilon^{(n)}}{a^{(n)}} = x \left[\begin{array}{c} \cot A + \cot A' + \ldots \cot A^{(n-1)} \\ + \cot B + \cot B' + \ldots \cot B^{(n-1)} \end{array} \right] \quad (1)$$

---

(1) On a
$$a' = \frac{a \sin B}{\sin A} \quad \ldots \ldots \quad (1)$$

on a pareillement pour le second triangle
$$a'' = \frac{a' \sin B'}{\sin A'} \quad \ldots \ldots \quad (2)$$

Si n désigne le nombre des triangles de la chaine, et $a^{(n)}$ le dernier côté cherché, ou HS, qu'il s'agit de comparer, on aura généralement :
$$a^{(n)} = \frac{a \sin B \sin B' \sin B'' \ldots \sin B^{(n-1)}}{\sin A \sin A' \sin B'' \ldots \sin A^{(n-1)}}. \quad \ldots \quad (3)$$

En supposant que les angles A , A'..... soient chacun diminués de x, et les angles B, B'...... augmentés de la même quantité, on aura exactement
$$\alpha = a^{(n)} + \varepsilon^{(n)} = \frac{a \sin(B+x) \sin(B'+x) \ldots \sin(B^{(n-1)}+x)}{\sin(A-x) \sin(A'-x) \ldots \sin(A^{(n-1)}-x)}.$$

Prenant les logarithmes de chaque membre, développant et réduisant au moyen de l'équation (3), on obtiendra en définitive la formule ci-dessus.

formule de Puissant (*Traité de Géodésie*, page 407) dans laquelle $\varepsilon^{(n)}$ désigne la différence entre HS mesuré $= a^{(n)}$, et HS calculé, x est positif, si $\varepsilon^{(n)}$ est un excès; il est négatif dans le cas contraire.

Mais lorsque les triangles du réseau sont bien conditionnés, qu'ils ont à très-peu près la forme équilatérale, il est assez exact de supposer que le facteur qui multiplie x dans le second membre se réduit à $2n \cot 60°$: donc, en exprimant x en seconde, on a :

$$\frac{\varepsilon^{(n)}}{a^{(n)}} = x \, (2n \cot 60°) \sin 1''. \ \ . \ . \ . \ .$$

D'où

$$x = \frac{\varepsilon^{(n)} \tan 60°}{2na^{(n)} \sin 1''}. \ \ . \ . \ . \ . \quad (2)$$

Et les côtés seront corrigés par cette autre formule du même auteur :

$$\text{Log } a^{(n)} \text{ corrigé} = \log a^{(n)} + M \frac{\varepsilon^{(n)}}{a^{(n)}} \ . \ . \ . \quad (3)$$

$M = 0,43429$ étant le module des tables. On fera l'indice $n = 2, 3, 4,.....$ correspondant aux $2^e \ 3^e \ 4^e.....$ triangles.

Application de la formule (2). Soit une chaîne de 15 triangles. L'excès $\varepsilon^{(n)} = 4^m47^c$ et $a^{(n)} = 2810^m$. On aura :

$$x = \frac{4^m47^c \tan 60°}{30.2810 \sin 1''} = 18''94.$$

On aurait donc à augmenter les angles A, A′, A″..... et à diminuer les angles B, B′, B″..... chacun de $18''9$.

112. — Calcul des distances à la méridienne et à la perpendiculaire. — Nous avons indiqué (65) un procédé pour rapporter, au moyen de carrés, les sommets d'un polygone, lorsque la position de ces sommets a été déterminée par le calcul. Or, il est d'autant plus nécessaire de connaître les distances rectangulaires de chaque sommet d'un réseau trigonométrique que les côtés des triangles étant fort longs, la construction graphique ne pourrait jamais être qu'une approximation.

Si, par le moyen d'une lunette dirigée vers le pôle, on place

au loin vers le nord et vers le midi deux signaux dans l'axe
optique de cet instrument ; qu'on trace, au moyen de jalons,
une droite entre ces signaux et qu'on la conduise indéfiniment, la ligne résultant de cette opération sera la méridienne
terrestre. Il est dans l'usage d'admettre cette ligne pour l'axe
des abscisses des sommets trigonométriques, de la faire passer
par l'un de ces sommets, et d'adopter pour origine des
abscisses ce même sommet.

On mène ensuite par l'origine une perpendiculaire à la méridienne ainsi établie, et on adopte pour *axe des ordonnées*
cette perpendiculaire, et pour origine des ordonnées l'origine
même des abscisses.

On choisit ordinairement pour origine commune le clocher
le plus important du lieu où l'on opère. Quelques administrations, et notamment celle des forêts, prescrivent d'adopter
pour axes rectangulaires la méridienne et sa perpendiculaire
passant par l'Observatoire de Paris.

Pour calculer les distances à la méridienne et à la perpendiculaire passant par un point quelconque de la triangulation,
il est nécessaire de connaître l'angle que fait la méridienne
avec l'un des côtés du réseau ; la boussole donne cet angle
qu'on corrige de la déclinaison (41) avant de se livrer aux
calculs. On rentre alors dans l'application du procédé (65).
Mais comme on peut n'avoir pas de boussole à sa disposition,
voici les moyens dont on peut faire usage pour obtenir cet
angle.

Méthode du jour ou par le gnomon. — On dispose
horizontalement sur l'un des côté du réseau dont on veut avoir
la déclinaison (*fig.* 137) une planchette *nm*, munie d'un style
ou gnomon percé en O d'un petit trou, la plaque doit être inclinée de manière qu'elle soit à peu près perpendiculaire au
rayon solaire à midi. On fera, à l'aide d'un fil à plomb, la
projection de ce trou sur la planchette, soit V cette projection ; de V comme centre on décrira plusieurs arcs de cercle
a, b, c..... on tracera ensuite, au moyen d'une alidade, ou
simplement de deux aiguilles, la direction AB du côté du
triangle sur lequel on est placé ; AB servira au besoin à vérifier si la planchette ne s'est pas dérangée. Quelques heures

15

avant et après midi, on marquera les points où le rayon solaire passant par O vient symétriquement se placer sur les
arcs concentriques a, b, c..... Le lieu géométrique ou milieu
des intervalles du matin et du soir sur chacun des arcs sera
la trace du plan méridien. On prendra la position moyenne,
si le milieu de chacun des intervalles ne formait pas une
même ligne droite. L'angle de déclinaison sera DVB qu'on
pourra mesurer avec le rapporteur ou par le procédé (57).

On fait ici abstraction de la variation diurne du soleil ; c'est
aux solstices qu'elle est la plus faible. Si on veut y avoir
égard, on se servira des tables calculées qui se trouvent dans
les traités d'astronomie et de gnomonique.

Observation de nuit par l'étoile polaire. — Si l'on
prolonge les gardes α et β de la grande Ourse (*fig.* 138), d'une
quantité à peu près égale à la longueur de cette constellation,
on rencontre l'étoile polaire à l'extrémité de la petite Ourse,
constellation semblable, mais renversée et d'un éclat moins
lumineux. L'étoile polaire n'est pas tout à fait au pôle, elle
décrit autour de ce point un petit cercle de 1 à 2 degrés de
rayon, et elle passe deux fois en 24 heures dans le méridien.

Si on se place sur un côté de triangle et qu'on suspende un
fil à plomb à quelque pas en avant, on reconnaîtra l'instant
où la polaire passe audit méridien quand la première étoile
de la queue de la grande Ourse et la polaire seront à la fois
occultées par le fil à plomb. A cet instant, on fait placer une
lumière à quelques distances (100 ou 200 mètres) dans le
même plan vertical. La ligne passant par le fil et la lumière
sera la trace du méridien.

On peut se servir avec avantage d'une lunette munie d'un
réticule. On peut également se servir du cercle. A cet effet,
on place l'instrument à l'un des sommets du réseau, on dirige
à l'avance le zéro du limbe sur un lieu quelconque d'observation ; puis, lorsque les deux étoiles indiquées passeront sous
le fil vertical de la lunette supérieure, on fixera cette lunette.
L'angle de déclinaison sera compris entre le zéro du limbe
et la ligne de foi du vernier.

113. — En supposant que la déclinaison Δ du côté UT (*fig.*
135) ou l'angle UTδ, ait été trouvée par l'un des procédés
précédents, de 33° 57′, il sera facile de connaître la Δ (1),

de tous les côtés du réseau (65 et suivants) on formera en conséquence autant de triangles rectangles que ce réseau contient de côtés. Ces triangles seront calculés ensuite comme il a été expliqué (67). Le cahier de calcul prendra, dans cette circonstance, la forme suivante :

Calcul des distances à la méridienne et à la perpendiculaire.

TYPE DU CALCUL.	CÔTÉS obtenus.	DISTANCES			
		à la méridienne.	ré-gions	à la perpendicul.	ré-gions
1	2	3	4	5	6
Triangle N° 1 (côté BX).					
Cosin 44°50'10"=9,8482392		B=6681ᵐ71		...4294ᵐ55ᶜ	
Log BX. . . .=3,3751112		—1682 03		—1672 44	
Sin 44°50'10"=9,8507237		X=4999 68	Est.	2622,11	Sud.
3,2233504=	1672,44				
3,2258349=	1682,03				
Sin 60°51'20"=9,9412106		B=6681,71		...4294,55	
Log AB. . . .=3,1902617		+ 754,75		— 1353,55	
Cosin 60°51'20"=9,6875406		A=7436,46	Est.	2941,00	Sud.
3,1314723=	1353,55				
2,8778023=	754,75				

Les 3ᵉ et 5ᵉ colonnes se remplissent lorsqu'on a obtenu les valeurs des côtés de tous les triangles rectangles.

114. — Si tous les angles d'un réseau trigonométrique étaient rigoureusement exacts, les calculs des distances à la méridienne et à la perpendiculaire ne présenteraient aucune difficulté, car la marche en est simple et facile; mais les résultats que l'on obtient présentant quelquefois de légères différences, on doit leur faire subir certaines corrections. Ces corrections portent quelquefois sur la valeur des Δ, quand, par exemple, on passe de la déclinaison des cô-

---

(1) La lettre grecque Δ sera désormais employée pour désigner l'angle de déclinaison d'un côté de triangle quelconque.

tés d'un triangle à celle des côtés du triangle adjacent ; les différences sont toujours fort légères, néanmoins on ne doit pas les laisser grossir ; on les répartit, lorsqu'elles se présentent, sur chacune des Δ des côtés et de manière que la direction de ces côtés n'en soit pas sensiblement affectée. Elles n'ont guère lieu, d'ailleurs, que lorsqu'on fait passer la Δ sur un ensemble de triangles, tel qu'on pourrait le faire si, partant du côté TU, on parcourait tous les autres côtés UD, DL, LS...., OT, il est donc facile de les éviter en adoptant une marche analogue à celle que nous avons indiquée (105) pour le calcul des triangles du réseau.

Les corrections portent principalement sur les abscisses et ordonnées, quand les coordonnées rectangulaires d'un point sont déterminées par plusieurs suites de côtés. Si, par exemple, l'abscisse $= x$ et l'ordonnée $= y$ du point T étaient déterminées par la somme des côtés des triangles rectangles formés sur les côtés du réseau SL, LD, DU et UT (en partant de l'hypothèse que la méridienne et la perpendiculaire passent par le clocher de Bayeux ou le point S), puis par celle des côtés des triangles rectangles formés sur les côtés SF et FT, SK et KT, et enfin par celle des côtés rectangles formés sur SP, PB, BO et OT, on obtient alors quatre résultats pour x et quatre résultats pour y ; évidemment on ne peut adopter l'un plutôt que l'autre. Dans cette circonstance la moyenne arithmétique détermine encore la valeur définitive de x et de y du point.

Si on veut se donner la peine de calculer les distances rectangulaires du sommet T, d'abord par les côtés SL, LD, DU et UT, on trouvera :　　　　$x = 10994,23$ et $y = 2689,30$

Puis, par SF et FT, on aura :　　$x = 10993,08$　　$y = 2692,65$

Par SK et KT, on aura :　　　　$x = 10993,08$　　$y = 2692,66$

Et enfin, par SP, PB, BO et OT, on aura :　　　　　　　　　　$x = 10993,39$　　$y = 2692,36$

Somme. . . $= 43973,78$　　　　10766,97

Milieu. . . . .10993,45　　　　　2691,74

Donc T $\begin{cases} x = 10993,45 \\ y = 2691,74. \end{cases}$

Il est assez dans l'usage de commencer par déterminer les

coordonnées rectangles des sommets extrêmes du réseau, on vient ensuite peu à peu aux sommets les plus rapprochés. C'est, au reste, la seule marche à suivre pour qu'il y ait de l'ensemble dans le travail. Voici comment on procède.

Après avoir conclu la position du point T comme nous l'avons fait précédemment. On choisit un sommet intermédiaire, milieu de la distance autant que possible, soit D, on a par les côtés des triangles rectangles formés sur SL et sur LD :

$$x = 3561^m78 \text{ et } y = 7267^m20$$

Et par TU et UD : $x = 3561 \ 00$ $y = 7269 \ 61$

Somme $= 7122 \ 78$ $14536 \ 81$

Milieu.. $= 3561 \ 39$ $7268 \ 40$

Donc D $\begin{cases} x = 3561,39 \\ y = 7268,40. \end{cases}$

Les coordonnées rectangles du sommet U seront déterminées par les côtés DU et TU, ainsi que par SF et FU.

Quand la position d'un point est bien fixée et que les valeurs des coordonnées doivent servir à la détermination des coordonnées d'un autre sommet, on inscrit ces valeurs dans les colonnes 3 et 5 du tableau (113). C'est ainsi que le sommet B sert à déterminer les coordonnées des points X et A.

Enfin, les résultats des calculs des triangles et ceux des calculs des distances à la méridienne et à la perpendiculaire sont consignés dans un tableau dit *Registre des opérations trigonométriques* de la forme suivante :

115 — *Registre des opérations trigonométriques.*

Lettres indica- tives des som- mets.	NOM des SIGNAUX.	DISTANCES.		ré- gions.	Désigna- tion des sommets des triangles	VALEUR des angles.	longueur des côtés	OBS.
		à la méri- dienne.	à la perpen- diculaire					
1	2	3	4	5	6	7	8	9
A	Extr. N. de la base.	7436 46	2941 00	S. E.	X	39°27'50"	1549 75	
B	Extr. S. de la base.	6681 71	4294 55	id.	A	76 36 30	2371 98	
O	Le Tuc.	9376 61	1113 87	id.	B	63 55 40	2190 26	
K	Le Pic d'Aillo.	5910 02	302 83	id.				
P	Les Chartreux.	3212 48	4480 76	id.	P	43 03 10	2371 98	
F	La Douve.	5408 71	3462 45	N. E.	X	89 02 20	3474 07	
L	Le Lièvre.	623 45	5394 97	N. O.	B	47 54 30	2578 38	
U	La Longue Perche.	8868 44	3847 30	N. E.				

On remarquera que le côté qui a servi à calculer le triangle s'inscrit en première ligne dans la 8ᵉ colonne, et que les angles désignés dans la 7ᵉ sont inscrits sur la même ligne que les côtés qui leur sont opposés.

116. — Problèmes inverses de trigonométrie. — Lorsqu'on connaît les distances à la méridienne et à la perpendiculaire des sommets d'un réseau de triangulation, on peut résoudre divers problèmes qu'on pourrait désigner par *problèmes inverses de trigonométrie* et qui sont d'un usage continuel dans l'arpentage.

Nous considérerons maintenant que *la position d'un point quelconque est déterminée quand on connaît ses distances à la méridienne et à la perpendiculaire.*

1º *La position de deux points* A *et* B (fig. 139) *étant donnée, déterminer l'angle de position ou la* Δ *de la ligne qui joint ces points.*

Il faut avoir égard à la région dans laquelle les deux points sont placés, supposons-les d'abord situés dans la même région.

D'après la marche adoptée dans les calculs des distances à la méridienne et à la perpendiculaire, on doit, connaissant x et y de A, ajouter à x la distance aB pour avoir x' de B et ajouter également à y la distance Aa pour déterminer y' de B. Par conséquent, connaissant x et y, x' et y' on a :

$$a\mathrm{B}=x'-x,$$
$$a\mathrm{A}=y'-y.$$

De là :

$$\mathrm{Tang}\ \Delta = \frac{a\mathrm{B}}{a\mathrm{A}} \quad \text{(formule trigonom. IV)}.$$

Quand A et B sont placés dans des régions différentes on a, (*fig.* 140).

$$\left.\begin{array}{l} a\mathrm{B}=x'-x \\ a\mathrm{A}=y'+y \end{array}\right\}\ \mathrm{Tang}\ \Delta = \frac{a\mathrm{B}}{a\mathrm{A}}.$$

On a également (*fig.* 141) :

$$a\mathrm{B}=x+x',$$
$$a\mathrm{A}=y+y'.$$

Nous avons déjà donné des exemples de ces calculs.

2° *La position de deux points* A *et* B (fig. 140), *étant donnée; déterminer la longueur de la ligne qui joint ces points.*

Puisqu'on peut connaître l'angle de position $=\Delta$ qui est un des éléments du calcul des distances à la méridienne et à la perpendiculaire, on peut également déterminer le second élément ou l'hypoténuse du triangle rectangle AaB.

On commence donc par chercher Δ par une des formules précédentes, on a ensuite :

$$AB = \frac{a\mathrm{B}}{\sin \Delta}.$$

3° *Connaissant la position des trois sommets d'un triangle* ABC (fig. 142); *déterminer les angles et les côtés de ce triangle.*

En supposant que pour A on ait $\begin{cases} x = 365^{\mathrm{m}}42 \\ y = 483 \quad 50 \end{cases}$ région N.-E.

que pour B on ait $\begin{cases} x' = 4119 \quad 07 \\ y' = 141 \quad 38 \end{cases}$ région S.-E.

et que pour C on ait $\begin{cases} x'' = 392 \quad 54 \\ y'' = 4127 \quad 41 \end{cases}$ région S.-O.

On a d'abord :

$$a\mathrm{A} = 4119,07 - 365,42 = 3753,65,$$
$$a\mathrm{B} = 483,50 + 141,38 = 624,88.$$

De là, Δ AB $= 80°\ 33'\ 05''$ et AB $= 3805^{\mathrm{m}},28$; ensuite :

$$b\mathrm{C} = 4119,07 + 392,54 = 4511,61,$$
$$b\mathrm{B} = 4127,41 - 141,38 = 3986,03.$$

Et Δ BC $= 48°\ 32'\ 20''$, BC $= 6020^{\mathrm{m}},25^{\mathrm{c}}$;

enfin $c\mathrm{A} = 365^{\mathrm{m}}42 + 392^{\mathrm{m}}54 = 757^{\mathrm{m}}96,$
$$c\mathrm{C} = 483 \quad 50 + 4127 \quad 41 = 4610 \quad 91.$$

Δ AC $= 9°\ 20'\ 05''$, AC $= 4672^{\mathrm{m}},75^{\mathrm{c}},$

On a donc les trois côtés du triangle proposé. Quant aux angles, il est facile de les obtenir.

Angle A $= \Delta$ AB $= 80°33'05''$
$+ \Delta$ AC $= \quad 9\ 20\ 05$
$\overline{\quad = 89°53'10\quad}$ $89°53'10''$

Angle B $=$ compl. Δ AB $= \quad 9\ 26\ 55$
$+$ compl. Δ CB $= 41\ 27\ 40$
$\overline{\quad = 50°54'35''\quad}$ $50\ 54\ 35$

A reporter. . . $140°47'45''$

$$\text{Report.} \quad \ldots \ldots \quad 140°47'45''$$

$$\text{Angle } C = \Delta\,CB = 48°32'20''$$
$$-\Delta\,AC = \quad 9\ 20\ 05$$

$$= 39°12'15'' \qquad 39°12'15''$$

$$\text{Somme.} \ldots \quad 180°00'00''$$

4° *La position de deux points* A *et* B *étant donnée, et la distance entre ces points ayant été mesurée, déterminer la position d'un point intermédiaire tel que* I (fig. 140).

On arrivera à la position demandée par l'un des procédés exposés au (73).

Si on a pour A $\begin{cases} x = \quad 365,42 \\ y = \quad 483,50 \end{cases}$ région N.-E.

pour B $\begin{cases} x' = 4119,67 \\ y' = \quad 141,38 \end{cases}$ région S.-E.

et les distances mesurées $\quad$ AB $= 3807^m50$

$$AI = 1238\ 40$$

On trouvera :

$$I \begin{cases} x = 1584^m31 \\ y = \quad 280\ 32 \end{cases} \text{région N.-E.}$$

Ce problème est constamment employé dans la construction des plans. Si, par exemple, deux points F et T, (*fig.* 135), ne peuvent, vu leur position respective, être rapportés sur la même feuille de papier (le plan devant être formé de plusieurs), il est dès-lors nécessaire de calculer un point quelconque du côté FT, mais choisi de manière à pouvoir tenir sur la même feuille que F ou que T. On prend alors la moitié, le quart ou le cinquième de la distance FT, puis on détermine la position de ce point intermédiaire.

Voici, dans ce cas, comment on procède :

On a (115) F $\begin{cases} x = \quad 5408,71 \\ y = \quad 3462,15 \end{cases}$

(114) T $\begin{cases} x' = 10993,45 \\ y' = \quad 2691,74 \end{cases}$

$$T\lambda = (x' - x) = 5584,74, \quad F\lambda = (y - y') = 770,41.$$

En supposant que la feuille sur laquelle se trouve le point F exige que le point intermédiaire I soit à une distance de $F = \frac{1}{4} FT$; il suffira, en se rappelant la théorie des triangles semblables, de prendre le $\frac{1}{4}$ de Tλ et le $\frac{1}{4}$ de Fλ. La position du point intermédiaire I sera donc :

$$F \begin{cases} x = 5408,71 + \frac{1}{4}\,5584,74 = 5408,71 + 1396,19 = 6804,87 \\ y = 3462,15 - \frac{1}{4}\,770,41 = 3462,15 - 192,60 = 3269,55 \end{cases}$$

En tenant compte de la position respective des points F et T.

Par conséquent,

$$I \begin{cases} x = 6804,87 \\ y = 3269,55 \end{cases}$$

Si, en outre on avait mesuré FT, et qu'on eût trouvé, entre le mesurage et les résultats de la triangulation, une différence d, la différence sur FI serait évidemment $= \frac{1}{4} d$, et l'on aurait à faire sur FI les mêmes corrections que sur FT (74).

117. — *On connaît la position de trois points* ABC (fig. 143) ; *déterminer la position d'un quatrième point* O *duquel on a pu observer les angles* α *et* β *formés par les rayons* OA, OB *et* OC.

Formez le triangle ABC, et déterminez-en les angles et les côtés par le problème (116, 3º) ; faites ensuite passer une circonférence par les trois points ACO, en décrivant sur AC un segment capable de l'angle (α + β). Il se présente plusieurs cas : le sommet B peut se trouver en dedans ou en dehors de la circonférence, il peut en être rencontré ; enfin, le point O peut être intérieur ou extérieur au triangle ABC.

1er Cas. Le sommet B tombant en dedans de la circonférence (*fig*. 143), prolongeons OB jusqu'en D, traçons AD et CD ; dans le triangle ACD on a angle ACD = α comme ayant le sommet à la même circonférence et pour mesure la moitié du même arc AD ; on a également DAC = β, on peut donc résoudre le triangle ACD en prenant pour base du calcul le côté connu AC, et en concluant l'angle ADC = 180° 00 — (DAC + DCA). Maintenant, dans le triangle DAB, on connaît AB, le calcul fournira AD, de plus on a l'angle DAB = DAC = β — BAC, ce triangle pourra alors être résolu. On aura donc l'angle ADO, lequel est égal à ACO comme ayant pour mesure $\frac{1}{2}$ de l'arc AO. Le calcul du triangle DCB conduira à la connaissance de l'angle CDO = CAO. On a donc les trois angles du triangle ACO et un côté AC, la question est par conséquent résolue.

2e Cas. Le sommet B du triangle ABC (*fig*. 144) se trouvant en dehors de la circonférence, on a également ACD = α et CAD = β ; on résoudra le triangle ADC, puis chacun des triangles DAB, DCB, dans lesquels on aura AB et AD et l'angle compris BAD = BAC — DAC, DC et BC et l'angle BCD = BCA — DCA ; on pourra donc enfin calculer ACO.

3e Cas. Si O se trouve placé dans le triangle ABC (*fig*. 145), on a, en prolongeant BO jusqu'en D, angle CAD = AOD = 180° 00 — α et angle ACD = COD = 180° 00 — β ; on calculera le triangle ACD, puis les triangles ABD et BDC dans les-

quels on aura AB et AD, BC et CD et angles BAD = BAC +
CAD, BCD = BCA + ACD ; enfin, connaissant l'angle ABD on
aura, dans le triangle ABO, deux angles et un côté AB, ce
triangle pourra donc être calculé.

On calculera le triangle BOC pour vérification.

4ᵉ Cas. Enfin, le point B peut se trouver sur la circonférence. Dans ce cas, le point O sera indéterminé, car on aura
$\alpha = $ BCA et $\beta = $ BAC, et quelle que soit la position du point O
sur la circonférence, cette condition aura toujours lieu.

Les différentes positions du point O et du sommet B se reconnaissent : 1ᵉʳ cas, quand $\alpha > $ BCA et B > BAC ; 2ᵉ cas, quand
$\alpha < $ BCA et $\beta < $ BAC ; 3ᵉ cas, quand α et $\beta > 90°$; enfin, 4ᵉ cas,
quand $\alpha = $ BCA et $\beta = $ BAC.

Voici la solution générale de ce problème que nous trouvons dans la trigonométrie de Lefébure.

Il est toujours nécessaire de déterminer les cotés et les angles du triangle formé par la réunion des trois points A, B et
C, ou seulement deux côtés AB, AC et l'angle A compris entre ces côtés.

Nous ferons AB = a, AC = b et l'angle compris BAC = A ; nous
commencerons par chercher ABO = x et ACO = y.

Dans le quadrilatère ABOC on a :

$$x + y = 360° - (A + \alpha + \beta) ;$$

nous connaissons donc la somme de x et y ; pour avoir leur
différence, on remarque que les triangles ABO, ACO donnent :

$$\sin \alpha : \sin x :: a : AO, \quad \sin \beta : \sin y :: b : AO ;$$

en égalant les valeurs de AO, on a :

$$\frac{a \sin x}{\sin \alpha} = \frac{b \sin y}{\sin \beta}, \text{ ou } \frac{b \sin \alpha}{a \sin \beta} = \frac{\sin x}{\sin y}.$$

Si nous posons $d = \dfrac{a \sin \beta}{\sin \alpha}$, nous aurons :

$$\frac{b}{d} = \frac{\sin x}{\sin y}, \text{ d'où } \frac{b+d}{b-d} = \frac{\sin x + \sin y}{\sin x - \sin y} ;$$

enfin :

$$\frac{b+d}{b-d} = \frac{\tan g \frac{1}{2}(x+y)}{\tan g \frac{1}{2}(x-y)},$$

$$\text{et tang}\ \tfrac{1}{2}(x-y) = \frac{\text{tang}\ \tfrac{1}{2}(x-y)\ b-d}{b+d}.$$

APPLICATION.

Soient $A=101°03'$, $\alpha=59°18'$, $\beta=93°11'$

$$a=1878^m64,\quad b=2648^m00,$$

nous aurons d'abord :

$$d=\frac{\log 1878,64,\ \sin 93°11'}{\sin 59°18'}=2181^m47;$$

ensuite :

$$b+d=2181,47+2648,00=4829^m47,$$
$$b-d=2648,00-2181,47=\ \ 466\ \ 53$$

$$\text{Tang.}\ \tfrac{1}{2}(x-y)=\frac{\log 466,53.\ \text{tang}\ \tfrac{1}{7}106°28'}{\log 4829,47}=7°22'$$

$$x=53°14'+7°22'=60°36'$$
$$y=53\ 14\ -7\ 22=45\ 52,$$

et enfin :

$$AO=1903^m46^c$$
$$CO=1738\ \ 18$$
$$BO=1894\ \ 06.$$

On fera bien d'étudier ce problème avec attention, parce qu'il peut servir dans un grand nombre de cas : à lier, par exemple, deux réseaux trigonométriques (*fig.* 123) établis de chaque côté d'une forêt que d'autres bois ne permettent pas de rattacher directement. Il est évident que si d'un point H' du réseau trigonométrique A'B'I', B'I'C'..... G'H'F, on a pu apercevoir trois points R, P et C du réseau opposé, on pourra, en formant le triangle RPC (116, 3°), déterminer, par le procédé qui nous occupe, la position du 4e point H'.

Au reste, il n'est pas nécessaire, dans le cas de rattachement de deux réseaux trigonométriques, que le 4e point fasse partie de l'un de ces réseaux ; il peut être pris en dehors, en M', par exemple, pourvu toutefois que de ce dernier on ait soin de diriger des rayons visuels sur trois sommets de chacun des systèmes.

C'est le cas d'indiquer comment, à l'aide du point K' (94, dernier §) observé des sommets R, P, C et A', C', H', on peut lier le système de triangles établi d'un côté du massif B au système de triangles établi du côté opposé (*même fig.* 123).

Les observations donnent : angles QRK', FPK' et DCK' d'un côté ; l'A'K', B'C'K', et l'H'K' de l'autre. Les distances coordonnées donneront Δ PF et Δ PR, on conclura donc Δ PK' ; elles donneront Δ RQ et Δ RP, on conclura Δ RK' ; enfin on aura Δ CK' ; on pourra, par conséquent, former d'abord le triangle RPC, calculer ensuite les triangles RPK' et CPK'. En procédant d'une manière analogue sur le système opposé, on aura Δ A'K', Δ C'K' et Δ H'K', et par suite on calculera les triangles A'C'K' et C'K'H'.

L'angle Δ de K'C et de K'H' fera connaître l'angle H'K'C ; puis, à l'aide des côtés K'C, K'H', il sera facile de calculer le triangle H'CK'. Les deux réseaux seront alors rattachés.

On voit que l'exactitude de l'opération dépend de la précision des angles Δ; on doit donc chercher à avoir ces angles, pour chacun des systèmes, aussi exactement que possible. La boussole donnera toujours une moyenne suffisante, en faisant un grand nombre de stations sur les côtés des triangles de chacun des réseaux.

118.— Calcul des coordonnées rectangles en prenant pour axe la ligne méridienne passant par l'Observatoire de Paris. — Les calculs des coordonnées ayant pour origine l'Observatoire de Paris, exigent qu'on connaisse la position d'un sommet par rapport à la méridienne et à la perpendiculaire passant par cet Observatoire. Or, cette position ne peut être donnée qu'en étendant le réseau jusqu'à l'intersection des axes, ce qui ne peut avoir lieu que fort rarement, ou en déterminant la latitude et la longitude de ce sommet, opérations qui sortent tout à fait du cadre que nous nous sommes tracé (1).

Mais il est un moyen de résoudre la difficulté ; la triangulation faite par MM. les ingénieurs géographes pour la nouvelle carte de France est dans ce moment à peu près terminée. Les sommets ont été choisis, pour la plupart, parmi des objets qui ne peuvent disparaître, tels que clochers, tours,

---

(1) On trouvera d'ailleurs, dans le Traité de *Géodésie* de Puissant, toutes les indications nécessaires pour procéder à ces opérations.

colombiers, et ils sont suffisamment répandus sur toute l'é-
tendue de la France pour qu'on puisse, dans une opération
embrassant seulement 1000 hectares de terrain, en rencontrer un au moins ; on peut dès lors rechercher ces sommets
et les faire entrer parmi ceux du réseau dont on s'occupe.
Nous ferons cependant remarquer que le rattachement d'un
point seulement de la carte de France au réseau trigonométrique n'est pas suffisant ; car ce réseau peut prendre autour
de ce point une multitude de positions. L'angle de déclinaison détermine bien cette position ; mais comme les moyens
qui sont à la disposition des géomètres pour déterminer cet
angle ne sont pas rigoureusement exacts, l'orientement du
plan peut être affecté d'une légère différence.

D'ailleurs, en rattachant deux sommets, la distance peut
entrer dans le réseau comme base des calculs. On réunit
donc, en opérant ainsi, les deux avantages d'avoir une déclinaison très exacte et une base qui satisfait à toutes les
conditions. De plus, on met les administrations à même de
dresser des cartes d'ensemble, dont la construction n'est pas
possible quand les opérations sont isolées.

Mais comme les côtés de la triangulation de MM. les ingénieurs géographes sont presque toujours dix fois et souvent vingt fois plus grands que ceux qu'on établit pour l'arpentage d'un terrain, il est nécessaire de savoir comment on
peut se servir de ces côtés sans disposition particulière dans
les triangles.

1º *On connaît la distance* AB (fig. 148) *comprise entre deux
objets inaccessibles, déterminer la longueur de la ligne* CD *à
l'extrémité de laquelle on a mesuré les angles* α, β *et* α', β', *sous
lesquels sont vus lesdits objets.*

Ce problème et le suivant reposent sur ce théorème : *que les figures semblables ont les angles égaux et les côtés homologues proportionnels.*

Si nous donnons à CD une valeur arbitraire et que nous
calculions le triangle CDA à l'aide de ce côté et des angles
α' et (α + β), nous aurons d'abord CA du second triangle ACB ;
si nous calculons avec la même base CD le triangle BDC, nous
aurons BC du même triangle ACB. Nous avons donc dans ce
triangle deux côtés et l'angle compris α ; nous pouvons dès

lors le calculer, nous arrivons par conséquent à une valeur de AB qui n'est pas exacte ; mais comme les triangles qui résultent de ce premier calcul sont semblables à ceux qui eussent été formés si la valeur de CD eût été connue, les côtés homologues sont proportionnels, et nous pouvons poser :

AB faux : AB vrai :: CD faux : CD vrai,

en donnant à CD 1000 parties, on réduit l'opération à une division.

APPLICATION.

Soient   AB $= 20437^m45^c$

$\alpha = 95^\circ46'$ | $\alpha' = 25^\circ02$
$\beta = 23\ 32$ | $\beta' = 92\ 55$;

on aura, en effectuant les calculs :

Angle CAD $= 35^\circ 40' 00''$
DAB $= 23\ 00\ 30$
DBA $= 63\ 04\ 30$
AB $= 1673^m58^c$;

Donc :

$1673^m58 : 20437^m45 :: 1000 : 12211,56.$
Ainsi   CD $= 12211^m56^c.$

Ce procédé n'est pas toujours applicable ; car, pour qu'il ne se produise aucune différence sur la valeur définitive de CD, il est nécessaire que sa longueur soit suffisante pour n'avoir pas d'angles trop aigus (elle ne doit pas être au-dessous du $\frac{1}{5}$ de AB. Cette ligne ne doit non plus être trop rapprochée de AB. La meilleure disposition qu'on puisse lui donner, c'est de l'établir perpendiculairement au côté connu ; alors il devra en être aussi proche que possible et le couper toutes les fois que les localités le permettront. Le procédé suivant, quoique plus compliqué, est préférable en ce qu'il peut être appliqué dans toutes les circonstances.

2° Soient toujours A et B (*fig.* 149) deux sommets de la triangulation de la carte de France. Si nous établissons entre ces sommets un réseau de triangles A*ab*, *abc*, *acd*, *dce* et *de*B, les angles en *a*, *b*, *c*, *d* et *e* étant mesurés, nous pourrons, comme précédemment, résoudre ces triangles au moyen d'une base fictive, et déterminer AB suivant cette base ; les figures étant toujours semblables, nous tirerons comme précédemment la valeur exacte des côtés du réseau, par AB faux : AB vrai :: A*a* faux : A*a* vrai :: *ab* faux : *ab* vrai :: etc. On pourrait encore, en imaginant un triangle A*c*B, déterminer la valeur des angles de ce triangle et procéder au besoin, à la détermination exacte des côtés du réseau par les calculs trigonométriques ordinaires. Quelle que soit donc la position des sommets A et B dans le réseau de la triangulation, on pourra toujours aller de l'un à l'autre au moyen d'un nombre quelconque de triangles et déduire de leur distance la valeur des côtés de la triangulation.

Ce procédé peut être surtout employé dans le levé des plans de forêts, parce que le triangulateur ayant presque toujours à établir de longues suites de triangles, il lui suffira de rattacher les points de MM. les officiers d'État-Major qui se présenteront, et de conclure de leurs distances toutes celles de sa triangulation. Il obtiendra par ce moyen plus d'ensemble dans son travail, et n'aura à craindre ni écarts ni erreurs sur la position des points qu'il aura à établir.

119. — Comme ce procédé peut trouver fréquemment son application, non-seulement dans les triangulations qui se rattachent à des plans de forêts, mais aussi dans celles qui concernent les opérations du cadastre, nous donnerons un exemple des calculs que l'on doit effectuer lorsqu'on veut en faire usage.

Supposons (*fig.* 123) que CP soit le côté d'un triangle établi par MM. les officiers d'état-major, ayant une longueur de 8625^{m}22^c, et qu'on a disposé un réseau de triangles entre les extrémités C et P de ce côté. Les observations ont donné

Triangle OFP :

P$=49^0 49'50''$, F$=58^0 07'30''$, et O$=72^0 02'40''$,

Triangle OEF :

F$=48^0 56'50''$, O$=51^0 21'30''$, et E$=79^0 41'40''$;

Triangle OED :

O$=38^0 29'00''$, E$=90^0 03'50''$, et D$=51^0 27'10''$;

Triangle ODN :

O$=45^0 35'20''$, D$=79^0 59'40''$, et N$=54'25'00''$;

Triangle DNM :

D$=57^0 32'30''$, N$=67^0 28'10''$, et M$=54^0 59'20''$;

Triangle DMC :

D=63°34'00", M=44°17'00", et C=72°09'00".

Procédant d'abord au calcul de ces six triangles, en donnant à l'un des côtés, soit ED, une valeur arbitraire=1000 mètres. On obtiendra (118) :

ED=1000ᵐ00, DO=1606ᵐ98, OE=1256ᵐ81, EF=1301ᵐ74
OF=1639 74, PF=2041 34, OP=1822 26, ON=1945 89,
DN=1411 49, DM=1591 81, MN=1454 12, MC=1497 48,
et CD=1167 62.

En admettant ensuite que, placé en D, DE incline à l'ouest d'une quantité =4°53'10"; donc ∆DE=4°53'10", puis, que la position de P soit:

$$P \begin{cases} x= 3818^m52 \\ y=12911\ 45 \end{cases} \text{région Nord-Ouest.}$$

On trouvera *pour la position rovisopire* des sommets desdits triangles :

	à la méridienne.	à la perpend.
F =	1819ᵐ71	12496ᵐ91
O =	2950 32	11309 29
E =	1698 21	11200 85
D =	1783 38	10204 49
N =	2917 12	9363 69
C =	703 32	9760 85
M =	1669 50	8616 75

Il faut maintenant connaître CP suivant ces résultats. On aura :

P=3818ᵐ52,   12911ᵐ45
C= 703 32,   9760 85

Différence. . . 3115ᵐ20,   3150ᵐ60

donc (116, 1° et 2°) ∆CP=44°40'35" et CP=4430ᵐ67.
De là (118) :

4430,67 : 8625,22 :: ED=1000ᵐ00 : x=1946ᵐ48
4430,67 : 8625,22 :: EO=1256 81 : x'=2446 36
etc. . . . .

Comme on connaît les logarithmes des côtés provisoires des triangles, ces derniers calculs se réduisent à fort peu de chose.

Quant aux distances méridiennes, elles peuvent se corriger de la même manière. On aura évidemment :

OP faux : OP vrai :: 3818,52— 2950,32 : x
OP faux : OP vrai :: 12911,45—11309,29 : y, etc. . . .

Mais ces derniers calculs ne pourraient s'effectuer que dans le cas où l'angle de déclinaison de CP, résultant de l'opération qui précède, serait identique à celui qui serait donné par MM. les officiers d'état-major. On conçoit aisément que la moindre différence qui pourrait exister entre les deux valeurs serait une source d'erreurs dans la position des points du réseau. Dans ce cas, il faut déterminer de nouveau les coordonnées rectangles des points trigonométriques.

120. — La position des sommets de la triangulation de la carte de France est donnée en latitude et longitude. Ainsi ces sommets ne pourraient être que d'un faible secours dans les calculs des distances à la méridienne et à la perpendiculaire, si à l'aide de ces valeurs on ne parvenait à connaître leurs distances rectangulaires comptées sur le méridien. Nous ferons usage de la formule indiquée par Puissant, dans sa Description géométrique de la France.

Soient H' la latitude Aa d'un point A (*fig. 150*) comptée depuis l'équateur QR dans le sens de aAD, P' la longitude oa comptée depuis le méridien CD de Paris (observatoire); la distance A$b = y$ est la perpendiculaire abaissée de A sur CD, *ou distance à la méridienne*, et la distance hb du pied b de cette perpendiculaire à Paris, *est la distance à la perpendiculaire.* On a :

$$(1) \qquad \text{Tang H} = \frac{\text{tang H}'}{\cos \text{P}'} + \text{V tang}\,^2 \text{P}' \cos{}^2 \text{H}' ;$$

H = la latitude de b, et V $= \frac{1}{4}$ Me^2 (M désignant le module tabulaire, e^2 le carré de l'excentricité de la terre).

$$\text{Log V} = 7,147627.$$

On aura en outre,

$$(2) \qquad \text{Tang } y = \text{tang P}' \cos \text{H} ;$$
$$y = \text{l'amplitude de l'arc A}b ;$$

et la perpendiculaire y exprimée en mètres, sera

$$(3) \qquad y = y\text{N} \sin 1'',$$

N étant la normale au point b et dont le logarithme est donné par la table ci-jointe.

Enfin l'arc $hb = x$ sera donné par

$$(4) \qquad x = \frac{\text{Q}}{324000''}(h - \text{H}) - 3\alpha\frac{\text{Q}}{\pi} \sin (h - \text{H}) \cos (h + \text{H}) ;$$

Q $= \frac{1}{4}$ du méridien, $h = $ la latitude de l'Observatoire de Paris $= 48^\circ\ 50'\ 13''\ 22$, $\alpha = $ l'aplatissement $= 0,00324$.

$$\text{Log } \alpha = 7,5105450,$$
$$\text{Log } 3\,\alpha\frac{\text{Q}}{\pi} = 4,49051 \text{ (log constant)}.$$

16

Mais lorsque l'amplitude de l'arc x est d'un grade au plus, on en obtient plus promptement la longueur à l'aide de cette formule

$$(5) \qquad\qquad x = v\,(h - \mathrm{H})\sin 1'' ;$$

v étant son rayon de courbure, et $h - \mathrm{H}$ son amplitude exprimée en secondes.

Log $v = 3\log \mathrm{N} + 6{,}3880134$, en supposant le $\frac{1}{4}$ du méridien de 10,000,000 mètres.

APPLICATION :

Soit à déterminer les coordonnées rectangles des sommets Montespé et Gardan de Montagu, dont la position géographique est :

Montespé. Latitude $= 47^\mathrm{g}7255''00$ Longitude $= 2^\mathrm{g}0661''89$,
Gardan de Montagu. Latit. $= 47^\mathrm{g}9555''58$ Long. $= 1^\mathrm{g}4593''34$.

Réduisant d'abord les grades en degrés, on aura :

Montespé. Latit. $= 42°57'10''62$ Long. $= 1°51'34''41$.

Partant :

1er *Terme.*	2e *Terme.*
(1) Tang H'$=42°57'10''62=9,9689408,16$	Log V. . . . . . $=7,1476$
— Cos P'$=1°51'34''41=9,9997711,15$	Cos ^{2} H'$=42°57'10''62$ $=9,7289$
$\overline{9,9691691,01}$	Tang ^{2} P'$=1°51'34''41$ $=7,0229$
+ 2e Terme. . . $7,93$	Log 2e Terme. . . $=3,8994$
Tang H$=9,9691704,94$	
H$=42°58'05''02$	

$$(2) \qquad \text{Tang P'} = 1°51'34''41 = 8,5114397,09$$
$$\text{Cos H} = 42°58'05''02 = 9,8643531,00$$

$$\text{Tang } y = 8,3757928,09$$
$$y = 1°21'39''32$$

Ayant ainsi l'amplitude de y, on en obtiendra la longueur en mètres par la formule (3) en ayant soin toutefois de retrancher 314 unités du log N pris dans la table, afin de rendre le résultat comparable à ceux qui sont relatifs à la projection de la nouvelle carte de France.

Log y ou log $4899''32 = 3,6901358$
Log N. . . . $= 6,8052375$
Sin 1''. . . . $= 4,6855749$

somme $= 5,1809482$

y (en mètres) $= 151686^m95^c$

Reste à trouver l'abscisse $hb = x$ dont l'amplitude est

$$h — H = 48°50'13''22 — 42°58'05''02 = 5°52'08''20 \qquad (4)$$

Or le $\frac{1}{4}$ du méridien étant supposé de 10,000,000 mètres, et contenant 90 degrés ou $324000''$, $1'' = 30^m, 8642$. De là

Log constant. . . . . . . $1,4894550$
Log $5°52'08''20$ ou Log $21128''20 = 4,3248625$

Log 1er Terme (4). . . . . . . $= 5,8143175$

1er Terme. . . . . $= 652104,90$

2e *Terme.*

Log constant. . . . . $= 4,49051—$
Sin $(h—H) = 5°52'08'' = 9,00968$
Cos $(h+H) = 91°48'18'' = 8,49842$

Log 2e terme $= 1,99861$ 2e Terme $99,68$

Enfin $x = 652204^m58^c$

Ainsi les coordonnées rectangles du signal de premier ordre *Montespé*, sont

$$x = 652204^m58^c, \text{ et } y = 151686^m95^c.$$

En procédant d'une manière analogue pour le signal *Gardan de Montagu*, on trouvera

$$x = 630048^m21, \text{ et } y = 106780^m32.$$

Enfin, déterminant ∆ à l'aide de ces coordonnées, on aura ∆ $= 63° 44'16''$, c'est cette valeur qui doit être employée dans les calculs des distances à la méridienne et à la perpendiculaire des sommets du réseau trigonométrique.

TABLE du log N pour servir à la conversion des positions géographiques des points de la carte de France en coordonnées rectangles.

Lat.	Log N.	Diff.	Lat.	Log N.	Diff.	Lat.	Log N.	Diff.
40°	6,805 1962	40	**45°**	6,805 3189	41	**50°**	6,805 4414	41
10'	2002	41	10'	3230	41	10'	4455	40
20'	2043	41	20'	3271	41	20'	4495	41
30'	2084	41	30'	3312	41	30'	4536	40
40'	2125	41	40'	3353	41	40'	4576	40
50'	2166	40	50'	3394	41	50'	4616	40
41°	2206	41	**46°**	3435	41	**51°**	4656	40
10'	2247	41	10'	3476	41	10'	4696	41
20'	2288	42	20'	3517	41	20'	4737	40
30'	2328	41	30'	3558	41	30'	4777	40
40'	2369	41	40'	3599	41	40'	4817	41
50'	2410	41	50'	3640	41	50'	4858	40
42°	2451	41	**47°**	3681	41	**52°**	4898	39
10'	2492	41	10'	3722	41	10'	4937	40
20'	2533	41	20'	3763	41	20'	4977	39
30'	2574	41	30'	3804	41	30'	5016	40
40'	2615	41	40'	3845	41	40'	5056	40
50'	2656	41	50'	3886	41	50'	5096	40
43°	2697	41	**48°**	3927	41	**53°**	5136	39
10'	2738	41	10'	3968	41	10'	5175	39
20'	2779	41	20'	4009	41	20'	5214	39
30'	2820	41	30'	4050	40	30'	5253	39
40'	2861	41	40'	4090	40	40'	5292	39
50'	2902	41	50'	4130	41	50'	5331	39
44°	2943	41	**49°**	4171	40	**54°**	5370	39
10'	2984	41	10'	4211	41	10'	5409	39
20'	3025	41	20'	4252	40	20'	5448	40
30'	3066	41	30'	4292	41	30'	5488	40
40'	3107	41	40'	4333	41	40'	5528	40
50'	3148		50'	4374		50'	5568	

Les calculs précédents sont effectués dans l'hypothèse que la terre affecte la forme d'un ellipsoïde de révolution qui aurait, vers les pôles, un aplatissement de 0,00324.

121. — Seconde Méthode de triangulation par les lieux géométriques. — Nous avons vu que pour arriver à la détermination de la position des sommets d'une triangulation, on était obligé de relier ces sommets trois à trois, ce qui donne des triangles dont la résolution s'effectue au moyen d'angles mesurés et d'un côté, et de déterminer les distances de chacun de ces sommets à la méridienne et à la perpendiculaire passant par un lieu déterminé.

La méthode que nous allons décrire suit un ordre inverse, c'est-à-dire qu'aux opérations du terrain pris dans lesquelles il n'y a rien de remarquable de changé, seulement on doit chercher à diriger des rayons sur le plus grand nombre de sommets possible; elle détermine d'abord les distances à la méridienne et à la perpendiculaire et qu'elle s'en sert ensuite pour former les triangles, quand toutefois la formation de ces triangles est nécessaire.

Nous allons suivre dans notre exposé les détails fournis par son auteur, M. Beuvière, dans les *Annales forestières* du mois de juin 1843.

« Pour procéder suivant cette nouvelle méthode, la base
» étant donnée, on assigne à l'une de ses extrémités les dis-
» tances coordonnées (x et y) qui correspondent au lieu où
» on suppose que les deux axes se rencontrent. Ces premiè-
» res distances et la *déclinaison* de la base servent à obtenir
» les distances analogues de la seconde extrémité ; on a ainsi
» deux points rattachés aux axes sur lesquels on s'appuie
» pour en rattacher un troisième; celui-ci combiné avec l'un
» des deux autres, ou avec les deux à la fois conduisent à la
» détermination d'un quatrième point et ainsi de suite.

» Il suit donc de cette circonstance que la description de
» cette méthode peut être réduite à celle des procédés par
» lesquels on obtient la déduction des angles, ou la ∆ des
» rayons, et la détermination des distances coordonnées
» (x et y) à la méridienne et à la perpendiculaire. »

122.—Orientement des rayons visuels. — « L'orien-
» tement des rayons visuels ne diffère du procédé n° 113.
» qu'en ce qu'il s'effectue immédiatemen' sur le calepin de la
» triangulation, après l'observation entière des angles. Mais
» pour pouvoir faire passer la déclinaison d'une station ou
» d'un sommet à un autre, on doit rechercher, lors de la
» plantation des signaux, à ce que les sommets soient visi-
» bles entre eux ou au moins deux à deux.

» Supposons (*fig.* 151.) que la déclinaison du rayon AV
» (base de l'observation)=∆, pour avoir la déclinaison de
» tous les rayons observés à ce point, il suffit d'ajouter ∆ à
» tous les angles α, β, ʋ..... Ainsi nous aurons, ∆ AB =∆+α,
» ∆ AC=∆ +β.... et la déclinaison de ces mêmes côtés, aux

» sommets B et C seront, d'après la théorie des parallèles
» coupées par une sécante, pour le premier Δ' ou $\theta'BA = 180$
» $-(\Delta + \alpha)$ et pour le second $\Delta'' = 180 - (\Delta + \beta)$ en sorte que si BC
» a été pris au sommet B pour base de l'observation, on aura
» $\Delta BC = \Delta' - \alpha'$, on devra encore ajouter cette déclinaison à
» tous les nombres donnés par l'observation en B. Mais si,
» par exemple, la base de l'observation se trouvait placée
» dans une toute autre région, au lieu d'ajouter Δ aux valeurs
» des angles observés, on devrait la retrancher, c'est ce qui
» arrive en C, où CA étant cette base, on a $\Delta CB = \alpha'' - \Delta''$ et
» $\Delta CN = \beta'' - \Delta''$.

» Il suit de là, que Δ est *positif* quand le rayon 0° 00′ 00″ ou
» la base de l'observation est situé dans les régions *nord-est* et
» *sud-ouest* et qu'il est *négatif* quand ce rayon est placé dans les
» régions *nord-ouest* et *sud-est*. Toutefois, l'inverse a lieu
» quand Δ est un complément, c'est-à-dire lorsqu'il est formé
» par la perpendiculaire et le rayon 0°, 00′00″.

» Il est utile et même indispensable de vérifier le coefficient
» de déclinaison ou Δ; on s'assure ainsi que tout est bien en
» harmonie, et qu'il n'a été commis aucune faute dans les
» observations. Il arrive presque toujours que les résultats
» diffèrent de quelques dizaines de secondes, il faut alors
» prendre la moyenne arithmétique (114).

» Lorsque les terrains que l'on triangule sont bien décou-
» verts, il est rare que l'on éprouve des difficultés pour ame-
» ner la déclinaison à toutes les stations; mais il n'en est pas
» de même lorsqu'on opère dans des pays plats et boisés, ou
» dans des pays de montagnes dont les sommets sont occupés
» par des bois. Toutefois il est facile de surmonter les difficul-
» tés, en employant des sommets intermédiaires au besoin.

» Pour obtenir des résultats exacts, il faut éviter d'amener
» la déclinaison par des rayons trop petits; car le pointé des
» signaux introduirait des différences dans les angles, et le
» coefficient Δ ne serait plus exact; en général, la condition la
» plus favorable est de faire passer la déclinaison par le plus
» grand des rayons du tour d'horizon.

Cette condition oblige donc, lorsqu'on procède sur le terrain à l'observation des angles, à diriger les rayons sur le
plus grand nombre de signaux possible et surtout sur ceux

qui sont les plus éloignés. Le cercle que l'on emploie doit donner alors la demi-minute au moins.

» Il est rare que lorsqu'on arrive à l'observation des angles,
» on retrouve les signaux dans la position verticale qu'on leur
» avait donnée lors de la plantation. Comme il s'écoule tou-
» jours quelque temps entre cette plantation et l'observa-
» tion, le vent ou toute autre cause a pu les faire incliner.
» Quoique l'on cherche toujours à viser les signaux au niveau
» du sol, il arrive cependant que des objets tels que des
» haies, etc., cachent une partie de la perche, on vise alors à
» la tête ; si donc cette tête ne répond pas exactement à la
» verticale passant par le pied du signal, on aura une erreur
» sur le pointé. Cette circonstance n'est pas rare ; elle se ré-
» pète si souvent qu'on peut l'admettre en principe, surtout
» dans la nouvelle méthode de triangulation, dans laquelle
» on cherche à avoir le plus grand nombre de rayons visuels
» possible, sans avoir égard à la forme des triangles et sans
» tenir compte si les triangles s'éloignent plus ou moins de
» la limite que nous leur avons établie (95). »

Si nous représentons par un cercle (*fig.* 152) l'erreur du pointé, l'amplitude de cette erreur, l'observateur étant en A, sera moitié de ce cercle = aB. Placé en C, à une distance de B moitié moindre que de A, elle sera la même, et elle peut aller jusqu'à une minute et plus pour des rayons de 1,000 mètres. Elle est donc inversement proportionnelle à la longueur des rayons, et il y a par conséquent avantage à n'employer que des rayons qui réduisent cette erreur à la plus petite limite possible.

Il y a aussi avantage à tirer la déclinaison d'un même point, à conduire cette déclinaison par divers sommets et à venir se fermer sur une même station. Ainsi (*fig.* 153) si on tire Δ du sommet A, et qu'on la fasse passer successivement par les stations BCD et E, puis par celles G, F et E, on devra retrouver pour DE la même Δ, s'il se trouvait une différence entre les deux résultats, on prendrait la moyenne arithmétique (111, 2ᵉ §) ; mais si Δ de DE est modifiée ou corrigée, elle ne peut l'être seule, il y a lieu également à faire une correction analogue sur les Δ des rayons précédents.

Supposons que les observations aient donné :

Angle A=107°30' 30"		E=109°15'
B=169 01		F=137 33
C=128 59 30		G=122 30
D=125 11		

Et que Δ AG ou δAG =115° 48' dont le supplément=64° 12' (on prend toujours Δ < 1 droit) on aura, en faisant les déductions :

Δ AB=107° 30' 30"—64° 12'. . . . . =43° 18' 30"
Δ BC=169 02 00 + 43 18 30 =212° 20' 30" =32 20 30
Δ CD=128 59 30 + 32 20 30 =161 20 00 =18 40 00
Δ DE=125 11 00 —18 40 =106 31 00 =73 29

Puis :

Δ GF=122° 30' 00"+64° 12' 00"=186° 42' 00"= 6° 42' 00"
Δ EF=137 33 00 + 6 42 00 =144 15 00 =35 45 00
Δ ED=109 15 00 —35 45 00. . . . . =73 30 00

Ainsi, par la série des stations A, B, C, D, la Δ de DE
= 73° 29'
et par celle des stations A, G, F, E, on trouve 73 30

La moyenne arithmétique est donc de 73° 29' 30"

Par conséquent nous ajoutons 30" à la déclinaison venant de la première série, et nous retranchons une même quantité à la déclinaison émanant de la seconde; mais il en est des angles comme des lignes, une différence ne peut rester là où elle a été reconnue, elle doit être répartie sur toute la suite des valeurs qui l'ont produite; car, s'il en était autrement, la correction d'un seul rayon changerait sensiblement la position de ses extrémités, lesquelles ne seraient plus dans les mêmes conditions que celles des autres rayons. Effectuons donc les corrections sur chacune des déclinaisons, nous aurons :

Δ AB = 43°18'30"	Δ AG =64°11'50"
Δ BC= 32 20 20	Δ GF= 6 41 40
Δ CD= 18 40 20	Δ EF=35 45 30
Δ DE=73 29 30	

en nous bornant aux dizaines de seconde.

123. — Détermination des sommets. — Nous avons vu que la triangulation avait pour but de déterminer la position exacte d'un certain nombre de points auxquels on rattache le levé. On ne parvient à cette détermination, par la méthode de triangulation ordinaire, qu'en formant un réseau de triangles qu'on calcule séparément. Les résultats que l'on obtient donnent lieu à de nouveaux calculs desquels on déduit les distances à la méridienne et à la perpendiculaire. Ces distances constituent la position des points, et le géomètre n'a pas besoin d'autres éléments pour ses opérations d'arpentage. Or, la méthode de triangulation qui nous occupe pouvant, sans calculs préalables, donner ces distances, il en résulte une diminution de travail et un gain de temps considérables.

M. Beuvière emploie, pour déterminer directement la position des sommets de la triangulation, une méthode fondée sur les propriétés des lieux géométriques et sur les principes de leur application à la résolution des équations.

La construction des lieux géométriques se fait au moyen d'une échelle de proportion qui sert à donner aux différentes parties de la figure la position qui leur convient et à faire connaître le rapport de grandeur qu'elles ont entre elles ; plus cette échelle est étendue, c'est-à-dire plus la distance qui représente l'unité est grande, plus la limite de ses divisions est appréciable, et plus s'élève, par conséquent, l'approximation que l'on veut atteindre. Or, la plupart des questions exigent, par leur nature, que les résultats soient obtenus avec une grande exactitude, en sorte que généralement ce serait à une très-grande échelle qu'il faudrait construire les lieux géométriques ; mais celles de ces questions, que nous présente une triangulation, s'appliquant toujours à des lieux fort éloignés les uns des autres, il s'ensuit que la détermination des points ne pourrait s'effectuer que rarement. Voici comment M. Beuvière opère.

Il construit un canevas provisoire (102) ; mais, au lieu de former un réseau de triangles, il y trace tous les rayons qu'il a dirigés sur chaque signal. Les bases d'observations, ou les rayons marqués 0° 00' 00", sont distingués par un trait de couleur. Il mesure avec le compas les distances, d'un sommet à l'autre, qui lui sont nécessaires pour déterminer la position de ces sommets ; puis, à l'aide de ces distances graphiques, qu'il considère comme exactes, et des déclinaisons, il opère comme au (65, dernier § et 67). S'il a été dirigé 3, 4 ou 5 rayons sur un sommet, il obtient alors 3, 4 ou 5 résultats dont l'accord dépend de l'exactitude du canevas. Lorsque le canevas a été dressé avec soin, les distances coordonnées ne diffèrent entre elles que de 30 à 40 mètres ; il peut donc les rapporter sur une feuille séparée à une très-grande échelle. La trace des rayons qu'il détermine, à l'aide de la déclinaison, détermine ensuite la position définitive des sommets ; il ne lui reste donc plus qu'à rattacher l'intersection de ces traces à l'une des distances coordonnées connues.

Supposons qu'on ait fait les observations suivantes :

CALEPIN DE TRIANGULATION, 2ᵉ MÉTHODE. (*fig.* 154).

Som-mets.	OBSERVATIONS.			MOYENNE des observations.	DÉCLINAISON des rayons (Δ).
	1ʳᵉ	2ᵉ	3ᵉ		
En B.					
A	0°00'00"	212°45'30"	51°30'15"	51°30'35"	55°28'30"
C	308 29 30	161 15 30	0 00 00	0 00 00	$+$ 3 57 55
D	329 26 00	182 11 30	20 57 30	20 56 40	24 54 30
E	334 11 00	186 57 30	25 43 00	25 42 10	29 40 00
O	348 29 00	201 15 30	40 00 30	40 00 00	43 57 50
En A.					
B	0 00 00	303 59 30	178 11 30	0 00 00	$+$55 28 30
E	13 33 00	317 33 00	191 45 30	13 33 30	69 02 00
O	19 22 00	323 22 00	197 33 30	19 22 10	74 50 40
D	31 56 30	335 56 00	210 08 30	31 56 40	87 25 10
C	56 00 45	0 00 00	234 12 30	56 00 45	21 29 15
F	70 11 00	14 10 00	248 23 00	70 11 00	35 39 30
En C.					
A	0 00 00	287 31 00	192 00 30	0 00 00	$+$21 29 15
O	24 30 00	312 02 00	216 30 00	24 30 30	45 59 50
D	38 10 00	325 40 00	230 11 30	38 10 00	59 39 20
E	55 51 30	343 24 00	247 52 30	55 52 10	77 21 30
B	72 28 30	0 00 00	264 29 00	72 28 40	3 57 55
G	331 01 30	258 31 00	163 03 30	331 01 00	82 30 20
F	349 43 30	277 14 00	181 45 00	349 43 30	11 12 50

En D.

B	0 00 00	235 16 00	117 29 00	0 00 00	+24 54 30
C	124 45 00	0 00 00	242 14 30		
G	153 27 30	28 42 30	270 57 00		
F	205 57 30	81 12 00	323 26 30		
A	242 31 00	117 46 00	0 00 00		
O	266 06 00	141 20 00	23 34 00		
E	352 23 30	227 38 00	109 52 30		

En E.

A	0 00 00	219 21 00	81 41 00
B	140 38 00	0 00 00	222 19 00
C	278 19 30	137 40 30	0 00 00
G	296 49 30	156 11 00	18 30 00
D	308 16 00	167 38 00	29 56 00
F	329 00 30	188 22 30	50 41 00
O	352 30 30	211 52 00	74 11 00

En O.

A	0 00 00	210 53 00	118 51 30
B	149 07 30	0 00 00	267 59 00
E	166 40 00	17 32 30	285 31 30
D	216 08 00	67 01 00	334 59 00
C	241 09 00	92 01 00	0 00 00
G	259 10 30	110 03 00	18 01 30
F	301 02 30	151 55 30	59 54 00

En G.

E	0 00 00	74 02 00	192 05 30
D	352 30 30	66 33 00	184 36 30
O	328 11 00	42 13 30	160 17 00
F	285 58 00	0 00 00	118 04 30
C	76 40 00	150 42 30	268 45 30

En F.

A	0 00 00	267 38 00	193 50 30
O	70 15 00	337 52 30	264 05 00
E	92 22 30	0 00 00	286 12 30
D	105 11 30	12 49 30	299 02 00
C	155 33 00	63 11 00	349 23 00
G	166 09 30	73 47 50	0 00 00

On remarquera que dans plusieurs répétitions il n'y a pas de rayon 0,00,00, c'est que ce rayon a été dirigé sur un objet étranger à la triangulation.

124. — Construction des lieux géométriques. — Le canevas provisoire (*fig.* 154) étant dressé à l'aide de ces observations, la base AB est un côté des triangles de la carte de France, dont la longueur = 9645^{m}12^c ; la position des sommets A et B, obtenue par la formule de Puissant (120), est :

$$A \begin{cases} x = 131817^m53^c \\ y = 44126 15 \end{cases} \text{S. E.} \quad \Bigg| \quad B \begin{cases} x = 139763^m94^c \\ y = 38659 63, \end{cases} \text{S. E.}$$

desquelles déduisant Δ (116, § 1°), on a :

$$\Delta \text{ AB} = 55^0\, 28'\, 30''.$$

Ceci posé, on commencera par chercher les valeurs moyennes des observations faites sur le terrain. Cette opération diffère de celle que nous avons expliquée (103), en ce que les angles doivent être progressifs, c'est-à-dire qu'ils doivent être comptés de l'un des rayons 0° 00' 00'' des observations jusqu'à 360°, afin de faciliter la détermination de la Δ de chacun des rayons observés.

Ainsi les observations faites en A donneront : angle BAE=

1re observation.	.=13° 33' 00''
2e observation 317° 33' 00''—303° 59' 30''. . .	.=13 33 30
3e observation 191 45 30 —178 11 30. . . .	.=13 34 00
Angle moyen. . .=13° 33' 30''	

qui s'inscrit immédiatement dans la colonne intitulée : *Moyenne des observations.*

Angle BAO =

1re observation.	.=19° 22' 00''
2e observation 323° 22' 00''—303° 59' 30''. . .	.=19 22 30
3e observation 197 33 30 —178 11 30. . .	.=19 22 00
Angle moyen. . .=19° 22' 10''	

Angle BAD =

1re observation.	.=31° 56' 30''
2e observation 335° 56' 00''—303° 59' 30. . .	.=31 56 30
3e observation 210 08 30 —178 11 30. . .	.=31 57 00
Angle moyen. . .=31° 56' 40''	

et ainsi de suite. Cette méthode est, comme on le voit, beaucoup plus simple que celle expliquée (103).

Les angles moyens étant déterminés, on passera à la recherche des déclinaisons.

On a Δ AB = 55° 28' 30'', et comme ce rayon se trouve

placé dans la région N. E., cette quantité doit s'ajouter à tous les angles du sommet A (121); par conséquent,

$$\Delta \text{ AB.} \quad . \quad . \quad . \quad . \quad . \quad . \quad . \quad . \quad . \quad . \quad . \quad . \quad =55^0\ 28'\ 50''$$
$$\Delta \text{ AE} = 13^0\ 33'\ 30'' + 55^0\ 28'\ 30''. \quad . \quad . \quad . \quad = 69\ 02\ 00$$
$$\Delta \text{ AO} = 19\ 22\ 10\ + 55\ 28\ 30. \quad . \quad . \quad . \quad = 74\ 50\ 40$$
$$. \quad . \quad . \quad . \quad . \quad . \quad . \quad . \quad . \quad . \quad . \quad .$$
$$. \quad . \quad . \quad . \quad . \quad . \quad . \quad . \quad . \quad .$$
$$\Delta \text{ AF} = 70^0\ 11'\ 00'' + 55^0\ 28'\ 30'' = 125^0\ 39'\ 30'' = 35^0\ 39'\ 30''$$

Ce dernier est un angle avec la perpendiculaire, on le reconnaîtra chaque fois qu'on retranchera 90° ou 270° de la valeur de l'angle déduit. Lorsque les déclinaisons seront comptées de cette ligne, on fera bien de les distinguer par une annotation particulière.

Le coefficient Δ, au sommet B s'obtiendra, en remarquant que l'angle $AB^{\delta'} = BA^{\delta} = 55^0\ 28'\ 30''$ et comme l'angle $ABC = 51^0\ 30'\ 35''$, on a par conséquent $CB^{\delta'}$ ou Δ $BC = 55^0\ 28'\ 30'' - 51^0\ 30'\ 35'' = 3^0\ 57'\ 55''$; le rayon BC ou $0^0\ 00,00$ de l'observation au point B (angles moyens) étant situé dans la région S.O., cette quantité $3^0\ 57'\ 55''$ s'ajoute également à toutes les valeurs déterminées en B.

Les résultats s'inscrivent au fur et à mesure dans une colonne du calepin réservé à cet effet et intitulée *déclinaison des rayons*.

Lorsque les valeurs des déclinaisons sont obtenues, on les compare entre elles, puis on en prend la moyenne (121). C'est cette moyenne qui entre dans les calculs qui vont suivre. Cette comparaison est simple, car il suffit de remarquer que la déclinaison obtenue en A pour AC doit être la même que celle qu'on a eue en C, en passant par B, ou égale à son complément.

Avant de procéder aux calculs et constructions indiqués (123), il est nécessaire de connaître, à l'avance, la position de trois points, au moins, du canevas, lesquels servent de base à tout l'ensemble; car il en est de cette méthode de triangulation comme de la première, on n'est certain qu'un point est bien établi que lorsque sa position a été vérifiée. Nous commencerons donc par chercher, à l'aide des observations, à former un grand triangle de la meilleure condition possible; le triangle ABC (*fig.* 154) ne laisse rien à désirer à cet égard. Calculant donc ce triangle par les procédés ordinaires et déterminant la position du sommet C, il vient :

$$C \begin{cases} x = 139184^m\,00^c \\ y = 47026\,03 \end{cases}$$

Quand il est possible d'avoir trois points de MM. les officiers d'État-Major, la détermination de ce triangle est inutile, on rattache ces points aux axes des abscisses et des ordonnées, ils servent alors de bases aux opérations suivantes.

Déterminons d'abord la position du sommet D; mesurons avec le compas, sur le canevas provisoire, la longueur du rayon CD, elle est = 3630^m; calculons le triangle rectangle CDd, à l'aide de cette valeur et de Δ CD = 59° 39' 20" inscrite sur le calepin, nous avons :

$$D d = 1833^m\,71^c$$
$$C d = 3132\,79;$$

Concluons la position dudit sommet, nous aurons :

$$C \begin{cases} x = 139184,00 - 1833^m\,71^c = 137350,29\ (') \\ y = 47026,03 - 3132\,79 = 43893,24 \end{cases}$$

En appelant D, le point qui répond à cette position.

$$D, \begin{cases} x = 137350,29 \\ y = 43893,24. \end{cases} \qquad (A)$$

D, appartient évidemment au rayon CD. Mais pour que la direction de ce rayon puisse être tracée sur la feuille de construction des lieux géométriques, nous devons déterminer un second point D₂ à 30^m, par exemple, plus éloigné que le premier, opérant comme ci-dessus, il vient :

$$D, \begin{cases} x = 137335^m\,13 \\ y = 43867\,35. \end{cases} \qquad (B)$$

Établissons (*fig.* 155), un carré *abnc*, de 50^m de côté, comptons *ac* comme distant de la méridienne de 137330^m, et portons l'excédant de x (B) = 5^{m}13^c de *a* en *k* et de *c* en *k'* traçons *kk'*; comptons également *ab* comme distant de la perpendiculaire de 43860^m et portons l'excédant de y (B) = 7^m 35,

<hr>

(¹) Nous supposons que les points A, B et C sont situés dans la région sudouest.

de k en D_2. Établissons de la même manière le point D_1, c'est-à-dire, faisons av et $cv' = 20^m, 29$ et $vD_1 = 33^m, 14$ (A); et menons D_1D_2 c'est la trace de CD sur laquelle doit se trouver le point D.

En établissant par le même procédé les traces des rayons BD et AD, (*fig.* 154), le point D qui leur est commun se trouvera à la fois sur les trois droites D_1 et D_2, D_3 et D_4, D_5 et D_6 (*fig.* 155), il sera donc à leur intersection. En sorte qu'en abaissant de l'intersection D la perpendiculaire $D\alpha'$ sur kk' et ajoutant $D\alpha'$ à $ak + 137330$, nous aurons l'abscisse du sommet D, de même qu'en ajoutant $D_2\alpha'$ à $kD_2 + 43860$, nous aurons l'ordonnée.

En supposant qu'on ait mesuré sur la feuille de construction des lieux géométriques $D\alpha' = 5^m 73^c$ et $D_2\alpha = 9^m 99^c$, on aura, pour la position définitive de D,

$$D\begin{cases} x = 137335^m 13 + 5^m 73 = 137340^m 86 \\ y = 43867 \quad 35 + 9 \quad 99 = 43877 \quad 34. \end{cases}$$

Nous devons faire remarquer que dans les constructions de l'espèce, il est rare que les rayons se coupent exactement au même point. Les erreurs dues au pointé ou à l'imperfection de l'instrument produisent toujours une déviation sur la direction de ces rayons, en sorte que généralement on obtient plusieurs intersections, c'est ce qui arrive pour le point E (*fig.* 156). Il reste donc à savoir quelle est celle de ces intersections que l'on doit adopter pour la position du sommet dont on s'occupe. Or, en se reportant à la méthode ordinaire, il est constant que les valeurs des angles, qui servent dans l'une comme dans l'autre méthode, produiront, dans le calcul des triangles ACE, ABE (*fig.* 154), une différence $= \alpha\beta$ (*fig.* 156), sur le côté AE commun aux deux triangles, puisque (en comparant les deux figures, dont l'une (156), exprime la trace exacte donnée par les angles des rayons dirigés sur E, des sommets A, B et C) AE se trouve coupé en β par CE, et qu'il l'est en α par BE, on aura donc deux valeurs pour AE. Les deux valeurs de BE, obtenues par la résolution des triangles ABE, BCE, différeront également d'une quantité αv, on trouvera de même que les deux valeurs de CE, obtenues par les triangles BCE, ACE, diffèrent de la quantité βv. Ainsi, les différences résultant du calcul des triangles qui ont leur sommet en E, auront pour limite le petit triangle αβν. Mais dans la méthode ordinaire, l'une des valeurs de AE ne devant pas être adoptée plutôt que l'autre, la moyenne arithmétique nous conduira à une distance qui tombera sur le milieu de αβ; la moyenne arithmétique des deux valeurs de BE nous conduira également à une distance qui tombera sur le milieu de αν; on aura de même un point milieu sur βν, en sorte qu'on sera amené en définitive au point E, centre du petit triangle αβν. On ne s'éloignera donc pas de ces principes en adoptant dans la méthode qui nous occupe, pour la position du point que l'on cherche, le centre des figures formées par les intersections des rayons. Il est bon, toutefois, de négliger ceux des rayons qui s'éloignent trop du centre commun, parce qu'il y a beaucoup à penser que ces rayons ont été mal dirigés.

On trouvera d'après cela :

$$E \begin{cases} x = 138001^m\,15^c \\ y = 41755\,70. \end{cases}$$

En effectuant les mêmes constructions pour les sommets O, F et G, on aura :

$$O \begin{cases} x = 135435^m\,72^c \\ y = 43145\,85 \end{cases}$$

$$F \begin{cases} x = 134590\,64 \\ y = 46115\,43 \end{cases}$$

$$G \begin{cases} x = 137043^m47^c \\ y = 47254\,43 \end{cases}$$

Afin de guider les élèves dans ces sortes de constructions, nous représentons (*fig.* 157), le lieu géométrique du sommet O.

Les lieux géométriques se construisent ordinairement à une échelle assez grande pour pouvoir apprécier les dixièmes avec facilité; celle de 1 à 500 suffit généralement. Toutefois, si le plan devait être construit à cette échelle, il faudrait évidemment adopter une échelle double au moins : celle de 1 à 100 satisfait à toutes les conditions.

Le procédé que nous venons d'expliquer est un peu plus long que celui qui a été indiqué par l'auteur de la méthode, en ce qu'il oblige à calculer la position de deux points appartenant au même rayon; mais il est d'une grande précision, on pourra en faire usage dans la détermination des sommets qui occupent le premier rang dans la triangulation. Dans les cas ordinaires on pourra se borner à déterminer un seul point de ces rayons, on obtiendra alors la trace de ces rayons en construisant l'angle de direction sur la feuille de construction.

Ainsi, ayant établi le point D_1 (*fig.* 155), on fera l'angle $c\mathrm{R}D_1 = \Delta CD = 59° 39' 20''$, on aura sur la feuille la direction du rayon CD; établissant également le point D_4 du rayon BD et faisant l'angle $a\mathrm{R'}D_4 = \Delta'BD = 24° 54' 30''$, puis le point D_6 de AD et construisant l'angle $a\mathrm{R''}D_6 = \Delta AD = 87° 25' 10''$, on obtiendra les traces des rayons BD et AD, lesquelles se couperont comme précédemment en un point D. La différence qui existera sur la position de ce point par suite de cette construction graphique ne pourra provenir que de l'imperfection du rapporteur; si on craignait qu'elle ne fût trop grande, on emploierait la table des tangentes (59).

125. — **Problème.** — Il arrive assez souvent que pour distribuer les points sur le terrain de manière à les rendre utiles au levé du plan, on est amené à les placer dans des gorges assez profondes, qui ne permettent pas toujours de les voir d'un nombre de sommets suffisants pour leur détermination, ou de les viser sous des angles convenables, on est forcé alors de faire intervenir la mesure d'une ou de plusieurs lignes.

Si pour déterminer le point O (*fig.* 158), on n'a pu observer en A que le rayon AO, et mesurer la distance BO, on voit tout d'abord que pour satisfaire au problème, il suffit, après avoir déterminé la trace de AO, de B comme centre et avec un rayon= BO, de décrire un arc de cercle qui, coupant AO, donnera la position du point O. Mais cette construction graphique ne pourrait être effectuée que dans le cas où BO serait assez petit pour pouvoir être mesuré d'une seule ouverture de compas. On l'effectue néanmoins sur le canevas provisoire, puis on mesure AO sur ce même canevas et à l'aide, de Δ AO on calcule le triangle rectangle AaO : on calcule également BbO en mesurant l'angle de déclinaison de BO avec le rapporteur. On peut donc déterminer les distances coordonnées de deux points O_1 et O_2 (*fig.* 159), dont l'un O, servira à établir sur la feuille du lieu géométrique le rayon AO, et l'autre O, le rayon BO; la direction de ce dernier est évidemment inexacte, il

17

s'agit donc de ramener O_2 sur le rayon AO. Remplaçons pour un instant l'arc O_2^b par la tangente O_2ᵗ et déterminons les distances coordonnées du point ᵗ, ce point ne satisfera pas tout à fait aux conditions du problème, mais il pourra déjà nous servir à rectifier la position du rayon OB, car en le rattachant à l'origine O_1 nous pourrons déterminer l'angle Δ de OB qui sera plus exact que le premier mesuré au rapporteur; nous calculerons donc à l'aide de ce nouvel angle et de la distance OB un deuxième point ᵇ qui probablement ne sera pas éloigné du sommet O que nous cherchons, cette fois nous pourrons considérer, sans craindre une erreur appréciable sur la position de O, l'arc $O^b = $ tang O^b et réduire enfin l'opération à rattacher ᵇ' à l'origine O_1 ce qui se fera en élevant de ᵇ une perpendiculaire sur ᵒB' ou sur le rayon OB rectifié.

Si cependant le résultat obtenu en second lieu produisait sur la distance OB une différence trop forte (ce qu'on peut vérifier), on procéderait à une seconde opération. Ce problème est tellement simple que nous nous dispenserons d'en faire une application [1].

126. — **Comparaison des deux méthodes de triangulation.** — Les avantages de la méthode de triangulation présentée par M. Beuvière sont incontestables ; ils résultent principalement :

1º Qu'on ne fait usage dans la détermination des sommets que des angles déduits directement des observations sur le terrain et sans altération, ce qui n'a pas lieu dans la méthode ordinaire, puisqu'on est obligé de faire d'abord une correction à ces angles pour que la somme des angles de chaque triangle fasse deux droits ; ensuite une seconde lorsqu'on arrive à la détermination des coordonnées rectangles ;

2º Que les déductions des angles sont beaucoup plus faciles, et exigent moins d'attention que celles qu'on est obligé de faire, en suivant l'ancienne méthode, pour former les angles des triangles, et tirer de ceux-ci les angles de déclinaison ;

---

[1] Ce problème est également emprunté à M. Beuvière ; il est d'une application fréquente, même lorsqu'on fait usage de la méthode de triangulation ordinaire.

3° Qu'elle exige moins de calculs, en ce que si l'on se contente des distances coordonnées des sommets (ce qui est généralement suffisant), on n'a nullement besoin de procéder à la résolution des triangles qui forment le réseau ;

4° Que l'on peut résoudre avec plus de facilité sur la feuille de construction des lieux géométriques des problèmes qui, traités par la méthode ordinaire, exigeraient des efforts très-laborieux ;

5° Que les opérations du terrain sont moins laborieuses, en ce qu'on n'a pas à s'occuper ni de la forme à donner aux triangles, ni à chercher que chaque sommet se trouve coupé sous des angles convenables, puisqu'il suffit qu'un signal soit à la rencontre de deux rayons se coupant sous des angles compris entre 45° et 135°, condition fort large et qui peut être appliquée en quelque lieu que l'on se trouve.

La position d'un point K' (*fig.* 123) peut donc être déterminée par les observations faites seulement aux points R, P et C, sans que pour cela il soit nécessaire que ces points soient liés par des éléments intermédiaires.

Deux réseaux trigonométriques séparés par un massif boisé peuvent donc être rattachés par les observations faites à deux points d'un même système. Un point M' (*même fig.*), vu de chacun des réseaux, pourra servir également au rattachement desdits réseaux, sans l'emploi de la formule générale (117).

6° « Enfin, que la construction des lieux géométriques, en
» parlant aux yeux, donne un corps à la pensée, soustrait
» l'esprit à l'abstraction fatigante des chiffres, facilite l'ap-
» préciation et le redressement des erreurs ; elle permet une
» répartition plus équitable des petites différences accusées
» par des calculs contradictoires du même point ; elle dirige
» dans le choix de la moyenne qui concilie le mieux les ré-
» sultats divers, et enfin, par la réunion de ces avantages,
» elle évince, jusqu'à un certain point, les conditions défavo-
» rables apportées par les angles d'intersection trop aiguë. »

Nous avons expliqué, (101 et suivants), les conditions indispensables pour arriver, par la méthode ordinaire, à une détermination convenable des sommets d'un réseau trigonométrique ; il sera facile de comparer les deux méthodes.

Nous annoncerons toutefois que tous ceux qui, ayant fait abstraction des routines trop attachées malheureusement à la partie d'art, ont fait usage de la méthode de M. Beuvière, en ont immédiatement reconnu les avantages, et qu'ils n'ont pas hésité à conclure que cette méthode était à la triangulation ce que le pantographe (qu'un enfant peut manier) était à la réduction des plans.

Si on voulait compléter la triangulation par un réseau de triangles et présenter un canevas ou un registre trigonométrique de même forme que celui qui se dispose lorsqu'on emploie la méthode ordinaire, il suffirait de réunir trois à trois les sommets dont la position est connue, en cherchant à donner aux triangles une forme convenable, puis de tirer des coordonnées rectangles les angles et les côtés de ces triangles par les procédés (116). Mais il nous semble, nous le répétons, que ce travail est tout à fait inutile.

127. — Troisième méthode de triangulation. — M. Lefebvre annonce, à la fin de son *Traité d'arpentage* (tome II), un nouveau procédé pour observer les angles d'une triangulation. Ce mode consiste *à mettre toujours le cercle sur des directions parallèles,* c'est-à-dire à tirer immédiatement sur le terrain la déclinaison du rayon 0° 00' 00'' sur lequel on appuie l'observation.

Nous avons vu (123) comment, sur le calepin même de la triangulation, on peut tirer directement la déclinaison des rayons dirigés d'un point sur les sommets voisins; la méthode de M. Lefebvre ne diffère en rien de ce procédé. Seulement, au lieu d'effectuer les calculs au cabinet et après l'entière observation des angles, on les effectue sur le terrain, en même temps que l'on procède à la mesure de ces angles.

Supposons l'observateur en A (*fig.* 151), la déclinaison du rayon AV étant Δ, on aura $\Delta AB = \alpha + \Delta$, celle de $AC = \Delta + \beta$..... S'il place le zéro du limbe sur $A\delta$, les valeurs $\alpha + \Delta$, $\beta + \Delta$..... seront données directement par le nombre des divisions comprises entre ce zéro et le zéro du vernier.

Pour effectuer les observations en B, il aura $\Delta BA = \alpha + \Delta AV$ (donnée par la première observation en A), $= \Delta'$; il formera donc sur l'instrument un angle $= \alpha + \Delta AV = AB^\delta$; puis ses angles, en B, seront comptés à partir de Bθ. Mais M. Lefebvre tient à ce que le zéro du limbe soit toujours dirigé du même côté, ou vers le pôle. Il faut donc tenir compte du renversement de l'angle lorsqu'on change de sommet, et alors faire sur l'instrument, en B, un angle $= 180°\ 00'\ 00'' - \Delta AV + \alpha$ (observé en A) ou un angle égal au supplément de ΔAB. On doit encore avoir égard à la division de l'instrument ; car cette division allant de zéro à 360 et marchant de gauche à droite, pour que le zéro du limbe se trouve sur $B\delta'$, on aura à tenir compte de la demi-circonférence à l'est de $B\delta''$, en sorte que l'angle que l'on devra former sur l'instrument, en B, devra être égal à $360°\ 00' - (\Delta AV + \alpha + 180°\ 00')$. C'est donc, en définitive, le supplément à $360°$ (après avoir ajouté deux droits à Δ), que l'on doit marquer sur l'instrument pour que le zéro du limbe se trouve toujours dans une direction parallèle.

Ce principe n'est cependant pas général ; car si de B on allait en C, l'instrument aurait donné pour BC une déclinaison $= 360°\ 00'\ 00'' - \delta'' BC$, c'est-à-dire qu'il aurait parcouru l'arc $CB\theta$, plus la demi-circonférence à l'est de $\delta''\theta$; en conséquence, l'angle à former sur l'instrument, en C, serait $\delta'' CB$, ou celui observé en $B - 180°\ 00$.

Il résulte évidemment de cette méthode, que lorsqu'on a stationné à un certain nombre de points et qu'on arrive aux observations des points voisins, on se trouve avoir des observations renversées ; on a donc, ainsi que le donne la boussole, un moyen de reconnaître les erreurs que l'on aurait pu commettre, et l'on peut s'assurer immédiatement de l'exactitude des angles.

Cette vérification est le seul avantage de cette méthode. Nous ferons cependant remarquer qu'il n'est pas aussi réel qu'on pourrait le penser à un premier aperçu. D'abord, en plaçant constamment le rayon $0°\ 00'\ 00''$ sur la méridienne, on ne peut répéter les observations ; il faut donc s'en tenir seulement à la seule appréciation de l'instrument, et si cet instrument n'est pas parfait, on n'aura que des valeurs approchées.

De plus, on est assujetti à des calculs dans lesquels entrent des combinaisons d'angles dont la réussite dépend d'une tranquillité d'esprit qu'on possède rarement sur le terrain ; si ces combinaisons ne sont pas heureusement conçues, on commettra des erreurs graves qui obligeront à revenir sur des points par lesquels on est déjà passé.

Enfin le procédé en lui-même exige que le triangulateur se trace sur le terrain une marche régulière ; il ne pourra évidemment faire les observations à un point, si ce point n'a déjà été observé d'autres sommets et si le coefficient de déclinaison ne lui est pas connu d'avance. Ainsi le géomètre qui voudrait opérer exactement, en tirant la déclinaison des sommets les plus éloignés (122), serait arrêté immédiatement, ou obligé de faire des courses fort longues et fatigantes qui lui feraient perdre en outre un temps considérable. Celui qui, au contraire, ne voudrait pas se résoudre à une marche aussi pénible, aurait souvent à appuyer les observations d'un point sur des rayons fort courts, mais alors ce seraient des causes d'erreurs fort graves.

Ainsi, si cette méthode présente un avantage, il disparaît bien vite en présence des principaux inconvénients que nous venons d'énoncer ; nous laissons toutefois à l'opérateur le soin d'apprécier, par l'usage, celle des trois méthodes de triangulation connues aujourd'hui qui présente le plus de sécurité dans les résultats.

M. Lefebvre ne donne pas de moyens pour parvenir à la connaissance des coordonnées des sommets.

128. — Canevas définitif et registre trigonométrique. — Quand on a terminé tous les calculs trigonométriques et qu'on est bien fixé sur les valeurs des distances coordonnées des sommets du réseau, on procède à la rédaction définitive du canevas et du registre trigonométriques.

Le canevas est ordinairement construit à une échelle qui permet de représenter sur une seule feuille, de même format que le registre, toutes les indications nécessaires pour reconnaître les points sur le terrain et pour suivre au cabinet la marche de l'opération.

La construction ne diffère en rien de celle indiquée (66) pour les sommets d'un polygone. On établit sur la feuille un système de carrés ; puis, à l'aide des distances à la méridienne et à la perpendiculaire, on place chaque sommet sur la feuille destinée à recevoir le canevas, qu'on achève par le tracé des rayons qui doivent former le réseau de la triangulation.

Si on a adopté la première méthode de triangulation, le canevas doit présenter la suite des triangles qui ont été établis et calculés, la trace de la méridienne et l'indication du lieu par lequel elle passe, l'angle de déclinaison de l'un des rayons trigonométriques, enfin les lettres ou chiffres indicatifs des signaux qui renvoient au registre.

Les bases ou les côtés mesurés sont indiqués par un trait noir ; les côtés des triangles de MM. les officiers d'État-Major sont tracés en bleu par un trait assez fort ; les côtés des triangles du 1er ordre sont désignés par un trait à l'encre rouge bien foncé, aussi gros que les premiers ; ceux de l'ordre secondaire sont distingués par un trait simple de même couleur.

Quand les triangulations s'appliquent à l'arpentage de forêts ou de communes, on indique approximativement le périmètre de la forêt ou de la commune par un trait ponctué fortement à l'encre noire, mais de manière toutefois à ce qu'il n'y ait aucune confusion dans le canevas et que la trace des rayons trigonométriques domine toujours cette indication accessoire.

Si l'on a adopté la seconde méthode de triangulation et si on n'est pas tenu à fournir un réseau complet de triangles, on peut se contenter de tracer sur le canevas les rayons principaux qui ont servi dans les constructions des lieux géométriques ; on y distinguera en bleu les rayons 0° 00' 00" ou les bases des observations. La trace de la méridienne y est indiquée comme précédemment. Elle se désigne ordinairement par un trait fin à l'encre noire.

On dresse ensuite le registre trigonométrique de la manière indiquée (115). Il est entendu que ce registre ne doit être formé que des cinq premières colonnes, si on s'est borné, dans la seconde méthode de triangulation, à la détermination des coordonnées rectangles des sommets.

On peut toutefois supprimer la colonne 5e (Régions), en adoptant la convention établie dans la théorie des courbes, relativement aux signes ; admettre, par exemple, que dans la région sud-ouest, limitée par la méridienne et sa perpendiculaire, les coordonnées x, y sont positives. On aura alors les signes suivants :

Région Sud-Ouest.	.	.	.	$+x, +y$
Région Nord-Ouest.	.	.	.	$-x, +y$
Région Nord-Est.	.	.	.	$-x, -y$
Région Sud-Est.	.	.	.	$+x, -y$

Ainsi la position du point A, inscrite sur le registre (115), sera désignée :

$$A, \quad +7436^m 46, \quad -2941^m 00$$

celle du point F :

$$F, \quad -5408^m 71, \quad -3462^m 15$$

ARPENTAGE RATTACHÉ A LA TRIANGULATION.

129. — L'arpentage des terrains dont l'étendue exige des opérations trigonométriques s'effectue lorsque ces opérations sont terminées. Les procédés que l'on emploie ne diffèrent de ceux expliqués dans notre chapitre II qu'en ce que chaque système est rattaché aux sommets du réseau. Ainsi on peut adopter indifféremment :

La méthode des intersections ;
La méthode du cheminement ;
La méthode des alignements.

Quand les terrains sont découverts, on doit faire usage exclusivement de la dernière de ces méthodes comme présentant plus de célérité et de certitude dans les résultats.

Méthode des alignements. — Soit (*fig.* 175) un terrain dont il faille dresser le plan. Les opérations trigonométriques fournissent les points A, B, C, D, E, F et G. Nous ferons remarquer, dès le principe, qu'il n'est pas nécessaire de jalonner sur le terrain, ni de mesurer tous les rayons indiqués au canevas trigonométrique ; on dispose le système d'arpentage sans s'occuper des opérations qui ont pu être effectuées par le triangulateur.

La disposition du terrain dont nous représentons la figure oblige à établir la directrice *ad* pour déterminer les sinuosités du périmétre, laquelle se trouve rattachée au point B de la triangulation d'une part, et sur le prolongement A*a* du rayon AG que nous établissons à cet effet. Ensuite de D nous jalonnons D*f* en marchant sur B ; mais comme en *f* cette directrice commence à s'éloigner du périmètre, nous prolongeons AC jusqu'en *c* où nous jugeons que doit commencer *cd* pour être le plus utile.

On comprendra sans doute les avantages qui résultent de la manière dont D*f* a été établi : la direction de cette ligne est déterminée d'avance sur le plan, puisque du signal D elle se dirige sur le signal B. De plus, son intersection avec *Ce*, prolongement de AC, donne son rattachement en *f*. Le chaînage est donc vérifié sans qu'aucune mesure intervienne. Il faut chercher à avoir des intersections de cette nature le plus possible.

Nous menons *ed*, puis nous établirons B*a*, que nous prolongerons d'abord jusqu'en *d* pour rattacher *de*; B*a* est également tracée de manière que les perpendiculaires nécessaires à la détermination des sinuosités ne soient pas trop longues. Cette ligne est rattachée au moyen du prolongement A*a* du rayon trigonométrique GA que nous jalonnons.

st ne peut être tracée avant *qr*. C'est ce qui est facile à voir à l'inspection de la figure.

Il arrive fréquemment que le terrain dont on a à faire le plan présente des parties allongées, telles que E*no*, à l'extrémité desquelles le triangulateur n'a point placé de signaux. On supplée à ce que la triangulation ne donne pas au moyen de prolongements dans lesquels on cherche toujours à avoir une ou plusieurs intersections. Ainsi, pour parvenir à lever la partie du terrain comprise dans le triangle E*no*, on établira E*n*, prolongement de EF; on prolongera également *m*E jusqu'en *o*, et on tracera G*o* que l'on conduira jusqu'à sa rencontre avec E*n*. Il est évident que si le mesurage de ces lignes n'est pas fait bien exactement, les distances sur le plan ne coïncideront pas entre elles.

Les prolongements *on*, *o*E, E*n*, se mesurent en même temps que les lignes G*o*, *m*E (il ne faut pas négliger ce soin), et sans interruption de chaînage; autrement on n'atteindrait pas la régularité nécessaire dans ces circonstances.

On voit que l'on commence par établir les directrices qui doivent servir à la détermination du périmètre du terrain dont on s'occupe. Cette marche est nécessaire, parce que lorsqu'on passe aux détails, il est indispensable de savoir à l'avance sur quelles directrices la ligne que l'on se propose de mener devra se rattacher. Quant aux lignes qui doivent servir au levé des détails, on établit d'abord celles qui, passant à l'extrémité des parcelles, sont destinées à en rattacher d'autres. Ainsi on devra jalonner d'abord $m'F$, FC, puis Fp. On établira ensuite yx, xu' et ainsi de suite.

Lorsque les limites des propriétés sont formées de lignes courbes parallèles, ces limites sont levées au moyen de directrices normales aux courbes autant que possible, et assez rapprochées les unes des autres pour que la partie des courbes comprise entre chaque normale ne présente pas en général, avec la corde qui serait menée d'une normale à l'autre, une flèche de plus de cinq décimètres. L'échelle à laquelle le plan doit être construit guide ordinairement dans cette circonstance.

Ainsi, pour lever les limites des propriétés comprises dans le polygone g, g', F, m', m, g, on tracera les normales gg', hh', iF.... U', mm', qui, rattachées aux directrices nf, CF et Fm' établies à l'avance, détermineront des points de chaque courbe. On conçoit qu'en réunissant par des droites les points ainsi déterminés, on obtiendra une expression de chaque courbe d'autant plus exacte que les normales seront plus rapprochées.

Lorsqu'on s'aperçoit qu'entre deux directrices la courbe présente une inflexion trop considérable, on fait usage de normales auxiliaires telles que rr' que l'on rattache au système au moyen d'une petite ligne ss'.

Les sinuosités des chemins, des ruisseaux, etc., sont déterminées à l'aide de ces mêmes normales, qu'on prolonge au besoin, ainsi qu'on le voit, en d', r', l', k'. On fait usage de perpendiculaires lorsque entre deux normales les inflexions de ces objets l'exigent.

Chaque directrice, on a dû le voir, est utilisée, et c'est en cela que consiste l'habileté du géomètre ; il faut donc que tout en établissant le nombre voulu de ces lignes pour avoir une expression exacte des figures, il n'y en ait que le nombre strictement nécessaire, afin d'avoir le moins de chaînage possible à effectuer.

Il est essentiel d'observer que chaque ligne est rattachée à deux autres lignes, celle-ci étant également rattachée à chacune de ces extrémités; il en résulte un système ou échafaudage, dont toutes les parties sont tellement liées, que l'oubli d'une seule arrête immédiatement la construction de l'ensemble. Il est nécessaire aussi d'éviter que les lignes se rencontrent sous des angles trop aigus, parce que le tracé sur le plan de celles qui se trouvent dans ces conditions est rarement exact. Lorsqu'on ne peut éviter ces rattachements, on élève, en outre, à 30 ou 40 mètres, en avant de l'angle, une perpendiculaire dont l'extrémité aboutit sur la ligne rattachée, on cote, en mesurant la directrice, cette extrémité et le pied de la perpendiculaire; celle-ci est mesurée également. Quelquefois le prolongement d'une autre directrice, ou d'une limite de propriété, servira à rattacher la ligne qui se trouve dans de mauvaises conditions.

Il arrive parfois que les localités ne permettent pas de rattacher une ligne d'arpentage par ses deux extrémités; dans ce cas on fait usage des intersections. Quoique les rattachements de cette nature doivent être rarement employés, nous en donnerons néanmoins un exemple.

Pour lever la portion de terrain qui se trouve dans le quadrilatère ACFG (*fig.* 175), on tracera les lignes zx, vx et yx, lesquelles se réunissent au point x. Si l'une d'elles pouvait être le prolongement d'une directrice déjà jalonnée, telle que vu', le rapport sur le plan n'en serait que plus exact. Il est évident que la position de ces trois lignes sera déterminée en décrivant sur le plan, des points v, y et z comme centres, trois arcs de cercle avec des rayons $= vx$, zx et yx, et qu'on pourra faire subir aux valeurs de ces lignes les corrections nécessaires si le mesurage n'était pas parfait. Une quatrième ligne $e'f'$ aidera encore à faire ces corrections. On peut également observer les angles en v, z et y; mais il est rare que dans cette méthode on fasse usage d'instruments angulaires; on doit même chercher à s'en passer, dût-on établir et mesurer quelques lignes de plus.

Deux lignes *vu*, *ub*, peuvent encore être établies. Mais si l'intersection s'éloigne trop de l'angle droit, il est indispensable de rattacher la direction *vu* de l'une d'elles. On a alors un point *u'*, qui, joint avec *v*, ne laisse aucune incertitude sur la position de ces lignes. Quand *ub* ou *vu* n'est pas très-long, on peut se dispenser de mesurer *uu'*.

Lorsqu'un obstacle se présente et qu'on ne peut conduire une directrice jusqu'à la droite sur laquelle elle doit être rattachée, ce rattachement a souvent lieu au moyen d'une perpendiculaire. Cette dernière ne doit jamais avoir plus de 50 mètres ; si elle était plus longue, la position de la directrice pourrait présenter des doutes.

Cet exposé suffit pour faire comprendre comment on dispose les alignements sur le terrain. Les directrices doivent être jalonnées à l'avance ; on dispose ainsi 100 ou 200 hectares, puis on procède au mesurage. On a soin de distinguer, par un double jalon ou par un piquet, les points de rattachement (23), afin de ne pas en omettre la cote en mesurant les directrices. Les mesures que nous avons inscrites sur la figure, indiquent comment le croquis doit être tenu ; on se reportera toutefois aux détails donnés n° 51.

Les points trigonométriques sont placés à l'avance sur le brouillon, afin de pouvoir y établir les lignes d'arpentage au fur et à mesure de leur mesurage. On doit évidemment, lorsqu'on procède à ce mesurage, se tracer une marche régulière et chercher à perdre le moins de temps possible. On ne peut, non plus, mesurer une ligne si le point de départ et le point d'arrivée ne sont déjà connus. Il convient donc de chaîner d'abord les lignes du pourtour pour arriver successivement à celles des détails.

Bien que nous ayons annoncé qu'il n'était pas nécessaire de jalonner ni de mesurer les côtés trigonométriques, il est bon cependant d'en faire entrer quelques-uns dans le système, parce qu'on a alors les moyens de comparer immédiatement les résultats du chaînage à ceux de la triangulation.

Ainsi, on mesurera GA (*fig.* 175), en partant de G, on prendra la cote au point *z*, puis celle au point Á ; on continuera sur le prolongement A*a* en s'arrêtant en *t* ; arrivé en *a*, on marchera sur *a*B, en levant les détails du périmètre et en co-

tant les rattachements b', b, u' et c, on inscrira également sur
le croquis la mesure totale de la directrice au point B, puis
on continuera jusqu'en d. On voit qu'en d on ne peut tracer
de sur le croquis, puisque Ce n'est pas encore mesurée. Il faut
donc quitter ce point et aller mesurer cette ligne. Une fois
connue, on retournera en d pour chaîner de et lever les sinuosités du périmètre. On marchera ensuite sur fD jusqu'en m.
De là sur mE jusqu'en o ; on reviendra au signal E : marchant
sur En, qu'on peut établir sur le croquis à l'aide du signal F.
Enfin, de n on marchera sur nG, en prenant la cote au point
o, et en levant les sinuosités de la limite du terrain.

On mesurera Gq, qs et st, puis $m'F$, FC et Cc, on sera libre
ensuite de chaîner gg', hh', iF..... en s'arrêtant et en prenant
la cote à chacune des limites de propriétés.

Il est nécessaire de procéder méthodiquement au mesurage, et de ne jamais laisser avancer les porte-chaînes avant
d'avoir examiné attentivement les limites du terrain, et s'être
assuré, par soi-même, qu'il n'y a aucune opération partielle
à effectuer.

Le brouillon de terrain est ordinairement dressé à l'échelle
à laquelle le plan doit être construit, ou à une échelle double
lorsque les détails sont nombreux. Comme il n'est pas besoin
que ce brouillon ait une grande exactitude, on se munit d'une
règle graduée qui sert alors à tracer et à diviser les directrices, soit par 10, soit par 20 ou par 50 mètres. Ces divisions
facilitent le figuré du terrain, et permettent d'apporter plus
d'ordre dans l'inscription des mesures d'arpentage.

Il est indispensable d'inscrire ces mesures à l'encre. Comme
on peut avoir à travailler pendant plusieurs journées sur le
même croquis, si on employait le crayon, ces mesures s'effa-
ceraient inévitablement. Il faut aussi éviter avec soin de copier les croquis ; on sait combien il est facile de faire des
erreurs en copiant : si quelques circonstances obligeaient à
le faire, on aura soin de conserver le brouillon primitif et de
s'en servir pour construire le plan.

Quand l'étendue du terrain exige que l'on fasse plusieurs
jalonnages, il faut éviter de revenir sur les lignes déjà parcourues ; deux chaînages pouvant être très-dissemblables, il
ne peut en résulter que de mauvais résultats lors de la for-

mation du plan. Ainsi, en supposant que le terrain (*fig.* 175), ait obligé à partager l'arpentage en deux portions : la première ACfDmG et la seconde ACeBa ; si l'on a dressé d'abord le brouillon de la première, la seconde ne pouvant être arpentée qu'en établissant les directrices *v'b'*, *vu'*... qui se rattachent sur le rayon trigonométrique AC, commun aux deux portions, il faudra se garder de jalonner et de mesurer une seconde fois ce rayon. On évite toute erreur en plantant à l'avance, sur la ligne commune, des jalons avec piquets aux endroits où des directrices paraissent nécessaires pour la formation du second brouillon. Ou bien on place des piquets de 100 en 100 mètres qui servent alors de départ pour le rattachement des directrices ou pour les levées partielles qu'on pourrait avoir à effectuer.

Dans les opérations de la nature de celles que nous venons d'exposer, il est essentiel de procéder à l'avance à une reconnaissance des limites séparatives des propriétés ; parce que, dans certaines localités, la manière de labourer adoptée par les cultivateurs ne permet pas de reconnaître ces limites à la première vue ; on marque alors chaque ligne séparative par des trous ou des piquets à chacune de leurs extrémités au moins.

Cette reconnaissance est indispensable dans les prés et dans les bois, où les limites sont tout-à-fait invisibles et ne sont connues que des propriétaires ou des gardes. Les trous ou piquets ne sont même pas suffisants dans ces natures de culture, il faut faire usage de jalons sur lesquels les noms des propriétaires sont inscrits ; il est même souvent nécessaire de se faire accompagner d'indicateurs. Dans ces circonstances on dresse, en même temps que l'on procède à la reconnaissance, un croquis visuel, sur lequel on inscrit toutes les mesures (mesures approximatives et qui s'obtiennent au pas), ainsi que tous les objets qui peuvent aider à retrouver ces limites au moment de l'arpentage.

Il est encore un point important que nous devons rappeler ; lorsqu'on a mesuré deux directrices *xz*, *py* (*fig.* 175), qui déterminent les extrémités des limites de parcelles à forme rectangulaire, il s'agit de tracer ensuite ces limites sur le croquis. Il arrive souvent, lorsque les triages sont étendus et se composent d'une grande quantité de parcelles de cette forme, qu'au lieu de réunir par une droite les deux cotes g et f correspondantes à une même séparation, on trace gf', on change ainsi la forme de toutes les parcelles suivantes. On doit donc chercher à se prémunir contre ces erreurs qui se commettent fréquemment. Pour cela on s'aide des indications qui existent sur le terrain même, en inscrivant sur le croquis à mesure de la marche, les diverses semences qui ont été faites dans chacune des propriétés ; ce sont autant de points de repère qu'on ne doit pas négliger. Lorsque ces moyens manquent, on a recours à d'autres objets, un arbre, une terre qui se termine en pointe et dont le labour présente une disposition particulière, enfin les jalons eux-mêmes peuvent donner des moyens faciles de tracer exactement sur le croquis les limites des propriétés.

130. — **Méthode du cheminement.** — Lorsqu'on veut faire usage de la méthode du cheminement, on a peu de changements à faire subir aux procédés expliqués (37 et 45) ; on part d'un point trigonométrique, puis on chemine le long des limites du terrain ou des propriétés pour s'arrêter sur un autre point trigonométrique. On jalonne au besoin, en cherchant à diminuer autant que possible le nombre des lignes à mesurer ; les détails ou sinuosités des objets se déterminent au moyen de perpendiculaires ; les angles sont mesurés et répétés avec soin.

Pour lever le périmètre du bois représenté (*fig.* 168), les opérations trigonométriques donnent la position des points I, F, C, B ; il suffit donc de partir du signal I, de jalonner et mesurer, entre I et F, les lignes Ih, hg et gF, cette dernière se terminant au signal G, et d'élever sur ces lignes les perpendiculaires nécessaires pour avoir l'expression du périmètre de la forêt.

Il n'est pas cependant indispensable de partir d'un sommet de la triangulation et d'arriver à un autre sommet. On peut adopter pour départ de l'arpentage un point quelconque d'un rayon trigonométrique, choisi de manière que le mesurage n'éprouve aucune difficulté ; de même que le point d'arrivée peut se trouver sur un autre rayon ou sur son prolongement. On voit sur la même figure que pour déterminer le périmètre de la forêt entre les signaux F et B, on a établi les directrices *fe*, *ec'*, *c'B*.... La première a son extrémité *f* sur FC. Si on préférait continuer la suite et adopter *c'n*, *nm*, *mp*, cette dernière serait alors rattachée à la triangulation en prolongeant AB jusqu'en *p*.

Lorsqu'il se trouve un ou plusieurs rattachements sur un rayon trigonométrique, il ne faut pas seulement mesurer la distance de l'un des signaux à ces rattachements, mais le rayon entier, parce que si le chaînage n'était pas bien en rapport avec les résultats de la triangulation, ce qui arrive fréquemment, on ne pourrait faire sur les portions mesurées du rayon les corrections nécessaires.

Les angles que les lignes d'arpentage forment entre elles sont mesurés avec le graphomètre ou avec la boussole. On doit aussi mesurer ceux qu'elles forment avec les côtés trigonométriques, afin de pouvoir opérer la construction. Lorsque, de l'une des extrémités des lignes d'arpentage, on aperçoit plusieurs sommets de la triangulation, il est nécessaire d'observer les angles formés par les rayons dirigés de l'extrémité de cette ligne sur ces sommets ; on a ainsi des recoupements à l'aide desquels on s'assure qu'il n'a pas été commis d'erreurs matérielles dans le chaînage. Le problème (40) fournira les moyens de rapporter, sur le plan, le lieu de l'observation, si on a opéré avec le graphomètre, et si on a fait usage de la boussole, on se rappellera (50) que les angles donnés par cet instrument étant comptés à partir de la méridienne, on peut, à cause des parallèles, les considérer comme ayant été observés aux points visés.

On doit également rechercher les moyens de rattacher les opérations d'arpentage à la triangulation le plus souvent possible. On évitera les longues suites de lignes et leur trop grande multiplicité. Ce sont des dispositions vicieuses qui obligent d'abord à un travail de cabinet laborieux et qui produisent rarement de bons résultats. Si la disposition des lieux n'a pas permis au triangulateur de placer des signaux assez près des limites à lever, pour pouvoir s'y rattacher, on supplée à l'insuffisance de la triangulation par des prolongements. La *fig.* 165 donne un exemple des opérations que l'on a à faire dans ce cas. On voit que la suite de lignes *fe*, *ec'*, *c'n*, *nm*, *mp*, se trouve rattachée à la triangulation par le prolongement du côté trigonométrique AC jusque sur *ec'*. Dans le cas où cette disposition ne pourrait avoir lieu, on choisira un point tel que *d*, sur un côté de la triangulation, puis on conduira *de*, prolongement de *d*D, jusque sur le système d'arpentage. Ces prolongements se mesurent évidemment, et doivent être rapportés tout d'abord sur le plan.

Quand on doit lever une limite qui sépare deux bois, on commence par *ouvrir cette limite*, c'est-à-dire, qu'on établit une tranchée de 0ᵐ 50 à 1 mètre de large, afin de pouvoir mesurer d'un angle à l'autre et observer les angles sans trop de difficultés. On doit également chercher à diminuer le nombre de ces angles et des lignes, en ouvrant des tranchées secondaires aussi près que possible de la limite qui, laissant en dehors la portion de périmètre trop sinueuse, permettent d'avoir des lignes d'opération de longueurs plus uniformes. On suit alors ces tranchées lors du chaînage, on détermine les sinuosités ou les angles de la limite par des perpendiculaires. Au reste, les explications que nous avons données dans notre chapitre 2ᵉ (37-45), étant entièrement applicables au cas qui nous occupe, nous n'entrerons pas dans de plus longs détails.

Lorsqu'on fait usage de la boussole, il est essentiel que l'angle donné par cet instrument soit exactement le même que celui qui a été adopté pour la déclinaison des côtés de la triangulation. On s'assure que cette coïncidence a lieu en observant l'angle de déclinaison des côtés sur lesquels on appuie l'arpentage ; en cas de différence, on fait les corrections nécessaires à l'instrument si le limbe est mobile, ou bien on en tient compte soit au moment que l'on opère sur le terrain, soit en construisant le plan. Nous donnerons, d'ailleurs (136), un moyen de corriger la position des lignes d'arpentage lorsque leurs angles ne concordent pas avec les résultats de la triangulation.

131. — Méthode des intersections. — Nous avons dit (48) que les résultats que l'on obtenait à l'aide de cette méthode, étaient généralement peu exacts. Cela se conçoit, puisque la position des objets ne peut être déterminée qu'au moyens de rayons qui varient plus ou moins dans leur direction et se coupent, par conséquent, en un grand nombre de points. Toutefois, si on voulait employer cette méthode, soit pour une reconnaissance, soit pour le levé rapide d'un plan qui n'aurait pas besoin d'une grande précision, on n'aurait rien à changer à la marche que nous avons tracée (48). Les bases du levé seront alors les côtés trigonométriques; on stationnera aux sommets des triangles, ou sur des points rattachés à ces sommets.

132. — **Construction du plan.** — Nous n'avons également que peu d'explications à donner sur la manière dont se construisent les plans de terrain d'une grande étendue, celles du chapitre 3e étant suivies en tous points. Toutefois, les opérations d'arpentage devant toujours *céder* à celles de la triangulation, il est de rigueur de se renfermer strictement dans le cadre tracé par ces dernières.

On doit pressentir que la régularité d'un plan dépend entièrement de l'exactitude des opérations trigonométriques, et le géomètre ne peut apporter trop de soin dans toutes les parties que ces opérations embrassent. La moindre négligence peut occasionner dans certaines portions du plan, des déplacements notables. Quelle que soit, en effet, la précision du chaînage, si les éléments dans lesquels ce chaînage doit se renfermer, sont fautifs, il est impossible d'arriver à des résultats convenables.

On commencera donc par établir sur la feuille, qui doit recevoir le plan, des carrés ayant 500 ou 1000 mètres de côté (66), puis on placera sur cette feuille, à l'aide des distances à la méridienne et à la perpendiculaire, tous les points de la triangulation (68); mais comme il est facile de se tromper dans les mesures que l'on prend sur l'échelle, il est nécessaire, avant de passer à l'application des directrices sur le plan, de s'assurer que les points trigonométriques occupent bien sur la feuille la position voulue. La plupart des géomètres se contentent de voir si la distance entre chacun de ces points est bien sur le plan conforme à celle indiquée par le registre trigonométrique. Mais cette vérification n'est pas suffisante, parce que les rayons de la triangulation étant toujours fort longs, on ne peut généralement avoir leur valeur sur l'échelle qu'à un ou deux mètres près. On doit, outre cette vérification, employer le procédé suivant.

Soit αα'β'β (*fig.* 79) un carré ayant 500 mètres de côté, dans lequel on doit rapporter le point P ; les coordonnées rectan-gles de ce point sont :

$$x=1615, 18 \atop y=1864, 27 \} \text{Sud-Est.}$$

En supposant que αβ, parallèle à la méridienne, est distante de cette méridienne de 1500ᵐ ; que ββ', parallèle à la perpendiculaire, est distante de celle-ci de 1500ᵐ également, on aura αp=1615, 18—1500=115ᵐ18, qu'on portera de α en p et de β en p'. On aura aussi p'P=1864, 27—1500=364ᵐ27 à porter de même de p' en P. Maintenant, pour s'assurer qu'on n'a commis aucune faute sur les distances αp et p'P, on remar-quera que α'β' étant de 500ᵐ plus éloigné de la méridienne que αβ, on a α'p=2000—1615, 18=384ᵐ82 ; en portant cette valeur mesurée sur l'échelle de α' en p, la pointe du compas devra tomber exactement sur le point p ; de même qu'on aura pP= 2000—1864, 27=135ᵐ73. Cette vérification est rigoureuse, et permet de corriger les petites différences qui existent géné-ralement sur les distances mesurées sur l'échelle.

Il est nécessaire de n'employer que du papier bien sec ; de même qu'on ne doit opérer que dans un endroit où la tempéra-ture ne puisse avoir d'influence sensible sur l'état hygrométri-que du papier, parce que la moindre humidité que pourraient contenir les feuilles sur lesquelles on se propose de construire le plan, leur ferait éprouver un retrait qui influerait évidem-ment sur sa régularité. Lorsqu'on n'est pas certain que le papier que l'on emploie ne subira aucun retrait (c'est le cas le plus général), on ajoute 0ᵐ5 aux côtés des carrés (si ces côtés sont de 500ᵐ à l'échelle de 1 à 2500), afin de préve-nir les différences qui pourraient résulter de l'humidité.

Toutes les lignes d'arpentage doivent être tracées sur la feuille du plan (74), sans en excepter une seule, et divisées de 100 en 100 mètres, ou de 200 en 200 mètres, avant de s'oc-cuper du rapport des détails du périmètre ou des limites de propriétés. Il doit en être ainsi, parce qu'on peut être conduit dans le cours de la construction à modifier la position de quelques-unes de ces lignes ; on se trouverait ainsi sans cela dans l'obligation de recommencer ce qui aurait été fait.

Le tracé des prolongements dont il a été parlé (129) exige du soin et de la précision, surtout lorsqu'ils sont un peu longs ; dans ce dernier cas, il est préférable de déterminer à l'avance les coordonnées rectangles de leurs extrémités. Nous donnerons un exemple des calculs que l'on effectue à cette occasion. Lorsqu'ils n'excèdent pas le tiers des lignes auxquelles ils appartiennent, on les établit sur le plan en même temps qu'on procède à la division par 100 mètres de ces lignes.

Passons à l'application des directrices sur le plan, en nous servant des mesures inscrites sur la *fig.* 175, et commençons par Ga=1401,6. On comparera la distance GA=903,2, GA étant situé entre deux points trigonométriques ; cette portion de la ligne doit être appliquée en premier lieu, afin de se rendre compte immédiatement de l'exactitude du chaînage. S'il existe une différence, et que cette différence n'excède pas les limites de la tolérance (89), on déterminera la correction à faire sur 100 mètres de la ligne (74) ; et après avoir établi β, ou la 9e centaine, on divisera Gβ en neuf parties égales, puis on continuera ces parties jusqu'à la quatorzième, à laquelle on n'aura plus qu'à ajouter 1^{m}6 pour avoir le point a.

Nous ferons remarquer toutefois qu'on doit chercher à diminuer le nombre de ces divisions autant que possible ; on doit partir de ce précepte, qu'*une ligne est divisée d'autant plus exactement que le nombre des divisions est moindre*. On aura donc plus de précision en divisant Gβ en trois, ce qui donnera alors des points de repère de 300 en 300 mètres ; on continuera de porter ces parties sur Aa, puis on établira l'extrémité du prolongement comme ci-dessus.

On voit, d'après les cotes inscrites sur la figure, que Ga a été mesuré en partant de G ; mais il aurait pu arriver qu'on eût commencé ce mesurage par a. Pour s'assurer, comme précédemment, que la valeur de AG est exacte, il aurait fallu dès lors retrancher aA de aG, et appliquer la différence sur AG, puis établir les points de centaine les plus proches de A et de G et effectuer la division. er nous donne un exemple des lignes qui se trouvent dans ce cas.

On a d'abord :

$$e\mathrm{A} = 2088^{m}6, \text{ puis } e\mathrm{C} = 561, 2.$$

Donc :

$$\mathrm{AC} = 20886 - 561, 2 = 1527, 4.$$

On s'assurera d'abord que ces $1527^{m}4$ concordent avec le plan (la différence, s'il s'en trouve une, ne doit pas dépasser la tolérance); on établira ensuite le point de centaine ᵛ le plus proche de C, en faisant $^{v}\mathrm{C} = e\mathrm{C} - 500 = 61, 2$ (74), puis le point de centaine ᵉ également le plus près de A, en faisant $\mathrm{A}^{ɛ} = e\mathrm{A} - 2000 = 88^{m}6$; on divisera enfin ᵛᵉ en autant de parties qu'il y a de centaines dans $2000 - 500$, ou en 15 parties, ou bien d'abord en 5, dont chacune sera ensuite partagée en 3. On continuera ces dernières divisions sur Ce pour avoir le point de départ e de la ligne, ainsi que sur Ar pour établir r.

On doit prévoir que lorsque les prolongements sont très-longs, il se rencontre des différences dans les résultats. Ces différences se présentent notamment sur les lignes qui y aboutissent, telles, par exemple, mf, de. Il pourrait se faire, en effet, qu'on n'eût pas très-bien vu A lorsqu'on a jalonné Ce; alors le point e sera un peu au dessus ou un peu au dessous de sa position véritable. De même qu'on peut, en établissant le plan, ne pas tracer Ce très-exactement, en appliquant de, la distance sera trop petite ou trop grande, et en appliquant mf, celle-ci sera trop grande ou trop petite. Il faudrait donc, pour que le plan fût en harmonie avec les mesures du terrain, faire dévier Ce de manière que les mesures s'accordassent le mieux possible. On doit être cependant très-circonspect dans ces sortes d'arrangements; il ne faut s'y décider que lorsqu'on a de fortes présomptions sur la position des prolongements, et même si les différences sont un peu fortes, il ne faut pas craindre de revoir le terrain pour s'assurer comment les lignes ont été établies.

On obtient généralement plus de régularité dans la construction, en calculant les distances méridiennes des extrémités des prolongements.

Cherchons, pour exemple, la position du point e (*fig.* 175). Posons d'abord :

$$\mathrm{A} \begin{cases} x = + 47398, 30 \\ y = -122080, 93 \end{cases} \qquad \mathrm{C} \begin{cases} x = + 48750, 76 \\ y = -122795, 23, \end{cases}$$

On aura :

$$\Delta \text{ AC} = 27^\circ\,50'\,30'' \quad (116 \text{ probl. } 1^\circ)$$
$$\text{AC} = 1529^m\,6 \quad (116 \text{ probl. } 2^\circ)$$

Le chaînage ayant produit $1527 \quad 4$

différence. . . . . $2^m\,2$

Par conséquent (73) :

$$1527, 4 : 2, 2 :: cC = 561, 2 : x = 0, 81 +$$

Donc :

$$561, 2 + 0, 81 = 562^m\,01 = eC \text{ corrigé.}$$

En effectuant les calculs nécessaires (73, 116, probl. 4°), en prenant $eC = 562^m01$, et $\Delta Ce = 27^\circ\,50'\,30''$, indiqué ci-dessus, on trouvera :

$$e \begin{cases} x = 48750, 76 + 493, 03 = 49247, 79 \\ y = 122795, 23 + 262, 52 = 123057, 75 \end{cases}$$

On place donc le point e sur le plan à l'aide de ces distances; la division en centaines de eA s'opère en partant directement de e.

Quand les opérations présentent une disposition telle que l'ensemble des lignes En, Eo et Gn, on détermine la position de n d'une manière analogue; mais on doit calculer préalablement les coordonnées rectangles des extrémités de fm, puis celles de mo, en faisant toujours céder, comme nous l'avons fait précédemment, le chaînage aux résultats des calculs. Les distances méridiennes de o étant connues, on déterminera celles de n à l'aide de ΔGo; on les déterminera également par ΔEF. Si le mesurage de toutes ces lignes est bien en rapport, les deux résultats devront coïncider. Dans le cas où on ne trouverait qu'une faible différence, la moyenne arithmétique donnera la position définitive de n.

En donnant aux points trigonométriques la position suivante :

	à la méridienne.	à la perpendicul.
B =	$+49386, 21$	$-121950, 51$
D =	$+48934, 45$	$-124050, 62$
E =	$+47637, 08$	$-124093, 13$
F =	$+48218, 56$	$-123438, 77$
G =	$+47015, 30$	$-122900, 15$

on trouvera :

$$f = +49160,13 \quad\quad -123011,44$$
$$m = +48897,23 \quad\quad -124222,01$$
$$o = +47041,59 \quad\quad -124032,23$$
$$p = +47058,21 \quad\quad -124747,93$$

L'application sur le plan des autres lignes d'arpentage ne présente pas de cas particuliers ; si l'on s'est bien pénétré de nos explications (73 et 74) et des précédentes, on n'éprouvera aucune difficulté dans la construction de la *fig.* 175 à l'aide des mesures qui y sont inscrites. Nous engageons les élèves à faire cette construction ; ils comprendront comment il faut opérer sur le terrain pour dresser les plans de cette nature.

Si on examine avec attention la disposition des opérations indiquées sur la *fig.* 175, on remarquera que la construction du plan aurait pu être beaucoup simplifiée, en plaçant les points de la triangulation, par exemple E en *n*, A en *a* et C en *c*.

La disposition des directrices eût été à très-peu près la même, mais on se fût épargné les calculs qui précèdent. Il y a donc avantage à placer les points de la triangulation sur les limites mêmes du terrain, ou en dehors de ces limites, afin que les directrices soient toujours comprises entre les rayons trigonométriques. Nous avons adopté la première disposition, afin de présenter immédiatement un exemple qui réunit tous les cas.

133. — Application de la méthode des alignements à l'arpentage du périmètre d'une forêt. — La méthode que nous venons de décrire est également applicable lorsqu'il s'agit du levé du plan d'une forêt, pourvu que les abords du massif soient dépourvus d'obstacles.

Si, du point trigonométrique I (*fig.* 165), nous dirigeons sur E la droite I*h*, que de *h* nous menions *hg*, prolongement de *h*H (il n'est pas nécessaire de jalonner *h*H sur le terrain), nous pourrons ensuite joindre, par une troisième droite, le point *g* au signal F. Il sera donc possible de lever les sinuosités du périmètre compris entre I et F sans mesurer les angles en *h* et en *g*. La position des lignes I*h*, *hg* et *g*F sera même mieux établie que si nous faisions intervenir ces angles ; car chaque ligne se rattache directement à la triangulation. Ces angles peuvent néamoins se conclure ; car (73) :

$$\text{Angle } lhg = \Delta\, lE + \Delta\, hH$$
$$\text{et } hgF = \Delta\, hH + \Delta\, gF.$$

On ajoutera 1ᵖ chaque fois que l'angle à former sera obtus.

Le périmètre entre B et F pourra être levé en établissant d'abord *fe*, et en menant *ed*, du point *e*, sur le signal D, qu'on rattache en *d* sur le rayon trigonométrique FC; puis en jalonnant *ec'* et *c'*B, dont la position est fixée au moyen du prolongement C*c* du rayon AC. Quant à la portion de périmètre comprise entre *c'* et *p*, on en fera l'arpentage en jalonnant les lignes auxiliaires *c'n, nm, mp*, dont on fixe la position par des perpendiculaires abaissées de *n* et *m* sur *c'*B.

Ces deux exemples suffisent pour faire entrevoir la possibilité de faire l'arpentage d'une forêt, sans autre instrument que la chaîne et l'équerre, lorsqu'une triangulation a été établie sur son périmètre. Toutefois, ces dispositions donnent lieu à un peu plus de mesurage; mais on ne doit pas s'arrêter devant ce surcroît de travail, lorsqu'on considère que la construction du plan est beaucoup plus simple, plus facile, et que la correction des différences peut s'effectuer avec une grande rapidité. On peut surtout en tirer de grands avantages dans les délimitations générales des forêts, en ce que la mention des opérations d'arpentage dans les procès-verbaux ayant principalement pour but de rétablir les limites dans le cas d'anticipations; on peut reproduire dans un temps quelconque ces opérations sur le terrain aux endroits mêmes qu'elles occupaient dans le principe.

134. — Rétablissement sur le terrain des points d'un réseau trigonométrique. — Les géomètres ou experts qui sont appelés à faire des applications de plans sur les lieux qu'ils représentent, savent combien on éprouve de difficultés lorsque ces plans contiennent seulement les longueurs des lignes et les valeurs des angles que ces lignes forment entre elles. On est généralement obligé de tracer une droite AB (*fig.* 73) d'un point fixe connu à un autre; d'abaisser, sur le plan dont on veut faire l'application, des perpendiculaires des sommets C, D, E, F de la limite sur cette droite prise pour base; de mesurer sur l'échelle dudit plan les distances comprises entre les pieds et les longueurs de ces perpendiculaires; enfin de reporter sur le terrain les mesures qu'on a ainsi obtenues. Mais si ce plan a été construit à une petite échelle, au $\frac{1}{5000}$ par exemple, ces mesures, toutes graphiques, seront évidemment inexactes, et la limite ne sera pas établie sur le terrain à l'endroit même qu'elle occcupait lors de la formation du plan.

Le rétablissement sur le terrain des lignes d'arpentage, lorsqu'on a adopté la méthode des alignements, est beaucoup plus facile; toute la diffiulté consiste dans la recherche de la position des signaux. Mais si on a eu soin de faire entrer dans la triangulation des objets fixes, tels que clochers, tours, arbres, angles de maisons, etc., on parvient à rétablir ces signaux sans trop d'embarras; car deux de ces objets peuvent suffire pour retrouver la position d'un grand nombre de lignes d'arpentage.

Supposons deux clochers A et B connus de position (fig. 160); *on veut placer le point C, dont la position est également connue, mais on ignore son emplacement sur le terrain.*

On a les angles et les côtés du triangle ABC.

Placez D et E à volonté, mais de manière que DE coupe les deux côtés AC, CB du triangle ABC, autant que possible; mesurez la distance DE, et observez les angles ADB, BDE, AEB, AED; calculez les triangles DEA, DEB et EAB (118, probl. 1°); vous pourrez alors conclure l'angle DAf et résoudre le triangle DfA. Df étant connu, mesurez Df et prolongez Af d'une quantité fC=AC—Af. Le point C sera déterminé.

On peut, pour vérification, calculer le triangle BgE, et prolonger Bg d'une quantité gC=BC—Bg.

Si on avait trois points A, B, C (*fig.* 161), on pourrait résoudre le problème à l'aide du procédé expliqué (117).

On se place, par exemple, en E, d'où l'on puisse voir les points connus. On détermine la position de E, par les angles AEB et BED; puis, à l'aide des distances coordonnées de E et de C, on conclut l'angle DEC nécessaire pour calculer le triangle CED. En formant sur le terrain l'angle DEC, et en mesurant EC, on obtient le point cherché C.

Si ce procédé présentait quelque difficulté, on pourrait calculer le triangle DgC, établir g comme précédemment, et, à l'aide du prolongement gC de AC, on aura le point E avec précision.

On voit que l'on peut rétablir tous les points d'une triangulation sans effectuer un très-grand nombre d'opérations ; car ce qui vient d'être fait pour un signal peut être fait pour un nombre de sommets quelconques. Quant aux lignes d'arpentage, on y parviendra également en commençant par les plus grandes pour arriver ensuite aux lignes de détails.

135. — Rétablissement sur le terrain des lignes d'arpentage. — Le rétablissement de ces lignes exige cependant quelque attention. On doit se rappeler les procédés employés pour la construction des plans ; et pour que la position des lignes sur le terrain ne laisse rien à désirer, il faut avoir recours à ces mêmes procédés.

On ne doit pas se borner, dans les opérations qui nous occupent, comme lorsqu'il s'agit d'un arpentage simple, à mesurer la portion des rayons trigonométriques seulement nécessaire au rattachement des lignes d'arpentage ; il faut mesurer entièrement ces rayons. Ainsi, deux lignes *ef, ed* (*fig.* 165), viennent aboutir sur le rayon FC ; chaîner F*d* seulement n'est pas suffisant, il est indispensable de poursuivre le mesurage jusqu'en C. On doit entrevoir cette nécessité : si la chaîne dont on se sert n'est pas très-exacte, ou si le mesurage que l'on effectue n'est pas bien en rapport avec les résultats de la triangulation, il existera évidemment sur F*d*, si on ne mesure que cette portion de rayon, une différence que l'on ne pourra corriger, puisqu'on ne connaîtra pas celle de la longueur totale FC.

Supposons donc qu'on veuille rétablir le système de lignes compris entre les points trigonométriques F et B.

D'après l'inspection du plan, on voit que les signaux A, B, C, D, F, sont nécessaires, on devra donc commencer par rechercher l'emplacement de ces signaux (134) ; puis on jalonnera avec soin FC, que l'on mesurera en plaçant des piquets, *f* et *d*, aux distances indiquées par les mesures inscrites sur le plan. Mais le chaînage que nous effectuons actuellement n'étant pas, on doit le supposer, entièrement conforme à celui qui a été fait lors du levé de ce plan, les piquets en *d* et en *f* ne seront pas, par conséquent, exactement à la place qu'ils doivent occuper ; pour les y placer, on aura (120, 1º) :

CF ancien : CF nouvellement mesuré :: F*d* ancien : F*d* nouveau.

On connaîtra donc la différence entre F*d* anciennement mesuré et F*d* d'après le nouveau chaînage ; il suffira d'avancer ou de reculer *d* d'une quantité égale à cette différence, suivant que ce chaînage aura produit moins ou plus de mètres sur FC.

On aura aussi :

CF ancien : CF nouveau :: F*f* ancien : F*f* nouveau.

Les points *d* et *f* étant connus, on prolongera D*d* de la quantité =*de* et AC de celle =C*c*, en mesurant toutefois A*c* entièrement et en corrigeant le mesurage, s'il est nécessaire, pour qu'il soit en rapport avec les données de la triangulation ; on n'aura plus ensuite qu'à établir *fe*, *ec*, que l'on prolongera jusqu'en *c'*, puis enfin *c'*B.

Si les opérations d'arpentage se trouvaient placées dans le cadre d'une triangulation, le rétablissement des directrices serait plus facile ; car, ayant jalonné avec soin les rayons trigonométriques, on placerait, comme il vient d'être dit, les points situés sur ces rayons et qui appartiennent à des directrices ; on jalonnerait ensuite ces directrices et l'on opèrerait sur elles comme on a opéré sur les rayons. On passerait à d'autres lignes aboutissant sur celles-ci, jusqu'à ce qu'enfin on fût arrivé aux dernières.

136. — Correction à faire aux valeurs des angles des lignes d'arpentage lorsque les constructions ne concordent pas. — Le rapport des opérations dans lesquelles il entre des angles présente souvent des difficultés sérieuses : il est rare que lorsqu'on a construit une suite de lignes *lvut....o*K (*fig.* 163), se rattachant par ses extrémités à deux points I et K connus de position, on arrive exactement sur le point où l'on tend ; cela a lieu notamment lorsqu'on a mesuré les angles avec le graphomètre. Nous avons vu (63) comment, par un procédé graphique, on parvient à coordonner les résultats de deux suites opposées ; nous avons vu également comment on parvient à corriger les valeurs des lignes , pour faire coïncider leur somme avec la distance donnée. Mais lorsque la nécessité oblige à modifier les valeurs des angles, l'opération est plus délicate.

Soit (*fig.* 163) de K à M, un périmètre, un chemin, etc.,

dont on a levé les sinuosités à l'aide des directrices MD, DE, EF, FG et GK ; les points K et M sont donnés de position par la triangulation ; mais en rapportant les directrices MD, DE... GK sur le plan, on trouve un écart = KK'. Les angles D, E, F, G ont été observés au graphomètre.

Les causes qui ont produit l'écart KK' étant généralement dues au pointé, sont les mêmes pour chaque sommet ; ainsi le déplacement de la lunette, qui a produit une erreur sur l'angle M, est le même que celui qui a eu lieu lorsqu'on a visé E du point D, bien que les rayons MD, DE soient différents de longueur. Puisque les erreurs sont égales, si on déplace E' d'une quantité D'D=ε, on devra déplacer E d'une quantité E'E=2ε, F' d'une quantité FF'=3ε... etc. Ainsi, en imaginant que des rayons soient tracés des points E',E, F',F, G',G....., les angles de correction seront D'MD=ε, E'ME=2ε, FMF=3ε... KMK=nε. Ce dernier est évidemment égal à l'écart produit par la construction ; en calculant sa valeur, on aura celle de tous les autres

On aura cet angle avec une approximation suffisante en mesurant MK' et KK' sur le plan, et en faisant usage de la formule rapportée (51). Pour les autres, on décrira du point M, comme centre, les arcs d, e, f, g, passant par les sommets D', E', F', G', puis on fera D'D=$\frac{1}{n}$=$\frac{1}{5}$ de K'K, E'E=$\frac{2}{n}$=$\frac{2}{5}$ de K'K, FF'=$\frac{3}{n}$=$\frac{3}{5}$ de K'K..... puisque le nombre des sommets est de cinq. Enfin les angles de correction seront donnés par la même formule (51), en mesurant pour le premier la distance D'M, pour le second la distance E'M, pour le troisième la distance F'M, etc... Les résultats se retrancheront lorsque K' se trouvera au-dessus de K, et ils s'ajouteront lorsqu'il se trouvera au-dessous.

Quand on a observé les angles avec la boussole, l'écart K'K provient généralement du changement de déclinaison de l'aiguille. L'erreur est alors constante et elle est égale à K'MK.

Nous supposons, comme précédemment, une suite de lignes MDEFGK (*fig.* 166), dont les extrémités sont données par la triangulation, en sorte qu'on a

$$K \begin{cases} x=-115235,7 \\ y=+\ 51035,5 \end{cases}$$

$$M \begin{cases} x=-116306,2 \\ y=+\ 51441,5 \end{cases}$$

En rapportant sur le plan les directrices MD, DE, EF....GK, l'extrémité de cette dernière, au lieu d'arriver sur le point K, tombe en K'; donc ε = KMK'. Mais ε peut s'obtenir à l'aide des distances coordonnées des trois points K, K', M (116 probl. 3°), on a en effet,

$$\varepsilon = \Delta\, MK \pm \Delta\, MK',$$

suivant que K' tombe au-dessus ou au-dessous de K. En calculant par le procédé (65), la position des sommets, suivant les angles observés avec la boussole, on aura :

$$D \begin{cases} x = -116035^m 0 \\ y = +\ 51494\ 2 \end{cases} \quad F \begin{cases} x = -115625^m 5 \\ y = +\ 51257\ 9 \end{cases}$$

$$E \begin{cases} x = -115714\ 4 \\ y = +\ 51399\ 0 \end{cases} \quad G \begin{cases} x = -115886\ 4 \\ y = +\ 51049\ 7 \end{cases}$$

et pour K' $x = -115237,8$ $y = +51087,6$ (1)

mais nous avons pour K $x = -115235,7$ $y = +51033,5$ (2)

Différences. 2, 1   54, 1

Tirant de (1) avec M, Δ MK', nous avons 18° 19' 40''

et de (2) avec M, Δ MK, nous avons 20 51 50

donc KMK' = ε = . . . 2° 32' 10''

Ainsi, la boussole à l'aide de laquelle on a observé les angles de direction des lignes MD, DE..... GK, présente une différence dans sa déclinaison avec celle du rayon trigonométrique MK, de 2° 32' 40''. Pour que K' vienne se placer sur MK, il faut donc ajouter ou retrancher, suivant la position de l'angle de direction des lignes, cette valeur de ε à chacun de ces angles. Ainsi, pour le cas qui nous occupe, il viendra

DMδ ou Δ MD = 79° 00 + 2° 32' 10'' = 81° 32' 10''

Δ DE = 73 27 — 2 32 10 = 70 54 50

Δ EF = 32 12 — 2 32 10 = 29 39 50

Δ FG = 38 35 — 2 32 10 = 36 02 50

Δ GK = 3 21 — 2 32 10 = 0 48 50

En construisant de nouveau, sur le plan, à l'aide de ces dernières valeurs, la suite des lignes MD, DE..... GK', le point K' tombera exactement sur K.

Si on voulait connaître la correction à faire sur les valeurs de ces lignes, dans le cas où le mesurage présenterait une différence, on opérerait de la manière suivante :

On compare d'abord les deux distances MK, MK'. On a

(116, probl. 2°) . . . . MK$=1145^m6$

MK'$=1125\ 5$

Différence. . . 20^m1

et la formule (63) donne

$$1125, 5 : 20, 1 :: 100 : x$$
$$MD=276, 3+(276, 3 \times x), \text{etc.} ;$$

opérant, on a en définitive :

MD$=281^m23$	FG$=339^m76$
DE$=340\ 37$	GK'$=661\ 30$
EF$=169\ 78$	

Enfin, calculant de nouveau les coordonnées rectangles desdits sommets, à l'aide de ces valeurs et des déclinaisons corrigées, on obtient

D $\begin{cases} x=-116028^m0 \\ y=+\ 51482\ 9 \end{cases}$ F $\begin{cases} x=-115622^m3 \\ y=+\ 51224\ 1 \end{cases}$

E $\begin{cases} x=-115706\ 3 \\ y=+\ 51371\ 6 \end{cases}$ G $\begin{cases} x=-115897\ 0 \\ y=+\ 51024\ 2 \end{cases}$

K' $\begin{cases} x=-115235^m8 \\ y=+\ 51033\ 5 \end{cases}$

La différence de 20^m1 que nous nous sommes donnée sur MK excède de beaucoup celle que l'on doit se tolérer dans le mesurage des lignes. Nous avons agi ainsi, afin de faire mieux ressortir les avantages du procédé. Il est évident que si on formait un plan avec des mesures qui s'accordassent aussi peu avec les résultats de la triangulation, ce plan ne pourrait être admis, le mesurage d'une seule ligne suffirait pour faire connaître les irrégularités grossières dont ce plan se trouverait entaché.

Ce procédé offre des avantages notables dans le rapport sur le plan des opérations exécutées sur la limite séparative de deux bois. Alors surtout qu'un point tel que K (*fig.* 165), a été déterminé de deux sommets A et G du réseau trigonométrique. Dans ce cas, la limite n'ayant pu être levée que par les lignes de cheminement I*v*, *vu*, *ut*... *o*K, on conçoit que si la boussole ne donne pas exactement la même déclinaison que celle du rayon qui joindrait I et K, il sera impossible de donner, sur le plan, à ces lignes, la position qu'elles doivent occuper.

Une forêt peut se trouver agglomérée avec d'autres bois : mais si elle est suffisamment percée par des routes ou des tranchées, la triangulation aura lieu dans l'intérieur en plaçant des signaux aux carrefours A, B, C, D, E, F et G, (*fig.* 162). Quant à l'arpentage, on l'exécutera en mesurant avec soin les prolongements des divers rayons trigonométriques jusqu'aux points *b*, *c*, *d*... du périmètre de la forêt ; il sera facile, par conséquent, de cheminer sur ce périmètre de *b* jusqu'à *c*, de *c* jusqu'à *d*... etc., et de coordonner, à l'aide du procédé ci-dessus, l'arpentage aux résultats de la triangulation, sans aucun tâtonnement.

137.—Arpentage des villes, des villages.—Le même procédé (136), peut aussi être employé dans l'arpentage des villes et des villages, dans lesquels l'agglomération des bâtiments ne permet pas de disposer les directrices comme on le désire. Il suffira, quand on aura à dresser des plans de cette nature, d'établir un réseau trigonométrique dont les sommets des triangles, placés autant que possible aux débouchés des rues principales, serviront pour rattacher les diverses suites de lignes établies dans l'intérieur. La *figure* 171 présente un ensemble d'opérations de l'espèce. On a d'abord placé les signaux A, B, C,.....G, de manière qu'un point tel que K ait pu être vu de chacun d'eux (on peut prendre deux points dans l'intérieur si on le juge convenable.) Tous les détails d'arpentage sont rattachés à ces signaux ou sur les rayons qui les réunissent. On doit pressentir que les levés de cette catégorie diffèrent beaucoup de ceux qui s'exécutent en plaine. Chaque îlot est englobé d'un polygone, ayant toujours un ou plusieurs côtés communs au polygone qui le précède. Il est toutefois convenable de procéder avec ordre. Ainsi, on commencera par établir une ligne brisée, telle que *Aabcd*, dans la rue principale, se rattachant par ses extrémités à la triangulation. On mènera une seconde ligne brisée *fghi*, puis d'autres lignes de même espèce, telles que *gopqr*, *stu*, *mnq ;* on passera ensuite à des lignes *kl*, *kl*..... d'un ordre inférieur. Ces dernières sont tracées de manière à resserrer les objets dans le moindre espace possible. On profite dans ces circonstances des trouées, des portes, etc., qui permettent le passage et un chaînage faciles.

Les sommets des angles et les points de rattachement sont fixés dans les rues par de forts piquets en bois ou en fer, enfoncés fortement en terre.

On doit se garder, dans les levés de maison, de prendre trop de mesures : les bâtiments étant le plus souvent construits à angles droits, deux perpendiculaires élevées sur les angles de la même façade (la plus longue) suffisent généralement : on achève la construction par la mesure de la largeur de la maison.

Ainsi, (*fig.* 167), les deux perpendiculaires p', q', élevées de la directrice AB, sur les angles p et q, et la largeur m, sont suffisantes pour établir sur le plan les bâtiments M.

S'il se trouvait un petit appendice à ce bâtiment, les distances qr et rs (*fig.* 168), serviraient à figurer cet appendice.

Souvent les localités ne permettent pas de faire usage de perpendiculaire : on prolonge alors les côtés tp, rq, jusque sur la directrice AB (*fig.* 169), on cote les extrémités p' et q', de ces prolongements, puis on mesure les distances pp', qq', ainsi que les largeurs m, m..... nécessaires à la construction. Cette construction s'opère, d'abord, en portant sur la directrice AB les distances qui fixent les points p' et q', puis décrivant, de ces points comme centres, des arcs de cercle avec des rayons respectivement égaux à pp' et qq', on mène pq tangente à ces arcs ; enfin, on élève qq', pp' perpendiculaires à cette dernière ligne, la construction s'achève au moyen des largeurs m, m,..... mesurées.

La *figure* 170 représente une disposition d'un usage fréquent dans l'arpentage des bâtiments. Nous y avons indiqué les mesures à l'aide desquelles on pourra rapporter le bâtiment suivant la directrice AB.

Un bâtiment peut être inabordable, mais ses faces sont visibles de quatre directrices éloignées faisant partie d'un système d'arpentage ; sa position sera déterminée en prenant, sur ces directrices, la cote des façades prolongées. La *figure* 171 nous représente un levé semblable : les alignements aa', bb', cc', dd', suffiront évidemment pour placer le bâtiment M sur le plan. S'il se trouvait un petit bâtiment N, assez rapproché du premier, on pourrait en fixer l'emplacement en se servant de l'un des alignements.

Il n'est pas nécessaire, pour un levé de ville ou de village, de disposer un réseau trigonométrique, ainsi que nous venons de l'indiquer ; lorsque cette ville ou ce village se trouve compris dans l'arpentage d'une grande étendue de terrain, c'est ce qui arrive lorsqu'il s'agit de dresser le plan du territoire d'une commune, on a soin de disposer le système d'arpentage de manière que le village se trouve enveloppé d'un polygone dont chaque côté fait partie du système. Cette disposition présente même moins d'embarras que la précédente, en ce qu'on peut resserrer la partie occupée par les maisons dans un très-petit polygone, et que l'on peut souvent conduire des directrices à travers le village. Nous avons vu des plans de cette catégorie qui avaient été levés sans qu'il ait été observé un seul angle.

Lorsque le plan d'une ville doit être construit à une grande échelle, c'est ce qui a lieu pour les plans d'alignement, on doit s'attacher à ce que les perpendiculaires élevées des lignes d'arpentage sur les angles des façades des maisons aient la moindre longueur possible. A cet effet, les lignes polygonales AB, BC, CD... (*fig.* 172), étant établies dans le milieu de la rue, on rattache, en les mesurant, au moyen de perpendiculaires aa', dd', cc'....., élevées avec le plus grand soin, des angles de maison a, d, c,... puis, à l'aide de lignes secondaires ac, de, bf, fg,... que l'on dirige d'un angle connu à un autre, on détermine par les moyens ordinaires les angles des façades.

Si, le rattachement des lignes secondaires par des perpendiculaires présentait quelque difficulté, on pourrait opérer par intersections : on choisit deux points n et m, sur la directrice principale, on chaîne na et ma, l'extrémité a de la ligne secondaire ae est ainsi convenablement rattachée. Ce procédé est même plus expéditif que le premier.

Lorsque, pour la construction du plan, on se dispose à calculer les coordonnées rectangles des sommets des polygones établis dans l'intérieur du village ou de la ville, il est bon de procéder à un premier mesurage des lignes polygonales

19

seules, dans lequel on ne s'occupe d'aucun détail : ce mesurage sert de bases aux calculs. On fait ensuite un second
chaînage en s'occupant de ces détails.

On ne doit pas construire le plan par partie, ni par polygone séparé ; il faut commencer par les grandes directions
brisées, telles que a, b, c, d..., f, g, h..., etc. C'est seulement
lorsque la position de ces directions est bien arrêtée, que l'on
s'occupe des polygones qui enveloppent les massifs.

Les agents-voyers sont journellement appelés à établir sur
le terrain, et d'après le plan d'alignement, la direction des
façades des maisons dont la construction est projetée. L'o-
pération qu'ils ont à effectuer dans ce cas est fort simple.

Supposons (*fig.* 173), que le plan d'alignement d'une ville
indique un tracé AC pour toutes les façades comprises entre
A et C. De A on ne voit pas C, car autrement il suffirait de
jalonner AC ; il faut néanmoins donner au propriétaire du
terrain M l'alignement db, sur lequel il a le projet de bâtir.

En A, on porte en avant des façades une distance quelconque Aa, mais telle que la même distance étant reportée en
avant de C, on puisse apercevoir le point a si l'on est en c.
On jalonne ac, on a par conséquent une parallèle à AC, et il
suffit de se transporter en b', de faire $b'b = Aa$, puis en d', et
de faire également $dd' = Aa$.

CHAPITRE VI.

DIVISION DES PROPRIÉTÉS. — POLYGONOMÉTRIE.

138.—La division des terrains ou des propriétés, suivant des conditions données, fait aussi partie des attributions des géomètres. On désignait autrefois cette partie de l'arpentage par *Géodésie;* mais depuis les savantes opérations faites par le corps des ingénieurs géographes pour l'exécution d'une topographie générale de la France, ce titre *Géodésie* est exclusivement réservé à la partie de la science qui se rattache à l'application de l'astronomie et de la trigonométrie à la carte d'un grand État. Nous désignerons donc, ainsi que l'a fait M. Regneault, professeur à l'École forestière, cette partie de notre ouvrage par *polygonométrie.*

Quand on a à résoudre une question de division de propriétés, on peut en chercher la solution, soit par les procédés purement graphiques, soit par ceux du calcul. Les premiers exigent que l'on construise à une grande échelle le plan du terrain à diviser; ils ne peuvent donc être employés, en général, que pour des figures de petites dimensions. Les autres sont, comme on le sait, bien préférables; ils sont même souvent les plus expéditifs, en ce que toutes les figures à diviser peuvent être ramenées à ces deux cas :

1º *Connaissant un côté, un angle et la surface d'un triangle, déterminer ses autres dimensions ;*

2º *Connaissant l'une des bases parallèles d'un trapèze, l'inclinaison des côtés adjacents et la surface, déterminer la hauteur dudit trapèze et son autre base.*

Ainsi, pour diviser le polygone ABCD.....G (*fig.* 175) en deux parties égales, l'opération finale peut être ramenée à chercher la hauteur du trapèze *nmm'n'*, ou bien le côté *n'k* du triangle *nn'k*. Et, en effet, traçons arbitrairement *nn'*, calculons sépa-

rément les surfaces ABnn'GA , n'nCDEFn', l'excès ε de l'une
sur l'autre (s'il en existe un) indiquera la quantité à retrancher ou à ajouter à l'une des deux portions M et N du polygone donné formées par la droite nn'.

Supposons N > M, et établissons ε au moyen d'une ligne mm'
parallèle à nn', évidemment :

$$\varepsilon = h \times \frac{mm' + nn'}{2},$$

d'où :

$$h = \frac{2\varepsilon}{(mm' + nn')},$$

et quand ε est de la forme d'un triangle, on a :

$$\frac{h}{2} = \frac{\varepsilon}{nn'}.$$

D'où l'on voit que tous les cas de partage peuvent être ra-
menés à ceux-ci. Nous allons exposer les divers problèmes
connus sur la division du triangle et celle du trapèze. Nous
prévenons toutefois que dans le grand nombre des solutions
qui se trouvent dans les Traités d'Arpentage et de Géodésie,
et notamment dans celui de Lefebvre, nous avons choisi celles
qui peuvent convenir le mieux au praticien, et qui par conséquent n'entraînent pas à des calculs numériques trop considérables.

Il est nécessaire de se rappeler, dans les solutions qui vont suivre , ce théorème de géométrie : que les surfaces sont entre elles comme leurs bases ou comme
leurs hauteurs, ou comme les carrés de leurs côtés homologues.

139. — 1° *Partager le triangle* ABC (fig. 176) *en un nombre
n de parties égales, les lignes de division devant aboutir à l'angle* A.

La question se réduit à partager le côté BC, opposé à l'angle A, en un nombre n de parties égales, et à joindre, par des
droites, chaque point de division avec l'angle A; car les triangles qui en résultent ont des bases égales, x, y et z leur hauteur Ah est commune, donc ces triangles sont équivalents.

Si le triangle devait être partagé en portions inégales, ou
dans un rapport donné ::m:n:o, chaque point de division sera
donné sur BC par la proportion :

$$m + n + o : BC :: m : x :: n : y :: o : z.$$

2º *Partager le triangle* ABC (fig. 177) *en un nombre* n *de parties égales par des lignes parallèles au côté* BC.

Soit α une des divisions demandées, et soit a la longueur du côté de cette division homologue de AB, on aura :

$$ABC : α :: AB^2 : a^2.$$

Construction graphique. — On prendra une moyenne proportionnelle entre AB et $\dfrac{AB}{n}$, et une autre entre AC et $\dfrac{AC}{n}$, on portera les longueurs obtenues, la première sur AB en partant de A, et la seconde sur AC en partant de A également.

En supposant que ABC doive être divisé en trois parts égales, décrivez sur AB une demi-circonférence, partagez AB en trois parties, élevez des points de division a et b les perpendiculaires ad et bf, joignez Ad, Af, et du point A comme centre, avec des rayons $=$ Ad et Af, décrivez les arcs de cercle dD, fF, menez enfin FG et DE parallèles à BC, ou, si vous l'aimez mieux, opérez sur AC de la même manière que vous venez de le faire sur AB, vous obtiendrez alors les points de partage G, E qui, unis avec F et D, établiront les lignes de division demandées.

En imaginant les triangles BdA et BfA, qui sont rectangles en d et en f, on a pour le premier :

$$AB : Ad :: Ad : Aa,$$

et pour le second :

$$AB : Af :: Af : Ab.$$

Dans le cas ou ABC devrait être partagé dans le rapport ::m:n:o, il suffirait de diviser AB suivant ce rapport.

3º *Partager le triangle* ABC (fig. 178) *en trois portions par des lignes partant d'un point D situé sur le côté* AB.

Supposons que les lignes de division soient DH et DG, on a

$$AD \times Hh = \frac{AB \times Cc}{3}, \text{ d'où } Hh = \frac{AB \times Cc}{3 AD}$$

$$\text{et } DB \times Gg = \frac{AB \times Cc}{3}, \text{ d'où } Gg = \frac{AB \times Cc}{3 AD}.$$

Maintenant, pour déterminer sur les côtés AC et BC les sommets H et G des perpendiculaires Hh et Gg, nous remarquerons que le triangle AhH est semblable au triangle AcC, en sorte que l'on a :

$$Cc : AC :: Hh : AH, \quad \text{d'où} \quad AH = \frac{AC \times Hh}{Cc} ;$$

On a de même :

$$Cc : BC :: Gg : BG, \quad \text{d'où} \quad BG = \frac{BC \times Gg}{Cc}.$$

CONSTRUCTION GRAPHIQUE. — Divisez la base AB (*fig.* 179) en trois parties égales, joignez DC, et menez, par les points de division g et h, Gg et Hh parallèles à DC; en menant DH et DG, le partage sera effectué. En effet, menons Cg, le triangle BgC est égal à $\frac{1}{3}$ ABC (*probl.* 1er), mais le triangle gCG est égal au triangle gDG, à cause des parallèles DC et Gg; si à l'un et à l'autre nous ajoutons gGB, nous aurons :

$$g\text{CG} + g\text{GB} = g\text{DG} + g\text{GB}.$$

Si le triangle devait être partagé dans le rapport de m à n et à o, on diviserait AB dans ce rapport.

4° *Partager le triangle* ABC (fig. 180) *en trois portions égales par des lignes partant des sommets* A, B, C *et aboutissant à un même point intérieur* O.

Il s'agit de trouver un point O tel que les triangles AOC, AOB et BOC soient équivalents.

Cherchez la hauteur h du triangle ABO, ainsi que la hauteur h' du triangle BOC, lesquelles sont données par :

$$\frac{h}{2} = \frac{\frac{1}{3}\text{ABC}}{\text{AB}} \quad \text{et} \quad \frac{h'}{2} = \frac{\frac{1}{3}\text{ABC}}{\text{BC}} ;$$

élevez A$a = h$ perpendiculaire sur AB et menez aa' parallèle à ce côté du triangle donné; le point O doit se trouver sur cette parallèle. Elevez également C$c = h'$ perpendiculaire sur BC et tracez cc' parallèle à BC, le même point O demandé devant se trouver aussi sur cc', sera nécessairement à la rencontre des deux parallèles aa' et cc'; menez enfin OB, OC et OA, le partage sera effectué.

Si le partage devait avoir lieu dans le rapport de m à n et à o, on déterminerait d'abord la surface de chacune des parts ou des triangles AOB, BOC et AOC; on aurait, en supposant que m:AOB::n:BOC::o:AOC,

$$m+n+o : ABC :: m : AOB$$
$$m+n+o : ABC :: n : BOC$$
$$m+n+o : ABC :: o : AOC,$$

de là :

$$\frac{h}{2} = \frac{AOB}{AB}, \quad \frac{h'}{2} = \frac{BOC}{BC}$$

5° *Partager le triangle* ABC (fig. 181) *en trois parties égales par des lignes qui aboutissent à un point intérieur* O *donné.*

On peut mettre pour condition que l'une des lignes de division joindra l'un des sommets, soit B. Cette ligne est alors connue, et l'on peut déterminer les perpendiculaires Oc, Og et Oh abaissées du point O sur chacun des côtés du triangle donné.

La première des divisions sera :

$$\frac{ABC}{3} = BG \times Og, \text{ donc } BG =, \frac{ABC}{3Og}$$

Quant à la seconde, si le triangle BOC n'est pas égal à $\frac{ABC}{3}$, on aura à lui ajouter ou à lui retrancher une quantité $= \varepsilon$; supposons le plus petit. On aura alors $BOC + \varepsilon = \frac{ABC}{3}$. En faisant OCH $= \varepsilon$, nous aurons :

$$\frac{HC}{2} = \frac{\varepsilon}{Oh},$$

On calculera la troisième part AGOC, afin de s'assurer que les divisions sont bien établies.

Si on demande qu'une des lignes de division soit perpendiculaire sur l'un des côtés, sur BC par exemple (*fig.* 182), on mènera Og parallèle à BC, on calculera le trapèze BgOH qui n'aura pas probablement la surface demandée, et auquel nous supposons qu'il faille ajouter le triangle OgG $= \varepsilon$:

$$\varepsilon = \tfrac{1}{3}ABC - BgOH,$$

et comme tout est connu dans le triangle ABC, que de plus
on a OH, perpendiculaire sur BC, on pourra calculer le triangle Bgb'; en sorte qu'on aura Og=BH—Bb'; de là :

$$\frac{Gk}{2} = \frac{\varepsilon}{Og};$$

en élevant Bv=gb'+Gk perpendiculaire sur BC, en menant
vG parallèle à BC, on obtiendra le point de division G sur AB.

On peut aussi avoir Gg par la formule du problème 3e; mais
alors il faudrait calculer la hauteur Aa du triangle donné, ainsi
que le segment Ba.

On opérera de même sur le quadrilatère IOHC.

On trouve dans le *Traité d'Arpentage* de Lefebvre une solution de ce problème
beaucoup plus brillante, mais qui oblige à des calculs numériques assez longs,
la voici :

D'abord, à cause des triangles rectangles AaB et GbB on a

$$\text{B}a : \text{B}b :: \text{A}a : \text{G}b.$$

$$\text{Donc } Gb = \frac{Bb \times Aa}{Ba}$$

Faisons pour abréger

$$\begin{array}{l|l} \text{B}a = a & \text{BH} = l \\ \text{B}b = x & \text{OH} = p \\ \text{G}b = y & \text{A}a = h. \end{array}$$

$$\text{Ainsi G}b \text{ ou } y = \frac{hx}{a}.$$

$$\text{La surface du trapèze } GbHO = \frac{y + p \times (l - x)}{2},$$

$$\text{et celle du triangle } GBb = \frac{xy}{2};$$

$$\text{on a donc surface } GBHO = S = \frac{y + p \times (l - x)}{2} + \frac{xy}{2},$$

chassant le dénominateur commun, remplaçant y par sa valeur, et, réduisant, il
vient

$$2S = \frac{hx}{a} \times l + pl - px,$$

d'où

$$x = \frac{(2S - pl)a}{hl - pa}.$$

Cette formule est générale, car si le triangle ABC devait être partagé dans le
rapport de m à n et à o, on pourra toujours déterminer à l'avance la valeur
de S par les formules déjà données à la fin du problème 4e.

$$m+n+o : ABC :: m : S \quad 1^{re} \text{ part} = \frac{ABC \times m}{m+n+o}$$

$$m+n+o : ABC :: n : S' \quad 2^e \text{ part} = \frac{ABC \times n}{m+n+o}$$

$$m+n+o : ABC :: o : S'' \quad 3^e \text{ part} = \frac{ABC \times o}{m+n+o}.$$

Ces parts pouvant toujours se déterminer à l'avance, nous ne reviendrons plus sur ces formules.

140. — 1° *Partager le quadrilatère* ABCD (fig. 183) *en un certain nombre de parties égales.*

Soit d'abord en deux parties. Prenons $MB = \frac{1}{2}AB$ et calculons le triangle MCB ; en supposant que MN soit la ligne de partage, on a :

$$CMN = \frac{ABCD}{2} - MCB ,$$

Mais :

$$CMN = CN \times \tfrac{1}{2} Mh ,$$

Donc :

$$\tfrac{1}{2} CN = \frac{CMN}{Mh}.$$

Dans le cas où le quadrilatère devrait être divisé dans un rapport donné, on divisera AB suivant ce rapport, puis on procédera comme ci-dessus.

Si le quadrilatère devait être partagé en plusieurs parties qui fussent $::m:n:o,...$ on divisera également AB suivant ce rapport, on déterminera la valeur de chacune des parts, puis on fera la division en considérant chacune des parts isolément ; ou bien on opérera d'abord pour la première, puis on réunira la première à la seconde, ensuite la première et la seconde à la troisième, et ainsi de suite.

CONSTRUCTION GRAPHIQUE. — Le quadrilatère proposé étant rapporté exactement sur le papier (*fig.* 184), divisons AB ainsi qu'il a été expliqué (soit en deux parties, la construction étant applicable dans tous les cas), menons D*d* parallèle à AB et partageons cette ligne en deux parties (ou comme l'a été AB), en joignant par une droite les points de division *a*,M et tirant *a*C, le quadrilatère C*a*MB sera moitié du quadrilatère

ABCD proposé. Et en effet, à cause de la parallèle Dd, on a daMB $=$ DaMA et le triangle C$ad=\frac{1}{4}$CDd.

Maintenant, si nous tirons CM, que nous menions aN parallèle à cette droite, NM partagera le quadrilatère proposé en deux parties égales; car, à cause des parallèles CM, aN, le triangle CNM $=$ CaM.

La division du quadrilatère peut aussi s'effectuer très-rapidement en employant le procédé connu de la réduction d'un polygone en un triangle équivalent.

Soit toujours ABCD (*fig.* 186) le quadrilatère à partager. En supposant que M et M′ soient les points de division établis sur AB, et en réduisant la figure proposée en un triangle équivalent (80), on a :

$$\text{OBC} = \text{ABCD} = \text{OB} \times \tfrac{1}{2} C h, \text{ et } \tfrac{1}{3}\,\text{OBC} = \text{OB} \times \tfrac{1}{6} C h,$$

d'où

$$\tfrac{1}{6}\text{OB} = \frac{\tfrac{1}{3}\text{OBC}}{C h},$$

En portant deux fois $\frac{1}{6}$OB ou $\frac{1}{3}$OB sur BO, de B en n, et joignant nC, on aura nCB $=\frac{1}{3}$OBC; si ensuite nous menons par le point n une parallèle nN à CM et que nous tirions NM, cette ligne sera une ligne de partage; car le triangle CNM $=$ CnM.

Quant à la seconde part, on peut la considérer comme étant composée de $\frac{1}{3}$ABCD $+$ CNMB $=\frac{2}{3}$ABCD $=\frac{2}{3}$COB; en opérant comme ci-dessus, on a :

$$\tfrac{2}{6}\text{OB} = \frac{\tfrac{2}{3}\text{OBC}}{C h},$$

ce qui donne le triangle Cn′B; menant n′N′ parallèle à M′C et joignant N′M′, la seconde division sera établie.

2° *Diviser le quadrilatère* ABCD (fig. 185) *en parties égales ou proportionnelles, par des lignes parallèles au côté* AC.

Prolongeons AB et CD jusqu'à leur rencontre en O, calculons la surface du triangle BDO, en remarquant que dans ce triangle les angles en B et en D sont connus, puisqu'ils sont suppléments des angles ABD et CDB, la formule trigonométrique 4° (XII) donnera sa surface ; en ajoutant cette surface à celle du quadrilatère proposé, on pourra opérer comme au 2° problème (139) ; ainsi on aura :

$$ACDB + BDO : NMDB + BDO :: \overline{CO}^2 : \overline{MO}^2.$$

Si cette solution présentait quelques difficultés, on arriverait à la division demandée de la manière suivante :

Soit toujours MN (*fig.* 187) la ligne de partage. Abaissons sur AC les perpendiculaires Mm, Dd, Bb, Nn et Oo. Les triangles rectangles donnent :

$$O o : Ao :: Bb : Ab = Ab \times Oo = Bb \times Ao$$
$$Oo : Co :: Dd : Cd = Cd \times Oo = Dd \times Co,$$

et comme dans cette dernière équation $Cd \times Oo = Dd \times (AC - Ao)$, en éliminant Ao entre la première et celle-ci, il vient :

$$Oo = \frac{Bb \times Dd \times AC}{Dd \times Ab + Bb \times Cd}.$$

Maintenant, pour avoir $ov = Oo - Ov$, on remarquera que :

$$\text{surface ACO} = S' = AC \times \frac{Oo}{2},$$

$$\text{et surf. ONM} = S'' = NM \times \frac{Ov}{2}.$$

On a d'ailleurs :

$$\text{surf. ONM} = \text{première partie} = \frac{ACDB \times m}{m + n + o\ldots} + \text{surf. OBD};$$

donc :

$$S' : S'' :: \overline{Oo}^2 : \overline{Ov}^2,$$

d'où :

$$Ov = \sqrt{\frac{S'' \times \overline{Oo}^2}{S'}},$$

On aura aussi pour la construction :

$$An = \frac{Nn \times AO}{Oo} \qquad (Nn = ov),$$

$$\text{et } Cm = \frac{Mm \times CO}{Oo} \qquad (Mm = ov).$$

3° *Partager le quadrilatère* ABCD (fig. 188) *par des lignes parallèles au côté* AB, *sans prolonger les côtés* AD *et* BC.

Soit MN l'une des lignes demandées. Menons à volonté ro parallèle à AB, et mesurons cette ligne ainsi que la hauteur h du trapèze résultant AroB. En faisant pour abréger :

$$\text{surface ABNM} = S \qquad ro = r$$
$$AB = a \qquad MN = y$$

et la hauteur du trapèze ABNM$=x$,

on a :

$$(a+y)\,x = 2S,$$

d'où :

$$x = \frac{2S}{a+y}, \qquad y = \frac{2S}{x} - a.$$

On a aussi :

$$(a+r)h - (r+y)h - x = 2S,$$

en remplaçant x dans cette expression par sa valeur $\dfrac{2S}{a+y}$, il vient après avoir fait les réductions nécessaires :

$$a^2 h + 2Sr - 2aS = hy^2\,;$$

d'où l'on tire :

$$y = \sqrt{\frac{a^2 h + 2Sr - 2aS}{h}} = \sqrt{a^2 + (r-a)\frac{2S}{h}},$$

de même qu'en mettant dans la même expression la valeur de $y = \dfrac{2S}{x} - a$, on a, toute opération faite :

$$rx^2 - ax^2 + 2ahx = 2hS\,;$$

de là :

$$x = -\frac{ah}{(r-a)} \pm \sqrt{\frac{ah^2}{(r-a)^2} + \frac{2hS}{(r-a)}}.$$

Le signe qui précède le radical a lieu dans cette dernière formule quand on a $a > r$.

Comme la formule à l'aide de laquelle on obtient la valeur de la ligne de partage MN$=y$ donne lieu à moins de calculs numériques, on l'adoptera de préférence ; il sera ensuite facile de déterminer x.

Les formules précédentes exigent que l'on détermine à l'avance deux lignes auxiliaires h et r, et pour que la valeur de x, ou celle de y, ne laisse rien à désirer, il faut chercher ces lignes avec une certaine approximation, ce qui peut conduire à des calculs nombreux. Comme généralement on a les angles de la figure à diviser, il est plus simple de faire entrer les valeurs de ces angles dans les calculs.

Désignons par α l'angle DAB, et par β l'angle CBA. Les triangles rectangles AMm, BnN, donnent :

$$A m = x \cdot \tan (90 - \alpha) = x \tan \alpha'$$
$$B n = x \cdot \tan (90 - \beta) = x \tan \beta'$$

donc

$$A m + B n = x \cdot (\tan \alpha' + \tan \beta')$$
$$MN \text{ ou } y = a - x \cdot (\tan \alpha' + \tan \beta') ,$$

Par conséquent l'expression du trapèze ABNM sera :

$$x \cdot \left[2a - x \cdot (\tan \alpha' + \tan \beta') \right] = 2S$$

qui donne

$$x = -\frac{a}{(\tan \alpha' + \tan \beta')} \pm \sqrt{\frac{a^2}{(\tan \alpha' + \tan \beta')^2} + \frac{2S}{(\tan \alpha' + \tan \beta')}}$$

Il faut évidemment avoir égard à la position des angles α' et β' ; mais il est facile de reconnaître, à l'inspection de la figure, celui des signes en avant du radical qui doit être employé.

4° *Partager le trapèze* ABCD, fig. 189, *en deux parties égales par une droite parallèle aux bases.*

On peut résoudre la question comme 3° ; on suppose alors que h est à la hauteur du trapèze AroB, (*fig.* 188).

Soit MN, la droite à établir, en désignant AB par b, DC par a, MN par r, la hauteur du trapèze ABCD par h, celle du trapèze ABNM par x, et la surface de cette dernière figure par S, o a :

$$\frac{r + b}{2} x = S \ldots \ldots (a)$$

Pour avoir r, menons AV parallèle à BC, les triangles ADV, AML, donnent :

$$A d = h : DV :: A d' = x : ML ;$$

mais $DV = CD - AB = (a - b)$, donc

$$h : (a-b) :: x : ML;$$

de là

$$ML = \frac{(a-b)x}{h} \quad . \quad . \quad . \quad . \quad . \quad . \quad (b)$$

ajoutant $LN = b$, et remplaçant r dans la formule (a) par sa valeur $\frac{(a-b)x}{h} + b$, il vient :

$$ax^2 - bx^2 + 2bhx = 2Sh,$$

d'où l'on tire

$$x = -\frac{bh}{(a-b)} \pm \sqrt{\frac{bh^2}{(a-b)} + \frac{2Sh}{(a-b)}}.$$

On fera usage de la formule (b) quand, après avoir déterminé la valeur x, on voudra connaître celle de la ligne de partage MN,

Il faut encore avoir égard à la position de AD sur AB.

Si le trapèze devait être divisé dans le rapport de m à n, on aurait, ainsi que nous l'avons déjà fait voir :

$$S = \frac{\text{surf. ABCD} \times m}{m + n}.$$

5° Il arrive souvent qu'au lieu de diviser une figure en un certain nombre de parties, il faut en détacher une certaine quantité. Soit s cette quantité (*fig.* 190), divisons AD, ou la hauteur du trapèze ABCD $= s$ de mètre en mètre, et menons par chacun des points de division, des parallèles à la base AB; la figure ABCD se trouve ainsi décomposée en trapèzes élémentaires dont chacun diffère de son voisin du petit rectangle $opqr = r$, on a donc $b = a + r$, $c = b + r = a + 2r$, $d = c + r = a + 3r\dots$, et enfin $s = a + h(r - 1)$, h désignant la hauteur AD ou le nombre de zones contenues dans cette ligne. Les trapèzes élémentaires forment, en conséquence, une progression arithmétique dont la raison est r. En se rappelant les deux formules de la progression par différence, et conservant notre annotation, on a le dernier terme l,

$$l = a + h(r - 1),$$

et la somme S

$$S = \frac{a+l}{2}.x$$

En remplçant l, dans cette dernière équation, par sa valeur, il vient, toute opération faite :

$$h^2 r + 2ah = 2S - r,$$

d'où :

$$h = -\frac{a}{r} \pm \sqrt{\frac{a^2}{r^2} + \frac{2S-r}{r}}.$$

On a toutefois une opération préliminaire à faire, c'est de déterminer r. Si on connaît l'angle ABC, il suffira de calculer le petit triangle rectangle Bop par la formule trigonométrique II ; on aura par conséquent $op + oB = r$; si cet angle n'est pas connu, il faudra alors chercher l'inclinaison du côté BC, en élevant, par exemple, Bv qu'on pourra faire $= 10$, puis menant vu parallèle à AB et observant que $oB = 1$, on aura

$$r = \frac{vu}{10}.$$

Donnons une application de cette formule, qui peut être d'un usage fréquent dans la division des propriétés.

Soit AB $= 104$ mètres ; $vu = 6^m 66$, et $s = 1^h 45^a 74^c$; on a donc $r = \dfrac{6,66}{10} = 0^m 666$. En donnant à chaque ligne sa valeur :

$$h = -\frac{104}{0,666} \pm \sqrt{\left(\frac{104}{0,666}\right)^2 + \frac{2^h 31^a 42^c - 0,666}{0,666}} = \frac{2^h 31^a 36^c}{0,666}$$

$$h = -156,15 \pm \sqrt{24384,7 + 34738,7} \, ;$$

Enfin, d'après la disposition de la *fig.* 190 :

$$h = 243,15 - 156,15 = 87^m 00.$$

Quand l'angle ABC est connu, et que AD est perpendiculaire sur AB, les calculs s'effectuent beaucoup plus rapidement. Faisons vBC $=$ ABC $- 90° = \alpha$, et AD $= x$, on a :

$$S = a + (x \tan \alpha) a,$$

ce qui donne :

$$(2a + x \tan \alpha) \, x = 2S,$$

et :

$$x = -\frac{a}{\tan \alpha} \pm \sqrt{\frac{a^2}{\tan \alpha^2} + \frac{2S}{\tan \alpha}}.$$

Le calcul s'opère par logarithme de la manière suivante. Adoptons les mêmes valeurs que ci-dessus, et faisons $\alpha = 33°$ 39′ 50″.

Log 104 . . . . . . =2,0170333
— Tang 33° 39′ 50″. . =9,8234787
_____
Log 1ᵉʳ Terme. . . =2,1935546

1ᵉʳ Terme. . . . .   =—156,16

2 Log 104. . . . . =4,0340666
— 2 Tang 33° 39′ 50″. =9,6469574
_____
4,3871092 =24384,2

Log 2ʰ 31ᵃ 42ᶜ . =4,3644009
— Tang 33° 39′ 50″. =9,8234787
_____
4,5409222 = +34747,4
_____
59131,6

2ᵉ Terme=Log $\sqrt{59131,6} = \frac{1}{2}$ 4,7718196=   +243,16
_____
$x =$ 87ᵐ00

comme ci-dessus.

Nous avons supposé que l'un des côtés, non parallèles du trapèze, était perpendiculaire aux bases ; mais ces formules seraient encore applicables s'il en était autrement. Il suffirait, en effet, de mener Bv et pq parallèles à AD, ce qui changerait alors le rectangle $opqr = r$ en un parallélogramme.

141. — 1° *Soit maintenant à partager le polygone* ABC (fig. 191) *en un nombre quelconque de parties égales.*

Il est nécessaire de savoir préalablement quelle est la direction qu'on devra donner sur le terrain aux lignes de division. Supposons qu'il faille les faire partir du sommet D, et admettons que la droite DM doive diviser la figure en deux parties égales.

Calculons séparément les triangles DBC$=a$, ABD$=b$, et DFE$=c$

La première part sera : $a+b+\varepsilon=\dfrac{\text{ABC}\ldots\text{F}}{2}$;

et la seconde sera : $c+\varepsilon'=\dfrac{\text{ABC}\ldots\text{F}^2}{2}$;

mais $\varepsilon+\varepsilon'=$ADF, il suffit donc de partager ce triangle dans le rapport de ε à ε', ou simplement sa base AF (139...1°).

Si le polygone devait être divisé dans un rapport donné, il serait nécessaire d'en calculer d'abord la surface, afin de déterminer chacune des parts; on aurait donc (139...5°) :

$$a+b+\varepsilon=\frac{\text{ABC}\ldots\text{F}\times m}{m+n}, \quad 1^{\text{re}} \text{ part},$$

$$c+\varepsilon'=\frac{\text{ABC}\ldots\text{F}\times n}{m+n}, \quad 2^{e} \text{ part}.$$

Ainsi le triangle ADF serait encore à partager dans le rapport de ε à ε'.

L'opération serait la même si, au lieu de partir d'un des angles du polygone, la ligne de division devait passer par un point donné N du périmètre (*fig.* 192).

Dans ce cas, on formera les triangles CDE, CEF, CFN, ABG et BGN, on aura par conséquent :

$$a+b+c+\varepsilon= 1^{\text{re}} \text{ part},$$
$$f+g+\varepsilon'= 2^{e} \text{ part}.$$

2° *Partager le polygone* ABCD....I (*fig.* 193) *en deux parties égales par une droite* MN, *parallèle au côté* AB.

On peut mener Dd parallèle à AB; on calculera alors les triangles ABd, BDC et dBD, puis les triangles EGF, IGH et IEG; l restera par conséquent le quadrilatère dDEI, qu'on partagera dans le rapport de ε à ε'. On a :

$$\varepsilon=\frac{\text{ABC}\ldots\text{I}}{2}-(\text{AB}d+\text{BDC}+d\text{DB}),$$

$$\varepsilon'=\frac{\text{ABC}\ldots\text{I}}{2}-(\text{GEF}+\text{IGH}+\text{IEG});$$

20

donc dDEI$=\varepsilon+\varepsilon'$. La solution revient, en définitive, à l'application du problème 2º ou 3º (140).

Dans le cas où on connaîtrait à l'avance la surface du polygone proposé, on calculerait les triangles ABd, BDC et dBD ; la somme de ces triangles ne formant pas la moitié de l'aire du polygone, il resterait à détacher une portion MdDN$=\varepsilon$; on tomberait alors dans l'application du problème 5º (140).

On peut mener Cc et Dd parallèles à AB, calculer les trapèzes cCDd, cCBA, et ajouter à leur somme une quantité ε, si cette somme ne formait pas la demi-surface du polygone proposé.

On aurait encore la faculté de mener par le point E une parallèle à AB ; on obtiendrait, dans ce cas, un trapèze dDEI′, qu'on partagerait en se reportant au probl. 4º (140).

Enfin, on peut faire usage des constructions graphiques expliquées à la fin du problème 1º (*même nº*).

On voit par ces derniers exemples que toutes les opérations qui se rattachent à la polygonométrie peuvent se ramener aux deux cas que nous avons énoncés au commencement de ce chapitre ; il serait donc superflu d'entrer dans de plus longs détails. Passons maintenant à quelques cas particuliers qui se rencontrent principalement dans les forêts.

3º *Partager le polygone* ABC....G (*fig.* 194) *en deux parties égales par une droite passant par un point* O *extérieur*.

Menons OC et calculons la surface résultante CPAB ; en admettant que cette surface soit moindre que celle qu'il faut donner à la première part, que nous supposons être MNABC, nous aurons à lui ajouter MNPC$=\varepsilon$.

Abaissons des points M et N, sur OC, les perpendiculaires M$m=x$, N$n=y$, et faisons, pour abréger OP$=r$, OC$=a$, par conséquent :

$$2\varepsilon=2\mathrm{OCM}-2\mathrm{OPN}=ax-ry ;$$

ou bien

$$ax=2\varepsilon+ry.$$

On tire d'abord

$$y=\frac{ax-2\varepsilon}{r}.$$

En remplaçant y par sa valeur, on trouve après réduction

$$x = \frac{2\varepsilon r}{ar}.$$

x étant connu, il est facile de déterminer le point M.

En employant la formule trigonométrique 3 (12), on obtient directement la valeur du côté CM, du triangle OCM, ce qui peut être préférable dans certaines circonstances.

On a d'abord :

$$\text{surf. OCM} = \frac{OC \times CM}{2}. \sin OCM, \text{ et surf. OPN} = \frac{OP \times PN}{2} \sin OPN.$$

En adoptant la même annotation que ci-dessus, et désignant CM par x, PN par y, le premier angle par C et le second par P, on aura :

$$ax \sin C = 2\varepsilon + ry \sin P;$$

de là

$$y = \frac{ax \sin C - 2\varepsilon}{r \sin P}.$$

substituant et faisant les réductions nécessaires, il vient

$$a = \frac{2\varepsilon r \sin P}{ar \sin C \sin P}.$$

Il est souvent plus commode d'opérer par approximation. Traçons OC comme précédemment, et déterminons la différence $\varepsilon = \frac{ABC....G}{2} - APCB$. Construisons ensuite un premier triangle M'OC d'une surface $= \varepsilon$. Le quadrilatère M'N'PC, qui résulte de cette première construction, est égal à $\varepsilon - OPN$. Calculons le petit triangle OPN' et ajoutons sa surface à celle du triangle M'OC $= \varepsilon$; la surface à établir en second lieu sera égale à $\varepsilon + N'OP$; nous pourrons donc avec cette somme former un second triangle M''OC. Le quadrilatère M''N''PC, résultant de cette seconde construction, ne différera plus de ε que d'une quantité fort minime, limitée par les droites PN, OM' et OM'', ou d'un petit triangle que nous désignerons par ON'N''; ajoutant encore la surface de ce petit triangle à la surface M''OC, on obtiendra un nouveau quadrilatère M'''N''PC, dont la surface sera égale ou approchera de très-près de ε.

La ligne de partage sera donc OM, ou une ligne qui se con-
fondra presque avec OM. On voit que l'opération doit être
poursuivie jusqu'à ce qu'on ait MNPC=ɛ; c'est ce dont on
s'assure en calculant ce quadrilatère.

4° *Partager un polygone en deux parties égales par une
droite passant par un point intérieur.*

Les deux solutions du problème précédent sont applicables
à celui-ci. Néanmoins les courbes pouvant être souvent d'un
grand secours dans les opérations de partage, nous empruntons à M. Regneault la solution suivante.

Traçons PR arbitrairement (*fig.* 195) et calculons PDER. En
supposant que MN soit la ligne demandée, la différence
ɛ=POM—ONR; traçons à volonté *aa'*, *bb'*,.... calculons les
triangles PO*a*, PO*b*.... RO*a'*, RO*b'*,.... construisons sur une
feuille séparée deux axes rectangulaires PV, PU (*fig.* 195 *bis*),
prenons pour abscisses les distances P*a*, P*b*,... et pour ordonnées des distances proportionnelles aux différences des
aires des triangles opposés, on aura une courbe αβ....ν, qui
exprimera la loi suivant laquelle varient ces différences. Sur
PU portons P*y*=ɛ, menons *yx* parallèle à PV par le point
d'intersection *x* de cette ligne avec la courbe, abaissons *x*M
perpendiculaire à PU, PM sera la distance qui portée de P en
M servira à tracer la ligne de division.

Cette opération a évidemment une vérification; car on peut
porter sur l'axe des abscisses P*a*=R*a'*, P*b*=R*b'*.... et tracer
les coordonnées *a*α, *b*β,... égales aux différences des triangles
compris dans PO*n*.

5° *Partager un polygone dans le rapport de m à n par une droite
faisant un angle donné avec une ligne connue de position* (fig. 196).

Traçons PR à volonté, faisant avec la ligne donnée TU un
angle α égal à l'angle donné. En supposant que MN soit la
ligne de partage, et désignant par S la surface totale du polygone, on aura :

$$RPABC+MPRN=\frac{mS}{m+n},$$

$$\text{et } RPFED-MPRN=\frac{nS}{m+n}.$$

Mais pour que MN satisfasse à l'énoncé, il faut que cette ligne fasse avec TU un angle $=\alpha$; donc elle sera parallèle à PR. La figure NMPR est donc un trapèze dont il faut déterminer la hauteur h (140, 4° ou 5°).

142. — Division des figures polygonales par les procédés graphiques. — Si toutes les figures que le géomètre a à diviser étaient régulières, ou si leurs contours étaient formés de lignes suffisamment longues, les procédés que nous venons d'exposer suffiraient généralement, parce que les opérations d'arpentage ayant eu lieu sur le périmètre même de ces figures, celles de partage pourraient s'exécuter dans les limites mêmes du terrain. Mais il n'en est pas toujours ainsi; souvent le périmètre des figures est très-sinueux, quelquefois il est formé de lignes à brisures fort multipliées; on ne peut donc arriver à l'application des problèmes qui précèdent qu'en suivant une méthode que la pratique seule peut faire connaître.

Une ligne de division MN (*fig*. 200) peut couper le contour d'un polygone en plus de deux points. On doit évidemment tenir compte des parties telles que β étrangères au polygone. On voit que l'on serait entraîné à des calculs numériques très-compliqués si on voulait se renfermer dans les préceptes de la théorie; tandis que si on établit d'abord par une droite $o'p'$ une surface $o'ABp'$ égale à la première part, que l'on calcule ensuite la portion β qui n'appartient pas au polygone et qu'on l'ajoute à la première surface $o'ABp'$, on pourra déterminer une seconde ligne de division $o''p''$, laquelle comprendra encore des portions ν et $mlgf$ en dehors de la figure; ces nouvelles portions, ajoutées de nouveau à la surface $o'ABp'$, donneront une nouvelle ligne de partage, et ainsi de suite jusqu'à ce qu'enfin on soit arrivé à la ligne véritable MN.

Comme généralement le géomètre ne suit pas, lors de l'arpentage du plan, les limites mêmes du terrain, qu'il inscrit presque toujours ce terrain dans un polygone, il y a avantage à opérer d'abord dans les limites du polygone, sauf à revenir ensuite sur les divisions par des opérations secondaires en appliquant le principe précédent. Nous aurons occasion de faire des applications complètes de ce procédé.

Les procédés graphiques pourront à un premier aperçu ne pas paraître rigoureux; cependant ils suffisent quand le plan sur lequel on opère est construit à une échelle convenable, et lorsque surtout on a l'habitude de l'échelle et du compas.

Dans la pratique, on n'emploie guère qu'un seul procédé; on agit par tâtonnements, et ce n'est qu'après des essais successifs qu'on parvient à une solution.

1° *Soit la figure* ABCD (fig. 197) *à diviser en deux parties égales, ou dans le rapport de m à n.*

Après avoir calculé la surface entière ABCD et déterminé la valeur de la première part (139, 4°), on tracera à volonté, mais dans le sens de la droite qui doit faire le partage, une ligne *op*. On calculera ensuite la surface *o*AB*p* (on se sert autant que possible des mêmes triangles ou figures décomposantes établies en premier lieu pour déterminer la surface totale de la figure). Cette surface *o*AB*p* ne satisfaisant pas à la question, supposons qu'il faille lui ajouter une quantité $= \varepsilon$. Puisque la ligne demandée MN doit être parallèle à *op*, ε est évidemment égal à *tu*, distance milieu des côtés M*p*, N*o*, non parallèles du trapèze N*op*M, par la hauteur *h* de ce trapèze. Toute l'exactitude de l'opération consiste donc à mesurer convenablement *tu*, afin d'obtenir *h* le plus exactement possible.

2° Quand les côtés M*p*, N*o*, sont parallèles ou à très-peu près, on mesure *op*, puis on détermine *h* par $h = \dfrac{\varepsilon}{op}$. On porte cette valeur sur une perpendiculaire indéfinie *an*, élevée en un point quelconque de *op*, on mène MN parallèle à cette dernière ligne.

Mais si l'un des côtés M*p*, N*o*, était beaucoup plus oblique que l'autre, on prendrait alors la distance *tu* à une distance de *op*, de moitié *environ* de *h*; l'habitude peut seule faire apprécier en quels points de M*p* et de N*o* on doit placer les pointes du compas. Généralement on n'a qu'une valeur approchée de *h*; on porte néanmoins cette valeur sur *an*, on mène, comme précédemment, une parallèle à *op*, puis on calcule la surface résultante *op*MN. Si cette surface n'est pas égale à *ε*, on cherche une nouvelle valeur de *h*, en remontant ou en descendant la ligne imaginée *tu*, suivant que *op*MN est trop faible ou trop fort.

3° On arrive à une solution analogue en mesurant *op* et en

faisant $h = \dfrac{\varepsilon}{op}$; mais alors h est la hauteur d'un rectangle $odcp$, ou celle d'un parallélograme $oebp$ (en imaginant pb parallèle à oN), il manque donc à la première part une surface représentée par le petit triangle $bpc = \alpha$: en calculant l'aire de ce triangle et en l'ajoutant à ε, on aura une seconde valeur de h, laquelle est alors $h = \dfrac{\varepsilon + \alpha}{op}$; celle - ci conduira à une nouvelle ligne de partage entre cc et MN, mais qui se rapprochera beaucoup de cette dernière. Opérant toujours de la sorte, on arrivera enfin à MN.

4º Si, pour compléter la première part, la distance $ac = h$ (*fig.* 198) conduisait à avoir une figure polygonale opgMNe, on mènerait, par chacun des sommets g et e du contour de la figure proposée des parallèles ed, fg…. à op, on calculerait les surfaces des trapèzes résultant, lesquelles, ajoutées successivement à celle de ABpo, indiqueront sur quels côtés l'opération finale doit avoir lieu.

5º Lorsque, dans le cas de la *fig.* 200, on présumera que la ligne de division doit couper plusieurs fois le contour du polygone proposé, on tracera la ligne op de manière à s'affranchir autant que possible, dans le calcul de la surface première oABp, de toutes les parties étrangères au polygone. La première valeur de h conduisant ensuite au tracé d'une droite telle que $o'p'$, on voit que, pour s'assurer que ε a bien sa valeur, il faut calculer le petit triangle $o'nv$ et retrancher sa surface α de ε, puis calculer le petit quadrilatère $m'ld$ et ajouter sa contenance β à ε ; la seconde valeur de h sera donc exprimée par :

$$h = \frac{(\varepsilon - \alpha) + \beta}{\frac{1}{2}op + (o'n + ntm' + lp')},$$

en supposant, bien entendu, que l'on ait considéré dans le principe le trapèze $mp'po$.

Nous devons faire observer toutefois que l'on doit éviter ces sortes de divisions, parce qu'en général elles s'accordent mal avec les intérêts des co-partageants. Il est préférable, lorsqu'elles se présentent, d'adopter pour première figure un polygone tel que odCNBA, et si sa surface n'était pas suffisante, on remonterait alors cd seulement.

6° Quand la direction de la ligne de partage n'est pas donnée, on abrège beaucoup l'opération en procédant de la manière suivante.

En supposant (*fig.* 199) que MNDE soit la première part à établir, on a opDE $=$ MDE $+ \varepsilon =$ MNDE $+ op$NM. Pour retrancher cette dernière quantité, imaginons la diagonale Mp, nous aurons oM $\times \dfrac{ap}{2} + Np \times \dfrac{Mb}{2} = \varepsilon$, ap et Mb étant les perpendiculaires abaissées des points p et M sur les côtés EA et CD opposés du polygone, ou les hauteurs des triangles pMo, MpN, ayant pour bases Mo et Np. Il s'agit de choisir M ou N de manière que MN ait la meilleure direction possible.

On peut donner à chacun des triangles MpN, Mpo, une valeur $= \frac{1}{2}\varepsilon$, alors on aura N$p = \dfrac{\frac{1}{2}\varepsilon}{b\mathrm{M}}$ et oM $= \dfrac{\frac{1}{2}\varepsilon}{ap}$. Dans le cas où la disposition de la figure ne permettrait pas de mesurer ap et bM, on prolongera les côtés AE et CD autant qu'il sera nécessaire.

Il arrive souvent dans les partages de propriétés que les demandes des co-partageants excèdent ou sont inférieures à la surface totale du terrain à diviser, ou bien que leurs droits étant différemment exprimés, en les réunissant on trouve une différence entre leur somme et la contenance que l'on a obtenue. Dans ce cas, on répartit la différence sur chaque lot proportionnellement à leur étendue.

Supposons qu'il faille partager un terrain dont la surface a été trouvée, par suite de l'arpentage qu'on en a fait, de $1^{\mathrm{h}}47^{\mathrm{a}}56$ cent.

La première personne demande 32 perches (perche de 22 pieds);
La seconde. . . . . 58 perches (*id*.   );
La troisième. . . . 1 arpent. 27 perches (perche de 24 pieds).

Réduisant d'abord ces mesures anciennes en nouvelles, on trouve :

1re part. . . .	16^{ares}34^{cent}	
2e part. . . .	29	62
3e part. . . .	77	19
Somme. .	1^{h} 23	15

Il y a donc une différence de $1^h47,56 - 1,23,15 = 24^a41^c$ entre le nouvel arpentage et les demandes des intéressés, différence que l'on peut attribuer soit à des modifications survenues dans les limites du terrain, soit à de fausses énonciations dans les actes. On répartira donc cette différence de la manière que nous venons d'indiquer, à moins qu'il y ait des prétentions contraires, ce qui arrive, au reste, fort rarement. On aura :

$$1^h 23, 15 : 1^h 47, 56 :: 16^a 34 : 1^{re} \text{ part.}$$
$$\text{etc.} \ldots \ldots$$

ou bien :

$$1^h 23^a 15 : 24^a 41 :: 10 : x = 1,982 \qquad (67)$$
$$\text{d'où, } 1^{re} \text{ part } = 15,34 + (16,34 \times x) = 19^{ares}58^{cent}$$
$$2^e \text{ part } = 29,62 + (29,62 \times x) = 35 \quad 49$$
$$3^e \text{ part } = 77,19 + (77,19 \times x) = 92 \quad 49$$
$$\text{Somme égale.} \quad . \quad . \quad 1^h 47^a \quad 56^c.$$

Si les co-partageants exprimaient leur quotité par des valeurs telles que $\frac{1}{5}$, $\frac{1}{5}$ et $\frac{4}{7}$, on réduirait d'abord ces fractions au même dénominateur ; les parts seront en conséquence exprimées de la manière suivante :

$$1^{re} \frac{105}{280}, \quad 2^e \frac{56}{280}, \quad \text{et } 3^e \frac{160}{280}.$$

Mais comme ces fractions expriment plus d'un entier, il faut faire subir à leur numérateur les modifications nécessaires. On aura dans ce cas :

$$321 \text{ (somme des numérateurs)} : 280 :: 105 : x = 91,6$$
$$321 : 280 :: \ 56 : y = \ 48,9$$
$$221 : 280 :: 160 : z = 139,5.$$

De là :

$$1^{re} \text{ part} = \frac{91,6}{280}, \ 2^e \text{ part } \frac{48,9}{280}, \ \text{et } 3^e \text{ part } \frac{139,5}{280};$$

enfin, en représentant par S la surface obtenue du terrain à diviser, on aura :

$$280 : S :: 91, 6 : 1^{re} \text{ part,}$$
$$280 : S :: 48, 9 : 2^e \text{ part,}$$
$$280 : S :: 139, 5 : 3^e \text{ part.}$$

Ces deux exemples suffisent pour faire connaître la marche à suivre dans toutes les questions qui se [présenteront sous cette forme.

143. — **De l'assiette des coupes.** — Asseoir une coupe dans une forêt, ou communément l'arpenter, c'est établir sur le terrain une surface donnée et en tracer les limites. Cette surface se détermine généralement, dans les taillis, d'après la contenance de la forêt et le nombre d'années adopté pour son exploitation. Soit une forêt aménagée à 25 ans, pour que les exploitations aient lieu sur chaque point de la forêt tous les 25 ans, on devra évidemment prendre chaque année $\frac{1}{25}$ de la surface totale. Cette quantité doit être établie sur le terrain avec précision; autrement les différences annuelles s'ajoutant successivement, il arrivera qu'à la 25me année, la coupe aura une surface beaucoup plus grande ou beaucoup plus petite, et que, même dans ce dernier cas, si les différences ont été fortes, on ne trouvera plus de place pour cette 25me coupe. Deux choses sont donc indispensables dans l'assiette des coupes : connaître la surface exacte de la forêt; opérer avec précision lorsqu'on assoit une coupe.

Malgré tous les soins que l'on peut apporter dans l'arpentage des coupes, les résultats ne sont jamais aussi précis que ces sortes d'opérations l'exigent; parce que, d'abord, le chaînage dans un bois est beaucoup plus difficile et en cela moins exact que celui qui s'exécute en plaine ; d'un autre côté, le tracé des lignes qui fixent les limites des coupes ne pouvant non plus être fait avec toute l'exactitude convenable, à moins d'abattre une grande quantité de bois, on est presque toujours amené à modifier la contenance qui avait été arrêtée en premier lieu. On peut donc admettre qu'une coupe de N hectares présentera une différence d ; mais, pour ne pas anticiper sur les exploitations, il faut que cette différence d soit reportée sur la coupe suivante, laquelle sera alors de $N \pm d$ hectares; ou bien, et c'est ce qui convient le mieux, il faut la répartir sur toutes les coupes qui viendront à la suite, afin que l'on ait toujours, pour une forêt aménagée à 25 ans,

$$S \times n = 25 \times s.$$

S = surface de la forêt,
s = surface exploitée en n années.

Pour donner un exemple, admettons une forêt de 315 hectares aménagée à 25 ans; les coupes annuelles seront de $\frac{315}{25} = 12^h 60$ ares. Si, la première année, la coupe s'est trouvée de $12^h 30$, à la deuxième année on devra établir une coupe de $\frac{315 - 12^h 30}{24} = 12^h 61^a$; mais si l'arpentage de cette deuxième coupe (1) a produit $12^h 92^a$, la coupe à asseoir pour la troisième année devra être de $\frac{315 - (12,30 + 12,92)}{23} = 12^h 59^a$; enfin, si, au lieu de $12^h 59^a$, on a eu, par suite de l'assiette, $13^h 00^a$, la coupe, pour la quatrième année, devra être de $\frac{315 - (12,30 + 12,92 + 13,00)}{22} = 12^h 58^a$..... etc.

Les limites des coupes sont tracées sur le terrain par un filet ou tranchée d'une largeur qui ne doit pas excéder un mètre. Les angles sont fixés par de forts piquets rattachés à des arbres les plus voisins, dits *pieds-corniers*, blanchis et marqués du marteau de l'arpenteur aussi près de terre que possible. Les marques se font sur deux faces, l'une dans la direction de la limite ou de la ligne d'arpentage à droite, l'autre dans celle de la ligne à gauche, du côté et en regard de la coupe. On rattache et marque également, mais seulement sur une face, les arbres que l'on rencontre sur les laies ou qui en sont peu éloignés. Ceux-ci se nomment *parois*. La circonférence des uns et des autres est mesurée

---

1 Nous devons rappeler que l'opération d'arpentage consiste, au cas dont il s'agit, à établir sur le terrain une surface donnée et en déterminer les limites : il ne faut donc pas confondre cette opération avec celles que nous avons décrites dans les chapitres précédents.

et inscrite sur le plan de la coupe. On désigne aussi sur le plan l'essence de ces arbres.

1° *Soit à asseoir, à l'extrémité d'un canton de bois, une coupe d'une contenance* = N (*fig.* 201).

L'inspection des lieux ayant fait voir qu'on pouvait adopter le point A pour départ de l'opération, on lèvera les sinuosités du périmètre du canton en établissant des directrices telles que Aa, ab, bc.... Ce levé sera effectué jusqu'à ce qu'en imaginant une diagonale Ae, on ait un polygone A$abc...e$, d'une surface *à peu près* égale à N. On formera le plan en rapportant très-exactement lesdites directrices et les détails du levé, puis on calculera, par l'un des procédés expliqués au chapitre IV, la surface A$cdcba$, en ayant soin d'en distraire les portions qui ne font pas partie du bois et qui se trouvent renfermées par les lignes d'arpentage et le périmètre du canton. Si cette surface ne diffère pas trop de celle demandée, on mesurera Ae sur le plan, puis on cherchera la hauteur approximative du triangle AeF à y ajouter (nous supposons que la surface du polygone A$cd....$A est moindre que N), ce qui indiquera à très-peu près la longueur du périmètre à lever sur une dernière directrice es établie à cet effet. On prolongera ce levé un peu au delà des prévisions, afin de ne plus y revenir. On arrêtera enfin la surface de la coupe par l'application de l'un des problèmes rappelés au commencement de ce chapitre, et notamment (142, 6°.)

On a ensuite à tracer, sur le terrain, la ligne de séparation AF de la coupe à exploiter avec le bois restant. Le procédé (28, 5°) peut être employé, mais il exige beaucoup trop de temps pour des opérations de cette nature. Généralement on mesure sur le plan, avec le rapporteur, l'angle eFA, et on répète cet angle sur le graphomètre en plaçant l'instrument en F, point connu par suite de la détermination de la ligne AF. Si on s'est servi de la boussole, on mène par ce point une parallèle à la méridienne; on mesure de la même manière l'angle Δ. On remarquera que souvent, dans ce dernier cas, il faut ajouter 2° à celui-ci suivant l'endroit où on est placé. La position de AF indique suffisamment quand cette addition doit avoir lieu.

Comme l'angle nécessaire au tracé de la droite AF a été

mesuré sur le papier, on doit s'attendre qu'en traçant cette ligne à travers bois, on ne tombera pas exactement sur le point opposé à celui où l'on se trouve, lorsque la différence excède $\frac{1}{100}$ de la longueur de la ligne, on en rectifie la position par le même procédé (28, 5°).

En voici un autre qui, sans être aussi rigoureux d'exactitude, pourra être employé dans le plus grand nombre de cas. Comme la direction de AF (*fig.* 202) n'est pas rigoureusement donnée, l'angle mesuré sur le plan ayant conduit à une ligne telle que FA′ au lieu de FA qu'on aurait dû avoir ; du point A (point de départ de l'arpentage) abaissez A*b* perpendiculaire sur A′F, prenez $bd = \frac{1}{4} Ab$, et portez *bd* de distance en distance perpendiculairement sur A′F, vous aurez des points *g*, *h*, *i*, *k*, qui vous serviront à tracer définitivement la ligne de séparation ; car il suffira de jalonner et d'ouvrir la tranchée de *d* jusqu'à *g*, de *g* jusqu'à *h*, etc.

Ce procédé ne pourrait produire de différence sensible sur la surface établie que dans le cas où AA′ serait considérable, et que ce côté du polygone serait très-différent de direction de son opposé *e*F.

Il est essentiel que la tranchée provisoire A′F soit ouverte d'une manière aussi invisible que possible ; on ne doit couper de bois que la quantité strictement nécessaire pour apercevoir la tête des jalons.

Quand la position de A′F ne présente avec celle de AF qu'une différence AA′ qui n'excède pas 2 mètres, on peut s'en tenir au premier tracé A′F ; il faut toutefois ajouter à A*a* (*fig.* 201), ou lui retrancher la différence entre le point A et le point d'arrivée A′ suivant que celui-ci se trouve au-dessus ou au-dessous de A.

Lorsque la position de AF est définitivement fixée, on chaîne cette ligne, on en applique la longueur sur le plan, ce qui fait reconnaître si l'on a bien opéré. En cas de différence, il ne faut pas négliger de rechercher les causes qui l'ont produite. Ce n'est que lorsqu'on est certain de l'opération que l'on ouvre la tranchée en abattant tous le bois nécessaire.

144. — Les instructions de l'administration des forêts prescrivent d'inscrire sur les plans les valeurs des angles du

polygone établi lors de l'arpentage; elles invitent également
à calculer les surfaces en employant les mesures du terrain
comme éléments de calcul. On est donc obligé, si on a opéré
au graphomètre, d'employer le procédé (85) pour calculer la
surface de la coupe, à moins qu'on ne préfère le suivant qui,
au reste, est beaucoup plus expéditif. Quant à la valeur des
deux derniers angles A et F, on ne peut évidemment donner
celles qui ont été mesurées sur le plan avec le rapporteur;
il convient, en conséquence, de les déterminer par le calcul, ou, ce qui est préférable, de mesurer ces angles sur le
terrain lorsque la tranchée est ouverte.

Comme la méthode par approximation peut être très-utile
dans les opérations de l'espèce, les exemples suivants feront
connaître la marche à suivre quand on voudra l'employer;
on la modifiera toutefois suivant les circonstances.

1° APPLICATION DE LA MÉTHODE DES APPROXIMATIONS. — En se servant
des mesures inscrites sur la *fig.* 201 on aura :

Surface A*edcba*. . . . . 6ʰ 52ᵃ .65ᶜᵉⁿᵗ
et pour la somme des aires des parties comprises entre les lignes
d'arpentage *Aa*, *ab*, *bc*, *cd*, *de*, et le périmètre du canton. . . — 45. 18

On a donc, pour la surface arpentée. 6. 07. 47
En supposant qu'on ait à établir une coupe de. 7. 56. 30

On aura à prendre sur le canton. 1ʰ 48ᵃ 83ᶜᵉⁿᵗ

Traçons la directrice indéfinie *es*, et cherchons la hauteur *h* approchée du
triangle A*e*F à établir, et dont la base A*e* = 386ᵐ 9 qui doit compléter la contenance de la coupe. Cette hauteur est :

$$\frac{1}{2}h = \frac{1.48.83}{386,9} = 38,47, \text{ donc } h = 76^m 94$$

Construisons ce triangle, et mesurons sur le plan l'hypoténuse *e*F afin de
savoir, approximativement, la portion de périmètre *kt* à lever sur *es*. (Si on ne
construisait pas le plan sur le terrain, il faudrait calculer le triangle rectangle
*ue*F, dans lequel on a *u*F = 76ᵐ 94 et l'angle A*e*F = *dc*F — *de*A = 49° 31′ (¹).
Opérant et calculant la contenance de la figure *ekv*F, laquelle, d'après les mesures inscrites, *fig.* 201, est de 9 ares 33 cent., puis en l'ajoutant à la précédente
1ʰ 48ᵃ 83ᶜ, nous pourrons déterminer une seconde valeur de *h*. Celle-ci sera :

---

¹ Cette valeur, ainsi que celles qu'on ne trouvera pas sur la *fig.* 201, sont
déduites du calcul. Nous admettons, en conséquence, qu'on a résolu les triangles *bdc*, *bcd*, *acb* et A*ca*. L'angle A*ca* est donc égal à A*cd* — (A*ca* + *acb* + *bcd*).

$$\tfrac{1}{2}h = \frac{1.48.83 + 9.33}{386.9} = 40.88, \text{ donc } h = 81^m 76$$

Cette approximation est suffisante, car en calculant l'hypoténuse du triangle rectangle ueF, dans lequel uF est actuellement de $81^m 76$, nous trouvons $cF = 107^m 5^c$, et comme l'arpentage a eu lieu sur es sur une longueur de 101^m, la différence qui existera sur la coutenance de la coupe ne sera que de l'aire du petit quadrilatère vFt, et elle est assez minime pour pouvoir être négligée. Ainsi, en faisant $eF = 107^m 5^c$, on aura le point F sur es. Maintenant, pour tracer FA, il faut connaître l'angle eFA. Cet angle peut s'obtenir de deux manières : en résolvant le triangle AeF, dans lequel on a $eF = 107^m 5$, et $eA = 386^m 9$, et l'angle compris $AeF = 49^o 31'$; ou bien, par la résolution des triangles rectangles Fue, FuA; le premier de ceux-ci est déjà calculé, on n'a donc à résoudre que le triangle FuA. On trouvera

1° $uF = 81^m 76$, $Au = Ae - ue = 386.9 - 69.8 = 317.1$;

2° $AF = 327^m 4$, angle $AFu = 75^o 43'$;

3° angle $AFe = 75^o 43' + (90^o - 49^o 31') = 116^o 12'$.

2° *Par les distances coordonnées.* — Comme il importe peu, dans les opérations de cette nature, que les axes rectangulaires passent par un point plutôt que par un autre, on adoptera pour l'axe des x (63) la dernière ligne d'arpentage eF (*fig.* 203) sur laquelle l'opération finale a lieu. L'axe des y sera la perpendiculaire à cette directrice passant par le sommet le plus saillant du polygone enveloppe. Ainsi, d'après les principes énoncés (78), la surface de la coupe sera surf. $\alpha\beta v\delta$ — (surf. AF^v + l'aire des parties étrangères comprises entre les côtés de ce rectangle et le périmètre du canton).

Supposons, comme au problème précédent, qu'on se soit arrêté en e, on a également à ajouter au polygone $Aedca$, un triangle AeF. Mais comme l'opération doit actuellement s'étendre sur le rectangle $\alpha\beta v\delta$, on aura à retrancher de ce rectangle une surface Aev — $AFe = AF^v$. Donc,

Surf. $Ae^v = \tfrac{1}{2} cv \times A^v$,

mais $ev = \alpha\delta - e\beta = 354^m 0 - 103^m 0 = 251^m 0$

et $A^v = \alpha\beta - A\delta = 339\ 0 - 44\ 8 = 294\ 2$.

De là :

Surf. $\alpha\beta v\delta$. . . . . $= 12^h 00^a 06^{cent}$

Figures comprises entre les côtés de ce rectangle et le périmètre du canton. . . . . $= - 2\ 23\ 78$

Différence. . . . 9 76 28

La surface de la coupe à établir étant de. . . 7 56 30

On a pour le triangle AF^v à retrancher. . . $2^h 19^a 98$

Cherchons la valeur approchée de Fv,

$$\frac{1}{2}Fv = \frac{2.19.98}{294.2} = 74.77, \quad Fv = 149.54;$$

ce qui indique approximativement ce que l'on doit lever du périmètre sur la dernière directrice eF. On opérera comme au problème précédent, en remarquant que AFv devant être retranché de la surface entière αβγδ, on doit en retrancher successivement les surfaces des parties étrangères à la coupe déterminée sur cette dernière directrice.

Quand on opère avec la boussole, l'opération finale a également lieu sur le dernier côté eF du polygone d'arpentage; mais comme, pour plus de rapidité, on trace les côtés du rectangle circonscrit αβγδ parallèlement aux méridiennes (86), on abandonne ce tracé aussitôt que la surface Aedca (*fig.* 203) est connue, puis on complète la contenance de la coupe en appliquant le procédé 1°. Quant à la valeur de l'angle de déclinaison de la tranchée FA à ouvrir, on l'obtient facilement par addition ou soustraction de l'angle AFe à l'angle de direction de eF donné par la boussole.

Dans le cas où la coupe devrait être assise dans une position donnée, on connaîtra évidemment la direction de la tranchée à ouvrir. On mènera alors, par le point de départ A de l'arpentage (*fig.* 203), une ligne AK sous un angle égal à l'angle de direction de la tranchée; ceux en A et en K seront connus; on calculera la surface AKedcba, si elle était plus grande que celle demandée, on aurait à en distraire un trapèze AA'K'K; l'opération ne serait différente des exemples précédents qu'en ce qu'il faudrait considérer à la fois les parties étrangères situées entre AA' et entre FF'.

Les calculs s'abrègent beaucoup lorsqu'on peut conduire l'opération finale sur la limite même du canton boisé; et, en effet, si de l'extrémité e de la directrice de on avait tracé une ligne d'arpentage qui rejoignît en un point quelconque le périmètre kt, mais en avant du point F, on n'aurait à considérer que la portion de bois AKt.

On comprendra sans doute que les opérations qui se rattachent à l'assiette des coupes, qu'elles s'exécutent entièrement sur le papier ou par le calcul, ne peuvent s'effectuer que sur le terrain même; on est donc obligé de se munir

de tous les objets nécessaires à la construction de ce plan et
de ces calculs.

Il est souvent plus commode d'ouvrir la tranchée AF (*fig.*
201 et 203), à l'aide d'une ligne auxiliaire F*n*, qu'on détermine sur le terrain lorsque la disposition des lieux le permet.
Élevons sur F*e* la perpendiculaire F*r* (*fig.* 201), et formons les
triangles rectangles F*rn*, F*me*; ces triangles sont semblables;
car l'angle *r*F*n*=l'angle F*em*. En résolvant ce dernier et en
donnant une valeur quelconque à F*r*, mais calculée sur l'espace libre que présente les localités de ce côté du canton,
soit 50 mètres, on aura : $rn = \dfrac{Fm \times 50}{me}$. On mènera donc *rn*
perpendiculaire sur F*r* ou parallèle à F*e*, puis on tracera
FA à l'aide des points *n* et F.

Dans le cas de la *fig.* 203, les deux triangles rectangles
A*r*F, F*rn*, sont semblables; on aura donc $rn = \dfrac{rF \times 50}{Ar}$, et
comme tout est connu dans le premier triangle, cette valeur
de *rn* sera donnée immédiatement; en élevant, comme précédemment, F*r* perpendiculaire sur F*e*, et en donnant à F*r* et
à *rn* leurs valeurs, on aura également deux points *n* et F, à
l'aide desquels on pourra tracer FA.

On doit concevoir qu'aucune méthode particulière ne peut
être indiquée pour procéder à l'assiette des coupes; la meilleure est celle qui conduit plus rapidement aux résultats.

Le plus souvent on a à établir, en plein bois, une coupe
d'une forme rectangulaire, adjacente à une autre coupe de
même forme exploitée récemment. On peut, dans ce cas,
abréger beaucoup l'opération d'arpentage, en la réduisant
en quelque sorte à l'ouverture de la tranchée séparative.
Prenons un exemple général :

Soit la coupe C (fig. 204) *à asseoir, adjacente à une coupe* A
déjà établie.

Le plan de la la coupe A donne la longueur de la tranchée
commune NO. Si A=C, la largeur NB de la coupe à asseoir
sera égale à NS, ou elle n'en différera qu'autant que TV sera
oblique aux tranchées ST, NO et BR. Dans tous les cas, il
sera facile de déterminer, à peu de chose près, la différence
de ces deux largeurs, soit en prenant la différence entre ST

et NO, si TR est une ligne droite, et l'ajoutant à NO pour avoir la base, milieu du trapèze NORB, soit en mesurant l'angle NOV sur le terrain. Dans ce dernier cas, on aura la largeur de la coupe C par le problème 5º (140).

Si l'on préfère opérer par approximation, on déterminera NP, largeur approximative de C, par $\dfrac{\text{surf.} C}{\text{NO}}$, ce qui conduira, par exemple, à une ligne telle que PV; mais on aura à retrancher de NODP la surface du triangle DOV, qui se trouve en dehors du calcul (142, 3º), car NO$\times$NP=NODP.

On obtiendra, en définitive, NB pour largeur de la coupe à établir; alors, au point B, on fera l'angle NBR=SNO inscrit sur le plan de la coupe A, ou bien on portera cette largeur NB perpendiculairement sur NO de distance en distance, ce qui donnera des points a, b, c, qui appartiendront à la tranchée.

Bien que ces sortes d'opérations ne présentent pas de graves difficultés, il faut néanmoins s'y être bien exercé pour ne pas commettre d'erreurs appréciables. Les élèves feront donc bien, la première année qu'ils opèreront, de faire un nouveau levé de la coupe aussitôt après l'ouverture de la tranchée; ils dresseront, à l'aide de ce levé, un second plan de la coupe qui leur servira alors à déterminer le chiffre exact de la contenance. Ils n'auront, par conséquent, rien à craindre lors de la vérification ou du réarpentage.

145 — Division des coupes en lots. — La division des coupes en lots n'est qu'une question de partage de propriétés à résoudre. On procède d'abord à l'assiette de la coupe, la division vient ensuite. Les lots doivent présenter des figures aussi régulières que possible; pour y arriver, on établit les lignes de partage perpendiculaires les unes aux autres.

Si nous voulons diviser la coupe ABCD (*fig.* 205), en quatre lots égaux, nous commencerons par en faire l'assiette sur le terrain; nous établirons ensuite la ligne de partage *ab* parallèlement à AB ou à CD, de manière que surf. *aDCb*= surf. *ab*BA; nous diviserons ensuite chacune de ces figures en deux parties égales par les droites *mn*, *op*, perpendiculaires à *ab*. Ainsi le travail ne présente aucune difficulté alors surtout qu'il s'agit d'un rectangle ou d'un trapèze.

La *figure* 206 représente une autre disposition ; pour arriver à la division demandée : traçons $a'b'$ arbitrairement, mais parallèle à AB, calculons la surface $a'b'$BA. La surface ABCD étant connue (l'assiette de la coupe est effectuée et le plan est dressé), on devra avoir $a'b'$BA$=\frac{1}{7}$ABCD ; mais $a'b'$BA étant plus petit il faut lui ajouter $a'b'ba$; mesurons (sur l'échelle) $a'b'$, nous aurons à très-peu près

$$h = \frac{\text{surf. } abb'a'}{a'b'} :$$

nous porterons donc h sur une perpendiculaire élevée sur $a'b'$ puis nous mènerons ab parallèle à $a'b'$.

Si les deux côtés non parallèles du trapèze $abb'a'$ sont très-obliques à $a'b'$ et en sens différent, on mesurera ut (142, 1°) passant par le milieu de h, puis, on cherchera, à l'aide de cette nouvelle base, une seconde valeur de la hauteur. On opèrera de même pour les deux autres tranchées.

Lorsque la coupe doit être divisée proportionnellement à la valeur des produits, l'opération revient à diviser le polygone, suivant un certain rapport.

On sait, par exemple, que la partie *est* de la coupe ABCD, (*fig*.. 205), vaut 1400 francs l'hectare, et que la partie *ouest* ı e vaut que 900 francs. Si cette coupe doit être partagée en quatre lots, il faut évidemment que le premier lot ait une surface qui, multipliée par 900, soit égale au quart du produit total de la coupe. On déterminera donc ce produit ; la suite de l'opération ne présente aucune difficulté.

Mais si kl était la limite des estimations, il pourrait arriver qu'une portion telle que $inmk$, qui vaut 1400 francs, dût faire partie de l'un des lots formé principalement de la partie de la coupe évaluée 900 francs. On ne peut donc arriver à déterminer les lignes de division que par approximation.

Soit, surf. ABCD$=35$ hect. 68 ares, et soit surf. klBC $=17$ hect. 43 ares, on aura surf. klAD$=18$ hect. 25 ares. Par conséquent, le prix total de la coupe sera 17 h. 43 a. $\times$ 1400 fr. $+$ 18 h. 25 a. $\times$ 900 fr.$=40,827$ fr., et le prix de chaque lot devra être de $\frac{40,827}{4}=10,206$ fr. 75 c. Menons $a'b'$ arbitrairement, calculons les surfaces $a'i'k$D, $ki'b'$C. Si ces deux surfaces, multipliées respectivement par 900 et par 1400, ne donnent pas un produit égal à $10206,75 \times 2 = 20413,50$ (valeur des 1er et 3e lots réunis); qu'il soit moindre, nous tracerons une nouvelle droite parallèle à $a'b'$ qui nous conduise à un produit plus approché. Si la différence était encore trop grande, nous tracerions une deuxième parallèle, puis une troisième (144) jusqu'à ce qu'enfin nous obtenions ab qui satisfait à la question.

mn, qui sépare les 1er et 3e lots, sera ensuite établie facilement, puisqu'on doit avoir surf. $mnbc \times 1400 = 10206,75$ et surf. aikD$\times 900 +$ surf. $kinm \times 1400 = 10206,75$.

On doit avoir également surf. aopA $\times 900 = 10206,75$ et surf. bilB$\times 1400 +$surf. $liop \times 900 = 10206,75$.

On arriverait encore à une approximation suffisante en cherchant d'abord le prix moyen de la coupe, lequel est égal à

$$\frac{18,25 \times 900 + 17,43 \times 1400}{35,68} = 1144 \text{ fr. } 25 \text{ cent.}$$

On déterminera ensuite la position de ab en faisant

$$\text{Surf. } ab\text{CD} = \frac{20413,50}{1144,25} = 17^{\text{h}} 85^{\text{a}}.$$

Si on ne tient pas à avoir des divisions aussi régulières, on pourra former, d'abord, le premier lot dans la partie de la coupe DklA, on aura alors kd et dq pour lignes de partage. On formera ensuite le deuxième lot du restant qdlA, auquel on ajoutera une portion telle que $dtrl$ de la seconde partie de la coupe, pour compléter ce lot. Enfin, on séparera les 3e et 4e lots, en prolongeant qt, puis en établissant la tranchée su.

Le tracé des tranchées qui doivent séparer les lots ne présente aucune difficulté. Comme les lignes de division sont généralement perpendiculaires entre elles, une bonne équerre suffit presque toujours pour indiquer leur direction sur le terrain. Mais il peut arriver, cependant, qu'après avoir établi et mesuré ab (*fig.* 206), on trouve une diffé-

rence entre le mesurage et la longueur de cette ligne donnée par le plan. On ne peut évidemment négliger cette différence si l'on veut que les divisions sur le terrain soient
dans un même rapport avec celles résultant de la construction. On devra donc établir les points de départ o et n
des tranchées séparatives op et nm, de manière que l'on
ait :

ab sur le plan : ab sur le terrain :: ao sur le plan : ao sur le terrain :: an sur le
plan : an sur le terrain (135).

Les points o et n étant ainsi fixés, on ouvre les deux tranchées op et nm, en élevant des perpendiculaires sur ab. Ces
tranchées doivent être rattachées, nm sur AB, au point m,
et op sur la ligne d'arpentage sur laquelle elle aboutit au
point p. Remarquons que l'on ne pourrait obtenir ces rattachements qu'en mesurant une seconde fois ces deux lignes ;
on évite ce second mesurage, en plaçant des piquets lors
de l'arpentage de la coupe, à peu près aux endroits où l'on
suppose que les tranchées séparatives aboutiront sur elles ;
on n'a plus, en conséquence, qu'à mesurer la distance de ces
piquets aux points m et p.

146 — **Des réarpentages.**— Le réarpentage est une vérification de l'assiette de la coupe. Il s'effectue dans les trois
mois qui suivent le jour de l'expiration du délai accordé
pour la vidange, ou 18 mois à deux ans après l'arpentage.

S'il est essentiel de procéder avec exactitude à l'assiette
dans le but de ne pas changer les revenus ni les exploitations annuelles, il n'est pas moins important d'opérer avec
précision au réarpentage, puisque c'est lui qui fixe définitivement la contenance de la coupe, et que ce n'est qu'a-
près qu'il a eu lieu que l'adjudicataire se trouve libéré envers le vendeur. — C'est donc un tort de penser que cette
opération est inutile ; pour cela il faudrait pouvoir obtenir
des arpentages exempts d'erreurs, et c'est, il faut l'avouer,
ce qui a rarement lieu.

Puisque le réarpentage ne s'effectue qu'après que la coupe
est entièrement débarrassée, le géomètre n'a plus d'obstacles à vaincre, et en cela il est moins excusable que celui qui
a procédé à l'assiette. Il opère sur un terrain nu, il peut donc

apporter dans son opération toute la précision nécessaire. La seule difficulté qu'il ait à surmonter, c'est de rétablir les lignes qui ont été tracées par son prédécesseur. Mais lorsque le premier géomètre a eu soin de planter de forts piquets aux divers angles de la coupe, et qu'il a dressé un plan complet, toutes les difficultés sont levées.

Supposons qu'il s'agisse de rétablir les limites de la coupe (*fig.* 207) et d'en faire le réarpentage. Etant placé en A, le plan d'arpentage indique que le côté AB de cette coupe est fixé par une perpendiculaire de 2^m élevée sur un chêne à 1^{m}7^d de l'angle A, et que l'autre extrémité B de ce côté a été rattachée à un bouleau, à 1 mètre sur le prolongement du second côté CB ; il est donc facile, en reportant ces mesures sur le terrain, de tracer une ligne sur l'emplacement même de AB. Le côté BC peut être également établi en plaçant un jalon à 0,4^d sur la droite du chêne pris pour parois, un autre à 0,8^d sur la gauche du second parois, et enfin un troisième jalon dont la position est donnée par la perpendiculaire de 1^{m}4^d élevée, sur BC, à 3^m de l'angle C. On s'assure que ces jalons sont sur la même droite, on rectifie leur position au besoin. Les deux autres côtés se tracent de la même manière. En mesurant les quatre côtés de la coupe, on doit évidemment trouver les mêmes mesures que l'arpenteur.

On arrive à un résultat semblable en établissant des directrices à peu près sur la limite de la coupe, sans s'occuper de celles qu'a pu établir l'arpenteur. On mesure ces directrices et l'on y rattache avec soin les pieds-corniers et parois. On forme ensuite le plan de ce levé, qui donne par conséquent la position des arbres auxquels le premier géomètre a rattaché son travail, et, à l'aide des distances de ces arbres aux limites de la coupe inscrites sur le plan d'arpentage, il est facile de tracer ces mêmes limites sur le plan de réarpentage.

On peut aussi, quand les coupes sont rectangulaires, établir une diagonale AC (*fig.* 207), et élever de cette ligne les perpendiculaires *b*B, *d*D sur les angles B et D.

Le réarpenteur doit, avant de quitter le terrain, comparer les résultats qu'il a obtenus avec ceux de l'arpentage. Il est dès lors tenu de construire le plan et de calculer la surface de la coupe sur les lieux mêmes. Il doit commencer par comparer les distances si des lignes sont communes aux deux opérations ; il se rappellera que souvent les différences de mesure proviennent de ce que la chaîne dont il s'est servi n'a pas exactement la même longueur que celle qui a été employée pour l'arpentage. Ces sortes de différences sont faciles à reconnaître ; il suffit de voir si elles sont proportionnelles. Il compare ensuite les surfaces : si pour celles-ci les résultats ne s'accordent pas, il doit en rechercher les causes, afin de pouvoir les signaler.

Les géomètres, cherchant toujours à gagner du temps, se contentent généralement de déterminer la surface des coupes qui se présentent sous la forme de trapèze (*fig.* 207), en prenant la demi-longueur des côtés AD et BC, qu'ils multiplient par AB. Quoique la théorie autorise à agir ainsi, la pratique a démontré qu'il pouvait en résulter de graves erreurs, attendu qu'il est très-rare que les deux perpendiculaires aD, AB soient identiquement égales.

Pour avoir une contenance exacte, il faut chercher la valeur de aD (si on ne peut mesurer cette perpendiculaire sur le terrain) à l'aide de CD et de l'angle en C ou en D, quelle que soit d'ailleurs l'inclinaison de CD sur les deux bases, et décomposer la figure ABCD en un rectangle DaBA dont la surface $= \dfrac{a\text{B}+\text{AD}}{2} \times \dfrac{\text{AB}+a\text{D}}{2}$, et un triangle rectangle aDC.

147. — Aménagements. On divise la science de l'aménagement en deux parties : l'une forestière, dite économique ; elle comprend la sylviculture, la physiologie végétale, l'intérêt du propriétaire et les besoins du commerce et de la consommation ; l'autre géométrique, ou la partie qui se rattache exclusivement au levée du plan, à la division de la forêt en séries et coupes et à l'établissement des voies de transport.

Nous ne traiterons point de la première partie, des hommes spéciaux s'en sont occupés ; ce serait d'ailleurs étendre beaucoup trop notre ouvrage. Mais le géomètre prenant une grande part à l'exécution de l'aménagement d'une forêt, et notamment à son établissement sur le terrain, nous entrerons avec quelques détails dans les opérations qu'il a à exécuter.

La partie géométrique d'un aménagement peut être divisée ainsi :

1° *Délimitation générale de la forêt :*

Levé du périmètre : triangulation, arpentage, construction du plan d'ensemble ; rédaction du procès-verbal de délimitation (partie d'art) et confection des plans géométriques des limites ;

2° *Bornage :*

Direction et surveillance des ouvrages, tracé des fossés, rédaction du procès-verbal ;

3° *Plan statistique ou d'exploitation :*

Formation du plan de la forêt : levé des détails intérieurs, levé topographique, indication, sur ce plan, des coupes exploitées pendant une révolution, division provisoire du nouvel aménagement, étude des routes forestières et de vidanges, devis approximatif ;

4° *Construction du plan définitif :*

Division exacte sur le plan de la forêt en séries et coupes, division sur le terrain, tracé des laies, calcul des contenances, étude exacte des routes forestières à établir ;

5° *Enfin, confection des actes qui constatent cet aménagement :*

Mémoire statistique, registre et canevas trigonométriques, expéditions des plans, tableau des routes, tableau des coupes, etc.

Délimitation. — Quoique la délimitation ne soit pas une opération inséparable de l'aménagement, il est rare qu'elle ne le précède pas, parce que, comme il est nécessaire de déterminer exactement la contenance de la forêt, on ne peut arriver à cette contenance que lorsque les limites en sont irrévocablement fixées.

Lorsque l'aménagement d'une forêt (1) est projeté, le géomètre doit, avant de procéder à aucune opération, en parcourir le périmètre et en dresser un plan figuratif (2). Il indique sur ce plan les limites des propriétés riveraines et inscrit dans chacune des parcelles les noms, prénoms et demeures des propriétaires ; lorsque cette demeure est éloignée, il y ajoute le nom du fermier ou celui de l'agent d'affaires ou seulement du garde. Il dresse une liste exacte de ces noms,

---

(1) Nous considérons évidemment une forêt soumise au régime forestier. *Voyez* le Code forestier, art. 10 et suivants.

(2) Les plans du cadastre peuvent être d'un grand secours dans cette reconnaissance.

qu'il envoie à l'inspecteur, chef de service, pour que celui-ci fasse les diligences nécessaires et accomplisse les formalités prescrites par l'article 10 du Code forestier. Si pendant le temps voulu pour ces formalités le géomètre veut utiliser son temps, il peut disposer le réseau de sa triangulation, procéder aux observations des angles et effectuer les calculs trigonométriques (chapitre V); il peut aussi faire nettoyer les anciennes routes ainsi que les laies périmétrales, commencer le levé des détails intérieurs, celui qui est nécessaire à l'indication des accidents du terrain, et préparer ainsi une partie des éléments indispensables à la formation du plan projet (plan n° 2 de l'Instruction du 9 août 1846, circulaire n° 591 de l'Administration des forêts).

Le jour fixé pour la délimitation étant arrivé, le géomètre accompagne l'expert désigné par l'arrêté du préfet, car il n'est jamais qu'adjoint, et procède généralement dans l'intérêt des deux parties; il participe à la reconnaissance des limites, fixe provisoirement les points d'angles par de forts piquets qu'il numérote, recueille, avec l'expert, les dires, observations et prétentions des parties, et les transcrit en rouge sur le plan figuratif dont il est muni. Ce plan doit recevoir toutes les indications propres à faciliter la rédaction du procès-verbal; ainsi la ligne périmétrale, telle qu'elle est proposée par l'expert, y est tracée par un trait fort à l'encre noire, et là où des bornes paraissent nécessaires, le géomètre doit également en faire mention.

Lorsque la reconnaissance du périmètre est terminée, le géomètre procède immédiatement au levé des détails. Il a soin de rattacher les directrices qu'il établit à cet effet aux sommets ou sur les côtés de la triangulation (1); il rattache également les opérations qu'il a pu exécuter à l'avance dans l'intérieur de la forêt. Le levé du périmètre ne peut être fait

---

(1) La triangulation peut s'effectuer indifféremment avant ou après l'arpentage du périmètre; il y a même avantage, dans certaines localités, à adopter cette dernière marche, parce que le géomètre ayant une plus grande connaissance des lieux peut mieux apprécier les endroits où des signaux sont nécessaires. Le rattachement des opérations d'arpentage à la triangulation a lieu alors en faisant entrer, parmi les signaux de cette dernière, le plus de sommets possible du polygone établi sur le périmètre de la forêt.

avec trop de soin, parce que toutes les mesures étant mentionnées dans le procès-verbal de délimitation, sont destinées à rétablir les points d'angles si des piquets étaient arrachés ; elles ont en outre pour but de rétablir la limite toutes les fois que des usurpations ont été commises sur la forêt.

Après le levé complet du périmètre, le géomètre forme le plan d'ensemble de la forêt ; il dresse les plans partiels des limites et dispose les notes qui sont nécessaires à l'expert pour rédiger le procès-verbal de délimitation (1). Cet acte est ensuite soumis à la signature des riverains qui se sont présentés à l'opération ; on constate l'absence des autres. Il est également signé de l'expert et de l'arpenteur, qui en font alors le dépôt à la Préfecture.

148. — Redressement des limites sinueuses. — Il arrive souvent que lors de la reconnaissance du périmètre, les parties réclament le redressement d'une limite sinueuse. Ce redressement devant s'effectuer immédiatement et en présence des intéressés, on ne peut songer à dresser un plan qui exige l'emploi d'instruments dont il n'est guère possible de se pourvoir ; il faut dès lors recourir à des procédés qui offrent une application facile sur le terrain. En voici plusieurs :

1° *Soit à redresser la limite sinueuse comprise entre* A *et* B (fig. 208), *de manière que ses extrémités ne changent pas de position.*

On joindra par une droite les extrémités A et B de la limite proposée ; les sinuosités en seront levées par des perpendiculaires élevées sur AB ; on calculera ensuite la surface S comprise entre AB et la limite. Il s'agit maintenant de tracer deux droites AD, DB, de manière que les portions de la forêt qui seront abandonnées au riverain compensent les parties de sa propriété qu'il aura à livrer en échange ; or, un triangle ADB, d'une surface = S et ayant AB pour base, satisfera à la question ; on aura par conséquent la hauteur h de ce triangle par :

$$\tfrac{1}{2}h = \frac{S}{AB}, \quad \text{ou } h = \frac{2S}{AB}.$$

(1) L'Administration des forêts fournit à ses agents des modèles de procès-ver-

traçant NK parallèle à AB et distant de cette base d'une quantité $=h$, on aura à choisir sur NK un point D qui, joignant les extrémités A et B de AB, satisfasse le mieux aux intérêts réciproques des parties.

2° *L'extrémité B ne devant pas changer, le point D doit être placé sur AT qui fait partie du périmètre* (fig. 209).

S'il est possible d'observer l'angle BAT, on a, S étant connu :

$$\tfrac{1}{2}AD = \frac{S}{AB \times \sin BAT}.$$

Dans le cas contraire, on obtiendra la hauteur h du triangle ADB comme ci-dessus. En menant également une parallèle DK à AB, le point d'intersection de cette parallèle avec AT donnera D ; DB sera la ligne de compensation cherchée.

3° *Par une droite parallèle à* AB (fig. 210).

On a un trapèze ADD'B, dont on connait la surface $= S$, l'une des bases parallèles AB, et l'inclinaison des côtés non parallèles. C'est donc la solution du problème 3° (140).

Il n'est pas indispensable de lever la limite proposée par la ligne AB ; toute autre disposition d'arpentage conduirait à la solution.

4° En admettant que cette limite ait été déterminée par les directrices AC, CE, EF et FB (*fig.* 211), on aura à résoudre les triangles ACE, EAF et FAB, ainsi qu'à en chercher la surface ; en y ajoutant les aires des parcelles en dehors du polygone ACEFB, et en en retranchant celles de ces parcelles qui sont en dedans de ce polygone, on obtiendra S et de là h, puisque AB est donnée par le calcul.

De même qu'en imaginant le triangle rectangle CeE et les trapèzes Ee*f*F, F*fb*B, formés par le prolongement de la directrice AC et les perpendiculaires abaissées des sommets E, F et B sur cette directrice, on aura également :

$$\text{S} = \text{surf. } b\text{AB} - \text{surf. CEFB}b\text{C}.$$

à la différence près des parcelles qui se trouvent entre les directrices et la ligne à redresser.

---

baux de délimitation et de bornage, ainsi que des modèles de plans partiels des limites.

5° Ces procédés sont évidemment applicables lorsqu'au lieu d'une ou de deux lignes de compensation, il faut en établir plusieurs ; on choisira, par exemple, un point C (*fig.* 212) sur la limite proposée duquel on puisse mener CB, qui servira de base au triangle CBD ; on obtiendra la hauteur h de ce triangle par le procédé 1°, on aura les deux droites de compensation DB et DC. On choisira ensuite un autre point E également sur la limite, on joindra CE, et par le même procédé on obtiendra deux autres droites CD', D'E. La limite sinueuse comprise entre les points B et E est ainsi remplacée par la ligne brisée BDCD'E ; mais il reste la partie EA de cette limite que l'on peut redresser par le procédé 2° ci-dessus, en s'appuyant sur ED' ; on aura donc, en définitive, BDCD'FA pour nouvelle ligne de séparation entre les deux propriétés.

149 — **Bornage.** — Le bornage est le complément de la délimitation : il a lieu un an après le dépôt de la minute du procès-verbal de cette opération à la Préfecture, et lorsque les formalités prescrites par l'article 12 du Code forestier ont été remplies. On procède également au bornage en présence ou en l'absence des riverains convoqués.

L'opération consiste, si elle doit s'effectuer à l'aide de pierres-bornes, à remplacer par des bornes les piquets plantés lors de la reconnaissance des limites ; et si elle doit être faite au moyen de bouts de fossés ou de fossés continus, le géomètre trace et surveille l'exécution de ces fossés.

Les fossés continus se tracent en jalonnant d'un piquet de périmètre à un autre piquet et en plantant de nouveaux piquets sur la ligne jalonnée, assez près les uns des autres pour que les ouvriers puissent y attacher leur cordeau. On s'assure qu'ils suivent exactement cette ligne et qu'ils donnent aux fossés les dimensions voulues. Ces fossés sont pris en entier sur la propriété de celui qui réclame ce signe de bornage (art. 14 du C. F.).

Quant aux bouts de fossés, il est également nécessaire de jalonner entre les points d'angle du périmètre, afin de pouvoir les faire ouvrir sur la limite déterminée par le procès-verbal de délimitation. On les trace en plaçant des piquets à chacun de leurs angles.

Parmi ces fossés, on distingue les fossés d'angle et les fossés intermédiaires. Les premiers s'exécutent aux angles mêmes du périmètre, et comme généralement on donne à ces bouts de fossés trois mètres de longueur, on ouvre alors trois mètres de fossé sur chacune des lignes qui forment l'angle de limite en partant du piquet situé à cet angle.

Les fossés intermédiaires se placent sur la ligne périmétrale et distant les uns des autres de 50 à 100 mètres, mais toujours de manière qu'étant placé à l'un d'eux, on puisse entrevoir celui qui suit immédiatement à droite et à gauche.

La plantation des bornes ne présente pas de difficultés sérieuses, mais elle exige du soin et de la précision. Voici comment on y procède généralement.

On dispose quatre piquets a, b, c, d (fig. 215), assez éloignés du piquet A, à remplacer par une borne, pour que les ouvriers ne les dérangent pas en creusant le trou qui doit recevoir la borne. Ils doivent aussi être disposés de manière que deux cordeaux ab, ca, s'y adaptant à volonté, se coupent à angles droits. L'intersection de ces cordeaux doit correspondre exactement au piquet A. Lorsque le trou est fait, on place la borne B en s'assurant, à l'aide des cordeaux, que l'intersection des diagonales tracées à l'avance sur la face supérieure F de cette borne, coïncide avec celle des cordeaux.

Il arrive souvent qu'au moment de procéder au bornage des piquets ont disparu ; il est, dès-lors, nécessaire d'en rechercher l'emplacement.

Supposons que les piquets en A et en B, (fig. 213), aient pu être remplacés par des bornes, mais que ceux en P, Q et R, n'ont pu être retrouvés.

D'abord, on peut, à l'aide des ordonnées élevées de la directrice MN sur chacun des points d'angle de la limite, rétablir cette directrice sur le terrain. Pour cela, si on s'est servi de la boussole lors de l'arpentage, l'angle de direction des ordonnées Bb, Aa, sera égal au complément de celui de la directrice MN, mais alors compté à droite de la méridienne, ou bien égal, en se rappelant la marche de la graduation de la boussole, à $360-(90-\delta)$. On formera donc cet angle sur le terrain aux points A et B ; on mesurera Aa et Bb, ainsi que l'indique le procès-verbal de délimitation, puis

on joindra a et b par une droite. En mesurant également
sur celle-ci les distances ap, pq, qr et rb, on achèvera l'opération au moyen des perpendiculaires pP, qQ, rR.

On peut cependant abréger l'opération : menons, par la
borne B, une droite Ba' parallèle à MN, les ordonnées à
élever sur Ba', pour avoir la position des piquets R, Q, P,
seront égales à celles données par le procès-verbal de délimitation — Bb. Ainsi, en ouvrant à la borne B un angle $= \delta$,
on aura évidemment Ba' ; l'opération se comprend d'ailleurs
à l'inspection seule de la figure.

Si l'on a procédé à l'arpentage avec le graphomètre la direction de l'ordonnée Aa sera donnée par un angle tel que
aAC formé par cette ordonnée, et une ligne AC du périmètre,
ou par l'angle aAB ; ces angles sont faciles à conclure des
opérations d'arpentage mêmes. Enfin, on peut établir également la parallèle Ba', en formant en B un angle ABa' complément de aAB.

Lorsque le périmètre se trouve entre deux bois, l'arpentage a eu lieu, on doit le supposer, par la méthode du cheminement ; on est alors obligé de marcher d'angle en angle
en mesurant les distances comprises entre chacun d'eux.
Ainsi, on partira de A (*fig.* 213), on formera un angle$=$CAP,
on mesurera AP ; en P on formera l'angle APQ, puis on mesurera PQ, et ainsi de suite jusqu'en B. Si on n'arrivait pas
exactement sur ce dernier point, on recommencerait l'opération en partant de B ; on coordonnera les deux résultats.

Si on voulait faire usage de la boussole, on aurait à chercher d'abord les angles de direction de chacune des lignes
périmétrales, et à former ces angles sur le terrain. Ainsi,
soit δ, l'angle de direction de AB (*fig.* 214), (nous admettons
que les extrémités de AB sont connues, on peut dès-lors mesurer cet angle sur le terrain), on aura ensuite l'angle de direction de BC$=\Delta$ par ABC$-\delta$; mais comme cette opération
donne δ', on a donc ΔBC $= 180 - \delta'$. On formera ce dernier
angle sur le terrain en B, et on mesurera BC ; on aura également ΔCD$=$BCD$-\delta'$; en C on formera celui-ci, et on mesurera CD.... On continuera ainsi jusqu'en E.

On peut encore, en prolongeant AB, ligne qui appartient au
périmètre (*fig.* 214), et en formant les triangles rectangles

BCc, Dc'C et eDE, obtenir les perpendiculaires Cc, Dd et Ee, élevées de cette ligne sur les piquets C, D, E à replacer (65). L'opération sur le terrain consistera alors à placer deux jalons en A et B, et à marcher sur leur prolongement Be, arrivé en c, on élévera la perpendiculaire cC, en d (on a $cd = c'$D), on élévera la perpendiculaire dD$=c$C$-$Cc', etc...

Lorsque toutes les bornes sont plantées, l'expert a également à dresser un procès-verbal qui constate l'opération; cet acte, signé de toutes les parties présentes, est annexé au procès-verbal de délimitation.

150. — **Projet d'aménagement, plan de division provisoire**. — L'opération du bornage n'ayant jamais lieu qu'après un an et plus après celle de délimitation, le géomètre peut, pendant tout ce temps, s'occuper de la confection du plan de division provisoire de la forêt, il achève alors l'arpentage intérieur. Les routes, les chemins vicinaux ou ruraux, les ruisseaux ainsi que les lignes établies par les agents forestiers pour séparer les sections à exploiter d'après un mode différent ou une révolution différente sont levés avec soin. Il rattache en passant les anciennes lignes de coupes dont il peut retrouver la trace; il fait le levé topographique (chapitre 8). Tous ces détails sont rapportés sur le plan de la forêt qu'il forme à l'aide des données de la délimitation, il s'aide, ensuite, des procès-verbaux d'arpentage et de réarpentage pour compléter l'indication, sur ce plan, des limites des anciennes exploitations. C'est lorsque ce plan est dressé qu'il s'occupe de la division provisoire de la forêt en séries et coupes.

La division en séries doit être faite avec toute l'exactitude possible, afin de n'être pas obligé d'y revenir lorsqu'on s'occupe de la division en coupes. Quant à cette dernière, on peut pour l'instant ne pas y apporter la même précision, attendu que le plan projet devant être soumis à l'approbation de l'Administration, cette dernière division peut être l'objet de nombreuses modifications. Elle doit néanmoins être faite de telle sorte que la configuration des coupes s'y représente fidèlement. On emploiera les procédés graphiques pour y arriver (142).

La division de la forêt ne peut évidemment émaner de la

volonté seule du géomètre ; elle doit d'abord être conforme
aux études et propositions des agents forestiers, et ne peut
dès lors être effectuée qu'avec la participation de ces agents.
Quant aux détails qui sont nécessaires à l'Administration
pour statuer sur le mérite des propositions, les circulaires
nº 405 sexter et 591 donnent des indications précises à cet
égard.

**151.—Construction du plan et division définitive
de la forêt.** — Le géomètre ne dresse, en réalité, qu'un
seul plan ; c'est ce que l'on nomme la *minute ;* il ne doit
jamais se dessaisir de cette minute sur laquelle il inscrit toutes les notes propres à le renseigner dans l'exécution des
diverses parties de son travail. Ainsi tous les plans qu'il est
appelé à fournir ne doivent être que des copies, des calques
ou des réductions de celui-ci.

Bien que, d'après ce que nous avons exposé (141), la division de la forêt ne puisse embarrasser, nous croyons devoir cependant faire quelques applications des formules
rappelées dans ce numéro, et indiquer la marche à suivre
lorsqu'on est appelé à opérer sur une grande étendue de
terrain.

Soit (*fig.* 216), *le plan général d'une forêt divisée en deux
séries, la première exploitée à 30 ans et la seconde à 25.*

La ligne brisée A, β, ν, δ, ε, γ et ζ a été établie pour séparer les deux séries. Toutefois, il a été arrêté que cette ligne
brisée serait remplacée par une route forestière destinée à
conduire les produits sur la route départementale qui passe
à peu de distance de la forêt. Cette route forestière doit
donc être tracée de manière qu'en s'écartant le moins possible de la ligne brisée A, β, ν, ...ζ, elle présente un parcours
facile aux voitures.

Menons AH ; cette droite satisfait, à peu près, à la première condition ; mais le tracé topographique indiquant qu'il
existe une vallée profonde vers le milieu de la forêt, et
qu'en cet endroit la route offrirait aux voitures une pente
trop rapide, il est dès lors nécessaire de la briser dans la
partie où se trouve cette vallée, en cherchant un tracé convenable (174).

La seconde ligne de division principale à établir est celle

qui désigne l'emplacement de la tranchée RQ. Il est mis pour condition qu'elle coupera AH à angles droits, et que son extrémité R aboutira sur le chemin vicinal en R, sans sortir de la forêt ; on a donc à chercher combien on pourra établir de coupes, de la 1re série, dans la partie HSQF, et combien on pourra en former, de la seconde série, dans la partie HSRK.

La surface de la 1re série étant, après tous calculs faits, de 172^h 55^a, chaque coupe sera d'une étendue de $\dfrac{172,55}{30}$ = 5^h 75^a 17^c.

La surface de la seconde série ayant été trouvée de 155^h 21^a, chaque coupe sera de $\dfrac{155,21}{25}$ = 6^h 20^a 84^c.

Par le point R menons RQ, perpendiculaire sur AH ; calculons les deux surfaces HSQF, HSRK, et divisons la première = 80^h 65^a par 5^h 75^a 17^c ; le quotient 14 nous donne le nombre de coupes qu'elle peut contenir. Divisons également la seconde = 42^h 58^a 47^c par 6^h 20^a 84^c ; le quotient 7 nous indique également le nombre de coupes qui peut y être contenu. Ainsi la droite RQ partage la forêt dans le rapport de 5^h 75^a 17^c × 14 + 6^h 20^a 84^c × 7 à (172^h 55^a 00^c + 155^h 21^a 00^c) — (5^h 75^a 17^c × 14 + 6^h 20^a 84^c × 7), ou :: 203^h 77^a 74^c : 123^h 98^a 26^c.

On aura à exécuter une opération analogue pour fixer la position de la tranchée UV : on procèdera sur les portions de forêt QSHF, RSHK comme nous l'avons fait sur les 1re et 2e séries ; cette tranchée devant d'ailleurs être parallèle à RQ.

De même que XY doit partager la partie ASQDCBA de la 1re série dans un rapport qui est déterminé par le nombre de coupes à établir à droite et à gauche de cette tranchée.

Ce serait un hasard, sans doute, si la tranchée QR partageait les deux séries de manière que chacune des 14 coupes de la 1re eût exactement 5^h 75^a 17^c, et que chacune des 7 coupes de la seconde eût également 6^h 20^a 84^c déterminés plus haut ; car cette tranchée devant diviser en même temps les 1re et 2e séries, il faudrait que les contenances se prêtassent parfaitement au partage, et qu'il y eût par conséquent égalité parfaite dans les rapports. Mais cette coïncidence n'a lieu qu'exceptionnellement, aussi le géomètre doit-il toujours chercher à l'établir ; il lui suffira souvent de modifier d'une faible quantité la position d'une ligne déjà établie.

Toutes les lignes de partage doivent être perpendiculaires les unes aux autres, ou parallèles entre elles. On ne doit s'écarter de ces conditions que lorsque la configuration de la forêt ou celle des séries l'exige, ou lorsqu'on n'aperçoit pas d'issue pour l'écoulement des produits des coupes.

Les grandes lignes de division forment l'axe des routes ou des tranchées qui sont, en général, destinées à conduire les bois sur les voies principales de transport. On leur donne une largeur qui varie depuis 4 mètres jusqu'à 10, suivant leur importance ou la quantité de bois qui doit s'y écouler. Leur surface est comprise par moitié dans celles des coupes. Quant à leur position, elle est rarement déterminée à l'avance, mais on doit les espacer de manière que les coupes n'aient pas une forme trop allongée. Il est dans l'usage de donner pour largeur aux coupes le tiers environ de leur longueur.

Passons maintenant à la division en coupes.

Pour établir les coupes dans la portion de forêt VU'HGF, on s'assure, d'abord, que la sur face résultant du tracé des tranchées ou routes est bien exacte ; généralement on calcule de nouveau les polygones qui résultent de la division (on se sert évidemment des mesures d'arpentage), et l'on inscrit dans chacune des figures partielles les résultats du calcul ; on verra bientôt que ces renseignements sont nécessaires et évitent des recherches. Soit donc surf. VU'HGF $=34^h 54^a 65^c$, et comme nous avons six coupes à établir dans ce polygone, chacune de ces coupes sera de $5^h 75^a 77^c$. Pour établir la coupe N° 1, menons Gg perpendiculaire sur VU' ; Gg est en conséquence parallèle à U'H, la figure U'HGg est donc un trapèze dans lequel nous connaissons l'angle U'HG et le côté U'H, nous pouvons donc, en imaginant le triangle rectangle HhG déterminer $Gg = Gh + hg$ et $gU' = Hh$. Effectuant les calculs, on obtient $Gg = 445^m 0 + 72^m 6 = 517^m 6$, et $gU' = 218^m 2$. En employant la formule du problème 4 (140) on a, d'après la position de GH sur HU' :

$$U'r = \frac{445,0 \times 218,2}{72,6} - \sqrt{\frac{(445,0 \times 218,2)^2}{(72,6)^2} + \frac{11,51,54 \times 218,2}{72,6}}$$

opérant par logarithmes.

1er *Terme.*

$$\text{Log } 445,0 = 2,6483600$$
$$+\text{Log } 218,2 = 2,3388547$$

$$\overline{4,9872147}$$
$$-\text{Log } 72,6 = 1,8609366$$

$$\overline{\text{Log } 1^{er} \text{ Terme}\quad 3,1262781}$$
$$1^{er} \text{ Terme. . .}\quad -1337,45$$

2e *Terme.*

$2 \text{ Log } 1^{er} \text{ Terme.} = 6,2525562 = 1788777$

3e *Terme.*

$$\text{Log } 11,51,54. = 5,0612791$$
$$+\text{Log } 218,2\qquad = 2,3388547$$

$$\overline{7,4001338}$$
$$-\text{Log } 72,6\qquad = 1,8609366$$

$$\overline{\text{Log } 3^e \text{ Terme}\qquad 5,5391972}$$
$$3^e \text{ Terme..} + 346096$$

$$2134873 \text{ dont log} = 6,3293721$$
$$\tfrac{1}{2}\quad 3,1646820 = +1461,12$$
$$\text{d'où U'}r = 123^m 67^c$$

Ainsi, la largeur de la coupe N° 1 serait de $123^m 67^c$, si en menant *rs* parallèle à U'H, on ne formait entre la directrice HG et le périmètre de la forêt un petit quadrilatère *ss'Hh* qui ne dépend pas de cette coupe et dont la surface ne doit pas être comprise dans celle de $5^h 75^a 77^c$ que nous venons d'établir. On doit donc déterminer l'aire de ce quadrilatère (87), l'ajouter à $5^h 75^a 77^c$ (144) et chercher une nouvelle valeur de U'*r*. Opérant comme ci-dessus, on trouve $127^m 02^c$ pour la largeur définitive de la coupe.

On remarquera sans doute, que les lignes de division étant parallèles entre elles, les angles qu'elles forment avec les lignes d'arpentage sont toujours connus ou peuvent se conclure.

Pour établir la coupe N° 2, on observe que dans le trapèze U'HG*g*, d'une surface $= 10^h 50^a 20^c$, on a déjà pris une quantité $= \dfrac{445 + rs}{2} \times 127,02$. La coupe N° 2 sera donc formée de la partie restante *rsGg* plus d'une portion du trapèze *g*GF*f*, qu'il s'agit de déterminer.

Cherchons la valeur de *rs* par la formule (*b*) du problème 4e (140). On a

$$rs = \frac{72,6 \times 127,02}{218,2} + 445 = 487,3.$$

Ensuite, surf. $rsGg = \dfrac{517,6+487,3}{2} \times (218,3-127,0) = 4^h\,58^a\,23^c$

Celle de la coupe étant de   5 75 77

on a donc à détacher du trapèze $gGFf$, une contenance de. . . $1^h\,17^a\,54^c$

Employant la seconde formule du problème 5° (140), on aura, par suite de a position de GF sur gG :

Angle $gGF = 137°\,32' - (90°\,00' - 18°\,25') = 65°\,57'$, et angle $\alpha = 24°03'$.

De là

$$gt = \ldots \frac{517,6}{\text{Tang } 24°03'} - \sqrt{\frac{(517,6)^2}{(\text{Tang } 24°03')^2} + \frac{2,35,08}{\text{Tang } 24°03'}}.$$

1er Terme.

Log 517,6 = 2,7139943

—Tang 24°03' = 9,6496023

Log 1er Terme. 3,0643920

1er Terme = —1159=83^c

2e Terme.

2 Log 1er Terme = —6,1287840 = 1345191

3e Terme.

Log 2, 35, 08 = 4,3712157

—Tang 24°17' = 9,6496023

Log 3e Terme   4,7216134

3^a Terme. .+   52676

1397867 dont log = 6,1454659

$\frac{1}{2}$ 3,0727329 = +1182 32

d'où $gt =$ $22^m\,49^c$

On portera sur U'V ces $22^m\,49^c$ de g en t, puis on mènera tt' parallèle à Gg ou à U'H ; on aura, comme précédemment, à tenir compte des parcelles qui se trouvent entre le périmètre de la forêt et les lignes d'arpentage HG et GF. Ces parcelles d'une surface de $20^{ares}\,70^c$ s'ajouteront à la contenance ci-dessus de $1^h\,17^a\,54^c$, on cherchera ensuite une seconde valeur de gt. Si la seconde approximation n'est pas suffisante, on continuera jusqu'à ce qu'enfin on parvienne à donner à la coupe N° 2 une surface de $5^h\,75^a\,77^c$.

Ces deux applications suffisent pour faire connaître la marche que l'on doit suivre dans les divisions de l'espèce. Nous ferons cependant remarquer que lorsque les coupes doivent être établies dans un trapèze tel que $gGFf$, on obtiendra plus d'exactitude en procédant comme nous l'avons indiqué à la fin du problème 4° (140). Ainsi, pour établir la coupe N° 3, on ajoutera à la contenance de cette coupe la surface connue du trapèze $gGtt'$, et on détachera de la figure $gGFf$ un trapèze d'une surface égale à la somme. De même que pour établir la coupe N° 4, ou détachera une figure équivalente aux surfaces réunies des troisième et quatrième coupes, y compris celle du même trapèze $gtt'G$ et ainsi de suite. On aura toujours égard aux parcelles étrangères à la forêt, comme à celles qui pourraient se trouver en dehors du polygone d'arpentage.

Quand les divisions doivent s'effectuer dans un polygone tel que $SU'VQ$, comme les tranchées $U'V$, SQ sont parallèles, il suffit d'établir les coupes extrêmes 7 et 14 d'une figure irrégulière, et de diviser ensuite la distance vx en autant de parties qu'il reste de coupes à établir dans le trapèze.

Lorsque les lignes de division ne sont pas perpendiculaires aux laies sommières, les calculs ne présentent pas plus de difficultés; car ces lignes étant toujours parallèles, on a à chercher seulement la valeur de l'angle que forme la première avec la laie sommière. Le plus souvent le géomètre peut se donner cet angle.

Il arrive quelquefois que le géomètre est obligé d'établir les coupes une à une; alors il ne peut prévenir les petites différences qui résultent toujours soit du calcul, soit de la construction, et ces différences, s'ajoutant successivement, finissent par produire sur la dernière coupe une erreur sur la contenance assez considérable; c'est ce dont il faut avoir soin de s'assurer en calculant la contenance de cette dernière coupe. Lorsque ce cas arrive, on voit qu'il n'est pas nécessaire de recommencer toutes les divisions, car il suffit de déplacer chacune des lignes de partage d'une quantité égale à la différence trouvée sur la dernière contenance, divisée par le nombre de ces lignes.

Ainsi, soit D la différence de surface qui existe sur la dernière coupe, N le nombre des lignes de partage établies, chacune des divisions devra être augmentée ou diminuée, suivant que la différence de surface sera en moins ou en plus, d'une quantité $E = \dfrac{D}{N}$, et l'on aura avec assez d'exactitude pour la valeur h du déplacement de chacune des lignes de partage dont la longueur $= L$:

$$h = \frac{E}{L}.$$

D'après les opérations que nous venons d'exécuter, on voit que les largeurs des coupes sont connues, ainsi que la longueur des lignes de division ; mais cela n'est pas suffisant, il faut encore connaître les rattachements de ces lignes sur les lignes d'arpentage, ou seulement sur le périmètre de la forêt. Dans le premier cas, on n'a généralement qu'un triangle rectangle à résoudre, dans lequel on connaît l'un des côtés de l'angle droit et un angle aigu. Et, en effet (*fig.* 216), $Hs = U'r \times \cos hHG$; cette valeur de Hs, combinée avec les mesures d'arpentage cotées sur la directrice GH, donnera la distance à mesurer sur cette ligne pour avoir s sur le terrain. Nous reviendrons sur ces opérations.

152. — Tracé sur le terrain des routes et des laies de coupes. — Cette opération exige de l'intelligence, et elle est, sans contredit, la plus délicate de toutes celles qui se rattachent à un aménagement ; car il ne suffit pas de bien établir les divisions sur le papier, il faut aussi qu'elles soient tracées avec exactitude sur le terrain.

On ne doit y procéder que lorsque toutes les divisions sont effectuées sur le plan ; que par l'addition des largeurs des coupes qui appartiennent à une même ligne, on s'est assuré que les résultats des calculs coïncident avec les distances mesurées sur le terrain, et lorsqu'enfin on a inscrit sur le plan, à l'encre rouge, toutes les longueurs des lignes et les valeurs des angles nécessaires à l'ouverture des tranchées.

On suit dans cette opération le même ordre que l'on a adopté lors de la division de la forêt sur le plan. On commence donc par ouvrir les grandes routes de division, ou les routes et laies sommières ; on procède ensuite à l'ouverture des lignes qui séparent les coupes.

1re Méthode: par les signaux. — Pour tracer QR (*fig.* 216), on commence par rattacher, à l'aide des mesures inscrites sur le plan, les extrémités de cette ligne aux opérations du terrain dont il faut rechercher les traces (149). Ces extrémités connues, on placera un homme en R et l'on se portera en Q, puis, à un signal convenu, on se dirigera vers l'endroit que l'on aura remarqué. Pour cela, plantez un jalon sur le point de rattachement Q, et un peu avant l'heure indiquée pour le signal, éloignez-vous en P ; vous planterez en cet endroit un second jalon dans la direction qui vous sera donnée lorsque vous apercevrez le signal; vous n'aurez plus qu'à prolonger QP jusqu'en R. Il est probable que vous n'arriverez pas exactement sur ce point; mais alors vous rectifierez la position de la ligne QR par l'un des procédés déjà connus (28).

Cette méthode n'est cependant applicable que lorsque la distance entre Q et R n'est pas très-longue, ou lorsque les deux points P et R se trouvent situés sur des hauteurs; aussi préfère-t-on généralement employer le procédé suivant, qui consiste à former sur le terrain, avec l'instrument, un angle égal à celui donné par le plan; on marche dans la direction du rayon (144).

2e **Méthode: par les angles de direction.** — Ainsi, étant placé en Q, l'angle EQR sera évidemment connu ; on l'obtient d'ailleurs soit directement, soit par le calcul. On formera cet angle sur le graphomètre, on placera le zéro de l'instrument sur QE, puis on marchera dans la direction de la lunette tournée vers R.

Lorsqu'il a été fait une triangulation, les grandes lignes de division se rattachent sur les rayons trigonométriques; on se place aux points de rattachement, on a dès lors plus d'exactitude dans le tracé de ces lignes, et par conséquent moins à en corriger la position.

La boussole est l'instrument qui convient le mieux pour les tracés de l'espèce, parce qu'ayant d'abord conclu, par les différences des coordonnées, l'angle sous lequel on doit marcher, on est toujours certain d'arriver au point sur lequel on se dirige. D'ailleurs, si le tracé de la première ligne de division présente une trop grande différence, il est facile de corriger l'angle de direction, qui alors sert pour toutes les autres lignes.

Le tracé des laies qui séparent les coupes peut s'effectuer avec une bonne équerre. Toutefois, le graphomètre et la boussole doivent être préférés, parce que la direction que donnent les lunettes est beaucoup plus précise. Mais, avant d'ouvrir ces laies, il est nécessaire d'établir sur le terrain les points desquels on doit partir.

La largeur de chacune des coupes étant inscrite en rouge

sur le plan de division (*fig.* 216), marchez sur la laie U'V en partant de V, mesurez V*n* et plantez un piquet en *n*, poursuivez le mesurage et plantez un second piquet en *m*, à une distance de V = V*n* + *nm*, continuez et plantez un autre piquet en *o*, à une distance de V = V*n* + *nm* = *mo* ; enfin, sans interrompre votre mesurage, plantez des piquets en *t* et en *r*, en ajoutant toujours à la dernière somme la largeur de la coupe que vous allez traverser, vous arriverez ainsi au point U' ; il faut nécessairement, pour que vos piquets soient établis sur le terrain comme le sont les lignes de partage sur le plan, que le mesurage que vous venez de faire, ou la longueur totale VU', coïncide avec la somme des largeurs des coupes ; mais on trouve généralement une différence : cette différence, qui porte tout entière sur la coupe qui termine le chaînage, doit être répartie (135). Il convient alors de retourner sur ses pas et de déplacer chacun des piquets d'une quantité proportionnelle à la différence trouvée sur la longueur totale.

L'exemple que nous venons de donner ne s'applique qu'aux lignes de division des six premières coupes ; mais il est évident qu'en mesurant VU', on peut placer à la fois les piquets qui doivent indiquer les points d'arrivée, sur la même tranchée VU', des lignes de séparation des coupes n° 7 à 14.

Ainsi, en partant de V', comme nous l'avons supposé ci-dessus, on plantera un piquet à 37^{m}1 de ce point, pour marquer l'arrivée de la laie séparative des coupes n° 13 et 14 ; à 37^{m}1 + 131,3 = 168^{m}4, on plantera un second piquet qui marquera l'arrivée de la laie qui sépare les coupes n° 12 et 13, puis à 235^{m}2, on en plantera un troisième au point de jonction de la laie séparative des coupes n° 5 et 6 ; à 168^{m}4 + 131^{m}3 = 297^{m}7, on en plantera un quatrième qui appartient aux coupes n° 11 et 12 ;.... et ainsi de suite. Admettons maintenant que la somme des largeurs des coupes = 1003^{m}3 présente avec le chaînage une différence *en moins* de 2^{m}3, chacun des piquets plantés sur VU' devra être reporté vers U' d'une quantité déterminée par la relation :

$$VU' \text{ } \textit{mesuré} : 1003,3 :: 2^m3 : Vf : Vn :. \quad . \quad . \quad . \quad . \quad (135)$$

Il est toutefois nécessaire d'observer que si la différence totale dépasse une certaine limite ($\frac{1}{500}$ de la longueur de la ligue mesurée), on ne doit pas passer outre. Il faut alors chercher les causes qui ont produit cette différence, ce qui peut conduire à recommencer les divisions.

Les piquets qui désignent les limites des coupes doivent avoir de fortes dimensions ; ils sont flachés ou blanchis, on y grave, avec le couteau, les numéros des coupes. On doit les placer sur les laies sommières de manière que les coupes à droite de ces laies soient distinguées de celles à gauche.

Si le terrain permettait d'établir les divisions aussi facilement que sur le papier, on pourrait considérer les contenances obtenues au cabinet comme définitives, et le travail se bornerait à ce que nous venons d'indiquer. Mais il n'en est pas ainsi, la difficulté de chaîner exactement, celle d'ouvrir sur le terrain un angle donné, et de tracer une ligne dans la direction du rayon, jointes à celles qui ont pu se présenter, lors du rapport au cabinet des opérations d'arpentage, conduisent à avoir rarement des lignes de partage dans une position semblable à celle indiquée par le plan. Une tolérance pour ce travail est donc nécessaire : celle qui paraît généralement adoptée est le $\frac{1}{100}$ de la contenance. Ainsi, tant que le tracé d'une ligne de division ne produira, par son changement de position, avec les données du plan, qu'une différence de $\frac{1}{100}$ de la contenance des coupes, on pourra se dispenser de rectifier cette position. Il faut évidemment tenir compte de cette différence, rectifier les distances et les surfaces arrêtées sur le plan conformément aux opérations faites sur le terrain.

Les routes et les laies sommières sont tracées par deux filets parallèles, ou tranchées de 0^m 50^c à 1^m de largeur et espacées d'une distance égale à la largeur de ces routes ou de ces laies sommières. C'est donc l'un de ces filets que l'on doit d'abord ouvrir ; quant au second, on élève de 50 en 50 mètres sur le premier, des perpendiculaires au bout desquelles on plante bien verticalement des jalons qui puissent être aperçus l'un de l'autre à travers bois : l'ouverture de ce second filet ne présente donc aucune difficulté.

Les contenances qui sont inscrites dans le cahier d'aménagement ne sont pas celles qui résultent de la division sur le papier, mais celles que l'on trouve après le tracé sur le terrain des lignes de division, il doit évidemment en être ainsi pour qu'il y ait accord entre ces contenances et l'étendue que chaque coupe représente après la division. Ainsi, il est nécessaire, quand les lignes sont ouvertes, de procéder à un mesurage général du parcellaire de la forêt, de corriger ensuite le plan en ce qu'il pourrait avoir de contraire à ce levé, et de procéder à de nouveaux calculs des surfaces. Beaucoup de géomètres préfèrent procéder à une nouvelle construction du plan.

153. — Rattachement des laies aux lignes d'arpentage. — Le rattachement des laies aux lignes d'arpentage peut parfois n'être pas possible, par suite de la disparition de ces lignes sur le terrain. On effectue alors ces rattachements en mesurant le long du périmètre de la forêt jusqu'aux angles les plus saillants, et qui, par l'intersection de leurs lignes, présentent plus de certitude. On parcourt, en conséquence, des lignes courbes ou brisées, ce qui oblige, pour avoir les distances droites, à faire un petit calcul que voici :

Soit AB (*fig.* 217), une laie de coupe que l'on a rattachée à la borne C, en mesurant suivant la ligne brisée BDEC. Il s'agit de déterminer BD ou bd, cette dernière étant située sur la directrice MN à l'aide de laquelle on a levé le périmètre.

En imaginant les triangles rectangles Dd'E, Ec'C, on déduira des coordonnées des points C, E, D du périmètre, les valeurs des côtés d'E$=ed$, c'E$=ce$, Dd'$=$Dd — Ee, et Cc'$=$Cc — Ee ; on pourra donc, par la résolution des triangles rectangles DEd', CEc', avoir CE et DE ; retranchant les valeurs de ces deux côtés de la distance mesurée CEDB, il restera la partie DB qui est l'hypoténuse d'un troisième triangle rectangle DBb'. Dans ce triangle, l'angle aigu DBb'$=$DFf', ce dernier pouvant s'obtenir à l'aide des valeurs de Df' et Ff' (Df'$=$Dd — Ff et Ff'$=df$), on aura donc, en résolvant ce troisième triangle, Bb' et Db'. De là $bd=$Bb' et B$b=$Dd—Db'.

Quand l'angle α de la laie AB avec la directrice MN est connu, et que, de plus, le plan donne la distance $fg=r$, en désignant Ff par a, Dd par b, df par l, on a B$b=x$.

$$x = \frac{(b-a)r + al}{l - (b-a)\cot \alpha},$$

Formule qui peut être d'un grand secours lorsque la directrice MN coupe la ligne de division AB.

Enfin, on peut employer avec avantage la méthode des lieux géométriques ; car les angles que les laies sommières et de coupes forment entre elles étant droits ou connus, on peut conclure l'angle de déclinaison de chacune de ces laies, et déterminer, au moyen d'une construction à une grande échelle, les points où elles coupent les lignes d'arpentage.

CHAPITRE VII.

RÉDUCTIONS ET COPIES DES PLANS.

154. — Quand une forêt, une commune n'a pu être représentée sur une seule feuille de papier, à une échelle convenable pour l'appréciation des détails, il est nécessaire de réunir sur un même plan les feuilles sur lesquelles l'arpentage a été rapporté. Ce plan est dit : *Plan général*, ou *Tableau d'assemblage ;* il doit ne figurer que les parties les plus indispensables à son intelligence et à la reconnaissance du terrain. Les administrations indiquent généralement, dans leurs instructions, les détails et objets qu'elles désirent y voir figurer.

Le tableau d'assemblage est donc la réunion sur une seule feuille et dans leur position relative et géométrique de toutes les feuilles qui forment le plan du terrain qui a été arpenté. On comprendra, sans doute, qu'il doit exister une harmonie parfaite entre toutes celles-ci, si l'on veut que l'ensemble ne laisse rien à désirer. On forme ce plan général en réduisant lesdites feuilles dans un rapport qui dépend toujours des dimensions du papier qui doit le contenir. Les moyens qui sont employés sont tout-à-fait identiques à ceux dont on fait usage pour l'arpentage et le rapport du plan (chap. 2 et 3). On couvre de carrés la feuille destinée à recevoir le plan général, on y rapporte les points trigonométriques; on se sert ensuite des directrices pour figurer les détails.

Soit à réduire le polygone ou plan (fig. 218) *dans le rapport de m à n.*

On aura, par la nature de la question, $m : AB :: n : ab$, $m : BC :: n : bc$, etc.... Menons la diagonale AD, on a également ment $m : AD :: n : ad$.

1er *Procédé.* — Si le plan à réduire a été construit à une échelle $\frac{1}{m}$ et que la réduction dût s'opérer à l'échelle $\frac{1}{n}$, il suffira, après avoir abaissé sur AD les perpendiculaires BB_1, CC_1, EE_1, FF_1, de mesurer sur l'échelle $\frac{1}{m}$ les abscisses AB_1, AF_1, AC_1 et AD, de porter sur une ligne indéfinie ad tracée à l'avance sur la feuille qui doit recevoir la réduction, ab_1 mesuré sur l'échelle $\frac{1}{n} = AB_1$, af_1 mesuré sur la même échelle $\frac{1}{n} = AF_1$... $ad = AD$; ou, en d'autres termes, de donner à ab_1, af_1,....ad, autant de parties de l'échelle $\frac{1}{n}$ qu'on en a trouvé pour AB_1, AF_1,... AD sur l'échelle $\frac{1}{m}$. Il restera à élever sur ad les perpendiculaires b_1b, f_1f, c_1c, e_1e, auxquelles on donnera autant de parties mesurées sur l'échelle $\frac{1}{n}$ qu'on en aura mesuré pour BB_1, CC_1, FF_1, EE_1, sur l'échelle $\frac{1}{m}$.

Ce procédé dérive du principe énoncé (14).

La réduction des lignes brisées, des lignes courbes, celle des détails en général, s'effectue de la même manière. On établit à volonté, sur le plan à réduire, des diagonales, des lignes de construction sur lesquelles on abaisse des perpendiculaires de chacun des sommets d'angles. Quand le plan à réduire est un peu étendu, on rapporte sur la feuille de réduction toutes les lignes d'arpentage, on s'appuie au besoin sur les carrés et sur les côtés des triangles trigonométriques. On fait ensuite usage du croquis du terrain. C'est alors une nouvelle construction, mais à une échelle beaucoup plus petite que celle dont on s'est servi pour dresser le plan des détails.

2e *Procédé.* — Nous supposerons, comme précédemment, que l'échelle du plan à réduire $= \dfrac{1}{m}$ et celle de la réduction $= \dfrac{1}{n}$. Construisons un triangle rectangle ABC (*fig.* 219), de manière que les côtés AB, BC soient :: $m : n$. Si nous portons sur AB une distance AF de l'échelle $\dfrac{1}{m}$, et si nous élevons Ff perpendiculaire sur AB, AF et Ff seront dans le même rapport que m et n. C'est-à-dire qu'on aura :

$$AB : BC :: AF : Ff,$$

ou bien

$$m : n :: AF : Ff.$$

On peut donner 100 ou 1000 parties à AB de l'echelle $\dfrac{1}{m}$, et 100 ou 1000 parties à BC de l'échelle $\dfrac{1}{n}$.

On abrègera beaucoup l'opération en menant à BC des parallèles bc, bc, bc.... espacées de 2 à 3 millimètres. Elles évitent d'élever des perpendiculaires à AB chaque fois qu'on porte une distance sur cette base. Quand une distance ne coïncidera pas avec l'une des parallèles bc, bc.... on évaluera la différence qu'on reproduira sur l'hypoténuse du triangle.

Ce procédé est employé principalement dans la comparaison d'un plan ancien à un plan nouvellement dressé, et lorsque surtout le rapport du premier n'est pas exactement connu.

Dans ce cas, on s'assure de la position de deux points correspondants dans les deux plans ; les deux lignes qui joignent ces points étant dans un certain rapport serviront à établir le triangle proportionnel à l'aide duquel on pourra trouver toutes les autres lignes correspondantes des deux plans.

3ᵉ *Procédé.* — On fait usage des deux méthodes précédentes quand on ne possède pas d'instrument de réduction. Le premier exige que l'on ait deux échelles, et le second demande qu'on renouvelle souvent la construction du triangle proportionnel.

Parmi les instruments de réduction, on distingue principalement *le compas à quatre pointes* et *le pantographe.* Leur construction repose sur la théorie des triangles semblables.

Formons les deux triangles AOB, ODE (*fig.* 220), en ayant soin que DE soit parallèle à AB, on aura :

$$AO = BO : AB :: OE = OD : DE.$$

Si AO représente un certain nombre de parties de l'échelle $\frac{1}{m}$ du plan à réduire, et que OE représente le même nombre de parties de l'échelle $\frac{1}{n}$ de la réduction, AB et DE seront dans le rapport de m à n, quel que soit d'ailleurs l'état de grandeur de AB.

AE et BD représentent les branches du compas ; elles sont fixées en O, centre qui se meut dans une coulisse afin de mettre les distances AO et OE, BO et OD, comptées sur les branches, dans le rapport des lignes des deux plans. L'une de ces branches porte ordinairement les divisions les plus en usage, telles que la $\frac{1}{2}$, le $\frac{1}{4}$, le $\frac{1}{3}$, le $\frac{1}{8}$, le $\frac{1}{10}$. Il suffit, par conséquent, de mesurer, avec la partie AOB du compas, chacune des lignes du plan à réduire, de retourner cet instrument de manière à porter sur le plan de réduction la partie correspondante DOE. Ainsi, en mettant A sur l'origine de la distance à réduire, et amenant B à l'extrémité de cette distance, on retournera le compas bout pour bout, puis on placera E sur le plan de réduction, au point correspondant à ladite origine ; on marquera de la pointe D la distance DE réduite dans la proportion voulue.

S'il s'agissait d'augmenter les dimensions du plan minute,

il est évident qu'on se servirait de la partie DOE du compas pour mesurer les distances sur ce plan, et de la partie AOB pour porter ces mêmes distances, augmentées alors, sur la feuille destinée à recevoir la nouvelle construction.

4e *Procédé*. — Le pantographe est formé de quatre branches AB, AP, DV et NV (*fig.* 221). Cette dernière n'y est adaptée que pour maintenir la branche DV constamment parallèle à AP.

La figure indique suffisamment la théorie qui sert de base à cet instrument. On a :

$$AB : AP :: BD : DC$$
$$AB : BP :: BD : BC,$$

B est le centre autour duquel se meut tout le mécanisme, C porte un crayon et P une pointe sèche servant de guide que l'on conduit sur toutes les lignes à réduire. Des charnières sont adaptées aux sommets A, D, V et N, en sorte que le moindre mouvement que l'on effectue en P se reproduit fidèlement en C.

Pour que la réduction ait lieu dans un rapport donné, il faut mettre AB et BD dans ce rapport, ainsi que AP et DC, en avançant ou en éloignant d'abord B du sommet A de manière que l'on ait :

$$m : AB :: n : BD.$$

Les divisions gravées sur la partie BD de la règle AB indiquent généralement l'endroit où l'on doit placer B ; on place ensuite le crayon C de manière que l'on ait en second lieu :

$$AP : AB :: DC : BD.$$

Il suffit, en conséquence, de placer C exactement sur la droite BP, on se sert d'une règle à cet effet, la pointe P étant généralement immobile.

Une des conditions essentielles à la bonté de cet instrument, c'est que quand on a fait parcourir à la pointe sèche P deux axes rectangulaires PP', P''P''', les axes de même nature CC', C''C''' produits par le crayon C soient également rectangulaires ; la plus petite différence indique un vice dans l'assemblage des pièces qui composent l'instrument. Il est rare que les pantographes en bois remplissent parfaitement cette condition. Ceux en cuivre en approchent davantage, mais outre qu'ils sont très-chers, leur poids en rend le maniement difficile.

Toute la difficulté de l'emploi de cet instrument réside dans le placement réciproque des deux plans et dans la position qu'ils doivent occuper. Fixez sur la table la feuille $\alpha\beta$ qui doit recevoir la réduction, avec de la colle à bouche, ou au moyen de clous en cuivre à tête plate appelés *punaises;* placez ensuite sur cette feuille le plan minute $\gamma\delta$, ainsi que le pantographe. S'il a été tracé des carrés sur celui-ci (la réduction, dans ce cas, est plus exacte), placez la pointe sèche P sur l'intersection de l'un de ces carrés, amenez votre minute jusqu'à ce que le crayon C se trouve sur l'intersection correspondante de la feuille de réduction (il est entendu que des carrés sont établis à l'avance sur cette feuille dans le rapport donné), mettez une punaise en P, levez le crayon et conduisez la pointe sèche sur une autre intersection P' à l'autre extrémité de la minute; l'instrument étant dans cette position, faites tourner cette minute autour de P jusqu'à ce que le crayon coïncide avec l'intersection correspondante C' de la feuille de réduction. Dans ce mouvement, le pantographe doit marcher avec la minute. Si les carrés du plan à réduire, ceux de la feuille de réduction et les parties de l'instrument sont bien en rapport, le crayon devra tomber exactement sur C'; lorsqu'il y a une différence, on la fait disparaître facilement en rapprochant B et C de D, si CC' est trop long, et en éloignant ces deux points de D si la distance est trop courte.

Il est nécessaire de faire la même opération sur l'axe P''P''', et c'est là le point difficile; car si PP' et CC' sont bien en harmonie, et que P''P''' ne s'y trouvent pas, en changeant la position des points B et C, P'P et CC' ne seront plus homologues.

Quand les trois points BCP sont bien sur une même droite, l'erreur qui se produit sur la perpendiculaire est généralement de 2 à 3 millimètres pour les pantographes en bois; elle provient de ce que la branche DV n'est pas exactement parallèle à AP; il n'y a pas d'autres moyens que de partager cette différence en la reproduisant sur les deux axes. Ainsi on déplace P en le reportant en *p*, si la différence est *c″c‴*, d'une quantité égale à la moitié de cette différence, et P′ en *p*′ de la même quantité. Quelquefois cette erreur est causée par la non-verticalité du crayon, et souvent parce que sa pointe n'est pas bien au centre C. On s'en assure en faisant tourner le crayon dans le petit tube immobile qui le porte. Si la pointe décrit un petit cercle, c'est un signe que l'erreur provient du crayon ; il est facile de la faire disparaître en le taillant de nouveau.

Telles sont les dispositions principales auxquelles on doit satisfaire avant de procéder à la réduction. Celles que nous pourrions encore expliquer demanderaient beaucoup d'espace, elles s'acquièrent d'ailleurs très-vite par l'usage. Lorsque l'instrument est en position et que les deux plans sont fixés, la réduction n'est plus qu'un jeu, puisqu'il suffit de conduire la pointe sèche sur toutes les lignes du plan minute. On emploie une règle ou une équerre fort mince pour les lignes droites. Il faut avoir soin de lever le crayon chaque fois qu'on s'arrête et qu'on veut passer d'une ligne à une autre, afin de n'avoir pas sur la feuille d'assemblage des traits inutiles.

Malgré ce qu'en ont dit plusieurs auteurs, cet instrument est le meilleur pour les opérations de l'espèce. D'abord, on opère avec une grande célérité ; nous avons réduit jusqu'à 40 plans dans une journée. Ensuite, les détails, quelque compliqués qu'ils soient, se reproduisent avec une fidélité remarquable. Si l'instrument comporte quelques défectuosités, cela tient plutôt à la manière dont il a été construit ; c'est au géomètre à s'adresser à un constructeur habile.

5ᵉ *Procédé.* — Nous désignerons, en dernier lieu, un procédé qui est beaucoup employé par les peintres, lorsqu'ils veulent copier des tableaux ou les reproduire sur des dimensions différentes. Il consiste à tracer sur le plan à réduire des carreaux assez petits, de 0,05ᶜ par exemple, pour pouvoir apprécier facilement à l'œil toutes les distances nécessaires à la configuration des détails renfermés dans chacun de ces carreaux. La feuille de réduction est divisée semblablement, mais les carreaux de celle-ci sont évidemment, avec ceux de la minute, dans un rapport égal à celui qui doit exister entre les deux plans.

Pour ne pas charger la minute de traits inutiles, on peut remplacer le tracé des carreaux sur ce plan par un châssis AB (*fig.* 222) en bois ou en carton, lequel est divisé en petits carrés *a*, *b*, *c*, au moyen de fils de soie très-fins. On place ce châssis sur la minute, en ayant soin de tracer à l'avance des droites, pour servir de repère ; les carrés qui ont servi à la construction du plan peuvent être utilisés. Puis, la feuille qui doit recevoir la réduction étant disposée ainsi que nous l'avons dit, il ne reste plus qu'à copier à vue tous les détails qui se trouvent contenus dans chacun des carreaux. On procède partiellement, et l'on a soin de ne pas passer à un second carreau avant d'avoir dessiné entièrement tout ce qui est contenu dans le précédent.

On concevra, sans doute, que si l'on voulait avoir une réduction géométrique, ce moyen ne pourrait être employé ; il faudrait alors recourir à l'un des procédés n° 1, 2, 3 ou 4. On peut toutefois, dans certains cas, combiner l'un des trois premiers avec celui-ci. Les lignes principales peuvent être rapportées sur la feuille de réduction à l'aide des lignes d'arpentage, ou bien on se sert des carrés du plan minute, les détails secondaires sont réduits ensuite à l'aide du châssis.

Quant à la manière de confectionner le plan général, elle fera l'objet de notre chapitre 8 ; les instructions des administrations indiquent ensuite les objets et les signes qu'il doit contenir.

155. Des copies des plans. — Il existe également plusieurs procédés pour copier les plans sans changer leurs dimensions ; nous allons exposer succinctement ceux dont on fait usage dans la pratique, car il suffit d'en avoir connaissance pour être à même de reproduire avec succès un plan très-compliqué.

1er *Procédé*. — Piquer. — Placez le plan minute sur la feuille qui doit recevoir la copie, fixez-les tous deux sur la table au moyen de clous dits punaises, et avec une aiguille emmanchée d'un petit morceau de bois ou garnie vers la tête de cire à cacheter ; piquez le plus verticalement possible, et seulement de manière à traverser les deux feuilles de papier, les sommets de tous les angles rentrants et saillants, ainsi que les extrémités de toutes les lignes du plan (on doit rechercher, autant que possible, les points formés avec les pointes du compas lors de la construction de la minute). Le piqué étant terminé, enlevez la minute, et, à l'aide des points qui viennent d'être faits, cherchez à former avec le crayon les mêmes figures que celles que vous voyez sur la minute. Si vous n'avez pas trop multiplié les points, et si vous avez eu soin d'indiquer chaque brisure, vous n'éprouverez aucun embarras dans cette recherche. Quand on a acquis un peu d'habitude, on peut mettre au trait immédiatement.

Afin de ne pas revenir sur les parties déjà piquées, et, en même temps, pour n'en omettre aucune, on a soin d'indiquer sur la minute, par un trait au crayon, celles de ces parties qui ont été piquées. Si, néanmoins, quelques parties du plan ont été omises, on y pourvoit à l'aide du compas, en établissant des intersections.

2e *Procédé.* — Calquer. — Ce procédé est fort simple, il est en même temps le plus expéditif. On dispose, devant une croisée, une glace ayant les dimensions d'une feuille grand-aigle. Elle est encadrée dans un châssis en bois garni de deux montants ou tringles en fer, servant à la maintenir et à lui donner une inclinaison de 45°. On y pose la minute que l'on fixe sur les bords avec de la colle à bouche ou à l'aide de petites pinces. On ajuste par dessus une feuille blanche destinée à recevoir la copie. Il suffit, avec le crayon ou le tire-ligne, de suivre les traits qui se dessinent alors sur cette feuille. Pour bien voir, et pour que les traits se produisent bien nettement, il est nécessaire de ne laisser pénétrer le jour qu'au-dessous de la glace. On augmente la transparence en adaptant également au-dessous de cette glace, et dans une inclinaison calculée sur la direction du rayon de lumière, une feuille de fer-blanc bien étamée. Mais comme la copie ne peut s'opérer que sous un jour très-faible, il est nécessaire de s'exercer quelque temps pour parvenir à exécuter un dessin correctement.

Ce procédé laisse cependant à désirer sous le rapport de l'exactitude ; car l'épaisseur du papier peut causer un déplacement sur la position des lignes du plan. On fait disparaître cet inconvénient en piquant d'abord, comme nous l'avons expliqué, puis, en exécutant le trait à l'aide de la glace.

3ᵉ *Procédé*. — Par les intersections. — Ce procédé n'est pas fort en usage ; on ne l'emploie que lorsqu'on veut avoir une grande exactitude et conserver la minute intacte. C'est, au reste, la méthode d'arpentage exposée (48). On trace légèrement sur la minute des diagonales partant d'un sommet, et allant à tous les angles rentrants ou saillants. On mesure les angles formés par ces diagonales et on les construit sur la feuille qui doit recevoir la copie. Les rayons forment des intersections qui déterminent les angles du plan. On peut aussi mesurer, avec le compas, chacune des diagonales ; puis, à l'aide d'arcs de cercles, on établit ces mêmes angles sur la feuille. Ce dernier procédé est préférable. On peut aussi faire usage de directrices et de perpendiculaires, qu'on trace légèrement sur le plan à copier et que l'on porte ensuite sur la copie.

4ᵉ *Procédé*. — Par le papier-calque. — Quoique ce procédé ne soit pas bien exact et qu'on doive l'exclure chaque fois qu'il s'agit de figures géométriques, nous croyons, néanmoins, devoir l'indiquer, parce qu'il trouve une bonne application lorsqu'on veut, par exemple, copier un plan très-détaillé, ou une carte géographique.

A l'aide de papier végétal on calque entièrement le plan ou la carte à copier ; ensuite, avec un tampon en coton, frottez de mine de plomb ce calque sur le revers ; appliquez-le, en le retournant, sur la feuille blanche, de manière que le côté noirci se trouve sur cette feuille, puis, à l'aide d'une pointe d'acier ou d'un crayon très-dur (crayon Conté, nᵒ 4), passez légèrement sur toutes les lignes figurées sur ce calque. Enlevez le calque, époussetez la feuille avec un linge blanc et doux, jusqu'à ce que la mine de plomb, imprégnée sur cette feuille par la trace de la pointe d'acier, ne présente plus qu'une teinte grise. Rectifiez le trait avec le crayon si vous le jugez nécessaire, et, enfin, mettez à l'encre aussi lestement que possible.

On peut, pour plus d'exactitude, ne procéder que par partie. A cet effet, on divise la minute et la feuille blanche en bandes parallèles ou en carrés de deux décimètres de côté environ. Puis, on opère séparément pour chaque bande ou pour chacun des carrés. Dans ce cas, il vaut mieux frotter de mine de plomb un petit carré de papier végétal de 2 à 3 décimètres de côté. Ce carré est introduit entre la feuille blanche et le calque du plan que l'on fixe à l'avance sur cette feuille, aux endroits où on veut *décalquer*.

CHAPITRE VIII.

DES LEVÉS TOPOGRAPHIQUES.

156. — On a été longtemps avant de s'entendre sur les principes à établir pour exprimer sur le papier les diverses déclivités du sol d'un terrain quelconque, et c'est seulement depuis que Cassini acheva son immense travail que nos savants, s'apercevant de ce qu'il y avait d'incomplet dans les cartes de cet ingénieur célèbre, cherchèrent et proposèrent diverses méthodes, à la suite desquelles se produisit celle qui est adoptée aujourd'hui.

Quand on veut représenter un corps, on en détermine la forme sur divers plans appelés *plans de projection*. L'un est horizontal, et représente ce corps tel qu'il serait vu à vol d'oiseau, c'est le plan géométrique. La projection ou la représentation du terrain sur ce plan est toujours possible ; les masses se groupent facilement les unes contre les autres sans confusion, et elles s'y dessinent telles qu'on les voit dans la nature. Les autres plans sont généralement verticaux ; ils figurent le corps, ainsi qu'on peut le voir en se plaçant directement en face. Or, un terrain peut-il être représenté sur un ou plusieurs plans de cette espèce ? Considérons un terrain fortement accidenté, renfermant des montagnes, des vallées, des ravins, des habitations, et projetons tous ces objets sur un plan vertical. Qu'arrivera-t-il ? que la projection d'une montagne éloignée sera cachée par la projection d'une montagne plus rapprochée ; que celle-ci sera couverte par la projection d'une troisième, et ainsi de suite ; que les projections des bâtiments et de tous autres objets se mêleront aux précédentes. Il en résultera évidemment une confusion dont l'œil aura beaucoup de peine à sortir. En employant plusieurs plans verticaux, on aurait des résultats semblables, à moins qu'on en multipliât considérablement le nombre. Mais, dans ce dernier cas, lorsqu'on aurait à considérer des points éloignés ou séparés par une ou plusieurs montagnes, les points de comparaison pourraient manquer. On a donc dû abandonner cette méthode, et chercher à obtenir une expression qui tînt lieu de ces divers profils.

Si, sur un plan horizontal AB (*fig.* 223), on abaisse d'une surface irrégulière NMO les perpendiculaires aa', bb', cc'....ff', les valeurs de ces perpendiculaires indiqueront de combien chaque point a, b, c....f de la surface est éloigné du plan horizontal AB ; celles de ces perpendiculaires qui auront les valeurs les plus faibles indiqueront les points les plus bas ; on pourra donc, par leur comparaison, connaître immédiatement de combien l'un des points de la surface est plus élevé que l'autre.

Le plan horizontal AB se nomme *plan de repère*. Il peut être pris à volonté ; c'est ordinairement le point le plus bas de la portion de terrain dont on s'occupe. Mais, pour plus de clarté, et afin que toutes les opérations topograhiques pussent être générales et comparables en quelque endroit de notre globe que ce fût, on a admis pour *plan général de repère* la surface des eaux tranquilles de l'Océan à leur hauteur moyenne.

Définitions. — Nous appellerons *cote de hauteur* la valeur de la perpendiculaire aa' (*même fig.*), abaissée d'un point quelconque de la surface de la terre sur le plan de repère AB;

Différence de hauteur, le résultat de la comparaison de deux perpendiculaires *aa', bb'.*

Le dépôt général de la guerre désigne par *altitude* la cote de hauteur, ou la différence des rayons, l'un conduit d'un point quelconque de la surface moyenne des eaux de la mer au centre de la terre, l'autre mené d'un point de la surface terrestre au même centre.

Pour les expressions qui ne seraient pas connues, on consultera la Géométrie de Legendre, liv. IV, ou la Géométrie descriptive de Lefébure de Fourcy.

Les instruments en usage sont :

Le niveau d'eau ;

Le niveau de pente de Chézy ;

Le niveau d'Égault ;

L'éclimètre.

Nous indiquerons l'usage des trois premiers dans notre chapitre IX.

L'éclimètre est une portion de cercle adaptée et posée à la boussole verticalement ou perpendiculairement à la plate-forme. Un ou plusieurs niveaux à bulle d'air indiquent quand le zéro, ou la ligne de foi du vernier, est placée sur la direction indiquée par le fil à plomb. L'angle n'est pas alors compté entre la parallèle *cn* (*fig.* 223) et la ligne du terrain *cd*, mais bien entre la perpendiculaire *cc'* ou le rayon de la terre (1) et ladite ligne. On le nomme, par cette raison, angle *zénithal.* On ne doit pas le confondre avec l'angle d'inclinaison *dcn.*

157. — Cotes de hauteur et courbes de niveau. — Le levé topographique consiste donc à *déterminer la distance de tous les points de la surface de la terre à son centre,* ou seulement la hauteur de ces points au-dessus d'un plan unique dit de *comparaison.*

Il suit de cette définition que pour exprimer les diverses déclivités du sol, on a à chercher la hauteur de chaque point de la surface au-dessus du plan de repère ; généralement le travail consiste à résoudre un triangle rectangle. Ainsi, la cote de hauteur de chacun des points *f*, *e*, *d*.....*a* (*fig.* 223), sera, en sup-

---

(1) On sait sans doute que toute perpendiculaire à la surface de niveau passe par le centre de la terre.

posant que le plan de comparaison soit tangent à la surface au point O, pour $f=ff'$, pour $e=ff'+\varepsilon c$, pour $d=dd'=(ee'-e v)$..... etc. Mais l'instrument étant placé en O, l'angle mesuré est $fo\mu$, à cause du pied qui élève la plate-forme en o; le calcul donne alors μf. On doit donc ajouter à cette quantité $\mu f=Oo$, ou la hauteur de l'instrument comptée du sol à l'axe autour duquel tourne la lunette.

Si la station a lieu en c, l'observation donnera l'angle $do'\varphi$; la hauteur de l'instrument devra, par conséquent, être retranchée de la quantité ci-dessus, car le calcul donne $d\varphi$; on a $dd'=cc'+\varphi d-o'c$.

Lorsque l'angle est plus petit que 90°, ou lorsqu'il est compris entre la verticale cc' et l'horizontale cn, on le désigne par angle de *dépression;* et lorsqu'il est plus grand que 90°, ou lorsqu'il se trouve entre la ligne zénithale $d\varphi$ et l'horizontale dk, on l'appelle angle d'*ascension.*

On doit concevoir que les inflexions du terrain ne sont exprimées exactement qu'autant que l'on détermine une quantité suffisante de cotes de hauteur. Ce principe n'est pas cependant suivi entièrement; car dans les terrains très-accidentés, là où souvent il faut parcourir de grandes distances avant de rencontrer un sol horizontal, la forme de la surface ne pourrait être bien connue qu'en multipliant les cotes de hauteur presqu'à l'infini; ce serait donc un travail fort long et minutieux; de plus, ces cotes devant être inscrites sur la carte, elles y apporteraient évidemment une grande confusion. On évite ces inconvénients par le procédé suivant.

Soit ABCD (*fig.* 224) une section de terrain formée par un plan vertical. Si au plan horizontal AB (plan de repère) nous conduisons des plans aa', bb', cc'....ee' parallèles à AB, équidistants entre eux d'une quantité donnée, ces plans, venant couper le terrain, détermineront à sa surface une suite de limites, dites courbes horizontales, dont tous les points pourront être considérés comme autant de cotes de hauteur. En projetant les limites de ces plans sur le plan de repère, on aura un ensemble de courbes qui rappelleront tous les points d'un même niveau; elles donneront en même temps une expression exacte des déclivités du sol, parce que si ces courbes sont rapprochées, les pentes seront alors rapides; si elles sont écartées, c'est que les pentes seront douces ; on pourra donc juger à la seule inspection de la carte quelles sont les parties du sol qui ont la plus grande inclinaison.

Ce procédé, comme on le voit, dispense d'inscrire les cotes de hauteur sur la carte, car la trace d'une section horizontale indique tous les points du terrain qui sont à cette hauteur du plan de repère ; plus on aura de sections, et mieux les plis du terrain seront exprimés. On doit cependant donner quelques cotes sur les points élevés et dans les vallées, notamment sur les cours d'eau, afin d'éviter les recherches auxquelles on serait obligé si le point de jonction du plan de repère avec le terrain était éloigné de l'endroit de la carte qui fixe l'attention.

158. — Détermination des courbes horizontales.— Pour déterminer les sections ou courbes horizontales, on fait usage de divers procédés : on y parvient d'abord en effectuant un nivellement complet du terrain dont on s'occupe (179 et suivants), ou seulement en suivant des directions droites ou brisées choisies selon les difficultés des lieux ; on obtient, dans ce dernier cas, des profils ou sections verticales qu'on construit séparément (183 et 186) ; on y trace ensuite, en partant du plan de repère, les plans équidistants, et chaque point d'intersection de ces plans avec le profil est projeté sur la carte ; on obtient ainsi des points qui appartiennent aux courbes horizontales.

Supposons (*fig.* 224) que sur un terrain quelconque on a fait des nivellements suivant les directions MN, OP et QR, le premier ayant été rapporté sur la feuille donne une section verticale ABCD, le plan de repère est AB ; menons à des distances égales les plans parallèles *aa'*, *bb'*, *cc'*... *gg'*, ces plans coupent la surface du terrain en des points *a*, *b*, *c*... *a'*, *b'*, *c'*...; projetons ces points sur MN : nous établissons ainsi, sur cette direction, des points qui appartiennent évidemment aux sections des plans équidistants *aa'*, *bb'*, *cc'*... Construisons également le profil suivant OP, et menons les plans parallèles *oo'*, *pp'*, *qq'*... au plan de repère, espacés d'une quantité égale à celle adoptée pour le premier profil MN ; en projetant sur OP les intersections de ces plans avec le terrain, nous aurons sur cette seconde direction d'autres points des mêmes sections ; car le plan *aa'* correspond au plan *oo'*, le plan *bb'* cor-

respond au plan *pp'*, etc. Opérant de même pour les profils
effectués sur QR, ST et UV, et réunissant par une courbe continue chaque point d'une même section ou d'un même niveau,
nous obtiendrons sur la carte la trace des limites de chacun
des plans horizontaux, ou tous les points du terrain qui se
trouvent à des distances du plan de repère AB respectivement égales à celles de chacun de ces plans.

Il est, en outre, facile de déterminer la différence de niveau
entre deux points. En effet, si nous adoptons une équidistance de 10 mètres pour les plans horizontaux, deux points
E et F, situés sur des sections différentes, présenteront une
différence de niveau égale au nombre de zones qui se trouvent entre eux ; elle sera, d'après la *figure*, de 40 mètres. Si
l'un était placé en E', à une distance quelconque des courbes
m et *n*, on mènerait *or* (*fig.* 225) normale aux deux courbes,
on ferait *sr* $= 10 =$ l'équidistance, joignant *so* et menant E'*e*
parallèle à *sr*, E'*e* indique de combien E' est au-dessous de la
courbe *n*. Ainsi, en nous reportant à la *figure* 231, et admettant que E'*e*, mesuré sur l'échelle $= 4^m$, la différence de niveau entre F et E' sera 30^m (ou trois zones) $+ 4^m = 34^m$.

On doit concevoir que si on multiplie convenablement les
nivellements on obtiendra une grande exactitude dans le
tracé des courbes. Cette méthode est suivie lorsqu'on veut
arriver à une indication précise des inflexions du terrain. On
l'adopte principalement lors de l'étude d'une route, quand
on prévoit avoir des difficultés à franchir. Mais dans les tracés ordinaires on l'abandonne, parce qu'elle est fort longue
sur le terrain, et qu'elle oblige au cabinet à un grand nombre de constructions.

159. — Lorsqu'on n'a pas d'autre but que de faire connaître
les diverses inflexions du sol, on mesure avec l'éclimètre les
angles d'inclinaisons ; les points où l'on stationne étant rattachés aux détails d'arpentage, il ne s'agit plus que de savoir
le nombre de courbes à établir entre chacun d'eux.

Supposons une pente AONM (*fig.* 226), laquelle présente
trois inclinaisons MN, NO, OA : en M on a observé l'angle zénithal $= 79°$ 30', en N on a eu pour le même angle $40°$ 20' et
en O $= 75°$ 00'. Les trois stations étant rattachées au levé géométrique, ainsi que le point inférieur A, on a A'O' $= 143$ mè-

tres, O'N'=74 mètres, et N'M'=112ᵐ. Maintenant, si nous adoptons 10ᵐ pour l'équidistance des plans horizontaux, autant de fois 10ᵐ seront contenus dans la hauteur verticale OO", autant de sections on aura à établir entre A' et O' sur le plan géométrique. De même autant de sections que nous aurons sur NN" autant de courbes nous devrons avoir sur les deux directions A'O', O'N' et ainsi de suite. Or, en résolvant les triangles rectangles du AO"O, OoN, NcM, nous aurons les hauteurs respectives des points O, N et M au-dessus du plan de repère AB (157), et chacune de ces hauteurs divisée par l'équidistance =10 donnera le nombre de courbes qui doit se trouver sur A'O', O'N', N'M'; procédant, on a OO"=38ᵐ3, NN" = 125ᵐ4, MM" = 146ᵐ1. Ce qui fournit 3 courbes $\frac{8}{10}$ de A' à O', 12 courbes $\frac{5}{10}$ de A' à N' et 14 courbes $\frac{6}{10}$ de A' à M'. Si on a un nombre suffisant de directions, les lignes d'arpentage peuvent presque toujours en tenir lieu, on parviendra, sans difficultés sérieuses, à tracer les sections horizontales en se rappelant surtout la forme du terrain.

On remarquera toutefois que l'on peut tracer les courbes comme au (158); car en rapportant les angles observés en M, N et O, et à l'aide des distances A'O', O'N', N'M', on peut construire la section de terrain AONM; porter ensuite sur O"O, N"N, M"M des hauteurs égales à celles de l'équidistance, mener des plans parallèles à AB et projeter enfin sur A'O', O'N', N'M' les points de passage de ces plans sur la surface AONM.

Nous recommandons à cette occasion le procédé d'arpentage (48, § 5) puisqu'il suffit de stationner à un point pour en déterminer l'emplacement sur le plan géométrique. Les distances nécessaires à la détermination des points de passage des courbes pouvant être mesurées au compas.

Il est souvent plus commode de mesurer de la même station l'angle zénithal sur plusieurs points. Etant en station en M, par exemple, si on aperçoit les points N, O, A, on peut, sans déranger l'instrument, observer les angles NMM", OMM" et AMM"; les résultats seront les mêmes : on aura à résoudre les triangles rectangles lMO, M"MA; il faudra avoir toutefois les distances M'O, M'A' qui peuvent le plus souvent être mesurées sur la carte.

Quand on fait usage de ce procédé, il est bon, pour se ren-

dre bien compte de la forme que les courbes doivent avoir,
d'en déterminer quelques-unes sur le terrain même et de les
relever par les procédés d'arpentage. Elles sont, en outre,
d'un grand secours lors du figuré sur le papier. A cet effet,
on se munit d'une mire d'une hauteur égale à celle de l'instrument; on place l'éclimètre ou tout autre instrument de
nivellement à l'endroit d'un versant où l'on juge que la trace
de la section qu'on veut établir sera le plus utile. La lunette
de l'éclimètre étant dans le plan horizontal, on fait placer le
porte-mire à une distance convenable (50 à 100 mètres); puis,
le dirigeant de la main, on lui fait signe de monter ou de descendre la cote, d'avancer ou de reculer suivant que la mire
se trouve au-dessus ou au-dessous du rayon visuel; lorsque
la ligne des couleurs du voyant correspond à ce rayon, on
fixe l'endroit du pied de la mire par un jalon. A une autre
distance, on établit de la même manière un second jalon,
puis un troisième, etc. C'est ainsi qu'on a obtenu la courbe
ABCD... K (*fig.* 228) qui représente la section d'un plan horizontal rencontrant une vallée. L'instrument était placé en A,
on a déterminé les points B, C, D; on l'a ensuite placé en D
on a eu les points E, F, G et H; enfin de la station H on a
eu I et K. La position de ces points a été ensuite déterminée,
la courbe qu'ils donnent est un guide sûr pour le tracé des
autres courbes de niveau.

160. — Lorsque le géomètre n'est pas tenu de transcrire
sur son plan d'arpentage les cotes de hauteur, il peut, lors
du levé de ce plan, évaluer approximativement les différences de niveau du sol. La chaîne qu'il doit toujours tenir dans
le plan horizontal (19) le guide dans cette circonstance; il
n'aura pas, sans doute, un tracé exact des courbes, mais il
pourra, avec un peu d'attention et de l'intelligence, arriver
à une expression suffisante pour la généralité des cas.

Supposons que l'extrémité E (*fig.* 229) de la chaîne ED placée suivant l'horizontale, présente une différence de niveau
EF=d avec la surface du sol DK, l'équidistance étant GK=E,
on a GD=D,

$$d : E :: 10 : D.$$

Tant que la pente DK ne changera pas, on portera D sur la ligne d'arpentage sur laquelle il a été évalué.

Si en mesurant les directrices AB, CD, EF, GH, etc. (*fig.* 232) (nous supposons un système d'arpentage), on a remarqué qu'en tendant la chaîne horizontalement elle se trouve au-dessus du sol, à l'une de ses extrémités, des quantités inscrites sur la figure (l'œil exercé doit apprécier la différence de niveau à deux ou trois centimètres près), on a d'abord, de *a* à *b*, 1^{m}25 de pente pour 10^m de distance horizontale, de *b* à *c* 0^{m}28, de *c* à C 0^{m}10, etc...; pour établir les points de passage des courbes sur la directrice AB, on a, d'après la formule ci-dessus :

$$1^m25 : 10 :: 10 : D = 8^m00.$$

En supposant l'équidistance des plans horizontaux =10^m, on portera donc ces 8^m de *a* jusqu'à *b* autant de fois qu'ils pourront y être contenus. Maintenant la pente de *b* à *c* étant de 0^{m}28, on a également

$$0^m28 : 10 :: 10 : D = 35^m70,$$

à porter de *b* jusqu'à *c*; en continuant ainsi sur chaque directrice, on aura les points par lesquels doivent passer les courbes. Maintenant si, d'après le procédé (159, dernier §) on a déterminé la trace de la section horizontale MNO, PQ... les courbes parallèles à cette trace passant par les points établis précédemment sur les lignes d'arpentage seront, à très-peu près, les sections horizontales. Un croquis des lieux dressé avec intelligence, l'indication précise des talwegs R, R, ou fond des vallées, et les souvenirs achèveront de guider dans l'exécution de ce travail. La figure indique les signes abréviatifs que l'on adopte pour reconnaître les pentes; c'est une flèche dont la pointe est dirigée du côté de la descente.

161. — **Le trigonomètre** (instrument imaginé par M. *Maison*, inspecteur des forêts), est d'une application avantageuse pour les évaluations de cette nature.

Il est composé de trois règles A*g*, *ad*, *ae* (*fig.* 230) en cuivre graduées, dont deux, A*g* et *ad* sont disposées à angle droit; la troisième *ae* forme l'hypoténuse d'un triangle rectangle, lequel doit toujours être l'homologue d'un triangle de même espèce qu'on imagine sur le terrain. Cette règle, au moyen d'une charnière en *a* d'une disposition particulière, permet à cette règle de prendre telle direction que les opérations exigent.

Supposons qu'on veuille obtenir la différence de niveau entre deux stations A et C (*même figure* 230) dont la distance horizontale soit connue.

On vise le point C en dirigeant sur ce point la règle Ag. Et, puisque la règle ad est perpendiculaire sur ag ou sur AC, que, de plus, la règle ae, livrée à elle-même, prend, au moyen du poids e, la direction de la pesanteur, on a le triangle rectangle abc semblable au triangle rectangle ABC; par conséquent :

$$AB : ab :: BC : bc.$$

Mais comme chacune des règles est divisée de millimètre en millimètre; en supposant que AB=267^m, et que chaque division de ab représente 10 mètres, on aura, d'abord, à placer la règle Ag à la 26^e $\frac{7}{10}$ de division, de sorte que BC sera donné par $bc \times 10$, ou par le nombre de millimètres marqués par la direction de la règle ae sur Ag multipliés par 10. Si on compte 9 millim. $\frac{2}{10}$ entre b et c la hauteur cherchée BC sera $bc \times 10 = 92$ mètres.

Pour qu'au moment de la lecture sur bc, ae n'éprouve aucun dérangement, on fixe cette dernière règle au moyen de la vis de pression placée en a.

La distance AB peut toujours être connue, puisque l'opération a lieu sur une ligne d'arpentage. Mais s'il n'était pas possible d'avoir cette distance, on ferait placer une mire en D la plus haute possible, et on marquerait une hauteur bn=CD d'après la division sur le micromètre bo au moyen des pinnules b, n. (Ce micromètre est une petite règle graduée adaptée à l'instrument et susceptible de prendre une direction verticale lorsqu'on dégage la vis située à sa partie inférieure.) On ferait ensuite glisser bo le long de la grande règle Ag jusqu'à ce que les points de ses pinnules fussent dans la direction des rayons visuels AD, AC; Ab exprimerait alors la longueur de AC, on fixerait l'angle a, on prendrait sur la règle ae une longueur ac=Ab=AC, et bc exprimerait la hauteur BC; il suffirait d'y ajouter la hauteur de la mire CD pour avoir la hauteur cherchée BD.

Mais souvent il est plus commode de déterminer le *tant*

pour cent d'une pente. Dans ce cas, *dg* étant placé suivant la direction du terrain (*fig.* 231), on fixe la règle *ae* en *a* par la vis de pression, l'angle *bac* exprime la pente du terrain. On fait alors glisser la règle *dg* le long de *ab* jusqu'à ce que *ab'*=100 millimètres; alors on a

$$ab : ab' :: bc : b'c',$$

et comme *ab'*=100, autant de millimètres on comptera sur *b'c'* autant de fois il y aura 1 p. °/₀ pour la pente cherchée.

Enfin, la planchette connue de MM. les agents forestiers pourra être souvent employée avec avantage pour évaluer approximativement les pentes du terrain. Le côté EK de la planchette ADEK (*fig.* 240) est divisé de centimètre en centimètre; un fil à plomb forme toujours un triangle rectangle DEF semblable au triangle ACB de même nature que l'on imagine sur le terrain; on dirige le côté AD de la planchette suivant la pente que l'on veut connaître, en laissant toute liberté au fil à plomb DF; on le fixe avec le doigt au moment du visé, en sorte que les triangles DEF, ABC donnent :

$$DE : AC :: EF : CB,$$

et commeDE= 0ᵐ10 centimètres, en supposant AC=100 mètres, on a

$$0, 10 : 100 :: EF : CB.$$

Si DF marquait la quatrième division en partant de E, on aurait 4 mètres pour CB, c'est-à-dire une inclinaison de 4 pour °/₀ pour AB.

162. — De l'équidistance des plans horizontaux. — L'équidistance des plans horizontaux n'est pas toujours celle que nous avons adoptée dans les applications précédentes. On doit concevoir que si, pour un plan géométrique dressé à une grande échelle, on admettait l'équidistance de 10ᵐ, l'intervalle entre les courbes pourrait être parfois considérable, et ce ne serait qu'avec beaucoup de peine qu'on parviendrait à connaître les diverses pentes du terrain. L'équidistance est donc liée intimement avec l'échelle du plan; elle doit être généralement inversement proportionnelle à cette échelle. On ne peut toutefois poser de principes fixes à cet égard; car un terrain fortement accidenté permet d'adopter une équidistance beaucoup plus grande qu'un terrain légèrement ondulé. Voici cependant celles qu'on peut admettre lorsque le terrain présente des inclinaisons de 20 à 40 degrés :

Pour l'échelle de 1 à 5000 . . . . . . 2ᵐ5
—   1 à 10,000 5
—   1 à 20,000. 10
—   1 à 40,000. 15
—   1 à 80,000. 20

Nous avons supposé jusqu'alors que la trace du plan de repère pouvait être indiquée sur les sections verticales (158), ou qu'elle formait l'un des côtés de l'angle droit du premier des triangles nécessaires à la détermination des cotes de hauteur (159); mais il arrivera généralement que les opérations seront éloignées de l'Océan (156), et qu'on ne pourra avoir cette trace. Cette difficulté n'est pas sérieuse, puisque MM. les officiers d'état-major ont également déterminé l'altitude de tous les sommets de leur triangulation. Il suffit, en conséquence, de rechercher un de ces sommets pour déduire la cote de hauteur d'un nombre de points quelconque. Si le point M (*fig.* 226) est un signal de la carte de France, on aura NN''=MM''—Mc... et pour établir les sections des plans équidistants MM'' étant de 146ᵐ1 (159), la première courbe v sera la 14ᵉ en partant du plan de repère, et celle qui vient immédiatement au-dessous de N sera la 12ᵉ, en supposant l'équidistance = 10ᵐ. On a toutefois à déterminer la distance vM', ainsi que celle uN', ou les points de passage des 14ᵉ et 12ᵉ courbes ; mais avec un peu d'attention on y arrivera facilement. Nous avons Mc=MM''—NN''=H, M'N'=D, et si nous faisons 146ᵐ1—14×10=h, nous aurons

$$v\mathrm{M'} = \frac{\mathrm{D}h}{\mathrm{H}}.$$

Si nous déterminons vt, cette formule deviendra

$$vt = \frac{\mathrm{D} \times 10}{\mathrm{H}}.$$

Si cette équidistance était 5, nous aurions évidemment

$$vt = \frac{D \times 5}{H.}.$$

De même que

$$uN' = \frac{N'O' \times h}{H} = \frac{74 \times 5,4}{87,1}$$

en adoptant les mêmes données (159).

164. — Du niveau apparent et du niveau vrai. — Quand un observateur, placé sur la surface du globe, dirige la lunette de l'éclimètre ou de tout autre instrument de nivellement dans le plan horizontal, le rayon est perpendiculaire à la ligne que tracerait un corps s'il était livré à lui-même ; cette ligne passe par le centre de la terre : le rayon est donc une tangente à la surface terrestre. Mais puisque toutes les cotes de hauteur sont comptées à partir d'une surface dont tous les points sont également distants de ce centre (157), il commet une erreur, laquelle est d'autant plus grande que l'objet visé est plus éloigné du lieu de l'observation. Le plan dans lequel on place l'instrument est dit *niveau apparent*, et la surface à laquelle on rapporte les nivellements est dite *niveau vrai*.

Soit l'observateur placé en A (*fig.* 233), l'instrument étant en station, le zéro du limbe vertical est dirigé suivant AC ; N étant un point plus élevé que A, l'angle observé est CAN ([1]), et le calcul donne BN pour la différence de hauteur ; cette différence n'est pas la véritable, car on doit avoir ND, puisque toutes les cotes de niveau doivent être rapportées suivant la surface sphérique KI. Il s'agit donc de déterminer BD.

En se rappelant que toute tangente AB est moyenne proportionnelle entre la sécante BC' (BC'=2BC) et sa partie extérieure BD, on a

$$BD = \frac{\overline{AB^2}}{BC'} = \frac{\overline{AB^2}}{2CD + BD};$$

Mais si l'on considère que BD est toujours très-petit compa-

([1]) Dans les opérations de *Géodésie*, les angles sont mesurés entre le zénith Z et l'objet, on a donc ZAN.

rativement au diamètre de la terre BC'=2CD, on peut, sans
erreur appréciable, réduire cette formule à celle-ci :

$$BD = \frac{\overline{AB^2}}{2CD}.$$

En faisant BD=h, CD=R ; et remarquant en outre que AB
est très-sensiblement égal à AD ou à la distance L, mesurée
entre A et N, on a pour formule générale :

$$h = \frac{AB^2}{2R}.$$

165. — De la réfraction. — Lorsqu'un rayon lumineux
traverse obliquement divers fluides de densité différente, il
se détourne de sa direction primitive en se rapprochant de
la perpendiculaire élevée au point où il entre dans le milieu
le plus dense : c'est cet effet qu'on nomme *réfraction*.

La terre est entourée d'un fluide élastique et transparent
(l'air), s'élevant à une grande hauteur, plus rare au fur et
à mesure qu'on se transporte dans les régions élevées ; mais,
à cause de sa compressibilité, ses couches inférieures sont
beaucoup plus denses que ses couches supérieures. Il suit
de cette propriété et du principe reconnu qu'un rayon de
lumière, qui traverse obliquement l'atmosphère, se détourne
à chaque instant de la route qu'il suivait à l'instant précédent, et décrit une courbe dont la concavité est tournée
vers la surface de la terre. Cet effet n'a lieu que dans le
sens vertical, il est nul au zénith. Comme nous supposons
toujours les objets sur la direction des rayons que nous en
recevons, nous les rapportons alors sur la tangente à cette
courbe, ou sur la *trajectoire* décrite par le rayon lumineux
au point où nous sommes.

L'effet de la réfraction est donc de faire paraître les objets plus élevés qu'ils ne le sont effectivement. On doit, en
conséquence, diminuer de la réfraction la hauteur *apparente*
pour avoir la hauteur *vraie* de cet objet.

Si au point A (*fig.* 234) on observe un objet terrestre B
éloigné, le rayon lumineux qui en transmet l'image suivra
une courbe BEA et l'objet sera vu dans la direction de la
tangente à cette courbe, c'est-à-dire en B', l'angle BAB' me-

sure donc l'effet de la réfraction. Si, par les points A et B, on conçoit les verticales AC, BC, passant par le centre de la terre, l'angle de réfraction BAB' formé par une corde et une tangente aura pour mesure la moitié de l'arc AB.

Faisons l'angle ZAB'$=\delta$, VAB'$=\delta'$ et les angles de réfraction BAB'$=\theta$, ABA'$=\theta'$, on aura pour les *angles vrais*, au zénith

$$ZAB = \delta + \theta = D,$$
$$VBA = \delta' + \theta' = D'.$$

donc

$$ZAB + VBA = \delta + \delta' + \theta + \theta' . \ . \ . \ . \ . \ (1)$$

D'un autre côté, l'angle extérieur d'un triangle étant égal à la somme des deux intérieurs opposés, on a

$$ZAB = C + ABC,$$
$$VBA = C + BAC ;$$

donc

$$ZAB + VBA = 2\theta + C = D + D'. \ . \ . \ . \ . \ (2)$$

d'où (1) et (2)

$$\delta + \delta' + \theta + \theta' = 2\theta + C ;$$

ou bien, à cause que θ est sensiblement égal à θ', on a

$$\theta = \frac{C}{2} - \tfrac{1}{2}(\delta + \delta' - 2\theta) . \ . \ . \ . \ . \ . \ (3)$$

divisant tout par C, et faisant

$$\frac{\theta}{c} = \frac{\tfrac{1}{2}C - \tfrac{1}{2}(\delta + \delta' - 2\theta)}{C} = n. \ . \ . \ . \ . \ . \ . \ (4)$$

on a, enfin

$$\theta = nC, \text{ ou assez exactement, } \theta + \theta' = 2nC ;$$

et il résulte de l'équation (3) que

$$ZAB = \delta + \theta = \tfrac{1}{2}D + \tfrac{1}{2}C + \tfrac{1}{2}(\delta - \delta'),$$
$$VBA = \delta' + \theta = \tfrac{1}{2}D + \tfrac{1}{2}C - \tfrac{1}{2}(\delta - \delta').$$

Telles sont les formules que donne Puissant pour connaître le coefficient de réfraction.

Delambre a remarqué qu'en France le coefficient n était

généralement une valeur=0,07876, ou simplement 0,08. Cependant, par les temps brumeux, il peut aller jusqu'à 0,15, mais en hiver seulement, et plus communément 0,06 à 0,08 en été, et 0,08 à 0,10 en hiver.

Le coefficient n ne pouvant jamais, dans les opérations de l'ordre qui nous occupe, produire une erreur appréciable sur les valeurs des cotes de hauteur, il est suffisant de prendre les huit centièmes de l'angle observé. On peut toutefois en obtenir directement la valeur en mètres. A cause de la petitesse de BAB', BAD, on a, à très-peu près (*fig.* 233),

$$DB : BN' :: BAD : BAN'$$

En mettant h à la place de DB, r à la place de BN', on a

$$h : r :: \frac{C}{2} : (0,08)\, C,$$

d'où

$$r = (0,16)\, h;$$

mais nous avons

$$h = \frac{L^2}{2R} \quad (164),$$

il s'ensuit que

$$r = (0,16) \frac{L^2}{2R}.$$

D'après ce qui a été dit précédemment, nous aurons exactement la différence de niveau ND, entre les deux points A et N :

$$ND = NB + BD - BN,$$

ou bien

$$ND = NB - (BD - BN)$$

En désignant ND par Σ, NB par H, et remarquant que $BN = r$, on a pour formule générale :

$$\Sigma = H - \left(\frac{L^2 - 0,16\, L^2}{2R} \right) = H - \frac{0,84\, L^2}{2R}.$$

C'est à l'aide de cette formule que nous avons dressé le tableau suivant :

*TABLEAU des différences entre la hauteur du niveau apparent
au-dessus du niveau vrai et l'élévation de la réfraction.*

DISTANCES.	DIFFÉRENCES		DISTANCES.	DIFFÉRENCES	
100	0,0007	19	1500	0,1484	155
200	0,0026	33	2000	0,2639	1484
300	0,0059	47	2500	0,4123	1815
400	0,0106	59	3000	0,5938	2144
500	0,0165	72	3500	0,8082	2474
600	0,0237	86	4000	1,0556	2804
700	0,0323	99	4400	1,3360	3133
800	0,0422	112	5000	1,6493	3464
900	0,0534	126	5500	1,9957	3793
1000	0,0660		6000	2,3750	

APPLICATION.

Soient L = 3417^m, l'angle observé CAN = 95°41'10" (*Fig.* 233), on a
d'abord NB = H =

$$\text{Log } 3417 = 3,5337721$$
$$\text{Tang } 5°41'10" = 8,9981218$$
$$\text{Log H} \ldots = 2,5318939. \quad . \text{ H} = 340^m \; 32'00$$

Le tableau ci-dessus donne pour 3000^m. . .   0,5938 ⎫
 parties proportionnelles pour   417^m. . .   0,1760 ⎭ — 0^m 76'98

Σ. . . . . . . = 339^m 55 02

+ Hauteur de l'instrument placé en A (157). . . . . = 1   42

Différence de hauteur entre A et N. . . . = 340^m 97 02

ou simplement 340^m 97^c .

166. — Principes des hachures. — Si dans un dessin
topographique on se bornait au tracé des courbes de niveau,
ce dessin ne plairait nullement à l'œil, et le but qu'on se
propose ne serait atteint qu'en partie. De plus, le trait des
courbes venant se joindre à celui des chemins, des ruisseaux,
des limites de propriétés, ferait un effet très-désagréable et
apporterait dans la carte une confusion dont on aurait peine
à sortir. Ainsi, autant pour éviter cette confusion que pour
donner à la carte tout le relief possible et faire mieux entrevoir les aspérités du sol, sans cependant perdre les traces
des courbes de niveau, on est convenu de remplir par des
hachures l'intervalle compris entre chacune de ces traces.

Il ne faut pas confondre les hachures topographiques avec celles qu'on jette arbitrairement sur un dessin ordinaire pour figurer les ombres ; les premières sont soumises à certaines règles, et doivent, par la teinte qu'elles produisent en les allongeant ou en les forçant davantage, définir les accidents du sol. Nous ferons remarquer cependant que c'est plutôt un talent manuel, qu'on acquiert assez vite en copiant de bonnes cartes, qu'une application rigoureuse de principes théoriques.

Les hachures sont normales aux courbes de niveau, c'est-à-dire qu'elles sont à la fois perpendiculaires aux deux courbes entre lesquelles elles s'exécutent. Elles déterminent sur le plan géométrique la projection de la ligne de plus grande pente, ou la direction que suivrait un corps sphérique placé sur la partie supérieure d'un plan incliné en obéissant à la loi de la pesanteur, ou bien encore la direction que prennent les eaux lorsque, s'écoulant du faîte des coteaux, elles gagnent les parties basses. On obtient cette projection assez exactement en imaginant une tangente ab (fig. 235) à la courbe supérieure rs, et une autre dc à la courbe inférieure tu ; on mène nm d'abord perpendiculaire à ab, puis perpendiculaire sur dc. Il s'ensuit que si nm doit rencontrer plusieurs courbes $r's'$, $t'u'$, elle les coupera semblablement, c'est-à-dire que, devant être nécessairement perpendiculaire aux tangentes $a'b'$, $d'e'$, elle sera également normale à ces courbes, et qu'elle sera elle-même une courbe.

Cette circonstance n'a pas lieu quand les sections équidistantes sont parallèles ; car nm (fig. 236), étant perpendiculaire à l'une d'elles, est aussi perpendiculaire à l'autre ; elle est droite dans ce cas.

167. — **Ligne de plus grande pente.** — La ligne de plus grande pente se caractérise en ce que :

1° Elle est perpendiculaire aux intersections de la surface du terrain par les plans horizontaux ;

2° Sa projection est perpendiculaire à ces intersections ; elle est, par conséquent, la plus courte distance entre ces lignes.

Pour l'établir d'après ces principes, il suffit de connaître l'inclinaison de la pente sur laquelle elle doit être tracée et l'intersection d'un plan horizontal sur cette pente.

Soient A, B, C (*fig.* 237) trois points situés sur un même versant, et connus de position : la cote de hauteur de A = 168ᵐ, celle de B=44ᵐ, et celle de C=109ᵐ. On sait que trois points déterminent la position d'un plan ; Nous pouvons, en conséquence, déterminer les traces d'un plan incliné passant par les points A, B, C, sur deux plans perpendiculaires ou de projection dont l'un peut être le *plan de repère*; quant au second, il sera arbitraire, car s'il entre dans la composition de la figure, c'est pour faciliter la démonstration. Le plan qui passera par les points donnés ne sera autre que la surface du versant sur laquelle sont situés ces points.

Plaçons géométriquement les points A, B, C sur le plan horizontal de repère *xynm*, *xy* étant l'intersection des plans de projection ; menons, par les points donnés Cᵛ, Bβ, Aᵅ, perpendiculaires à *xy*, et prolongeons ces perpendiculaires dans le plan vertical en faisant ᵛc=109, βb=44ᵐ et aᵅ=286ᵐ ; déterminons sur chacun des plans de projection la trace du plan incliné, en joignant *a* et *b*, A et B, et en menant Cc' parallèle à AB, *ct* parallèle à *ab*, puis en déterminant les points *c'*, *b'*, *t* et *v*, appartenant au tracé, au moyen de perpendiculaires élevées des points où les droites AB, *ab*, Cc' *ct*, rencontrent *xy*. La droite ED, passant par les points *b'*, *c'*, sera la trace cherchée sur le plan horizontal de projection, ou bien l'intersection de la surface du versant avec le plan de repère. Toute ligne, telle que KP, perpendiculaire à ED, sera la projection de la ligne de plus grande pente et indiquera la direction des hachures.

Quand les coteaux présenteront des pentes régulières, le point A sera choisi sur le sommet et les deux autres points au bas de la pente. Mais lorsque la surface du sol présentera des inclinaisons différentes, on devra opérer pour chaque inclinaison en faisant en sorte que chacune des opérations ait un point commun avec la précédente.

Lorsqu'on voudra connaître la vraie longueur de la ligne de plus grande pente, c'est-à-dire suivant son inclinaison et l'angle qu'elle fait avec l'horizontale, on n'aura qu'à décrire l'arc K*k* du point P comme centre avec un rayon = PK et à joindre K'*k*; cette droite donnera la position et la vraie lon-

gueur de ladite ligne suivant le terrain ; son angle d'inclinaison sera K'*k*P.

Remarquons qu'on a encore un moyen de déterminer les
courbes de niveau ; car si nous divisons αa en 28 $\frac{6}{10}$ parties
(en admettant une équidistance $=10^m$), et que par les points
de division o, p, q,.... nous menions des parallèles à xy qui
coupent K'*k*, en rabattant les intersections o', p', q',... sur
PK, nous obtiendrons exactement les points de passage des
courbes sur le plan géométrique.

Le trigonomètre (161) fournit encore le moyen de détermi-
miner la longueur de la ligne de plus grande pente et de la
projection (distance entre les courbes) pour une équidistance
donnée.

L'angle a (*fig.* 231) étant pris sur le terrain, en dirigeant dg
suivant la pente et en fixant la tige ae au moyen de la vis a,
on fait mouvoir la règle dg sur ab jusqu'à ce que $b'c'$ exprime
une longueur égale à l'équidistance, la longueur de la ligne
de pente et de sa projection seront exprimées, la première
par ac' et la seconde par ab'

169. — Lignes de faîte. — Lorsqu'on veut représenter le
terrain avec exactitude, et diriger les hachures dans le sens
le plus convenable, on doit déterminer les lignes de faîte ou de
partage des versants. Ces lignes indiquent en effet les points
de départ des hachures au sommet des coteaux. Elles se reconnaissent sur le terrain en ce que ce sont celles de toutes
les lignes dirigées d'un même point sur un sommet, en envi-
sageant le terrain du haut en bas, qui font le plus petit angle
avec l'horizon. Elles s'obtiennent en cherchant le point tangent à des lignes horizontales rasant le sol. On marque chacun de ces points sur le terrain, puis on les relève par les
procédés ordinaires d'arpentage.

Ces lignes servent ordinairement de direction aux nivellements continus (158) ; on y établit aussi les points de passage
des courbes, comme moyen de contrôle des opérations précédentes. On se munit alors d'une mire d'une longueur égale
à l'équidistance des plans horizontaux, plus la hauteur de
l'instrument. En suivant le procédé indiqué à la fin de (159),
on obtient exactement et sur le terrain même les points de
passage des courbes. On a toutefois à déterminer le premier
de ces points.

Soit, au point A (*fig.* 238), la cote de hauteur = 137ᵐ4, la
section horizontale la plus voisine de ce point, ou celle qui
se trouve immédiatement au-dessous sera la treizième; si
nous faisons l'équidistance = 10, pour avoir le point d'intersection *a* de la section *aa'* avec la ligne de faîte AK, on a un
triangle rectangle A*an* à résoudre dans lequel on connaît
A*n*=7ᵐ4 et l'angle *nAa;* ayant *an*, on mesurera cette distance
sur le terrain en partant de A et en tenant évidemment la
chaîne horizontale. On placera alors l'instrument en *a*, puis,
faisant placer le porte-mire en *b* (159), on aura le point de
passage de la douzième courbe, ou l'intersection du plan *bb'*
avec la ligne de faîte AK. On voit que pour avoir le point
b, il faut que la mire ait une longueur =*am*+ la hauteur de
l'instrument situé en *a*. On aura *c* par le même procédé en
se transportant en *b*, et ainsi de suite jusqu'au bas du versant.

169. — Des Talwegs. — Les talwegs se dessinent par la
masse des eaux qui se heurtent aux points les plus bas des
vallées. Si les flancs des mamelons présentent une inclinaison rapide, il se formera un ravin; dans ce cas, le talweg est
déterminé; mais si les pentes sont douces, la ligne de rac-
cord est peu sensible; pour l'obtenir, on fait l'opération inverse de celle qu'on effectue pour avoir la ligne de faîte. On
cherche donc le point tangent aux lignes horizontales considérées sous la surface du sol. Pour cela, ayons une mire à
voyant mobile; l'instrument étant placé en A (*fig.* 239), faisons
descendre le porte-mire, qui doit toujours tenir le voyant
dans le plan horizontal indiqué par la lunette, jusqu'à ce que
la mire *ab* soit arrivée à sa plus grande hauteur; il est évident qu'elle n'atteindra à ce point que lorsqu'elle sera en *d*,
point le plus bas de la vallée et tangent à la verticale *kn*
imaginée sous le sol, avec cette vallée, car si nous déplaçons
la mire *cd* pour la reporter à droite ou à gauche de *d*, le
voyant dépassera le rayon visuel A*c* ou l'horizontale *ac*.

Les talwegs marquent le bas des hachures; on en détermine
la position par les procédés ordinaires d'arpentage.

Ce procédé peut être employé avec avantage dans le tracé des fossés d'assai-
nissement au milieu d'une vallée formée par deux pentes peu sensibles.

170. — Dessins de hachures. — Quand on a recueilli
tous les éléments nécessaires au tracé des courbes de niveau,

que ces courbes ont été rapportées sur la carte avec toute la précision désirable, que l'on a indiqué la direction des lignes de faîte, des talwegs, et les lignes de plus grande pente, on procède au dessin des hachures.

Ce dessin s'exécute à la plume de corbeau d'une taille très-fine et bien flexible; on arrive également à produire un dessin très-correct en se servant de plumes métalliques dites *plumes lithographiques*. Les hachures s'exécutent dans l'intervalle des courbes horizontales, en partant de la première ou de la courbe supérieure et en s'arrêtant exactement sur la suivante, en allant toujours de gauche à droite. On reprend ensuite l'intervalle au-dessous que l'on remplit de hachures comme la première; on passe ensuite au troisième, puis au quatrième et ainsi de suite, jusqu'au dernier. Il faut éviter de donner aux hachures la même continuité, c'est-à-dire que celles d'un intervalle fasse suite à celles de l'autre; on doit chercher avec soin à les espacer également, qu'elles présentent à l'œil des teintes uniformes et bien graduées, suivant les pentes qu'elles représentent. — On se rappellera que les parties horizontales étant conservées blanches, les pentes de 50 degrés sont supposées entièrement noires. On observera aussi de ne laisser aucune trace blanche, ni d'en former de noires, parce que cela fait supposer des aspérités qui n'existent pas.

Les hachures sont fines au commencement ou au sommet des coteaux, et doivent se confondre avec le blanc du papier, elles se terminent de même au bas des pentes. Il n'y a d'exception à cette règle que lorsque les pentes commencent brusquement par des arrachements. Dans ce cas, on précède les hachures d'un trait ferme à brisures successives tracé dans la direction de la courbe supérieure et là où commence les arrachements.

Pour que les hachures soient constamment normales aux courbes, on trace au crayon très-légèrement à l'avance les grandes directions; on remarquera que ces lignes, qui suivent toujours la ligne de plus grande pente, forment le plus souvent une courbe à double courbure; que la même peut se partager et prendre plusieurs directions, se rejoindre et se diviser encore.

Nous donnons, *planche* 16, quelques exemples des cas les plus généraux.

Figure 241. Les sections horizontales présentant des lignes courbes parallèles, les hachures leur sont perpendiculaires, elles sont droites.

Figure 242. Ces sections convergent vers un même point, les hachures sont courbes et se rapprochent de la ligne droite vers A.

Figure 243. Les sections étant courbes, mais dans un sens opposé, et les hachures leur étant toujours perpendiculaires, elles sont donc courbes ; mais leur concavité se produit d'abord en A, elles se redressent peu à peu ; arrivées au point B, elles changent de sens et redeviennent concaves en C. Enfin, la *fig.* 244 représente la forme à leur donner lorsque, par une vallée, on veut passer d'un versant au versant opposé.

Lorsque les sommités présentent peu de largeur et qu'elles ont en outre une inclinaison, les courbes horizontales retournent subitement et se brisent sur la ligne de faîte. Les hachures partent alors de cette ligne et se terminent comme d'habitude sur chacune de ces courbes ; elles sont fines sur la ligne de faîte (*fig.* 245), lorsqu'il s'agit d'ondulations légères, fortes et bien arrêtées, lorsque les crêtes commencent par un arrachement (*fig.* 246).

On fait usage quelquefois de hachures intermédiaires, lorsque, par la disposition des courbes horizontales, elles ne peuvent, pour leur être constamment normales, avoir la même largeur au point de départ et au point d'arrivée. C'est ce qui arrive généralement dans le cas des *fig.* 242 et 244 ; on remplit les blancs par des demi-hachures. La *fig.* 247 donne une idée de la disposition de ces hachures intercalaires.

On emploie aussi des courbes de niveau intermédiaires, lorsque la distance des courbes proprement dites est trop considérable et qu'elle ne permet pas de conduire les hachures dans toute la longueur de l'intervalle ; c'est ce que représente la *fig.* 248. On doit toutefois ne pas faire usage de courbes intermédiaires lorsque le figuré doit se borner seulement au tracé des courbes, et n'en pas faire abus dans les autres cas.

171. — Écartement des hachures. — Pour obtenir des teintes propres à exprimer les pentes du terrain et pour ne pas s'écarter du principe établi au n° précédent, il est nécessaire d'espacer convenablement les hachures et de les grossir à mesure qu'on approche de la teinte noire. L'usage admet aujourd'hui un écartement égal au $\frac{1}{3}$ de leur hauteur. Cet écartement doit toujours être maintenu quelle que soit la grosseur qu'on donne aux hachures. Il en résulte que plus on approche de la pente *maxima* moins il y a de blanc entre chacune d'elles, qu'elles finissent par se confondre lorsqu'on atteint une pente de 50 degrés.

Les hachures sont ou régulières ou légèrement tremblées; cette dernière manière de les exécuter est peu usitée, elle fait d'ailleurs assez mauvais effet.

Les pentes au-dessus de 50 degrés sont considérées comme escarpements et figurées comme tels. On les représente généralement au moyen de traits horizontaux, brisés, avec hachures, qu'on exécute arbitrairement. Les rochers se distinguent par le figuré de leurs blocs et de leurs excavités. On en fait un dessin aussi exact que possible. A cet effet, on se place sur un point élevé, on copie à vue leurs formes bizarres, qu'on reporte ensuite sur la carte. Les parties horizontales sont réservées en blanc. — La représentation sur le papier des escarpements et des masses de rochers étant un travail de goût et d'habitude, est en cela beaucoup plus difficile que le figuré d'une pente régulière.

172. — Dessin, trait, coloris, écritures. — Lorsque la construction ou le rapport d'un plan est terminé, qu'on y a reproduit, à l'aide des opérations d'arpentages, tous les objets qui en désignent la destination, *on le passe à l'encre;* c'est-à-dire qu'à l'aide d'un petit instrument nommé *tire-ligne,* que tout le monde connaît aujourd'hui, et dans lequel on infiltre une petite quantité d'encre, on repasse sur tous les traits du plan qui n'ont été tracés qu'au crayon. Le trait d'un dessin exige beaucoup de soins, l'emploi de bons instruments et surtout une grande habitude. On se guide d'une règle ou d'une équerre (60) très-mince pour les lignes droites, d'une règle courbe dite *pistolet* pour les courbes et lignes sinueuses. Le trait de ces dernières est le plus souvent tracé à la main, mais il faut s'être exercé longtemps. Pour qu'un trait soit bien net, il est nécessaire, la règle étant fixée sur les deux points qui en déterminent la position sans cependant les couvrir entièrement, de pencher le tire-ligne un peu en avant sous une inclinaison de 110 degrés environ avec le plan de l'équerre ou de la règle, et en formant avec la ligne qu'il s'agit de passer à l'encre un angle de 70 à 80°; on le maintient contre l'équerre sans le presser aucunement vers le bord, autrement le trait diminuerait d'épaisseur. Il ne faut pas non plus l'appuyer trop sur le papier. Lorsqu'on a une courbe ou une ligne sinueuse à tracer sans le secours de la règle, on doit se garder de le serrer entre les doigts, on tient les palettes constamment parallèles à la ligne qu'il s'agit de tracer et on le fait tourner suivant les courbes qu'on a à parcourir.

On parvient également à décrire une courbe, en se guidant de la règle, il convient toutefois de se rappeler qu'une courbe est formée d'éléments droits infiniment petits. Ainsi, en plaçant successivement la règle tangentiellement à la courbe et faisant parcourir au tire-ligne une portion suffisante de la tangente, on obtient une ligne brisée qui se rapproche d'autant plus de la courbe que les parties parcourues par le tire-ligne sont plus petites. Le tire-ligne, dans ce cas, ne doit pas quitter le papier, la règle seule change de position.

Le trait ne doit être ni trop gros, ni trop fin; trop fin, il est enlevé promptement par le frottement sur le papier; trop gros, il ôte au plan sa précision. On doit cependant le forcer un peu lorsque le plan a été construit à une grande échelle.

Le tire-ligne doit avoir la forme d'une lancette très-allongée, la pointe étroite d'un demi-millimètre tout au plus, et les palettes aussi minces que possible. On y introduit l'encre avec une plume d'oie; chaque fois qu'on renouvelle cette encre, il faut avoir soin de le laver et de l'essuyer parfaitement soit avec un petit linge de toile usée, soit avec du papier doux et non collé autant que possible. On passe, entre les palettes, de temps à autre, une ardoise très-mince, arrangée pour cet effet, afin de conserver le poli intérieur des palettes; on maintient sa finesse qu'il perd très-vite dans l'usage, en l'aiguisant extérieurement sur une pierre d'un grain fin.

Cet instrument doit être aussi en rapport avec les détails du plan. Si ces détails ne comportent que de longues lignes droites, un fort tire-ligne est préférable comme étant moins susceptible de s'écarter de la direction qu'on lui imprime; si, au contraire, les détails sont minutieux, un petit tire-ligne doit être choisi.

On emploie aussi la plume de corbeau pour exécuter le trait d'un plan ou d'une carte; mais, outre que ce trait est généralement moins pur, il est difficile de lui donner, dans toute l'étendue du plan, la même netteté et la même grosseur.

Lorsqu'on se propose de poser des teintes sur un dessin, il est bon d'observer plusieurs degrés dans l'épaisseur des traits; les routes, les chemins, les ruisseaux et tous les objets principaux qui doivent ressortir sont limités par un trait un peu plus fort que ceux qui séparent les natures de culture. Le trait des objets accessoires, ou qui ne sont figurés sur le plan que pour faciliter son intelligence, est aussi plus fin.

On donne ensuite au trait de divers objets une couleur particulière; le contour des maisons, celui des murs de clôture et en général de tous les objets en maçonnerie, est tracé au carmin bien foncé. Lorsque l'échelle du plan ne permet pas d'exprimer la largeur des murs, on force le trait qui les désigne de manière à ce qu'on les reconnaisse sans difficulté. Les rives des rivières, celles des ruisseaux et des mares sont en bleu foncé (¹).

Lorsque les lignes d'arpentage doivent être indiquées sur le plan, elles sont tracées en rouge ou en bleu. Les instructions des administrations indiquent les dispositions à suivre à cet égard.

Il y a quelques années, on forçait le trait de l'un des côtés des routes, chemins, rivières et ruisseaux; on voulait ainsi représenter le relief ou l'encaissement de ces objets dans la nature. Cet usage est aujourd'hui complètement abandonné.

(¹) On ne fait cependant usage d'encre bleue que sur les cartes ou sur les dessins de fantaisie.

L'encre de Chine, dont on se sert pour le trait d'un plan, se délaie ordinairement dans un godet, ou soucoupe en porcelaine. Cependant le godet en terre cuite, dite terre de pipe, est préférable, parce que l'émail qui recouvre ces vases étant promptement enlevé par le frottement du bâton d'encre de Chine, cette encre se broie avec plus de rapidité et n'a pas le temps de fondre et de former de gros grains ainsi que cela arrive dans un godet d'une surface trop lisse. L'eau et le godet doivent être très-propres. Il faut éviter de se servir d'encre faite la veille ; et même chaque fois qu'elle a séché dans le godet et qu'elle devient pâteuse, on doit en faire de nouvelle. Elle doit être noire sans pour cela être épaisse ; on reconnaît qu'elle est bonne à employer en penchant un peu le godet, puis soufflant doucement sur la partie supérieure ; si l'encre, en s'écartant, laisse une trace approchant beaucoup de la teinte noire, on peut s'en servir.

L'encre de Chine présente des qualités très-variables ; la meilleure est celle qui a une teinte rousse, et qui n'est ni trop dure ni trop tendre. Cependant, tant qu'en passant sur le trait d'un plan avec un pinceau imbibé d'eau, l'encre ne se détache pas, on peut l'admettre.

Ce n'est que lorsque le trait du plan est exécuté qu'on procède au figuré du relief du terrain ; et même, lorsqu'on a quelques doutes sur la bonté de l'encre et qu'on craint que l'humidité n'en détache une certaine quantité, on n'exécute ce figuré qu'après la pose des couleurs ou des teintes. On établit d'abord les courbes de niveau ; si le plan doit seulement servir de minute, les courbes sont exécutées ensuite au tire-ligne, le trait doit en être aussi fin que possible. Si ce plan est destiné à recevoir un dessin fini, les courbes de niveau sont seulement figurées au crayon ; on exécute après cela les hachures. Les routes, les chemins et les bâtiments sont réservés ; on suppose leur surface horizontale.

Lorsqu'on veut obtenir de la netteté dans le dessin, on établit les courbes horizontales sur un croquis ou calque dressé sur le plan après qu'il a été mis à l'encre ; on reproduit ensuite les courbes sur ce plan par le procédé (155, 4°).

Couleurs et liserés. — Les plans reçoivent deux sortes de teintes, celles en filet, dites *liserés*, et celles qui s'appliquent sur toute la surface du plan ; ces dernières se désignent par *teintes plates.*

On admet généralement que trois pains de couleur sont suffisants pour composer les teintes nécessaires en topographie : le *carmin,* le *jaune indien,* et le *bleu de Prusse* ou l'*indigo.* Il convient cependant d'y joindre la *sépia.*

L'application des liserés ne présente aucune difficulté ; quelques journées d'exercice suffisent généralement pour acquérir l'habileté nécessaire. On doit s'attacher à tenir constamment le plan de manière que le trait sur lequel on a à poser un liseré se trouve entre soi et le pinceau ; le liseré est alors appliqué au dessus du trait.

Les pinceaux dont on doit faire usage doivent être flexibles et élastiques, formant bien la pointe. Ceux dont le poil est le plus long sont les meilleurs. Pour les choisir, il faut les agiter quelques instants dans l'eau, les secouer jusqu'à ce qu'il n'y ait plus que la plus petite quantité d'eau possible ; puis, passant légèrement le doigt sur la pointe, on s'assure qu'ils réunissent les qualités voulues. Cet essai doit être répété plusieurs fois, parce que les fabricants ont l'habitude de les tremper dans la gomme arabique pour leur donner la meilleure forme et en faciliter la vente. Il est donc nécessaire d'attendre, en les laissant dans l'eau, que cette gomme soit fondue et entièrement disparue du pinceau avant d'arrêter son choix.

Les liserés extérieurs sont toujours plus larges que les liserés intérieurs. On leur donne ordinairement de 4 à 5 millimètres pour des plans de grande dimension. Ceux qui sont appliqués sur les limites des sections ou des séries ont de 2 à 3 millimètres, et enfin ceux qui séparent les cantons ou lieux dits, ou les coupes, un millimètre au plus. Ces derniers sont beaucoup plus nets lorsqu'on emploie le tire-ligne pour les exécuter.

Teintes. — Un tableau placé à la fin de ce chapitre donne la composition des teintes adoptées en topographie.

Avant de poser les teintes sur le plan, on nettoie ce plan. On se sert à cet effet de mie de pain de blé bien rassie, on en frotte la feuille dans toute son étendue ; ce pain enlevé, on fait la même opération avec de la raclure de peau blanche.

On ne doit jamais employer la gomme élastique, parce qu'elle arrache le papier et qu'il n'est plus alors possible de poser les teintes.

Lorsqu'on a composé une teinte et qu'on croit lui avoir donné le degré de force convenable, il est utile de faire plusieurs essais sur un morceau de papier semblable à celui sur lequel on a exécuté le dessin. On laisse sécher la couleur, on examine ensuite si elle a atteint le but qu'on se propose. Les places d'essai doivent être assez grandes; la couleur y est étendue de la même manière et avec le même soin que s'il s'agissait d'une teinte définitive. Lorsqu'on est enfin arrêté, on applique la teinte sur le dessin, en observant de ne pas prendre plus de couleur avec le pinceau en un temps que dans l'autre, afin d'éviter les amas de couleur qui, en séchant, déterminent des parties plus foncées. Il ne faut pas se trop presser, mais cependant aller assez vite pour ne pas donner le temps à la teinte de sécher. Il est bon aussi de passer plusieurs fois le pinceau à la même place pour faire bien prendre la teinte au papier; éviter cependant de revenir sur les endroits qui ne sont plus assez humides, sans quoi on forme des taches qui détruisent l'uniformité qui doit régner dans les teintes. Lorsqu'il est possible de tenir la feuille de papier ou la table dans un plan incliné, les teintes s'appliquent avec plus de facilité; la couleur, suivant la pente, ne s'amasse qu'aux points où elle doit être reprise. Lorsque le pinceau ne contient pas assez de couleur pour remplir toute la figure à teinter, il ne faut pas attendre qu'il en soit entièrement dépourvu pour en prendre de la nouvelle.

La couleur doit être conduite suivant une verticale élevée au point que l'on occupe sur la table; on agit perpendiculairement à cette verticale en n'avançant que de 1 à 2 centimètres au plus à chaque coup de pinceau. Il faut avoir soin que la pointe de ce pinceau ne dépasse pas les lignes du plan. Quand on termine dans un angle, il faut retirer du pinceau toute la couleur qu'il peut encore contenir, en lui refaisant la pointe; on enlève ensuite avec cette pointe le trop de couleur qui est resté dans l'angle.

On remue la couleur dans le godet chaque fois qu'on en reprend, afin de remêler les parties terreuses qui se déposent toujours au fond. Cependant certaines couleurs, l'encre de Chine principalement, demandent que le pinceau soit appliqué seulement à la surface du liquide. Il est aussi nécessaire de mettre quelques gouttes d'eau, à certains intervalles, parce qu'en se servant quelque temps de la même teinte, les bords du godet se sèchent et finissent par la foncer. Ces soins sont indispensables si l'on veut conserver le même degré et la même pureté de ton à la teinte que l'on applique.

Dans les teintes affectées à quelques natures de cultures, telles que les bruyères, les friches, etc... on doit avoir à sa disposition autant de pinceaux qu'il y a de teintes, afin de poser ces teintes en même temps. Ainsi, on adopte un pinceau pour le vert et un autre pour le rouge ; s'il s'agit d'une bruyère, on étend un peu de l'un et on reprend avec le second ; on revient avec le premier pinceau, et ainsi de suite, en observant de donner aux flaches des formes différentes et toujours irrégulières.

Lorsqu'on veut obtenir des teintes brillantes, on colle la feuille de papier sur une planchette à ce destinée. A cet effet, on mouille la feuille sur le revers à l'aide d'une petite éponge imbibée d'eau, en réservant sur les bords un petit cordon de 1 centimètre environ ; la feuille étant bien humectée, on la retourne lestement, puis on la colle sur la planchette sur tout son pourtour, en commençant par les deux milieux des plus grands côtés, puis par les coins. Il faut tendre les angles le plus possible. On doit se garder de passer la gomme élastique sur les plans coloriés.

Bois. — Dans les dessins détaillés ou qui sont destinés à être *pochés,* la teinte de fond doit être mise avant toute chose ; on revient ensuite avec des tons plus foncés. S'il s'agit d'un bois, il est assez dans l'usage de varier la teinte de fond. On emploie à cet effet une couleur dite *teinte neutre ;* elle est composée d'indigo et d'une petite quantité de carmin ; on étend cette teinte sur toute la surface de la parcelle boisée, on revient par dessus avec des teintes de pré, de bois, de terre et de bruyères. C'est après cette préparation qui doit être aussi légère que possible, que l'on dessine avec le pinceau les touffes des massifs ; on ménage les clairières. Ces touffes sont composées de verts de toutes sortes : on y mêle le jaune, la terre de Sienne, etc.... Les parties de ces touffes, qu'on suppose recevoir la lumière, sont plus jaunes ; celles qui leur sont opposées reçoivent des tons plus bleus ou plus bruns. Chaque touffe portant, dans la nature, son ombre sur le sol, on indique cette ombre sur le dessin à l'aide de sépia, à laquelle on mêle un peu d'indigo ; elle est indiquée dans la région opposée à celle d'où vient la lumière. Lorsque cette partie du dessin est terminée, on revient par dessus les détails avec des tons foncés composés de vert et de sépia ; on dessine alors, à l'aide d'un petit pinceau, le feuillé des arbres.

Lorsqu'on veut représenter un bois de haute futaie, les touffes étant larges et serrées, on fait peu de clairières et on ne laisse apercevoir que de très-faibles parties de la teinte de fond. Pour un taillis, ces touffes sont beaucoup plus petites et les clairières plus abondantes. Dans les bois rabougris, la teinte de fond domine.

Broussailles. — Les broussailles s'expriment comme les taillis, mais les touffes sont beaucoup plus petites ; les teintes de broussailles et de bruyères s'y distinguent particulièrement. Les broussailles se reconnaissent surtout en ce qu'on y dessine séparément les arbres et buissons qui s'y trouvent généralement en petite quantité. On y dessine en outre, çà et là, des pointillés de bruyères.

Aunaies. — Les massifs d'aunaies ne diffèrent de ceux en broussailles que par la teinte de pré qui occupe tout le fond, et que dans les touffes le bleu domine.

Les parties marécageuses s'expriment ainsi qu'il est dit aux terrains humides et aux marais.

Sapins. — Les touffes, d'un vert noir, ont une forme particulière. La teinte neutre pour le fond et le bleu dominent.

Bruyères. — Avec un pinceau *sec de couleur* on lance horizontalement, et aussi légèrement que possible, sur la teinte de fond une teinte de vert noir et de sépia, à laquelle on ajoute un peu de carmin ; cette teinte est deux fois environ plus foncée que la teinte de fond. Les aspérités du papier, qui sont seules atteintes, dessinent sur le plan un grené sur lequel on revient çà et là par un léger pointillé effectué avec les mêmes couleurs. Ce pointillé s'exécute à la plume.

Prés. — Ils se dessinent comme les bruyères ; seulement le grené est exécuté avec le vert seulement ; on le varie de ton. Le pointillé a aussi plus de suite et est plus rapproché.

On peut même se contenter du grené quand il est bien réussi.

Pâtures. — Comme les prés; le grené doit s'effectuer principalement sur la teinte de fond verte. Dans quelques part es, et notamment sur la teinte de fond jaune, le grené a lieu avec la sépia.

Terres. — On sillonne avec de la teinte de fond un peu plus foncée ou bien avec la sépia. On distingue les parties de terre qui peuvent être labourées d'une manière différente.

Lorsque les terres sont humides, on les désigne par des touches horizontales de bleu ou de sépia très-pâle par dessus la teinte.

Nous ferons observer que les sillons ne se dessinent plus aujourd'hui. Les terres même ne reçoivent de teinte que sur les plans de propriétés particulières.

Friches. — On sillonne par place des parties qu'on suppose labourées, et sur la teinte de fond verte on agit, çà et là, comme pour les prés.

Landes. — Les landes se dessinent en général comme les friches; on n'y fait cependant pas de sillons; les flaches y sont plus arrondies.

Vergers. — Comme les prés pour le fond; les arbres y sont dessinés de manière à ce que chacun occupe l'angle d'un lozange. Ces arbres sont ombrés. On leur donne à peu près le diamètre de leur tête mesuré sur l'échelle du plan.

Vignes. — Par-dessus la teinte de fond, on dessine les ceps de vigne sur chacune des intersections de droites se coupant à angles droits. Les échalas sont d'abord indiqués par un trait à la sépia ou à l'encre de Chine perpendiculaire à la base du plan; puis, par des zigzags exécutés avec du vert foncé, on figure les ceps qui entourent les échalas. L'ombre de l'échalas est ensuite indiquée.

Cette manière est toutefois abandonnée; on se contente de points verts, avec ombre. Ces points, en supposant un plan dressé à l'échelle de 1 à 2500, ne doivent avoir que $\frac{1}{4}$ de millimètre au plus de diamètre, et espacés de 4 à 5 mètres.

Jardins. — On figure les chemins, sentiers et allées; on dessine ensuite les carrés, qu'on charge de différentes teintes. On y indique aussi les arbres, les avenues, etc.

Marais. — On dessine des touches horizontales de bleu clair, ombrées ensuite comme les rivières; on remplit les blancs avec de la teinte de pré. Le pointillé a lieu principalement sur les bords des touches de bleu.

Ces touches ne doivent pas être uniformes, on les fait longues et courtes; elles sont espacées et se joignent souvent.

Marais boisés. — Comme les précédents; seulement les blancs sont remplis de la teinte de bois. On y dessine les touffes d'arbres.

Fleuves, Rivières, Ruisseaux et Étangs. — On commence par les ombrer avec une teinte d'indigo mêlée d'une très-petite quantité d'encre de Chine. A cet effet, avec un pinceau chargé de cette couleur, on passe intérieurement un filet d'une largeur égale au $\frac{1}{10}$ environ de la largeur de la rivière le long du côté où doit se trouver l'ombre; ce filet est adouci vers le milieu du cours d'eau à l'aide d'un second pinceau chargé d'eau. On pose ensuite une teinte générale de bleu pur très-pâle. On peut employer le cobalt pour cette dernière.

Quand la rivière est large, on pose un filet de bleu de Prusse le long de l'autre bord, qu'on adoucit également. Celui-ci ne doit pas être plus foncé, ou le double, au plus, de la teinte plate.

L'ombre peut aussi s'exécuter par des filets continus, ainsi qu'on le voit sur les cartes gravées.

Mer et lacs. — Comme les rivières; on n'emploie toutefois que l'indigo, auquel on ajoute une petite quantité de jaune.

Mares, Fossés. — Comme les rivières; on salit la teinte avec un peu de sépia.

Rizières et Marais salants. — On indique des fossés parallèles et perpendiculaires, se rencontrant çà et là sous des angles obtus. Ces fossés sont remplis avec de la teinte de rivière, quelques-uns avec de la sépia. Les blancs sont teintés comme les prés.

Vases et Tourbières. — *Vases* : sépia ou encre de Chine pâle;

Tourbières : parties d'eau comme les rivières, se coupant à angles droits.

Sables. — On les suppose en relief; on ombre alors les bords opposés à la lumière avec de la même couleur.

Dunes. — On représente, à la sépia ou par hachures, de petites collines de sable.

Rochers. — Teintes sèches de toutes couleurs. Dans les différentes teintes que l'on emploie, l'une doit dominer selon la nature des rochers.

Ainsi l'ardoise, c'est le bleu et le violet qui dominent ; le calcaire, c'est le gris et la sépia ; le silex, c'est le jaune et l'orange, etc.

Objets isolés. — Quand une carte est dressée à une petite échelle, les arbres isolés, les croix, se représentent en élévation ; les avenues seulement sont indiquées par des points verts ou noirs, plus ou moins gros selon les dimensions des parties de l'échelle. Mais lorsque le plan est construit à une grande échelle, on abandonne cette convention, et ces objets isolés sont représentés à vol d'oiseau ; l'ombre indique leur nature.

Les bâtiments et les murs ne sont point ombrés ; la teinte rouge qu'ils reçoivent indique qu'on les suppose coupés par le plan un peu au-dessus du sol. Cette convention n'est pas en rapport avec les principes établis aujourd'hui en topographie ; mais on a reconnu qu'en les dessinant tels qu'on les verrait dans la nature, si on se trouvait exactement au-dessus, on chargeait les dessins sans donner au plan plus de brillant. Il faut toutefois ne les couvrir d'aucune autre couleur que celle qui leur est affectée ; et pour indiquer que ce sont des objets élevés, on force intérieurement, soit en rouge, soit en noir, le trait de dessous et de droite, si le rayon de lumière est supposé venir de la gauche.

Écritures. — On n'emploie pour les écritures, tant à l'intérieur qu'à l'extérieur des plans, que cinq caractères : la CAPITALE droite, la *CAPITALE* penchée, le **romain** droit, le *romain* penché et l'*italique*. On doit exclure tous les autres.

Les caractères gothiques et de fantaisie sont réservés pour les titres.

La capitale droite est employée pour les noms principaux, tels que ceux des grandes villes, des forêts, des objets remarquables ; les caractères ont plus ou moins de hauteur selon l'importance des objets. La capitale penchée est adoptée pour les bourgs, les noms des sections et des séries, ceux des communes limitrophes. Le romain droit est principalement affecté aux noms des villages, des cantons ou lieux dits; ceux des châteaux sont également écrits en caractères romains, mais alors la hauteur est beaucoup moindre. Les noms des fermes, des moulins, des objets secondaires sont écrits en romain penché; enfin on emploie l'italique pour les noms des chemins et des ruisseaux, ceux des fontaines, des croix, des arbres, etc. Les noms des routes nationales sont écrits en petit romain droit, ceux des routes départementales en petit romain penché.

Il n'y a pas de règles bien arrêtées pour la formation des lettres : généralement, le plein est égal au $\frac{2}{3}$ de la hauteur, et la largeur, aux $\frac{4}{6}$ d'un plein droit à l'autre. On en excepte la lettre M, qui a en plus l'épaisseur d'un plein environ.

Les caractères s'exécutent à la main; quelques personnes font cependant usage du tire-ligne pour tracer les pleins droits; elles remplissent ensuite avec la plume. On doit chercher à ce qu'ils présentent la plus grande régularité possible.

TABLEAU des teintes conventionnelles adoptées en topographie.

NATURES DE CULTURE.	COMPOSITION DES TEINTES. (Ces teintes sont employées pour les dessins lavés seulement.)	OBSERVATIONS.
Bois.	1 partie indigo. — 2 p. jaune indien.	
Prés.	1 1/2 p. d'indigo. — 1 p. jaune indien.	
Terres.. . . .	2 p. carmin. — 1 p. jaune indien.	
Vignes	2 p. carmin. — 1 p. indigo.	On ajoute à la teinte une très-faible partie de sépia.
Broussailles. . .	Teinte de prés et teinte de bois.	La teinte de bois domine; celle de prés se place par taches inégales.

Suite du Tableau précédent.

NATURES DE CULTURES.	COMPOSITION DES TEINTES. (Ces teintes sont employées pour les dessins lavés seulement).	OBSERVATIONS.
BRUYÈRES. . . .	Teinte de prés et teinte légère de carmin.	La teinte de prés domine. — Le carmin se place par taches inégales. — On emploie deux pinceaux.
FRICHES. . . .	Teinte de prés et teinte de terre.	Les deux teintes sont mises ensemble avec deux pinceaux.
PATURES. . . .	Teinte de prés et teinte légère de jaune indien.	Elles se posent avec deux pinceaux, la teinte de prés domine.
VERGERS. . . .	Teinte de prés et points verts.	
SABLES ET DUNES. .	2 p. jaune indien.—1 p. carmin 1/10ᵉ de sépia.	
RIVIÈRES, RUISSEAUX ET ÉTANGS.	Bleu de prusse ou cobalt.	
MER ET LACS. . .	2 p. indigo.—1/2 jaune indien.	

N. B. Lorsque des natures de culture présentent quelques parties humides, on indi ue c s parties par des touches horizontales d'encre de Chine ou d indigo très lég r par dessus les teintes indiquées dans ce tableau.

On entend par *partie* ce qui peut être contenu dans un pinceau de la couleur broyée jusqu'à ce qu'elle ait le même degré de ton que celui du pain lui-même, sans cependant être pâteuse.

CHAPITRE IX.

TRACÉ ET ÉTABLISSEMENT DES ROUTES, NIVELLEMENT.

173. — **Division des routes.** — Les routes se divisent généralement en trois catégories : les routes nationales, les routes départementales et les chemins de grande communication.

L'Administration des forêts a aussi ses routes : celles-ci sont désignées par *routes forestières ;* elles sont principalement destinées à transporter les bois provenant des exploitations hors des forêts, sur d'autres routes ou chemins qui en passent à proximité, pour de là les conduire aux divers lieux de consommation. Les moyens de transport ont une grande influence sur les revenus des propriétés boisées ; car plus l'enlèvement des produits présente de facilité, les frais d'exploitation étant alors moins considérables, plus il s'établit de concurrence parmi les marchands à l'avantage du propriétaire de la forêt.

On distingue dans chaque route : 1° *la chaussée* ou *la voie*, c'est la partie du milieu qui est pavée ou recouverte d'une couche de pierres cassées ; 2° les *accotements* qui sont les deux bandes de terre parallèles à la voie ; 3° les *fossés* établis pour recevoir les eaux pluviales qui s'écoulent de la route et qui proviennent aussi des terrains voisins.

Les dimensions les plus usitées, sont :

ORDRE DES ROUTES.	Chaussée	Accotement.	Fossés.	Largeur totale.
	m	m m	m	m
Routes nationales (trois classes). . .	5 à 7	2 50 à 3 50	1 50	14 à 20
Routes départementales.	4 à 5	2 à 2 50	1 50	10 à 12
Chemins de grande communication. .	3 à 4	1 50 à 2	1 00	6 à 8

Quant aux dimensions à donner aux routes forestières, la largeur de la chaussée doit être déterminée par cette considération que deux voitures chargées de bois à brûler puissent se rencontrer sans se barrer mutuellement le passage; les dimensions suivantes peuvent dès-lors être admises.

CHAUSSÉE.	ACCOTEMENTS.	FOSSÉS.	
			L'ouverture de 1ᵐ 50 pour les fossés sera adoptée dans les terrains marécageux ou lorsque les fossés seront
4 mètres.	2 mètres.	1ᵐ à 1 ᵐ50	destinés à recevoir une grande quantité d'eau.

Les opérations à exécuter pour l'établissement de l'une ou de l'autre de ces routes sont les mêmes. Ce traité, devant être principalement consulté par MM. les agents forestiers et voyers, nous adopterons, dans nos applications, ces dernières dimensions, comme étant celles qui doivent être le plus généralement suivies, tant pour les routes forestières que pour les chemins de grande communication.

Pour établir une route, il faut : 1° en déterminer la position sur le terrain ; 2° effectuer les opérations nécessaires pour connaître les frais de sa construction.

On arrive à en fixer la position en connaissant son point de départ et son point d'arrivée. Ces points sont généralement deux centres d'habitation dont les besoins ou les produits qui s'y fabriquent, exigent des débouchés. — Lorsqu'il s'agit d'une route forestière, les points de départ et d'arrivée sont généralement donnés par l'entrée et la sortie d'une route ou d'un chemin vicinal.

174. — De leur forme. — On distingue les routes en remblai, en déblai, à mi-côte et en terrain naturel.

Une route est en *remblai* quand sa surface est au-dessus du sol ou de la surface du terrain.

Elle est en *déblai* quand sa surface est au-dessous du même sol.

Elle est à *mi-côte* lorsqu'elle se trouve en déblai d'un côté et en remblai de l'autre.

Enfin une route est en *terrain naturel* quand sa surface est au niveau du terrain environnant.

On donne aux routes un bombement vers l'axe, afin que

les eaux, ayant ainsi un moyen d'écoulement, ne séjournent point sur la surface et n'y causent que le moindre dommage possible. Ce bombement doit être égal aux trois centièmes de la demi-largeur, y compris les accotements. Les fossés s'exécutent de chaque côté et sur toute la longueur de la route. Lorsque cette route est en remblai, les fossés ne sont pas nécessaires.

Les *talus* des fossés, ou les deux côtés inclinés doivent avoir une pente de 45°, ou former avec l'horizontale et la verticale un triangle rectangle ayant 1ᵐ de base sur 1ᵐ de hauteur. Cette inclinaison varie cependant quelquefois lorsque la nature du terrain l'exige.

Lorsque la route est en remblai, on établit également un talus pour relier les terrains voisins à la route. On donne à celui-ci un mètre et demi de base sur un mètre de hauteur ; c'est-à-dire que le côté de l'angle droit du triangle rectangle parallèle à l'horizontale a 1ᵐ 50ᶜ et que l'autre côté qui lui est perpendiculaire n'a que 1 mètre.

175. — **Pentes en long.** — Il résulte de ces dispositions, que dans l'établissement d'une route on peut être conduit à creuser une certaine portion du terrain sur lequel on se propose d'exécuter cette route, et que, dans d'autres cas, on peut être amené à rehausser ce même terrain.

Lorsqu'une voiture est chargée d'un certain poids que les chevaux traînent facilement en plaine ou sur des pentes très-minimes, il faut que, dans le cas où ils rencontreraient une montagne, ils puissent la franchir avec ce même poids.

Soit AB (*fig.* 249) un plan incliné sur l'horizontale AC d'un angle $= \alpha$, m une voiture conduite sur ce plan et pesant un poids P ; les chevaux qui traînent cette voiture auront à traîner le poids P, plus leur propre poids M ; ils auront, en outre, à vaincre le frottement que la voiture éprouve sur une route horizontale, frottement que l'on évalue au $\frac{1}{50}$ de P. Le premier effort est égal et directement opposé à la résultante R du poids (P+M) dans la direction du plan incliné $=$(P+M) sin α. L'effort total à faire par les chevaux est donc

$$\frac{P}{50} + (P + M) \sin \alpha \,;$$

ou

$$0,02\,P + (P + M) \sin \alpha \,;$$

mais comme les angles sont généralement très-petits, on peut admettre que les sinus sont sensiblement égaux aux tangentes; en appelant donc F l'effort constant des chevaux, on aura pour les charges qu'ils traîneront, en faisant abstraction de leur poids :

Sur une pente de 0,005 par mètre, $P = \dfrac{F}{0,02 + 0,005} = \dfrac{F}{0,025}$

$\qquad$ — $\qquad$ de 0,01 $\qquad$ — $\qquad$ $P = \dfrac{F}{0,02 + 0,01} = \dfrac{F}{0,03}$

$\qquad$ — $\qquad$ de 0,02 $\qquad$ — $\qquad$ $P = \dfrac{F}{0,02 + 0,02} = \dfrac{F}{0,04} \,,$

etc.

On voit que les charges décroissent assez vite, et que si les chevaux avaient à gravir une pente d'une certaine inclinaison, ils ne pourraient le faire qu'au cas où le poids qu'ils doivent traîner serait diminué. Les expériences faites à ce sujet ont démontré que dans aucun cas la pente de 0,05 par mètre, ou de 3 degrés, ne devait être dépassée, parce qu'on peut, sur cette pente et sans de graves inconvénients, exiger un plus grand effort des chevaux.

Lorsque, dans l'établissement d'une route, on rencontre un terrain horizontal, on doit néanmoins donner à cette route une pente de 0,005, ou celle qui convient pour l'écoulement des eaux. Une chaussée qui n'a aucune inclinaison est vite détruite, parce qu'il suffit d'un frayé, d'une ornière, pour arrêter l'écoulement que l'on cherche par le bombement de la chaussée.

176. — **Du Tracé**. — Il ne faut pas confondre la *direction* d'une route avec son *tracé*. La direction est déterminée par les points principaux que la route doit relier entre eux ; le tracé a pour but de préciser la position de tous les points de la ligne qui passe par son milieu.

Lorsque les points principaux ont été fixés, si le terrain entre chacun de ces points ne présente pas de pentes plus fortes que l'inclinaison de 0,05 par mètre indiquée ci-dessus, et si aucun obstacle ne gêne le tracé, il suffira de joindre ces points par des droites; les procédés du n° 20 peuvent être employés avec avantage. On aura ensuite à effectuer un nivellement sur les directions données par ces droites. Mais si entre chacun des points principaux on rencontre des pentes d'une inclinaison plus forte que celle de 0,05 par mètre, le tracé droit ne pourra avoir lieu qu'autant que le déblai des terres, qu'il sera nécessaire d'enlever des sommités pour les reporter dans les parties basses, n'obligerait pas à des frais considérables.

Soient deux points A et B (*fig.* 250), entre lesquels se trouve un coteau C d'une inclinaison = I, mais plus forte que la pente *maxima*. Pour que la pente du point N, sommet du coteau, au point M, ne dépasse pas 0ᵐ05 par mètre, il faut chercher sur le plan incliné C une ligne telle que NM' d'une pente = 0ᵐ05.

Les points M et M' étant sur le même plan horizontal et N sur un autre plan plus élevé, faisons passer deux plans verticaux par les droites NM et NM', les surfaces formées par les sections de ces plans nous représenteront deux triangles rectangles N*b*M, N*b*M', dans lesquels N*b* indique la différence de niveau entre M et N et entre M' et N; *b*M et *b*M' sont les distances vraies entre ces points. Soit M'*m*'=1ᵐ, *m*'*n*' désigne la pente par mètre =I'=0,05 de M'N; le triangle NM'*b* donne

$$M'b = \frac{M'm' \times Nb}{m'n'} = \frac{1 \times Nb}{I'} \text{ ou simplement} = \frac{Nb}{I'}; \text{ connaissant}$$

M'*b*, il suffira de mesurer cette distance sur l'échelle du plan, et de décrire avec le compas, sur ce même plan, un arc de cercle qui coupera la base MM' du coteau en M'. On joindra ensuite BM' par une droite; ANM'B sera le tracé demandé.

Pour établir ce tracé sur le terrain, on conduira AN en marchant sur le point connu B; en N on formera, avec le graphomètre, l'angle ANM' (cet angle se calcule ou se mesure simplement avec le rapporteur sur le plan); enfin de M' on marchera sur B.

Ce procédé est toutefois peu en usage, parce que le moin-

dre obstacle peut en empêcher l'application ; le plus usité
consiste à former sur l'éclimètre (156) un angle égal à l'inclinaison à donner à la surface de la route. Ce serait alors l'angle bNM' ou NM'b (*fig.* 250) ; puis, se plaçant à l'un de ces
points, on fait placer le porte-mire, soit en N, soit en M. C'est
ce qui a été expliqué (159) ; seulement la lunette est inclinée,
au lieu d'être sur l'horizontale.

On doit concevoir que pour franchir le coteau C, on peut
adopter d'autres dispositions. On peut, par exemple, briser
la droite NM' et former une ligne telle que NKM (*même fig.*),
ou bien adopter la ligne brisée NKLM (*fig.* 251). On est dirigé
par la dépense que peut entraîner l'un ou l'autre tracé ; celui
qui oblige à moins de frais doit être évidemment préféré. On
doit aussi prévoir les difficultés que la route présentera lorsqu'elle sera livrée au parcours.

Quand le coteau présente des inclinaisons différentes, l'o-
pération est aussi simple. On considère chaque pente séparément. Le tracé est généralement une courbe ou ligne brisée
continue, telle que MLKN (*fig.* 252).

Lorsqu'on a à joindre deux points A et B (*fig.* 253), sur l'a-
lignement desquels se trouvent deux vallées où coule un
cours d'eau, on ne peut évidemment franchir ces vallées que
normalement à la courbe que décrit chacun des cours d'eau.
Dans ce cas, on mènera Bm normale à cette courbe qu'il est
facile d'avoir, et égale à la largeur de la vallée tu ; puis mr
égal et parallèle à vs conduit de la même manière, joignant
Ar, on mènera N'N parallèle à vs et ayant la même longueur ;
enfin on tracera NM parallèle à Ar, puis MM' parallèle à Bm,
on joindra M'B.

Dans les pays de montagnes et très-accidentés, ces sortes
d'opérations présentent des difficultés graves qu'on ne peut
souvent vaincre qu'après avoir effectué un levé topographique dans les conditions des nᵒˢ 158, 159 ; les courbes indiquent alors les points par lesquels on doit faire passer la
route et les obstacles à franchir. On indique au crayon, sur la
feuille du plan, la trace de l'axe de cette route, en cherchant
à suivre le fond des vallées ou à passer à peu de distance et
au-dessous du faîte des coteaux ; on inscrit ensuite les cotes
de hauteur les plus voisines de cette trace, puis, par leur

comparaison, on arrête définitivement le tracé qu'on détermine ensuite sur le terrain. On ne fait point de hachures sur les plans topographiques que l'on destine à cet usage.

Supposons qu'on veuille déterminer sur la carte la trace de l'axe d'une route traversant un coteau ag (*fig.* 254), dont l'inclinaison est désignée par les courbes a, b, c....g, soit AB la direction de la route. Le nombre 6 de zônes comprises entre A et R indique que la différence de niveau entre ces deux points est de 60 mètres (l'équidistance des plans horizontaux étant supposée de 10 mètres). La formule précédente (176) donnera :

$$AN = \frac{60}{0,05} = 120 \text{ mètres,}$$

le tracé deviendra, par conséquent, AN. Si le coteau se continuait et que les courbes changeassent de largeur, on répéterait l'opération en partant de N, en cherchant toutefois à se rapprocher de la direction AB de la route.

177. — Raccordements. — Lorsque deux directions ou *alignements* se coupent sous un angle, on doit concevoir qu'une voiture ne pourrait passer d'un alignement sur un autre sans courir les risques de sortir de la chaussée, et par conséquent de verser. On fait alors usage des courbes de raccordement. Ces courbes, tangentes aux alignements, sont régulières ou paraboliques.

En admettant qu'une voiture de roulage AE (*fig.* 255) ait 23 mètres de longueur, y compris son attelage ; que sa largeur Bb soit de 1^{m}80^c, il faudra, pour passer de l'un des alignements sur l'autre, que les deux extrémités A et E touchent le bord extérieur de la chaussée ab, et que son milieu soit tangent en b à l'autre bord. Ainsi, le rayon de courbure AC=x sera l'hypoténuse d'un triangle rectangle ABC, dont l'un des côtés AB de l'angle droit est égal à $\frac{23}{2}$=11^{m}50, et l'autre CB= $x-(4-1,80)$, en admettant que la chaussée ait 4^m de largeur, ce qui donne :

$$x^2 = \overline{11,50}^2 + (x-2,20)^2 = 132,25 + x^2 - 4,40 \times x + 4,84,$$

d'où :

$$x = \frac{137,09}{4,40} = 31^{m}16^{c},$$

et pour le rayon de l'axe de la chaussée : $31,16 - \dfrac{4}{2} = 29^{m}16$,

soit 30 mètres. Ainsi, dans aucun cas, le rayon AC ne devra avoir moins de 30 mètres. Nous ferons remarquer toutefois qu'à moins qu'on ait à franchir un défilé très-étroit, on ne donne jamais moins de 2 à 300 mètres de longueur à ce rayon, et le plus souvent 500 mètres.

Lorsqu'on a fixé le rayon du cercle de raccordement, il faut déterminer le point tangent de ce cercle sur les alignements. On a généralement un triangle rectangle AFC (*fig.* 256) à ré-soudre, dans lequel on connaît AC et l'angle AFC = $\frac{1}{2}$AFD, que l'on mesure sur le terrain.

On se sert ensuite des tangentes AF et FD pour décrire l'arc ABD. Il existe plusieurs procédés pour obtenir cet arc sans s'éloigner du tracé de la route ; nous rapporterons les plus connus :

1° Joignez les points A et D (*fig.* 256) ; tout angle A*k*D, dont le sommet sera situé sur l'arc ABD, aura pour mesure la moi-tié du reste de la circonférence ; il sera aussi égal au supplé-ment de l'angle DAF. Ainsi, pour trouver le point *k*, qui ap-partient à l'arc ABD, on remarquera que l'angle *k*AD, qui a pour mesure la moitié de l'arc *k*D, est égal à l'angle *k*DF me-suré par le même arc. En faisant en A un angle quelconque DA*k*, et en D un angle FD*k* qui lui soit égal ; le point d'inter-section *k* des rayons A*k* et D*k* sera un point de l'arc cherché. En faisant également l'angle *k'*DA = *k'*AF, on aura un second point de l'arc ABD. On pourra déterminer de ces points au-tant qu'on le jugera nécessaire pour pouvoir tracer ABD avec facilité ;

2° Les points A et D étant déterminés comme précédem-ment (*fig.* 258), divisez AF et DF en un même nombre de par-ties égales, joignez par des droites les points de divisions *a*, *b*, *c*, *a'*, *b'*, *c'*, savoir D avec *a'*, *a* avec *b'*, *b* avec *c'* et *c* avec A ; les points d'intersection *k*, *k'* *k''* de ces droites sont des points qui appartiennent à la courbe.

Ces opérations obligent, comme on le voit, à tracer un grand nombre de lignes ; de plus, la position des points qui appartiennent à l'arc n'est jamais très-exacte, lorsque surtout ces lignes se rencontrent sous des angles très-obtus; on est dès lors obligé de rectifier cette position, afin de donner à la courbe une forme convenable. Nous ajouterons que dans un pays couvert ou accidenté, ils sont peu praticables, puisqu'un arbre, une forte pente peuvent empêcher le tracé des lignes nécessaires. Il est donc préférable de déterminer le tracé de la courbe au moyen d'ordonnées.

3° Prenons Aa à volonté (*fig.* 257), élevons la perpendiculaire ak, abaissons la perpendiculaire kc sur le rayon AC et joignons kC; nous obtenons ainsi un triangle rectangle kcC, dans lequel l'hypoténuse kC=AC et le côté kc=Aa sont connus; nous pouvons, par conséquent, résoudre ce triangle. Connaissant Cc, nous aurons ak=AC—Cc.

Si nous donnons 20^m à Aa, il nous suffira de mesurer cette distance sur AF, en partant de A, et d'élever en a une perpendiculaire = ak. En formant de la même manière un deuxième triangle k'Cc', nous obtiendrons une seconde perpendiculaire $a'k'$=AC—Cc' qui nous donnera un deuxième point k' de la courbe. On pourra donc établir de cette manière autant de points de cette courbe qu'on le jugera convenable. Remarquons que lorsque la courbe est régulière, comme au cas dont il s'agit, les points k, k'…. qui appartiennent à l'arc AB, appartiennent également à l'arc BD, il suffit donc de procéder pour la moitié de la courbe de raccordement.

On peut également calculer les ordonnées ak, $a'k'$…. par l'équation connue

$$ak = AC \pm \sqrt{AC^2 - Aa^2},$$

dans laquelle on donne respectivement à Aa, Aa' 20^m, 40^m.

4° Souvent, dans les raccordements, on préfère la parabole; le tracé de cette courbe ne présente pas plus de difficultés; quelques ingénieurs la préfèrent même à la courbe régulière. Pour l'obtenir, on prend AF et FD (*fig.* 259) inégaux, on joint AD et l'on fait AE=$\frac{1}{4}$AD. On mène ensuite FE que l'on partage en deux également. Puis on divise FD et FA, DE et AE en quatre parties égales; on joint les points de division par des droites, ainsi que l'indique la figure; on mène be et

26

l'on fait enfin bk' et $ek' = \frac{1}{4}$ BE, ak, rk'', $dk = \frac{1}{16}$BE, les points de la courbe sont k, k', k''.

Nous empruntons ce procédé au cours de l'École centrale des arts et manufactures.

5° On peut également tracer la parabole de raccordement comme 2° ; car si DF (*fig. 258*) est plus grand que AF, les points de la parabole situés du côté de cette tangente seront plus écartés que vers A ; la courbe sera alors plus allongée.

6° Quand on ne veut pas se livrer aux calculs expliqués 4°, ni au tracé de toutes les lignes nécessaires à la détermination des points de la courbe, on emploie un procédé graphique fort expéditif et qui, le plus souvent, conduit à des résultats satisfaisants. On construit sur une feuille à part l'angle AFD (*fig. 260*) ; on place les points A et D en employant une grande échelle pour mesurer les distances et apprécier avec exactitude les décimètres ; on dessine ensuite la courbe au moyen de l'un des procédés graphiques exposés plus haut ; puis, on mène à volonté les ordonnées ak, bk, ck.... dont on mesure la longueur sur l'échelle ainsi que les distances Da, Db, Dc... En tenant note de ces distances, il suffira de répéter l'opération sur le terrain pour avoir la courbe de raccordement.

7° On peut être conduit à établir un raccordement en S ; cela arrive notamment lorsqu'on veut traverser une vallée. Dans ce cas, partagez l'alignement de réunion FF' (*fig. 261*) en deux parties égales FN et F'N, déterminez FA et F'D suivant la disposition des lieux, et dessinez la courbe DNA par l'un des procédés précédents, en considérant les angles AFN, DF'N séparément.

Le tracé des raccordements n'est définitif sur le terrain que lorsqu'on est entièrement fixé sur la position de l'axe de la route, et celle-ci ne peut elle-même être connue que lorsqu'on a déjà procédé aux opérations de nivellement et à une grande partie des calculs de terrassements ; car souvent un changement de quelques mètres dans la position de l'axe peut éviter de longs travaux. On ne doit donc pas se lasser d'étudier les lieux, afin de se rendre un compte exact de l'emplacement qu'il sera le plus convenable d'adopter et de s'éviter, autant que possible, de revenir sur le travail déjà exécuté.

Lorsque les courbes de raccordement se trouvent dans les pentes, on doit chercher à leur donner une inclinaison moindre que celle des alignements droits, parce que les chevaux ayant un plus grand effort à faire lorsqu'ils changent de direction, on doit diminuer cet effort en diminuant la pente. C'est aussi par cette raison qu'on doit éviter de descendre les coteaux au moyen de *lacets* tels que NKLM (*fig.* 251), il vaut mieux prendre leurs développements en ligne droite, ou seulement par trois raccordements NK'M.

178. — Nivellement. — Le tracé d'une route comprend en général, ainsi qu'on a pu déjà le remarquer, deux parties distinctes : 1° la recherche de tous les points par lesquels la route doit passer, c'est alors le tracé approximatif ; 2° l'établissement de la route, ou la détermination exacte de ces mêmes points et qui ne peut avoir lieu qu'après les opérations de nivellement. Mais avant de procéder à ces dernières, il est nécessaire de dresser le plan géométrique des lieux afin de connaître les propriétés sur lesquelles la route devra être établie. Ce plan a également pour but de faire reconnaître la surface des terrains que la route doit enlever à la culture ; on y désigne les propriétaires des parcelles ainsi que la valeur des terrains que l'on est obligé d'acheter.

L'arpentage doit être fait avec soin et exactitude, notamment lorsque la route traverse des villes et des villages. Il n'a lieu que sur une distance de 50 à 100 mètres à droite et à gauche de l'axe ; il ne présentera pas de difficultés si on s'est bien pénétré des explications que nous avons fournies dans nos chapitres 2, 3, 4 et 5. On remarquera toutefois que l'opération devant s'exécuter dans un espace compris entre trois parallèles, il suffit d'établir ces parallèles en élevant à droite et à gauche avec précision, de distance en distance sur l'axe, des perpendiculaires d'une longueur de 50 à 100 mètres, et de joindre les extrémités au moyen de droites jalonnées. L'arpentage s'effectue alors dans l'étendue du terrain compris par ces droites. On fixe également par de forts piquets, la position de l'axe sur le terrain.

Le plan géométrique doit indiquer les limites et la nature

des propriétés, les chemins, ruisseaux, etc., les rattachements des piquets, placés sur l'axe de la route, à des objets
fixes tels que arbres, angles de maison, etc. Cet axe y est
indiqué par un trait ponctué un peu gros à l'encre rouge,
les bords de la route sont tracés au trait plein mais plus fin de
la même encre. On indique également sur ce plan les accidents du terrain au moyen des courbes horizontales. Enfin
un numéro inscrit dans chaque parcelle, renvoie à un tableau
qui donne le nom et les prénoms des propriétaires, leur demeure, la contenance et la nature des propriétés occupées
par la route.

Les opérations de nivellement qui se rattachent au tracé
d'une route diffèrent de celles que nous avons exposées dans
notre chapitre 8e, en ce sens que les cotes de hauteur que
l'on nomme communément *cotes de niveau* se rapportent à
un plan horizontal pris à volonté, mais toujours au-dessus
de la surface terrestre. Ainsi, le nivellement consiste *à comparer la position de chacun des points de la surface terrestre au
moyen d'un plan horizontal, que l'on nomme plan de comparaison* (156).

Nous n'aurons pas égard, dans les applications qui vont
suivre, à la différence causée par le niveau apparent sur le niveau vrai (164), ni à celle due à la réfraction (165), parce que
la distance entre les stations excédant rarement 300 mètres.
à cette distance ces différences ne sont pas appréciables.
Nous ferons d'ailleurs remarquer qu'on peut facilement s'en
affranchir en faisant une station intermédiaire au milieu de
la distance lorsqu'elle dépasse 300 mètres.

Les opérations de nivellement qui se rattachent au tracé
d'une route, comprennent :

1° Le nivellement exécuté sur toute la longueur de la
route, qu'on nomme *profil en long*, ou *profil suivant l'axe*.
C'est la section du terrain sur l'axe de la route, suivant un
plan vertical perpendiculaire à sa direction ; il fait connaître
les pentes dans le sens longitudinal et les longueurs *développées* des diverses parties de la route ;

2° Les nivellements effectués sur des perpendiculaires à
l'axe dits *profils en travers* ; ils indiquent la forme de la route
par des plans verticaux conduits suivant ces perpendiculaires
et rabattus dans le plan de comparaison. Le nombre de ces

profils est illimité ; on en établit chaque fois que la surface du terrain change de forme ou présente des pentes différentes.

179. — Du Niveau d'eau. — Le *Niveau d'eau* consiste en un tube en cuivre ou en fer-blanc coudé aux extrémités et terminées chacune par une fiole en cristal. Il est supporté par une genouillère qui permet de le placer à très-peu près dans le plan horizontal. Il doit tourner dans ce plan pour pouvoir être dirigé à volonté. Lorsqu'il est en station, on y verse de l'eau jusqu'à la moitié des fioles environ. L'eau se met en équilibre entre les deux fioles, et le rayon visuel tangent à la fois aux deux surfaces du liquide se trouve dans le plan horizontal.

On doit rechercher ceux dont les fioles sont d'un grand diamètre, afin d'éviter l'effet de la capillarité, et s'assurer que les diamètres de ces fioles sont parfaitement égaux.

Lorsqu'on veut diriger un rayon visuel, il ne faut pas se tenir trop près de l'instrument ; on s'en éloigne à une distance de deux ou trois pas. De même que lorsque d'une station on veut transporter l'instrument sur une autre, il faut avoir soin de boucher l'une des fioles avec le pouce.

La surface du liquide dans les tubes n'est pas plane ; elle s'élève plus vers les parois qu'au centre du tube. Ainsi, au lieu d'offrir une ligne mathématique, on a deux anneaux moins éclairés que le reste du liquide d'une épaisseur de deux millimètres environ chacun dans les fioles d'un diamètre ordinaire. Pour avoir de l'exactitude dans l'opération, on doit diriger le rayon visuel tangentiellement aux fioles, et viser la ligne séparative des anneaux avec le reste de l'eau. On facilite le visé en colorant un peu cette eau avant de la verser dans le tube.

Pour effectuer un nivellement, on se sert d'une *mire*. C'est une double tige à coulisse divisée de centimètre en centimètre ; elle porte ordinairement deux mètres, mais, à l'aide de la coulisse qui permet de faire glisser l'une des tiges sur l'autre, on obtient quatre mètres. Le *voyant* est mobile ; il se place à la hauteur du rayon visuel donné par le niveau. La moitié de ce voyant est ordinairement rouge, l'autre moitié blanche. Les hauteurs sont comptées, à partir du sol, à la ligne de séparation des couleurs.

Les mires à coulisse portent deux graduations, l'une sur la

face de la tige opposée au voyant, l'autre sur le côté. On compte sur la première lorsqu'on n'a pas fait usage de la coulisse; dans l'autre cas, on lit sur la seconde. La mire est quelquefois munie d'un vernier pour apprécier les millimètres. Enfin, lorsque les hauteurs exigent qu'on fasse marcher la coulisse, on doit avoir soin de fixer préalablement la mire à la partie supérieure de la tige; on élève le voyant au moyen de la vis placée à son pied.

Pour opérer, on se fait accompagner par un homme qui ait assez d'intelligence pour lire les valeurs sur la tige de la mire qu'il porte; on se place avec le niveau à un endroit quelconque, mais duquel on puisse apercevoir la mire commodément; on fait placer successivement cet homme sur les points dont on veut connaître la hauteur, en lui faisant tenir la mire aussi verticalement que possible, puis on dirige le tube du niveau vers lui, et avec la main on lui fait signe de monter ou de descendre le voyant. Lorsque la ligne des couleurs se trouve directement sur le rayon visuel qu'on dirige de l'instrument, l'homme fixe le voyant au moyen de la vis placée derrière la plaque et énonce la cote de hauteur.

Chaque station comprend au moins deux cotes ou deux *coups de niveau* : l'un de ces coups est appelé *coup d'arrière*, c'est la cote qu'on obtient en se tournant vers le point de départ; l'autre, *coup d'avant*, ou la cote qui résulte de l'observation faite sur le dernier point observé d'une même station dans le sens de la marche. On a aussi les *coups intermédiaires*, ou les cotes obtenues par les observations sur des points situés entre le coup d'arrière et le coup d'avant.

On distingue aussi les *nivellements simples* et les *nivellements composés*. Les premiers sont ceux qu'on effectue sur toute la longueur du tracé, ou sur une portion de cette longueur, sans déranger le niveau; les autres résultent de plusieurs stations successives commandées par les aspérités du sol. Ainsi, la *figure* 263 est un nivellement simple, parce que le niveau étant en A, on a pris de cette même station les cotes de hauteur *a*, *b*, *c*, *d*, *e* et *f*. On doit faire usage de ces nivellements autant que possible, sans cependant dépasser les limites fixées par la nature de l'instrument; ils épargnent des calculs auxquels on est obligé par les autres. La *figure* 262 représente un nivellement composé, parce que le niveau a été placé successivement en A, B, C et D, pour avoir les cotes de hauteur *a, b, c, d* et *e*. Ces nivellements obligent toujours à deux coups de niveau sur le même point, le coup d'arrière et le coup d'avant; autrement on ne pourrait relier les stations entre elles.

Le niveau d'eau ne permet pas de prendre des cotes de hauteur à de longues distances; 80 à 100 mètres tout au plus. L'incertitude qui existe sur la position de l'eau dans les tubes ne permet pas de dépasser cette limite.

180. — Du niveau de pente. — Le niveau de pente ne peut guère être employé que dans le tracé provisoire de la route (176 et suivants). Une règle se place dans le plan horizontal au moyen de vis de callage; sa longueur est connue; et elle doit être aussi longue que possible. Deux autres lui sont perpendiculaires : l'une porte l'oculaire; l'autre est munie d'une pinnule mobile dans le plan vertical. Cette pinnule se place suivant la pente que l'on veut obtenir. Si c'est une pente de 4 p. %, la règle indique le point où cette pinnule doit être fixée. On n'a donc plus qu'à faire placer la mire, ou un jalon, sur la direction donnée par l'instrument.

L'opération inverse peut cependant s'effectuer; car, connaissant la longueur de la règle et la distance du point visé au lieu de l'observation, par suite de la position qu'occupe la pinnule au moment de l'observation, on en déduit la pente par mètre d'un terrain; une proportion suffit.

181. — Du niveau d'Egault. — Le niveau d'Egault est composé principalement d'un niveau à bulle d'air de grande dimension et d'une lunette. Pour avoir un rayon visuel dans le plan horizontal, il faut que l'axe optique de la lunette se trouve parfaitement parallèle au plan indiqué par la bulle d'air du niveau. Les imperfections de l'instrument ne se trouvent donc que dans le parallélisme de ces deux objets, et comme il est fort difficile aux constructeurs d'atteindre à une aussi haute perfection, l'instrument porte en lui-même des moyens de correction.

Mettez l'instrument en station; la bulle d'air du niveau étant fixée au point le plus haut du tube, faites placer une mire à 300 ou 400 mètres dans la direction du rayon visuel donné par la lunette, faites faire une demi-révolution à la lu-

nette, et assurez-vous que le nouveau rayon visuel passe
bien par la ligne des couleurs de la mire; si la coïncidence
n'a pas lieu, rectifiez les fils du diaphragme, au moyen de la
clef dont l'instrument est pourvu, en partageant la différence
en deux; continuez jusqu'à ce que la coïncidence soit parfaite. Faites faire ensuite une demi-révolution à la plate-
forme de l'instrument, et changez la lunette bout pour bout;
il faut que dans cette nouvelle position les deux rayons que
vous obtenez en faisant tourner la lunette dans ses colliers.
comme précédemment, passent par la ligne des couleurs du
voyant de la mire; s'il n'en était pas ainsi, ce serait un signe
que la lunette n'est pas parfaitement dans un plan parallèle à
celui du niveau, et il faudrait l'y amener en faisant monter
ou descendre le collier mobile à l'aide de la vis. Après quelques tâtonnements, on parvient à placer l'axe optique de la
lunette dans le même plan que la bulle d'air du niveau, laquelle doit se maintenir dans une position invariable, quelle
que soit la direction que l'on donne à l'instrument.

On peut cependant se servir d'un niveau non réglé. Supposons que le premier rayon donné par la lunette soit AB
(*fig.* 264), et qu'après avoir fait faire à la lunette une demi-
révolution, elle donne AC, le plan horizontal étant Ax, qui
partage BC en deux parties égales, l'angle xAB$=x$AC; donc :

$$R x = \frac{RB + RC}{2}.$$

Maintenant, si en retournant la lunette bout pour bout, et
en amenant le rayon visuel sur la mire placée au même point
R, vous obteniez d'abord Ab, et ensuite, par le retourne-
ment, Ac, la cote de niveau deviendra nécessairement

$$R x = \frac{RB + RC + Rb + Rc}{4}.$$

On procède au nivellement avec le niveau d'Egault de la
même manière qu'avec le niveau d'eau; l'instrument étant en
station, on fait placer la mire sur chacun des points dont on
veut avoir la cote de hauteur, puis on dirige le rayon visuel
sur chacun de ces points, en indiquant de la main au porte-
mire s'il doit descendre ou monter le voyant. Les distances

entre les stations peuvent aller jusqu'à 300 et quelquefois 400 mètres; mais il ne faut pas dépasser cette dernière à cause de l'incertitude du pointé, et parce qu'ensuite on serait obligé de corriger les cotes de hauteur de la différence causée par la réfraction et du niveau apparent sur le niveau vrai (164 et 165).

Quand on a exécuté un nivellement sur l'axe, il faut le vérifier. Pour cela, on revient sur ses pas par un nouveau nivellement exécuté à grands coups, c'est-à-dire qu'on ne prend les cotes de hauteur que de deux en deux ou de trois en trois stations.

182.—Points de repère; corrections de l'Éclimètre. — Lorsqu'un nivellement doit s'étendre sur une ligne d'un grand développement, il est bon de déterminer des points de repère de 1000 en 1000 mètres, ou de 2000 en 2000 mètres, par le procédé (159). Mais comme, dans ces sortes de cas, les cotes de hauteur doivent être déterminées avec le plus grand soin, il est bon de savoir quelles sont les précautions que l'on doit apporter dans l'observation des angles zénithaux.

La grande difficulté est d'obtenir la ligne ZN (*fig.* 264) qui du zénith passe par le centre de la terre, ou l'horizontale HH'. L'éclimètre donne ces lignes; mais il faut s'assurer qu'il les donne avec toute la précision que réclame l'opération.

Ayez un niveau à bulle d'air K, s'adaptant à volonté sur la lunette *ll'* de l'instrument; assurez-vous, en faisant placer une mire à une longue distance (181) que lorsque la bulle d'air *o* est au point le plus haut du niveau, l'axe optique de la lunette correspond exactement avec la ligne horizontale HH', faites les corrections nécessaires par le mouvement de la lunette : dans cette position, le zéro du limbe et celui du vernier doivent se correspondre en G. S'il y a une différence, prenez-en note ; répétez l'opération en faisant placer la mire sur un autre point ; prenez note également de la différence des zéros. En répétant l'opération un nombre de fois suffisant, et en prenant ensuite la moyenne arithmétique de toutes les différences, vous saurez de combien ZN donné par l'éclimètre diffère de ZN véritable. Vous ajouterez en conséquence, ou vous retrancherez le résultat à chacune des valeurs des angles observés.

Il existe des cercles dont le limbe peut, par le moyen d'une genouillère, se placer dans le plan vertical; l'opération alors n'offre aucune difficulté.

183. — Brouillon ou Calepin. — Les résultats du terrain s'inscrivent immédiatement, soit sur un brouillon figurant à vue les anfractuosités ou plis du sol, soit seulement sur un calepin ou tableau disposé d'avance. Le brouillon est toutefois préférable, parce qu'on peut y faire des annotations qui ne peuvent, le plus souvent, prendre place sur un calepin; on se rend aussi beaucoup mieux compte des opérations que l'on effectue.

Lorsqu'on dresse le brouillon, il est important d'observer quand le plan horizontal dans lequel se trouve l'instrument au moment de l'observation, est au-dessus ou au-dessous du plan horizontal de la station précédente, afin de dessiner convenablement les plis du sol; autrement on risquerait d'indiquer une rampe au lieu d'une pente, et réciproquement. On ne se trompera jamais si l'on fait attention que, lorsque les cotes d'avant sont plus fortes que les cotes d'arrière, la ligne de terre diverge vers les premières; et lorsque les deux cotes d'avant et d'arrière ont été prises sur le même point b (*fig.* 262), et que la cote d'avant de la première station A est plus forte que la cote d'arrière de la seconde station B, c'est qu'alors le niveau est placé, à cette seconde station, dans un plan horizontal plus bas qu'il ne l'était en A : et comme le point b du terrain ne change pas, on doit donc indiquer, sur le brouillon; le plan nm au-dessous du plan pl. Le contraire a lieu en D : la cote d'arrière obtenue à cette station sur le point d étant plus forte que la cote d'avant déterminée en C, le plan uv doit être tracé au-dessus du plan rs. Ensuite la cote d'avant de D déterminée sur e, étant plus faible que la cote d'arrière obtenue sur d, le point e doit être plus élevé que ce dernier. Les cotes d'avant s'inscrivent dans un sens, et les cotes d'arrière dans un sens opposé.

Les distances entre les points a, b, c..... c, sont mesurées, soit avant, soit après l'opération du nivellement. Il vaut mieux cependant n'effectuer ce mesurage qu'après, parce que si on a été conduit à prendre des cotes de hauteur intermédiaires, on arrête les points où ces cotes ont été prises, ou on les néglige suivant les besoins. Tous les points sur lesquels on a pris des cotes de hauteur sont fixés sur le terrain par de forts piquets.

Le brouillon des nivellements en travers se tient sur la même feuille et en même temps que l'on procède au nivellement sur l'axe. On doit donc chercher à placer l'instrument sur un point S, par exemple (*fig.* 275), d'où l'on puisse apercevoir facilement, d'abord, les deux points *a* et *b* sur l'axe de la route, puis les points *t*, *m*, *f* et *u* du profil en travers relevés sur la perpendiculaire élevée sur l'axe au point *a*, ainsi que les points *t*, *m*, *h*' et *v* relevés sur la perpendiculaire au point *b*. On dispose le croquis ainsi qu'on le voit *fig.* 262 et 262 bis, en dessinant les profils en travers au-dessous des cotes correspondantes du profil en long. On ne doit pas oublier que, chaque fois que l'on déplace l'instrument,, il faut prendre une cote de hauteur, ou cote d'arrière, sur un point déjà déterminé sur l'axe, afin de pouvoir rattacher les opérations précédentes à celles qui doivent suivre.

184. — Cotes noires. — Les résultats du terrain ne sont pas ceux dont on fait usage dans la construction des profils, ni pour calculer les terrassements. Ils ne donnent, en effet, dans un nivellement composé, que la différence de niveau entre deux points voisins, tandis que les constructions exigent que les distances partent toujours d'une même origine. Comparons la cote d'arrière au point *a* (*fig.* 262), avec la cote d'avant au point *b*, la différence de niveau sera $bl - ap = bl' = 2^m64 - 1^m32 = 1^m32$, en menant al' parallèlement au plan horizontal pl donné par l'instrument. Mais si l'on voulait connaître de combien le point *c* est plus bas ou plus élevé que le point *a*, on remarquera que, pour ramener la cote prise sur *c* au même plan horizontal que celui de *a*, on devra ajouter *mo* à cette cote ou nl; or, $nl = bl - bn = 2^m64 - 0^m53 = 2^m11$; c'est donc 2^m11 à ajouter à *cm*, ce qui donne $2^m11 + 3^m91 = 6^m02$, et en comparant ce résultat à la cote de *a*, on aura $6^m02 - 1^m32 = 4^m70$. Le point *c* est donc plus bas que *a* de 4^m70, puisque $oc > ap$.

Maintenant, pour comparer la hauteur de *d* à celle de *a*, on devra également ramener le plan *rs* donné par l'instrument placé en C, au plan pl ou po, on aura, en conséquence, $dt = ds + st = ds + (co - cr)$, ou $1^m20 + (6^m02 - 2^m84) = 4^m38$.

De même que $ke = ev + vk = ev + (dt - du)$ ou $0^m22 + (4^m38$

— 3^{m}88) $=$ 0^{m}72, et comme ap = 1^{m}32 est plus faible que ke = 0^{m}72, on en conclut que e est plus élevé que a, puisque $ke < ap$.

Telle est la marche à suivre pour comparer entre eux les divers points d'un terrain. Mais, si pour les constructions des profils on adoptait, pour origine des distances, le plan donné par la première station, ce plan pourrait se trouver fort souvent moins élevé que certains points du terrain. On évite les embarras qui pourraient résulter de l'emploi de ce procédé en adoptant pour plan de comparaison un plan qui toujours se trouve à *un mètre au moins* au-dessus du point du terrain le plus élevé. Généralement, et lorsque surtout les tracés sont un peu étendus, on élève le plan à dix mètres au-dessus de la cote de départ a (*fig.* 262), sauf à ajouter encore 10 mètres soit à cette cote ou à une cote quelconque du profil en long, s'il se trouve des points qui soient à plus de 10 mètres au-dessus du point de départ. D'après cela, la cote au point a sera 10 mètres (*fig.* 262 *et* 274), celle au point b sera (10—1,32) + 2 64 = 11^{m}32 ; celle au point c, (11^{m}32 — 0,53) + 3,91 = 14^{m}70 ; celle au point d, (14,70—2,84) + 1,20 = 13^{m}06, enfin au point e elle sera (13,06—3,88) + 0,22 = 9^{m}40. On en tire ce raisonnement : *De la cote de niveau du premier point, cote de départ, retranchez la cote d'arrière de ce point et ajoutez y la cote d'avant, vous avez la cote de niveau du second point ; de celle-ci retranchez la cote d'arrière du second point et ajoutez-y la cote d'avant, vous avez la cote du troisième point*, et ainsi de suite jusqu'au dernier.

Mais puisque de la cote de départ on retranche successivement toutes les cotes d'arrière et qu'on y ajoute toutes celles d'avant, il s'ensuit qu'on peut obtenir une cote de niveau quelconque, en retranchant de la cote de départ toutes les cotes d'arrière qui précèdent le point dont on veut avoir la cote et en y ajoutant toutes les cotes d'avant. Cherchons, par ce procédé, la cote de hauteur du point d, en admettant, ainsi que nous l'avons supposé plus haut, que la cote de a=10^m.

Coup d'arrière au point a,	1^{m}32^c		Coup d'avant. . . .		2^{m}64^c
— au point b,	0 53		—	. . .	3 91
— au point c,	2 84		—	. . .	1 20
Somme. .	4^{m}69^c		Somme . .		7^{m}75^c

Cote de départ. . . . 10^m
Somme des coups d'arrière. . . .— 4 69
Différence. . . 5 31
Somme des coups d'avant. . . . .+ 7 75
Cote du point d. . .=13^{m}06^c

Comme il faut toujours procéder avec ordre, on dispose un cahier de calculs ayant la forme suivante : on y désigne les coups d'arrière par le signe —, et les coups d'avant par le signe +.

INDICATION des points.	CALCULS.	COTES définitives.	OBSERVATIONS.
a =	m 10 00 — 1,32	m 10 00	
	8,68 + 2,64		
b =	11,32 — 0,53	11,32	
	10,79 + 3,91		
c =	14,70 — 2,84	14,70	
	11,86 + 1.20		
d =	13,06 — 3.88	13,06	
	9,18 + 0,22		
e =	9,40	9,40	

Les nivellements simples (179) ne donnent pas lieu, ainsi que nous l'avons fait observer, à ces calculs ; et en effet, la comparaison entre les hauteurs se fait immédiatement : toutes les cotes de niveau se comptant à partir du plan dans lequel le rayon visuel a été dirigé, les cotes les plus fortes indiquent immédiatement les points du terrain les plus bas.

Souvent un nivellement simple s'ajoute à un nivellement composé. Ainsi de la station D (*fig.* 262), on aurait pu prendre des cotes de hauteur en g et g' sans qu'il en résultât plus d'embarras dans les calculs; car si $gh=2^m50$ et $g'h'=1^m16$, on a :

$$\text{Cote de } g = (12,06-2,88)+2,50 = 11^m68$$
$$\text{Cote de } g' = (12,06-2,88)+1,16 = 10 \quad 34$$
$$\text{et enfin cote de } c = (12,06-2,88)+0,22 = \quad 9 \quad 40,$$

comme précédemment.

Ces calculs sont un peu différents lorsqu'au lieu d'un figuré à vue du terrain, on adopte un calepin. Ce calepin a ordinairement la forme suivante : (183)

Nos des stations.	DISTANCES entre les stations.	COUPS DE NIVEAU.		DIFFÉRENCES.		ADDITIONS et soustractions.	COTES finales.	Observations.
		d'arrière.	d'avant.	positives.	négatives.			
	m	m	m	m	»	10.00	m 10 00	
a		1 32						
	59			1.32		+ 1.32		
b		0.53	2.64		»	11.32	11.32	
	52			3.38		+ 3.38		
c		2.84	3.91			14.70	14.70	
	40			»	1.64	— 1.64		
d		3.88	1.20			13.06	13.06	
	112			»	3.66	— 3.66		
e		»	0.22			9.40	9.40	

En comparant ce tableau à la figure 262, on comprendra comment on doit le dresser.

Pour avoir les cotes de hauteur, ou cotes finales, on fait la différence entre le coup d'arrière sur le point a et le coup d'avant sur le point b, chacun ayant été donné de la station A, on a $2^m64-1^m32=1^m32$, la cote d'avant étant plus forte que celle d'arrière indique une pente vers b, le résultat est donc positif et doit s'ajouter à la cote a de départ. L'opération s'effectue dans la colonne des additions et soustractions. On a donc, pour la cote de hauteur au point b, 10^m00+1^m32 $=11^m32$, laquelle s'inscrit dans la colonne suivante dite *cotes finales*. On prend également la différence entre le coup d'arrière sur le point b et le coup d'avant sur c, le résultat

3^m38 étant, par la même raison, encore positif s'ajoute à la cote finale de b, la cote de hauteur au point c est dès-lors 11^m32 + 3^m38 = 14^m70, que l'on inscrit dans la même colonne. Le coup d'avant pris sur d, de la station C, étant plus faible que le coup d'arrière pris sur c, la soustraction donne un résultat négatif = 1^m64 qui se retranche par conséquent de la cote finale de ce dernier point. On a donc pour d 14^m70 — 1^m64 = 13^m06, etc.

185. — Nous n'avons pas parlé des nivellements que l'on exécute avec l'éclimètre, parce que nous en avons exposé les principes (157) de notre chapitre IXe. Nous ferons observer toutefois qu'il existe des tables construites par Messias, officier d'état-major, qui donnent immédiatement la valeur des tangentes ou les cotes de hauteur pour une distance horizontale de 1000 mètres. Il est nécessaire, par conséquent, de faire l'opération suivante pour obtenir chacune des cotes de nivellement.

Soient Mm = R, le rayon de ces tables ($fig.$ 250), mn = T la tangente correspondant, dans les tables, à un angle NMb observé sur le terrain, Mb = D distance horizontale entre la station M et le point N dont on cherche la cote de hauteur bN = C, on a cette cote par l'expression trigonométrique connue,

$$R : T :: D : C, \text{ donc } C = \frac{D \times T}{R} = D \times T.$$

Les tables de Leterrier peuvent tenir lieu des tables de Messias (59), on a toutefois à doubler le résultat que l'on obtiendrait par la formule précédente.

186. — **Rapport des profils.** — Quand on a obtenu toutes les distances des plis du terrain au plan de comparaison, distances que nous désignerons dorénavant par *cotes noires*, parce qu'elles s'inscrivent en noir sur le plan des profils, on procède au rapport de ces profils. Agissons pour le profil suivant l'axe.

On adopte ordinairement deux échelles : l'une pour les distances horizontales, c'est généralement celle de 0^m005 millim. pour mètre ou de 1 à 200 ; l'autre de 0^m01^c pour mètre ou de 1 à 100 pour les hauteurs ou distances verticales. L'emploi de ces deux échelles a pour but de rendre sur le plan, les pentes plus sensibles à l'œil, car en grandissant les distances verticales, on augmente les pentes.

On trace une ligne indéfinie A B (*fig.* 274), on y porte toutes les distances horizontales, *pl, nm, rs, uv,* inscrits sur le brouillon (*fig.* 262), on aura en conséquence, $a'b' = 59$ mètres. $b'c' = 52^m$, etc. par les points a', b', c'... on abaisse des perpendiculaires indéfinies, sur lesquelles on porte les distances respectives des points a, b, c, du terrain au plan de comparaison. On fait donc $a'a = 10^m$, $b'b = 10_m32^c$, $c'c = 14^m70^c$, etc., on joint les points a, b, c,... par des droites, le profil en long est construit. On y inscrit ensuite les distances à l'encre noire ou les cotes noires.

Les profils en travers se construisent un peu différemment. D'abord on adopte la même échelle, celle de 0^m01^c pour mètre, pour les distances horizontales et pour les distances verticales; ensuite, pour éviter qu'ils se superposent, ce qui arrive fort souvent lorsque leur plan de comparaison est le même que celui du profil en long, on est convenu d'adopter autant de plans de comparaison qu'il y a de profils. On fait passer ces plans par le point de ces profils qui se trouve sur l'axe de la route, ou par chacun des points a, b, c... (*fig.* 262 et 262 bis); il s'ensuit que la marche que nous avons indiquée pour obtenir les cotes noires doit subir pour ces derniers profils quelque modification.

Puisque le plan de comparaison doit passer par le point a (*fig.* 262 *bis*), il est clair que tous les points du terrain plus bas que a se trouveront au-dessous du plan de comparaison $\varphi\mu$, et que tous ceux qui s'en trouveront plus élevés seront placés au-dessus. Mais les cotes les plus grandes indiquant les points les plus bas, il suffira en conséquence de comparer successivement chacune des cotes de niveau à celle prise sur l'axe, pour reconnaître les points qui devront être construits au-dessous ou au-dessus dudit plan. Ainsi la cote 1^m50 étant plus forte que la cote en a, le point du terrain α devra être placé au-dessous du plan $\varphi\mu$ de la quantité $1^m50 - 1^m32 = 0^m18$ Et la cote B étant plus faible que celle de a de la quantité $1^m32 - 0^m84 = 0^m48$, on devra placer le point à 0^m48 au-dessus de ce même plan. Les calculs se réduisent donc : 1° A *retrancher successivement de la cote sur l'axe, toutes les cotes* de niveau plus faible que cette cote; dans ce cas, LES POINTS CORRESPONDANTS SONT RAPPORTÉS AU-DESSUS DU PLAN DE COMPARAISON; 2° à retrancher la cote sur l'axe de toutes les cotes qui sont plus grandes qu'elle, ALORS LES POINTS SONT PLACÉS AU-DESSOUS DU MÊME PLAN. Ces calculs sont tellement simples, qu'il suffira de comparer la figure 275 à la figure 262 bis, et de chercher quelques-unes des cotes inscrites sur la première, pour être à même d'effectuer ces calculs, et construire les profils en travers sans aucun embarras.

Lorsque les profils en long et en travers sont construits, qu'on a tracé les lignes du terrain à l'encre noire et inscrit toutes les cotes qui résultent de l'opération de nivellement, ainsi que le représentent les figures 274 et 275, on procède aux calculs des cotes rouges ou des cotes qui servent dans les calculs de terrassement. On les désigne ainsi, parce qu'elles sont écrites en rouge sur les profils.

Mais avant de procéder à ces derniers calculs, il est nécessaire d'être fixé sur le profil de la route, c'est-à-dire sur la forme qu'on devra lui donner. Cette forme change avec les localités et les terrains sur lesquels la route repose. On connaît (173) les dimensions des diverses classes des routes; nous donnons en outre (fig. 270 et 271) les deux types les plus usités.

La première figure représente le demi-profil X*dmbc* d'une route en déblai, et le demi-profil X*dno* d'une route en remblai. Quand la route doit être établie en terrain naturel, on adopte le premier profil, seulement le talus *bc* du fossé se borne à la partie *ab*; lorsque la route est encaissée, le même talus se prolonge jusqu'à ce qu'il rencontre la surface du sol.

Lorsque la surface *mn* de la route se trouve au-dessus des terres qui l'avoisinent (fig. 271), on adopte le second demi-profil X*dno*. Le fossé est supprimé; on le remplace par un talus *no* (174).

On admet la disposition de la fig. 271 chaque fois que la route est à mi-côte. La surface incline vers la rampe du coteau. De petites rigoles ou aqueducs établis de distance en distance permettent aux eaux qui viennent de la montagne et de la route de descendre dans la vallée.

27

Généralement on ne se préoccupe pas, dans les calculs des terrassements, de la forme de la route entre les fossés; on remplace la courbe *cdb* (*fig.* 272) par une droite *ab* horizontale ou inclinée vers l'axe, suivant les conditions du profil, mais laissant une portion *fac* de l'encaissement égale à la partie *fdb,* de l'accotement. Nous adopterons ce principe, en faisant remarquer que l'excès de travail qui résulte du creusement de l'encaissement, lorsque la route est établie suivant *ab,* n'occasionne pas une dépense à laquelle on doit s'arrêter; car, dans la pratique, il est très-rare que les ouvriers donnent de suite à l'encaissement la forme qu'il doit avoir. Au reste, tant que l'épaisseur de l'encaissement ne dépasse pas vingt centimètres, la droite *ab* est horizontale; elle passe donc par les deux arêtes des fossés et par le sommet *a.*

187. — **Calcul des cotes rouges.** — Quand on a apporté du soin dans le tracé provisoire de la route sur le terrain (176 et suivants), on a peu de changements à faire subir à l'axe; on indique alors immédiatement la position que la route doit occuper sur les profils en long.

Trois conditions sont à observer lorsqu'on détermine la position d'une route : qu'elle ait une pente de 0,005 par mètre, que cette pente n'excède jamais celle de 0,05 (175), et que les déblais compensent les remblais [1].

On entend par *déblai* la portion *agb* (*fig.* 270) des terres qui se trouvent entre la surface projetée de la route et la surface du terrain qu'on doit enlever; par *remblai,* la partie *gfkdc,* comprise également entre la surface de la route et celle du terrain, mais dans laquelle on doit rapporter des terres pour donner à la route la position voulue.

Ces conditions conduisent naturellement à rechercher un emplacement qui produise le moins de déblai et de remblai possible, tout en ne s'éloignant pas trop des considérations

---

[1] Cette troisième condition n'est cependant pas indispensab'e pour les routes forestières, parce que l'agent chargé d'étudier le profil peut, si cela est nécessaire, et *surtout plus économique,* faire des *emprunts* dans la forêt pour former des remblais, de même qu'il peut y faire déposer les terres provenant de certains déblais, s'il ne trouvait à les employer qu'en leur faisant parcourir une grande distance.

d'utilité et d'économie qui doivent notamment guider dans les tracés de l'espèce; à éviter les endroits qui pourraient, par la nature des terrains, entraîner à de longs travaux, et par conséquent à de grandes dépenses.

Pour déterminer la position que la route doit occuper imaginons la droite ac (*fig.* 274), et cherchons l'inclinaison de cette droite ou sa pente par mètre : menons l'horizontale ay, la pente de ac est égale à $cc'-aa'=cy=14{,}70-10{,}00=4^m70$, et sa pente par mètre sera $ay : cy :: 1 : x$ (176); mais $ay = a'b' + b'c' = 111^m$. On a donc $111 : 4{,}70 :: 1 : x = 0^m042$. Cette pente se trouvant dans les limites voulues (175), on peut admettre ac. Cherchons de la même manière qu'elle est celle qu'aurait une autre ligne qui joindrait les points c et e. On a $14{,}70-9{,}40=5^m30$, pour une distance de $40+112=152$ mètres, par conséquent

$$152 : 5{,}30 :: 1 : x = 0^m036.$$

Cette pente se trouve dans les mêmes conditions, et nous pourrions l'admettre également. Remarquons toutefois qu'en traçant une droite telle que af, le déblai agb est bien moins considérable que acb, et qu'en menant une autre droite fn, nous diminuons également le volume de remblai $gfec$. De plus, les distances de transport seront plus petites; car les terres qui proviendront de la partie de déblai abg pourront être reportées dans la partie de remblai comprise entre dd' et l'intersection g, et celles qu'on retirera de kne, dans la partie de k à d. Les frais d'exécution seront par conséquent moins élevés.

On ne doit pas, dans ces circonstances, considérer seulement les surfaces visibles du profil en long, il est nécessaire aussi de se reporter aux profils en travers, et juger aussi rapidement que possible quels seront les déblais et les remblais qui résulteront d'une droite ou d'une autre. Ainsi, en considérant la figure agb, nous ne pouvions entendre seulement la surface de ce triangle, mais le volume qui se produit sur toute la largeur de la route.

Pour déterminer la position de af, on peut procéder de plusieurs manières : d'abord on peut, après avoir tracé cette ligne au crayon sur le profil, mesurer la distance $c'f$ sur l'échelle, on connaîtra alors sa pente en procédant comme ci-dessus.

Imaginons, comme précédemment, pour donner un autre exemple le triangle rectangle ayf. En adoptant pour af une pente de 0^m031, nous aurons $1 : 0,031 :: ay : yf$, ou $1 : 0^m031 :: 111 : yf = 3^m44$. Ainsi, le point f doit être placé à 3^m44 au-dessous du point a. Nous aurons donc, pour la cote de hauteur de f, $aa' + yf = 10,00 + 3^m44 = 13^m44$. Cette cote s'inscrit en rouge sur le profil, et l'on trace af avec la même encre. Toutes les autres cotes et toutes les autres lignes que nous allons déterminer s'inscrivent et se tracent de même. En adoptant une pente de $0,017$ pour fn, on trouvera que le point n est élevé au-dessus de f de $2^m 58$, et que $e'n = 10^m 86$.

188. — Établissement du profil de la route sur les profils en travers. — Pour pouvoir établir la position du profil de la route sur les profils en travers, et aussi pour arriver à connaître les volumes de déblai entre a et b, b et g, ces volumes pouvant évidemment avoir des formes très-différentes d'un profil à l'autre, nous devons chercher la cote rouge bb''. L'opération est la même que ci-dessus ; en imaginant le triangle azb'' on a $b''z = 59 \times 0,031 = 1^m 83$, ce qui donne $b''b' = 10 + 1,83 = 11^m 83$; retranchant bb' de $b'b''$, on aura $bb'' = 0^m 51$. Ainsi le plan de la route se trouve au-dessous du point b sur l'axe de la quantité $0^m 51$. On trouvera de même que ce plan passe au-dessus du point d, sur l'axe, d'une quantité $0^m 30$. Dans la pratique, on n'inscrit sur les profils que ces dernières cotes.

Les cotes rouges bb'', cf, dd'' et ne servent à rapporter le profil de la route sur les profils en travers. Mais il est essentiel d'observer quand ce profil se trouve au-dessus ou au-dessous des points sur l'axe ; autrement on commettrait des erreurs grossières.

Puisque le plan de comparaison est supposé passer, pour les profils en travers, par chacun des points du terrain sur l'axe (186), il suffit, en a (*fig.* 275), de rapporter le profil de la route sur le plan de comparaison même ; de porter, en b, au-dessous de ce point b, une distance $bb' = 0^m 51$, et de rapporter ce même profil en menant, par le point b', une parallèle gh au plan de comparaison ; de porter, en c, une distance

$cc'=1^m26$ au-dessus du point c, et de rapporter ledit profil sur la parallèle au plan de comparaison, passant par c', et ainsi de suite. Nous ferons remarquer que les profils en travers se figurent, dans la pratique, dans un sens inverse à celui de la marche sur le terrain ; ainsi, étant parti de a pour aller vers e (*fig.* 262), le profil construit en a occupe la partie supérieure de la feuille de papier ; la section du terrain est supposée s'étendre au-dessous du plan de comparaison.

Nous avons à faire sur les profils en travers des opérations analogues à celles que nous avons effectuées sur les profils en long ; c'est-à-dire, à chercher les valeurs des cotes rouges nécessaires aux calculs des surfaces des sections comprises entre le profil de la route et le profil du terrain. Occupons-nous d'abord du profil en travers en a. La route est ordinairement divisée en deux parties : le *côté gauche*, ou la partie à gauche de l'axe en suivant le sens des opérations, et le *côté droit*, qui est la partie opposée. Le côté gauche du profil a nous représente une figure polygonale $amspna$ en déblai, ou autrement l'une des bases d'un solide compris entre ce premier profil et le second b ; nous devons donc chercher la surface de cette base, laquelle se décompose : en un triangle amn, un trapèze $mnpo$, un second trapèze $oprq$ et un deuxième triangle qrs ; nous n'avons, des éléments qui nous sont nécessaires pour calculer les aires de ces figures, que les distances $an=4^m$, $mo=0^m50$, $pr=0^m50$; nous allons chercher les autres.

D'abord mn nous est donné par la cote noire, laquelle est le résultat d'un coup de niveau à 4 mètres de l'axe. Pour op, remarquons que le côté mo du trapèze $mopn$ appartient à la pente $mt=1^m20-0^m48$, pour une distance de 6 mètres ; elle est donc par mètre : $\dfrac{1,20-0,48}{6}=0^m12$; en menant mo' (*fig.* 276) perpendiculairement à mn ou parallèle au plan de comparaison, mo' est égal à la base du talus np ou à 0^m50 (les fossés ayant 1^m50 d'ouverture), et nous avons oo' par 4^m : $0^m12 :: o'm : oo' = 1^m : 0^m12 :: 0^m50 : oo' = 0^m06$, ajoutant oo' à $o'p = mn + n'p = 0^m48 + 0^m50$ ($n'p$ étant la hauteur du talus np ou la profondeur du fossé), nous avons $op=1^m04$.

La cote rouge qr s'obtiendra par un procédé tout à fait analogue. En imaginant la droite horizontale oq' (elle est perpendiculaire à op et à qr et en même temps parallèle à pr), nous aurons $qq' = oq' \times 0^m 12 = 0^m 50 \times 0^m 12 = 0,06$; et $qr = op + qq' = 1^m 04 + 0^m 06 = 1^m 10$.

Il nous reste à chercher la hauteur du triangle qrs, dont nous connaissons la base $qr = 1^m 10$; abaissons du sommet s la perpendiculaire ss' sur la base qr prolongée. Désignons par p la pente par mètre de qs ou de mt (fig. 275 et 276), par P la pente par mètre de rs ou du talus du fossé. $s'q = s's \times p$ et $s'r = s's \times$ P (176) ; retranchant $s'q$ de $s'r$, il vient $s'r - s'q = qr = s's \times (P - p)$, d'où nous tirons $s's = \dfrac{qr}{(P - p)}$. Mais la pente par mètre de $qs = 0^m 12$, celle de $rs = 1^m 00$, et nous avons $qr = 1^m 10$; donc $s's = \dfrac{1^m 10}{1 - 0,12} = 1^m 25$.

Passons maintenant au second profil b (fig. 275). Nous remarquerons tout d'abord que la cote gm_1 est formée de la cote noire $1^m 21$ (un coup de niveau ayant également été donné à 4 mètres de l'axe) et de la cote rouge sur l'axe $bb' = 0^m 51$; car le profil de la route ayant été rapporté à $0^m 51$ au-dessous du point b, il faut tenir compte de cette position du profil dans toutes les valeurs des cotes rouges que nous allons déterminer. Ainsi, $gm_1 = 1^m 21 + 0^m 51 = 1^m 72$. Pour avoir $o_1 p_1$, nous devons chercher, comme précédemment, la pente par mètre de $m_1 t_1$, laquelle est $\dfrac{1,21 - 0.21}{6} = 0^m 17$. Il est à observer toutefois que cette ligne ne se trouve pas dans les mêmes conditions que mt du profil a ; car elle tend à rencontrer le plan de comparaison, tandis que mt s'en éloigne. En supposant qu'une perpendiculaire oo' (fig. 277) soit abaissée sur mg, nous aurons $mo' = 0,17 \times 0,50 = 0^m 085$, et $op = (mg - mo') + n'p = (1^m 72 - 0,085) + 0,50 = 2^m 15$, en négligeant les millièmes. Ensuite $qr = 2,145 - 0,085 = 2^m 06$. Il reste maintenant à chercher la hauteur du triangle qrs.

En désignant comme précédemment, par p, la pente par mètre de qs (fig. 277 et 275) par P, celle de rs, nous avons $qs' = ss' \times p$, et $s'r = ss' \times$ P, ajoutant qs' et $s'r = qr$, il vient : $qr = ss' \times (p + P)$: d'où

$$ss' = \frac{qr}{(p + P)},$$

Substituant les valeurs trouvées ci-dessus,

$$ss' = \frac{2,06}{0,17 + 1,00} = 1^m 76^c.$$

189. — En généralisant les deux cas du triangle qrs, et appelant C la cote rouge qr, p et P les pentes, ainsi que nous l'avons fait jusqu'alors, enfin, D la distance ss' du point de rencontre des talus à la cote rouge; on aura

$$D = \frac{C}{P \pm p}.$$

On emploie le signe supérieur quand les talus sont en sens contraire, et le signe inférieur, lorsqu'ils vont dans le même sens.

190. — **Points de passage.** — Nous chercherons les cotes rouges du côté droit du même profil b (*fig.* 275), parce qu'il présente encore un cas particulier.

D'abord le profil de la route coupe celui du terrain en i; on a donc une partie $ib'i$ en déblai et une partie ihs en remblai. L'intersection i se nomme *point de passage*, et l'on doit chercher sa distance horizontale aux deux sections bb', hh'. La cote rouge hh' est $1^m26 - 0^m51 = 0^m75$. Par le point h', menons $h'd$ (*fig.* 266), parallèle au profil de la route $b'h$; les deux triangles $bb'i$, bdh', rectangles en d, donnent :

$$bd : dh' :: bb' : b'i ;$$

de là

$$bi' = \frac{bb' \times dh'}{bd};$$

mais

$$bd = bb' + hh',$$

donc

$$b'i = \frac{bb' \times dh'}{bb' + hh'},$$

en substituant les valeurs de la figure, on a :

$$b'i = \frac{0,51 \times 4,00}{0,51 + 0,75} = 1^m 62^c.$$

En désignant par C et C' les deux cotes rouges, par L la distance $b'h$, et en faisant $b'i = L'$, on a la formule générale :

$$L' = \frac{C \times L}{C + C'}$$

Lorsque dans le profil en long (*fig.* 274), la ligne af du projet, après avoir été au-dessous du sol, se relève et passe au-dessus; il y a évidemment intersection ou *point de passage*. On doit donc, comme précédemment, déterminer la distance horizontale $b''h = g'b'$. On a les triangles semblables $bb''g, fgc$, qui donnent :

$$bb'' : fc :: bg : gc,$$

et de cette formule, on tire

$$bb'' + fc : bb'' :: bg + gc : bg,$$

ou

$$bb'' + fc : bb'' :: bc : bg.$$

On a aussi

$$bc : bg :: b''h' : b''h,$$

donc

$$bb'' + fc : bb'' :: b''h' : b''h,$$

ou bien encore

$$bb'' + fc : bb'' :: b'c' : b'g'.$$

En faisant, comme ci-dessus, $bb'' = C$, $fc = C'$, $b'c' = L$ et $b'g' = L'$, on a également

$$L' = \frac{C \times L}{C + C'}.$$

Telles sont les formules employées dans les calculs des cotes rouges. Les élèves s'exerceront à l'aide des données des *figures* 262 et 262 *bis*; ils compareront leurs résultats à ceux qui sont inscrits sur les *figures* 274 et 275.

191. — Calcul des terrassements. — Avant de nous occuper du calcul des terrassements, nous rappellerons sommairement les principes des solides.

En désignant le volume par V, la base par B, et la hauteur par H :

on a pour le parallélipipède $V = B \times H$. . . . (I)

pour le prisme. . . . . . $V = B \times H$. . . . (II)

pour la pyramide. . . . . $V = \frac{1}{3}B \times H$. . . (III)

si nous désignons par Σ la moyenne proportionnelle entre les bases parallèles B et B' du tronc de pyramide, on aura

$$V = \frac{1}{3}(B + B' + \Sigma) \times H. \quad . . . . . . \quad (IV)$$

En appelant h, h', h'' les trois arêtes perpendiculaires à la base du tronc de prisme à bases non parallèles, on a

$$V = \frac{1}{3}B(h + h' + h''). \quad . . . . . . \quad (V)$$

On se rappellera *que tout parallélipipède à bases irrégulières, peut être changé en un parallélipipède équivalent qui aura même hauteur, et des bases régulières équivalentes à celles du premier.* (VI)

Pour bien concevoir les procédés de calcul relatifs aux terrassements, il est nécessaire de se représenter dans l'espace la forme des solides que l'on considère. On ne doit pas oublier que les profils en travers représentent les sections du terrain par des plans perpendiculaires au plan de comparaison et également perpendiculaires au profil longitudinal, ou suivant l'axe de la route, et que ces sections ne sont rabattues sur le plan horizontal que pour faciliter leur construction et mieux entrevoir les conditions des solides.

Il existe deux méthodes de calcul : celle de *décomposition*, qui consiste à diviser les solides en autant d'autres solides partiels que la forme des faces présente de conditions différentes, et la *méthode abrégée*, ou par les *formules générales* dans laquelle on considère les solides d'un profil à l'autre, et quelle qu'en soit la forme. Cette dernière, quoique produisant des résultats moins exacts, est généralement adoptée; nous n'indiquerons donc que sommairement la méthode de décomposition.

Méthode de décomposition. — Si nous considérons le profil N° 1 (*fig.* 275) (partie de gauche), la section *amsrn* nous indique un déblai. Si nous considérons, en second lieu, le profil N° 2, nous trouvons une figure polygonale *bm,s,r,gb'*, également en déblai. Imaginons maintenant un plan passant par les points *angb'*, un autre par les points *abb'*, un troisième par les points *mnm,g*; enfin, si nous supposons qu'une règle placée suivant *bm,* soit conduite constamment sur *mm,* et *ba*, en s'appuyant sur ces lignes dans toute leur étendue, il sera facile d'entrevoir un solide *amgb*, ayant deux bases parallèles *amn, bm,gb*, et les deux faces *abb', mnm,g*, également parallèles, qui approche beaucoup du tronc de pyramide. Or, d'après le théorème VI, nous pouvons changer le trapèze *bb'gm,* en un parallélogramme *b'b"m"g* équivalent, et le triangle *amn* en un autre parallélogramme *aa'm'n*; le volume de ce solide pourra, en conséquence, être évalué par la formule géométrique IV, ainsi nous aurons :

$$\left(\text{surf. } bb'gm + \text{surf. } anm + \sqrt{\text{surf. } bb'gm, \times \text{surf. } anm}\right) \times \tfrac{1}{7} ab ,$$

ab étant la distance horizontale entre les profils N°s 1 et 2.

Cette expression n'est cependant pas la véritable, parce que la surface décrite par la règle, en suivant les arêtes *mm,*, et *ab* du solide, n'est pas la surface d'un plan limité par des lignes d'une même inclinaison. Les arêtes *bm* , *ma* ayant des pentes différentes, la règle, dans son mouvement, change continuellement de position ; elle décrit, en conséquence, une *surface gauche*. On démontre, dans les Traités de géométrie descriptive, et notamment dans les Traités de nivellement, qu'un solide limité à sa partie supérieure par une surface gauche, et dont la projection de la base sur un plan perpendiculaire à ses arêtes verticales et parallèles, a pour mesure (*fig.* 267),

$$V = S \times \left(\frac{h + h' + h'' + h'''}{4}\right) \qquad \text{(VII)}$$

On remarquera que $S = L \times l$, est donnée immédiatement par les cotes noires. Quand des hauteurs sont nulles, on supprime dans l'équation celles qui n'existent pas.

Dans le cas des talus ou lorsqu'on considère le dernier solide d'un profil, on n'a ordinairement que deux hauteurs *h* et *h'* (*fig.* 268). Alors, en désignant par *s* la surface du triangle *acf*, et par *s'* celle du triangle *acb*,

$$V = \frac{(2h + h')}{6} \times s + \frac{(2h' + h)}{6} \times s; \qquad \text{(VIII)}$$

mais comme les faces *afe*, *bcd*, sont toujours parallèles, en appelant L leur plus courte distance, on a

$$s = \frac{af}{2} \times L, \quad \text{et } s' = \frac{bc}{2} \times L,$$

donc

$$V = \left(\frac{(2h + h') \times af + (2h' + h) > bc}{12} \right) \times L \qquad \text{(VIII } bis).$$

Si la base est un trapèze, les hauteurs étant toujours verticales, et les côtés *ad*, *bc* parallèles (*fig.* 267); en représentant par *s* la surface du triangle *dcb*, et par *s'* celle du triangle *dba*, on a

$$V = \frac{(2h'' + 2h' + h + h''')}{6} \times s + (2h''' + 2h + h'' + h') \times s. \qquad \text{(IX)}$$

Quand des hauteurs sont nulles, on en fait abstraction.

Si le solide se termine à une ligne de passage, comme cela arrive quand l'un des profils est en déblai et l'autre en remblai (*fig.* 269),

$$V = \frac{D\beta \times ad}{2} \times \frac{2Dd + Aa}{6} + \frac{A\alpha \times ad}{2} \times \frac{2Aa + Dd}{6}; \qquad \text{(X)}$$

mais comme cette formule donne lieu à des calculs numériques assez longs, et qu'il n'est pas toujours possible d'inscrire sur le tableau de calcul des terrassements, les facteurs des multiplications à faire, on y substitue celle-ci :

$$V = l \times \frac{h + h'}{2} \times \frac{L + L'}{4} \qquad \text{(XI)}$$

dans laquelle L=Aα, L'=Dβ et *l*=AD.

On concevra sans doute, qu'on ne peut arriver à une évaluation convenable des terrassements qu'autant que les solides de remblai et de déblai seront décomposés en un nombre suffisant de solides partiels ; les plis du terrain, les arêtes des fossés de la route indiquent les points par lesquels on doit faire passer les plans verticaux qui limitent ces solides partiels Ces plans sont toujours parallèles à l'axe de la route. Ainsi, entre les profils N°s 3 et 4 (*fig.* 275), on voit qu'on ne pourra déterminer le volume de remblai *d'dff'hh'c'c*, qu'en faisant pas-

ser des plans verticaux, parallèles à *cd*, par les plis du sol *y*
et *k*, et qu'en déterminant les cotes rouges *ii' ll'* ; ledit solide
d'df....cc' se trouve alors décomposé en trois petits solides
faciles à évaluer par les formules précédentes.

Pour faciliter le calcul et l'inscription des cotes rouges sur
la feuille des profils, on trace légèrement en rouge les lignes
qui, passant par les divers angles du profil de la route, représentent les traces des plans verticaux qui partagent les solides de déblai et de remblai en solides partiels.

Quand deux profils consécutifs se présentent l'un en déblai,
l'autre en remblai, profils 2 et 3, il est nécessaire de chercher
la ligne de partage ou l'intersection du plan de la route avec
le terrain. On obtient cette ligne en cherchant les points de
passage α, β, ν, δ, ε, sur chacun des plans verticaux *uk*, *m, h*,...
on la trace en bleu, et elle se désigne par *ligne bleue*.

Il se présente fréquemment des solides tels que $q_1 r_1 s_1 \varepsilon$; il
est aisé de voir qu'on a une pyramide triangulaire dont le
volume est donné par la formule géométrique III.

Ces notions suffisent pour faire comprendre la marche que
l'on doit suivre dans les calculs de l'espèce. On n'éprouvera
aucune difficulté si l'on met de l'ordre dans les opérations,
et si l'on inscrit avec soin, sur le plan projet, tous les éléments nécessaires. Le tableau de calcul que nous donnons à
la suite du N° 192, achèvera de guider les élèves dans cette
partie du travail de l'ingénieur.

192. — **Méthode abrégée**. — La méthode précédente
est fort longue et demande une attention soutenue. Elle a été
cependant suivie fort longtemps; mais les ingénieurs ayant
reconnu qu'il n'y avait pas, en définitive, d'avantages réels à
l'employer, ils ont cherché des formules abrégées, et ont
adopté les suivantes, dont la démonstration peut se résumer
de cette manière.

Si l'on considère les surfaces A*ad*D = S, B*bc*C = S' (*fig.* 269),
comme des lignes ou des *cotes rouges*, on aura, à très-peu
près, la distance moyenne de la ligne de passage $\alpha\beta$, à chacune
de ces surfaces, par

$$s + s' : L :: s : l,...l = \frac{LS}{s+s'},$$

$$s + s' : L :: s' : l',...l' = \frac{LS'}{s+s'}.$$

Le volume de remblai$=r$ sera, en conséquence, donné par

$$Vr = S \times \frac{l}{2} \quad \text{ou } Vr = \frac{Sl}{2},$$

et le volume de déblai $=b$, par

$$Vb = S' \times \frac{l'}{2} \quad \text{ou } Vb = \frac{S'l'}{2}.$$

D'après cet exposé, on comprendra facilement l'usage des formules suivantes dans lesquelles nous avons adopté la même annotation.

Il se présente cinq cas :

1° Quand les deux profils consécutifs sont à la fois en déblai ou en remblai, on a (*fig.* 284) :

Dans le cas de remblai,

$$Vr = \frac{(r+r')L}{2} ; \qquad (XII)$$

Dans le cas de déblai,

$$Vd = \frac{(d+d')L}{2} ; \qquad (XIII)$$

2° Si l'un est en déblai et l'autre en remblai :

Pour le remblai,

$$Vr = \frac{r \times l}{2}, \quad l = \frac{L \times r}{r \times d}, \qquad (XIV)$$

pour le déblai,

$$Vd = \frac{d \times l'}{2}, \dots l' = \frac{L \times d}{r+d}. \qquad (XV)$$

3° Si les deux profils sont partie en déblai, partie en remblai, mais de manière que le déblai de l'un corresponde au déblai de l'autre, le volume de remblai sera donné par (*même figure*) :

$$Vr = \frac{(r+r')L}{2}. \qquad (XVI)$$

et le volume de déblai,

$$Vd = \frac{(d+d')L}{2}, \qquad (XVII)$$

comme dans le premier cas.

4° Si les deux profils sont partie en déblai et partie en remblai, mais si le déblai de l'un ne correspond pas au déblai de l'autre, on calcule les volumes V^d et V^r, qui se rattachent au second, par

$$V_r = \frac{r \times l}{2}, \quad \ldots \quad l = \frac{r \times L}{r + d} \qquad \text{(XVIII)}$$

$$V_d = \frac{d \times l'}{2}, \quad \ldots \quad l' = \frac{d \times L}{r + d} \qquad \text{(XIX)}$$

$$V_{r'} = \frac{r' \times l''}{2}, \quad \ldots \quad l'' = \frac{r' \times L}{r' + d'} \qquad \text{(XX)}$$

$$V_{d'} = \frac{r \times l'''}{2}, \quad \ldots \quad l''' = \frac{d' \times L}{r' + d'} \qquad \text{(XXI)}$$

(*même figure*).

5° Enfin, si l'un des profils est entièrement en remblai et l'autre partie en déblai et partie en remblai, par le point de passage *a* du déblai au remblai, on mènera sur ce dernier un plan parallèle à l'axe du projet, et on divisera l'autre *b* en deux parties que l'on comparera avec les portions correspondantes l'une en déblai, l'autre en remblai du premier profil, on aura, par conséquent, pour les remblais,

$$V_r = \frac{(r + r') L}{2}; \qquad \text{(XXII)}$$

$$V_r = \frac{r'' \times l}{2}. \qquad l = \frac{r'' \times L}{r'' + d'}, \qquad \text{(XXIII)}$$

pour le déblai,

$$V_d = \frac{d \times l'}{2}, \qquad l' = \frac{d \times L}{r'' + d}. \qquad \text{(XXIV)}$$

Ces formules sont empruntées au cours de l'École des arts et manufactures ; elles donnent lieu cependant à des calculs assez longs, aussi un grand nombre d'ingénieurs préfèrent-ils celles ci :

1° Lorsque deux profils consécutifs sont entièrement en déblai ou entièrement en remblai, le volume de déblai est donné par

$$V^d = \frac{L}{2} \times (d + d'), \qquad \text{(XXV)}$$

celui de remblai,

$$V^r = \frac{L}{2} \times (r + r').$$ (XXVI)

2° Quand l'un des profils est en déblai et l'autre en remblai, on a pour le déblai,

$$V^d = \frac{L}{2} \times \frac{d^2}{d+r},$$ (XXVII)

pour le remblai,

$$V^r = \frac{L}{2} \times \frac{r^2}{d+r}.$$ (XXVIII)[1]

193. — On ne procède aux calculs des terrassements que lorsqu'on a arrêté définitivement le projet, et que, par la comparaison des profils, on entrevoit que les déblais compenseront les remblais. Il est assez difficile, dans la pratique, de remplir exactement cette condition ; mais tous les efforts de l'ingénieur doivent tendre à y arriver. On fera donc bien, pour se rendre un compte bien exact de la position des lignes du projet, de construire, outre le profil sur l'axe qui est exigé, deux autres profils en long suivant des plans verticaux passant par les arêtes intérieurs des fossés ; on aura, de la sorte, des moyens de comparaison, et l'on pourra juger, à très-peu près, si le projet se trouve dans les conditions voulues. Ces profils supplémentaires guideront en outre, dans les changements qu'on pourrait avoir à faire subir au plan de la route, dans le cas où la différence des déblais avec les remblais serait trop considérable. Lorsqu'on procède à ces comparaisons, il est nécessaire de remarquer que les terres provenant des déblais foisonnent de $\frac{1}{6}$ environ.

Nous ferons remarquer également que bien que les cotes bleues et les lignes de passage des déblais aux remblais ne soient pas nécessaires lorsqu'on fait l'application des formules abrégées, on doit, néanmoins, les tracer sur le projet, parce qu'elles permettent souvent, à l'inspection seule du plan, de

---

[1] La démonstration de ces formules se trouve dans le Manuel des ponts-et-chaussées, tome I, page 90 et suivantes.

déterminer quelles seront les parties des terres qui devront être enlevées d'un endroit pour être reportées sur un autre. Dans ce cas, on peut se borner à les déterminer par une construction graphique.

Pour avoir, par exemple, le point de passage *g* (*fig.* 274), on construit la partie *bb'c'c* du profil sur l'axe à une échelle double ou quadruple de celle adoptée pour le plan. On y trace, à l'aide des distances verticales *b'b''c'f*, le plan de la route, puis on mesure sur l'échelle la distance à l'un des points *b'* ou *c'* du pied *d'* de la perpendiculaire abaissée de l'intersection *g* sur *c'b'*. On obtiendra évidemment plus d'exactitude si l'on adopte une échelle pour les distances horizontales, et une autre, double ou quadruple, pour les hauteurs; on augmentera ainsi les angles sous lesquels l'intersection doit avoir lieu.

La construction est la même pour tous les points de passage, car si on veut avoir β (*fig.* 275), il suffira de rapporter le plan du projet, à l'aide des cotes rouges, sur l'axe, *b'b''*, *c'f* (*fig.* 274), et distantes entre elles de *b'c'*; de porter sur la première et au-dessus de *b''*, *uu'* = 1^m42, et sur la seconde, mais au dessous de *f*, *kk'* = 1^m87, la droite qui joindra les deux points coupera le projet en β.

On dispose le cahier des calculs de la manière suivante :

(1)   *TABLEAU du calcul des terrassements.*

(Méthode de décomposition).

N.os des soli- des.	FACTEURS.	SURFA- CES.	SOMME des hauteurs.	DIVISEURS.	VOLUMES. déblai.	VOLUMES. remblai.	N.os des for- mules	Observations.
	Du profil n° 1 au profil n° 2.	m			m			
1	4,00×59,00	236,00	2,71	4	159,890	»	VII.	
2	0,50×59,00	29,50	5,39	4	39,751	»	d°	
3	0,50×59,00	29,50	6,78	4	50,002	»	d°	
4	0,55×59,00	32,45	4,62	6	26,501	»	VIII.	
	1,24×59,00	73,16	5,49	6	66,941	»		
					343,085			
	Du profil n° 2 au profil n° 3.							
5	0,96× 3,00	2,88	37,42	4	26,942	»	XI.	
6	1,57× 1,00	1,57	47,29	4	18,561	»	d°	
7	1,93× 0,50	0,97	54,98	4	13,332	»	d°	
8	2,32× 0,50	1,16	65,03	4	18,858	»	d°	
9	2,49× 1,07	2,66	34,90	3	30,944	»	III.	
10	1,55× 3,00	4,68	66,58	4	»	77,899	XL.	
11	1,88× 1,00	1,88	56,71	4	»	26,653	d°	
12	1,72× 0,50	0,86	49,02	4	»	10,539	d°	
13	1,39× 0,50	0,70	38,97	4	»	6,820	d°	
14	1,22× 0,70	0,85	17,10	3	»	4,844	III.	
					108,637	126,755		
	Du profil n° 3 au profil n° 4.							
15	2,00×40,00	80,00	3,22	4	»	64,400	VII.	
16	1,00×40,00	40,00	3,93	4	»	34,300	d°	
17	1,00×40,00	40,00	4,95	4	»	49,000	d°	
18	1,00×40,00	40,00	4,44	4	»	44,400	d°	
19	1,00×40,00	40,00	2,41	4	»	24,100	d°	
20	0,35×20,00	7,00	1,37	6	»	1,598	VIII.	
	0,30×20,00	6,00	1,54	6	»	1,540		
						219,338		
	Du profil n° 4 au profil n° 5.							
21	2,00× 0,15	0,30	19,10	3	»	1,910	III.	
22	2,00× 0,40	0,80	87,84	3	»	23,424	d°	
23	0,73× 0,50	0,37	148,35	4	»	19,722	XI.	
24	0,61× 0,50	0,31	123,51	4	»	0,572	d°	
25	0,42× 1,00	0,42	96,60	4	»	1,143	d°	
26	0,15× 0,57	0,09	33,60	3	»	,008	III.	
27	1,15× 2,00	2,30	204,91	4	117,823	»	XI.	
28	0,53× 2,00	1,06	136,16	4	36,081	»	d°	
29	0,40× 0,50	0,20	75,65	4	3,780	»	d°	
30	0,50× 0,50	0,25	100,49	4	6,280	»	d°	
31	0,21× 0,32	0,07	49,00	3	1,143	»	III.	
					165,107	59,779		

28

(2)   *TABLEAU du calcul des déblais et remblais.*

(Méthode abrégée).

N.os des pro-fils.	INDICA-TION des figures.	FACTEURS.	SURFA-CES.	LON-GUEUR.	VOLUMES.	
					déblai.	remblai.
1.	1	4,00×0,24	0,96			
	2	0,50×0,76	0,38			
	3	0,50×1,07	0,53	m		
	4	1,25×0,55	0,69	59,00	348,100	»
		Surface déblai.. .	2,56			
2.	1	4,00×1,12	4,48			
	2	0,50×1,93	0,96			
	3	0,50×2,32	1,16	(1)		
	4	2,49×1,06	2,64	26,36	121,783	»
		Surface déblai.. .	9,24			
3.	10	3,00×1,57	4,71			
	11	1,00×1,88	1,88			
	12 et 13	1,00×1,55	1,55	(2)		
	14	1,22×0,70	0,85	25,64	»	115,252
		Surface remblai..	8,99			
4.	15	2,00×0,15	0,30			
	16 et 17	2,00×0,40	0,80			
	18 et 19	2,00×0,55	1,10	40,00	»	225,400
	20	0,30×0,28	0,08			
		Surface remblai..	2,28			
5.	27 et 28	4,00×0,84	3,36	41,44	»	47,241
	29	0,50×0,40	0,20			
	30	0,50×0,49	0,25			
	31	0,21×0,32	0,07			
		Surface déblai.. .	3,88	70,56	136,886	»
					606,769	387,893

Si l'on compare les résultats consignés dans ces deux ta-bleaux, on verra que, par la méthode abrégée, on obtient des volumes plus forts que par la méthode ancienne; en général, la différence est de $\frac{1}{6}$ environ. On peut cependant approcher davantage des résultats consignés dans le tableau n° 1, en prenant pour valeurs de l, l', l'' et l''' (192), la moyenne arithmétique des distances calculées des points de

passage aux profils. On aurait, par exemple, pour la longueur (¹):

$$14^m98$$
$$22\ 44$$
$$24\ 85$$
$$30\ 13$$
$$34\ 90$$

Somme. 127^m30

$\frac{1}{5}$ $25\ 46$.

par conséquent le volume déblai serait égal à $25^m46 \times 9{,}24$
$= 117^{m\ c}\,625$. On trouverait de même que la longueur (2) $=$
$26^m\,54$ et que volume remblai $= 26{,}54 \times 8{,}99 = 119^{m\ c}\,097$.

On peut abréger les calculs consignés dans le tableau n° 2.
En prolongeant, par exemple, le plan de la route AC jusqu'au talus B*a* (*fig.* 283). Il suffira, comme on le voit, de déterminer la cote rouge d*f*. La section d*ab*C du fossé sera une
surface constante qui s'ajoutera à la surface de déblai A*a*B.

Quand il se trouve des raccordements, les profils étant
perpendiculaires à la tangente de la courbe, les distances
varient d'un profil à l'autre. On peut déterminer ces distances par le calcul, mais on se contente généralement de
les mesurer à l'échelle sur le plan géométrique ; car les
profils en long et en travers étant construits sur la ligne
développée passant par le milieu de la route, cette ligne
est toujours une droite, il faut donc, dans ce cas, recourir
au plan géométrique. Lorsque les calculs de déblai et de
remblai s'effectuent par les formules du n° 192, on se borne
aux distances développées sur l'axe ; il n'y a, dans ce cas,
rien à changer dans la marche que nous avons indiquée.

On remarquera également que les calculs des cotes rouges sont beaucoup plus faciles et s'effectuent avec plus de
rapidité quand les coups de niveau sur les profils en travers ont été donnés à des distances égales de l'axe. De
même, lorsqu'on connaîtra à l'avance le profil de la route,
on abrégera beaucoup cette partie du travail, en prenant des
cotes de hauteur sur des points correspondants aux arêtes
intérieures ou extérieures des fossés.

Dans les avant-projets on ne fait que des calculs approxi-

matifs, et souvent on se contente d'évaluer graphiquement
(77) les surfaces des profils en travers. Mais lorsque le projet est arrêté et que les travaux sont sur le point d'être mis
en adjudication, on procède à de nouvelles opérations de
nivellement, on relève des profils en suffisante quantité
pour que l'évaluation des terrassements soit aussi exacte
que possible. C'est surtout quand il doit y avoir un fort
maniement des terres que ces nouvelles opérations sont
nécessaires. Ces nivellements définitifs s'effectuent ordinairement en présence de l'entrepreneur; ils donnent lieu à
de nouveaux calculs de solides pour lesquels on doit employer exclusivement la méthode de décomposition.

On n'agit pas cependant tout-à-fait ainsi, parce que l'évaluation des volumes étant toujours une opération difficile
et laborieuse, on n'arrive que très-péniblement, par des nivellements, à des résultats exacts. C'est au fur et à mesure
que les tranchées ou les terrassements s'exécutent qu'on
procède à cette évaluation. Ainsi, on fait ouvrir, autant que
possible, ces tranchées perpendiculairement à l'axe; on
marque, au moyen de piquets, la longueur du déblai enlevé
en trois ou quatre jours par les ouvriers, et tous ces trois
ou quatre jours on relève la section formée par chacune
des tranchées. On a ainsi des éléments exacts pour calculer
les volumes.

194. — **Évaluation des distances de transport.**
— Lorsqu'au moyen des méthodes exposées précédemment
on a calculé le volume de déblai et de remblai, il n'est pas
encore possible d'évaluer la dépense, si l'on ne connaît pas
les distances à parcourir pour transporter les terres provenant des déblais sur l'emplacement assigné aux remblais.
Il n'est pas indifférent d'effectuer ce transport d'une manière ou d'une autre; on conçoit que le prix à payer pour
transporter un déblai sur un remblai est proportionnel au
volume des terres à enlever et à la distance que ces terres
doivent parcourir.

Supposons que l'on ait à transporter une masse de déblai
représentée par *ab* (*fig.* 278), pour former un remblai *cd*
d'un volume égal; il est évident que l'on devra porter *a* sur
c, *e* sur *f*, *g* sur *h*, et ainsi de suite de tous les points de *ab* sur

leurs homologues de *cd*, toute autre disposition donnerait des chemins plus longs. Mais comme les volumes peuvent être décomposés en une foule de tranches parallèles, il s'ensuit que les distances de parcours peuvent être fort multipliées. On en diminue le nombre en cherchant la moyenne de toutes les distances ou de toutes les lignes qui peuvent être menées de tous les points d'un déblai à ceux d'un remblai; cette distance moyenne est donnée par la droite qui joint le centre de gravité de chacun des volumes. Et, en effet, soit un massif de déblai=D (*fig.* 279), et un massif de remblai=R, ayant tous deux pareille forme. Si l'on suppose les solides coupés en éléments parallèles et de la même manière, la distance moyenne de transport pour le premier élément sera le centre de direction *a*; celle du second élément sera le centre *b*.... par conséquent la distance moyenne de la somme sera

$$\frac{aa' + bb' + cc' + dd' + ee'}{5} = oo'$$

ou la ligne qui joint le centre de gravité des deux masses.

Le centre de gravité est le point par lequel passe la direction du poids d'un corps, dans quelque position qu'on mette ce corps. Quand un objet est libre, il est assez facile, par un procédé purement pratique, de déterminer son centre de gravité. Il suffit de le suspendre à un fil dans diverses positions et de marquer chaque fois la direction de ce fil; le point par lequel les directions se coupent indique le centre cherché. Mais il n'est pas facile, ou du moins l'opération est fort longue, de déterminer par la géométrie la direction de poids d'un corps immobile et à faces irrégulières, et comme dans la question qui nous occupe on n'a besoin que d'une approximation, on se contente d'assimiler les volumes de déblai et de remblai à des pyramides, à des parallélipipèdes ou à des troncs de pyramides ou de prismes. Or, la mécanique nous enseigne:

1° Que le centre de figure de la pyramide est aux $\frac{3}{4}$ de la droite menée du sommet au centre de la base; le centre de gravité de cette base, si c'est un triangle, se trouve aux $\frac{2}{3}$ de la droite menée du sommet au milieu du côté opposé; si c'est un parallélogramme, à l'intersection des diagonales; enfin, si cette base est un trapèze, on en obtient le centre par la formule $K = \dfrac{h}{3}\left(1 + \dfrac{b}{a+b}\right)$, dans laquelle a et b indiquent les deux bases et h la hauteur : le centre est situé sur la ligne qui joint les milieux des bases à une distance $= K$ de celle qui est désignée par a.

2° Que le centre de figure d'un parallélipipède est à l'intersection des diagonales menées des angles trièdres opposés.

3° Que celui du tronc de pyramide, qui a pour hauteur h, et pour bases S et s, est situé sur le centre des bases, à une distance de la moindre base

$$= \frac{h}{4} \times \frac{3S^2 + 2Ss + s^2}{S^2 + Ss + s^2}, \text{ environ.}$$

Mais on n'arriverait encore que très-difficilement à déterminer la moyenne de transport, en ne considérant que les masses partielles. Pour abréger, et aussi pour ne pas se livrer à des calculs fastidieux, on se contente de l'opération suivante :

Sur une droite MN (*fig.* 280), portons les distances AB, BC, CD.... égales aux longueurs mesurées entre chaque profil en travers ; élevons les perpendiculaires Aa, Bb, Cc.... que nous ferons proportionnellement égales aux surfaces des profils. Les perpendiculaires indiquant des surfaces en déblai seront menées au-dessus de MN, et celles représentant des surfaces en remblai au-dessous. En joignant chacun des points a, b, c,.... nous obtiendrons les intersections α, β, qui indiqueront, à très-peu de chose près, les passages des déblais aux remblais.

Maintenant, si pour former le remblai $\alpha cd\beta$, nous prenons une portion équivalente αbhg du déblai, la distance moyenne de transport du déblai au remblai sera égale à la somme des distances des centres de gravité de chacune des figures αBb, Bbhg, αCc, CcdD, D$d\beta$, à la verticale K passant par le point de passage α, divisée par le nombre de ces distances. Il suffit, en conséquence, de chercher par les principes 1°, 2°, ou 3° le centre k de ces figures et de mesurer les distances des centres à la verticale K.

On peut, toutefois, obtenir une plus grande approximation. Représentons par d, d', d'',.... pour les déblais, par r, r', r''.... pour les remblais, les distances des centres de figure k, k,..... à la verticale K. Soit Σ la distance du centre de gravité de la surface totale en déblai, Σ' celle de la surface totale en remblai, à la même verticale K, R la résultante de toutes les forces verticales en déblai, R' celle des forces en remblai ; en désignant toujours les surfaces par P, S, S', S''.... s, s', s''...., on a

$$\Sigma R = Sd + S'd' + S''d'' + \ldots \ldots \text{ etc.}$$
$$\Sigma'R' = sr + s'r' + s''r'' + \ldots \ldots \text{ etc.}$$

d'où

$$\Sigma = \frac{Sd + S'd' + S''d'' + \ldots}{R},$$

$$\Sigma' = \frac{sr + s'r' + s''r'' + \ldots}{R},$$

et pour la distance cherchée $\Sigma + \Sigma'$

$$\Sigma + \Sigma' = \frac{Sd + S'd' + S''d'' + \ldots}{R} + \frac{sr + s'r' + s''r'' + \ldots}{R'} \; ;$$

ce qui revient à multiplier chaque volume par la distance de son centre de gravité au point de passage, à faire la somme de tous ces produits, qu'on divise ensuite par la somme de tous les volumes ; le résultat exprime la distance du centre de gravité de la masse au point de passage.

Il n'est guère possible de procéder à la détermination des distances de transport avant d'avoir fixé les endroits sur lesquels devront être transportées les terres provenant des déblais, aussi résume-t-on habituellement dans un tableau toutes les distributions que l'on se propose de faire, soit sur la longueur de la route, soit sur les terrains environnants. Ce travail est fort délicat et exige une grande intelligence de la part de l'auteur du projet ; car, parmi toutes les dispositions que l'on peut adopter, on doit concevoir qu'il s'en trouve toujours une meilleure que les autres, en ce sens, qu'entraînant à moins de voyages, elle donne lieu à une moindre dépense.

Le tableau qu'on dispose à cet effet doit distinguer les volumes qui, devant être transportés à une faible distance, n'obligent qu'à un travail à la pelle ; ceux qui réclameront un transport plus éloigné et qui s'exécutent à la brouette, enfin, ceux de ces volumes dont le déplacement ne peut avoir lieu qu'au moyen du tombereau. Le prix est donc différent

pour chacun de ces transports et l'on doit évidemment
choisir celui qui doit produire la plus grande économie.

Pour obtenir une bonne distribution, on inscrit à l'a-
vance, sur le plan projet, les valeurs des volumes en déblai
et en remblai, et, au moyen de la construction précédente,
on cherche la distance de transport d'un déblai à un remblai, afin de pouvoir apprécier celui des moyens qu'on devra
adopter.

Parmi les divers tableaux qui ont été présentés par les
auteurs, nous reproduirons celui qui se trouve dans le cours
des arts et manufactures. On remarquera que les surfaces
et les cubes situés à gauche de l'axe occupent la première
ligne du profil, et que les surfaces et les cubes de droite
sont inscrits sur la seconde. On a soin de désigner les volumes par masses séparées:

TABLEAU DU MOUVEMENT DES TERRES ET DES DISTANCES DE TRANSPORT.

Nos des profils.	DISTANCES entre les profils.	SURFACES D.	SURFACES R.	CUBES D.	CUBES R.	DÉBLAIS A PORTER en travers.	DÉBLAIS A PORTER en long.	REMBLAIS à former avec les déblais précédents.	CUBES et LONGUEURS des remblais du milieu à porter.	DISTANCES moyennes des transports en long de la route.	TRAVAIL à la pelle. PRIX.	PRIX.	TRAVAIL à la brouette. PRIX.	PRIX.	TRANSPORT au tombereau.	PRIX.	OBSERVATIONS.
1	2	3	4	5	6	7	8	9	10	11	12	13	14	15	16	17	18
1		2,56 / 0,40	» / 0,37	343.085 / 13,493	» / 54,280	40,787 / 13,493	302,298										
2	59,0	9,24 / 0,41	» / 1,46	108.637 / 17,579	126.735 / 89,700	45,379	108,637	425,399	425,399 de 1 à 4	159,6	54,280		108,637		425,399		
3	52,0	» / 1,20	8,99 / 1,99	» / 8,178	219.338 / 124,000												
4	40,0	» / »	2,28 / 5,12	8,178	8,178	8,178		123,401	123,401 de 3 à 5 (88.4)		25,757				123,401		
5	112,0	3,88 / 10,60	» / »	165.407 / 418,353	41,773 / 59,779 / 90,398		123,401										
				1074,432	764,430												

La colonne 7 de ce tableau désigne ordinairement les parties de déblai que l'on considère comme devant être jetées à la pelle pour former un déblai voisin. Ainsi, pour former le remblai 54,280, entre les profils 1 et 2, on pourra d'abord prendre les 13,493 provenant de l'établissement du fossé à droite de l'axe, on le complètera par une portion suffisante des 343,085, à gauche, =54,280—13,493=40,787; et comme ce travail est considéré comme devant être fait à la pelle, on inscrit les quantités dans ladite colonne 7, et leur somme dans la colonne 12, afin d'en établir le prix. Il reste 343,085—40,787=302,298, que l'on portera dans la colonne 8, comme devant être distribués en long du projet.

On voit ensuite, qu'entre les profils 2 et 3, il y a un déblai de 17,579, et qu'entre les profils 3 et 4 il se trouve un autre déblai de 8,178 adjacent, lesquels pourront être exécutés de la même manière. Ces deux déblais viennent alors en déduction sur les remblais voisins. En somme 80,037 se trouvent distribués du profil n° 1 au profil n$_o$ 4.

Maintenant les 108,637 de déblai, entre les profils 2 et 3, peuvent être employés à former une partie du remblai 126,755. Les terres seront portées en long de la route, et comme la distance entre ces profils n'est que de 52 mètres, on peut considérer le remblai comme devant être fait à la brouette. Le volume 108,637 s'inscrit alors dans la colonne 14. 80,037 +108,637=188,674 couvrent donc déjà une partie des remblais situés entre les profils 1 à 4, et comme la somme de de ces remblais est de 614,073, il reste par conséquent un remblai de 614,073—188,674=425,399 à exécuter. Mais le déblai restant 302,298 entre les 1er et 2e profils peut fournir une bonne partie de ce remblai, on le complètera de la quantité suffisante=425,399—302,298=123,101 prise du déblai entre les profils 4 et 5. Le restant de ce déblai recevra une autre destination ou sera réservé en dépôt.

Ces distributions, comme on le voit, ne présentent pas de difficultés graves. On doit seulement s'attacher à n'avoir pas de trop longues distances de transport, ce qui conduit dès-lors à former les remblais par les déblais les plus voisins, et pour qu'il n'y ait aucune confusion dans le tableau, on ne doit procéder que par masse de remblai séparée.

Il reste à déterminer, d'abord, la ligne XY, ou la limite du déblai 123,101, à prendre sur les 165,107 + 418,353 = 583, 460 ou seulement sur les 165,107, suivant les dispositions du projet, pour être transportés sur la partie du projet entre les profils 3 à 5. On obtient la position de cette ligne par une construction graphique analogue à celle que l'on effectue, pour avoir les distances moyennes de transport. Ainsi, sur une droite AB (*fig.* 273), on portera l'intervalle 112 mètres (distance entre les profils correspondants au cube 583,460); on élèvera la perpendiculaire BC que l'on fera égale à 583^m46; puis, sur une autre perpendiculaire indéfinie Aa, on portera 165^m11, correspondant au déblai 165,107, on mènera ac parallèle à AB, la distance de la ligne XY cherchée au profil n° 4, sera ac ou Ab.

On peut avoir cette distance par le calcul, car les triangles rectangles ABC, Abc, donnent

$$cb : CB :: Ab : AB.$$

On l'inscrit dans la colonne 10, au-dessous du déblai correspondant, et on trace la ligne XY sur le projet par un trait d'une encre particulière.

Quant aux distances moyennes de transport, on les déterminera, ainsi que nous l'avons expliqué précédemment. On peut cependant les obtenir directement en ajoutant la distance du 4e profil à la ligne XY = 88^m4, à la somme des distances des profils sur lesquels le parcours doit avoir lieu; puis, en considérant que les volumes sont disposés à peu près comme des triangles opposés par leurs sommets, et que la distance moyenne des centres de gravité est sensiblement égale aux $\frac{2}{3}$ de la distance entre leurs bases. On aura donc pour le remblai 425,399, au déblai 302,298.

$$59 + 52 + 40 + 88, 4 = 239^m4, \text{ dont les } \tfrac{2}{3} = 159^m6.$$

Si les volumes avaient à peu près la forme de triangles opposés par leurs bases, la moyenne des centres de gravité serait égale à la moitié de la distance comprise entre leurs sommets.

195. — Prix de transport des déblais. — On rencontre dans l'exécution des déblais des terrains de dureté variable; la terre végétale, le sable, la tourbe seuls présentent partout à peu près la même consistance. Il est donc nécessaire de se rendre compte des différentes natures de terrain, et d'évaluer approximativement le cube de chacune d'elles, afin de pouvoir les désigner sur le projet.

Nous avons déjà fait remarquer que les transports s'effectuaient de trois manières, suivant les distances qu'il était nécessaire de faire parcourir aux terres. Les transports à la pelle ne peuvent s'effectuer qu'à de très-courtes distances, et seulement lorsqu'un déblai peu considérable se trouve adjacent à un remblai, et que l'homme chargé du déblai peut, par le jet des terres, atteindre le remblai.

On admet qu'un ouvrier de force moyenne fouille à la bêche et charge en brouette 15 mètres cubes de terre, sable ou tourbe, par journée de 10 heures, et qu'il peut jeter ce même cube à 3 ou 4 mètres dans le sens horizontal, ou à 1^{m}65 dans le sens vertical; mais la fatigue étant plus grande dans ce dernier cas, on y a égard en diminuant la quantité de travail ou en augmentant un peu le prix de la journée ou du mètre cube. Le prix des déblais que l'on destine à être enlevés à la pelle peut être évalué d'après ces bases.

Lorsque la route est à mi-côte, le déblai est jeté à la pelle sur le remblai. Deux ouvriers, si la route est un peu large, sont quelquefois nécessaires; quelquefois aussi les transports se font à la brouette.

Si la route est, sur toute son étendue, en terrain naturel, il n'y a qu'à faire ouvrir des fossés, rejeter la terre qui en provient sur la chaussée, et niveler le sol de celle-ci; c'est encore un travail à la pelle.

Transport à la brouette. — Les brouettes contiennent ordinairement 0^{m}030 de terre, c'est-à-dire qu'il faut 33 brouettes pour un mètre cube. Il est en outre admis que la distance de parcours, pour un seul homme, ne doit pas aller au-delà de 30 mètres, et que cet homme parcourt 30,000 en 10 heures de travail, moitié à charge moitié à décharge; car celui qui conduit une brouette est obligé de revenir à vide pour reprendre une autre brouette qui a été chargée pendant le temps de parcours. Ainsi, en réalité, la distance parcourue sera de 60 mètres; un homme fera donc $\frac{30,000}{60}$ voyages par jour ou 500, et il transportera $\frac{500}{33}$ mètres cubes de terre ou 15,15 mètres cubes. Si cet homme est payé

à raison de 2 francs par jour, le mètre cube coûtera $\frac{200}{1513}$
$=0\,13$ cent. . . . . 0 fr. 13 c.

Mais on doit y ajouter le chargement, lequel est
égal à $\frac{200}{500} \times 0,33$, en supposant que l'homme, à ce
destiné soit également payé deux francs, ci. . .   0   0013

Prix du mètre cube transporté à la brouette. . 0 fr. 1313

Lorsque la distance de transports en brouette dépasse
60 mètres, un seul homme ne peut effectuer ces transports
pendant qu'un autre ouvrier charge la brouette, il y aurait
perte de temps. On emploie presque toujours deux brouettes, dont l'une est conduite pendant que l'autre se charge,
on établit ensuite un ou plusieurs relais, suivant la distance,
et on occupe autant d'hommes qu'il y a de relais. Tant
que les distances n'excèdent pas 150 mètres, on peut admettre les transports à la brouette.

Transport au tombereau. — Le tombereau est employé pour transporter les terres à de grandes distances.
Il faut compter, comme nous l'avons établi pour les transports à la brouette, que des hommes sont uniquement occupés au chargement, et que lorsqu'un tombereau est plein
un autre arrive à l'atelier pour occuper la place de celui
qui s'en va.

Pour calculer le prix de transport avec un tombereau, il
faut connaître la capacité de celui-ci $=N$, elle varie avec
les localités ; généralement elle est de 0^m80 pour un cheval,
1^m30 lorsqu'il y est attelé deux chevaux, on ajoute ensuite
$0,30$ par cheval en plus. On admet ensuite que la distance
parcourue chaque jour de travail est de 36,000 mètres, et
que le temps nécessaire pour le décharger et le mettre en
place est de 0 heures 033.

En supposant que le tombereau soit chargé par un nombre
d'hommes$=H$ dont chacun fouille et charge 15 mètres cubes
en 10 heures, le temps$=T$ nécessaire pour transporter N à
une distance D est composé :

1° Du temps nécessaire au chargement

$$= \frac{N}{\dfrac{H}{10}\,15} = \frac{10N}{15H};$$

2° Du temps employé au parcours D ; pour aller et revenir on a 2D, donc

$$2D = \frac{10}{36000} ;$$

3° Du temps perdu pour le déchargement et mettre le tombereau en marche = 0 h. 033.

Par conséquent :

$$T = \frac{\frac{10N}{45H} + \frac{2D \times 10}{36000} + 0,033}{N} .$$

Connaissant ensuite le prix de journée des hommes employés, celui de la voiture et des chevaux, il sera facile de déterminer le prix du mètre cube de déblai transporté au tombereau.

Dans la pratique, on fait peu usage de cette formule, qui donne lieu à des calculs assez nombreux ; on emploie généralement celle-ci.

Si nous désignons par C le prix de la journée d'un cheval, par V celui d'un voiturier, le prix de la voiture sera (C + V), et s'il est attelé un nombre n de chevaux à cette voiture, le prix deviendra $(nC + V)$. Maintenant, si nous remplaçons le temps perdu $0^h 033$ par l'espace d que parcourraient les chevaux s'ils marchaient pendant ce temps, chaque voyage sera égal à $(d + 2D)$, conséquemment le prix du volume N transporté sera donné par

$$\frac{(nC + V) \times (d + 2D)}{36000 \times N} ,$$

et en faisant $(nC + V) = P$, on a

$$\frac{P \times (d + 2D)}{36000 \times N} .$$

D'après les expériences qui ont été faites sur la vitesse de parcours, on sait qu'un cheval met $0^j 000025$ pour parcourir un mètre ;

Qu'une voiture attelée de deux chevaux met $0^j 000028$;

Et qu'une voiture attelée de trois chevaux met $0^j 000030$.

Ainsi, dans le cas d'une voiture à un cheval

$$d = \frac{0,033}{0,000025} = 1320 \; ;$$

pour une voiture à deux chevaux

$$d = \frac{0,033}{0,000028} = 1250 \; ;$$

et pour une voiture à trois chevaux

$$d = \frac{0,033}{0,000030} = 1100.$$

Mais, pour ne pas rechercher les conditions qui entraînent à l'emploi de un, deux ou trois chevaux, on adopte la moyenne de ces trois résultats pour valeur de d ou simplement 1200 mètres. A la rigueur, le dénominateur 36,000 ×N devrait être aussi modifié suivant qu'il sera employé un nombre quelconque de chevaux, car l'effet utile diminue en raison de ce nombre. Et, en effet,

un cheval parcourt dans une journée $\dfrac{10 \times 1}{0,000026} = 40000$ mètres ;

deux chevaux parcourent — $\dfrac{10 \times 1}{0,000028} = 35700$ mètres,

et trois chevaux parcourent — $\dfrac{10 \times 0}{0,000030} = 33000$ mètres.

Mais on se borne, comme précédemment, à la moyenne 36^{m}000.

Le prix des voitures et des chevaux change avec les localités ; mais généralement il est de 5 francs pour les voitures attelées d'un cheval, et 2 francs à 2 fr. 50 pour le conducteur, il augmente de 3 fr. pour chaque cheval qui vient en plus.

Quand on croira devoir évaluer le prix de transport en raison du poids des matières, c'est ce que l'on fait généralement lorsque les fouilles doivent avoir lieu dans des terrains fort durs, on changera la formule précédente en celle-ci :

$$x = K \frac{(nC + V) \times (d + 2D)}{nq \times 36000} = \frac{K}{nq} \times \frac{(d + 2D)}{36000},$$

dans laquelle K exprime le nombre de kilogrammes transportés, et q le poids utile que peut traîner un cheval à l'aide
d'une charrette ; ce poids est ordinairement :

Pour un cheval traînant une charrette sur un chemin
   de terre. . . . . 770 ^{k}
Pour deux chevaux. 1200
Pour trois chevaux. 1650

Lorsque les charges doivent être traînées sur des rampes,
ce poids doit être diminué de $\frac{1}{30}$ à $\frac{1}{8}$ en prenant pour base de
départ les rampes de 1 pour 0/0.

On doit, dans tous les cas, tenir compte des frais résultant
du chargement, lesquels sont évalués, pour un mètre cube,
à 72 minutes ou $0^h 02$, y compris les pertes de temps.

On n'emploie jamais plus de trois hommes pour charger un
tombereau ; lorsqu'ils sont en plus grand nombre, ils se gênent et perdent conséquemment du temps.

Il est essentiel aussi d'observer que l'on doit employer
plusieurs tombereaux à la fois au même atelier, sans quoi les
chargeurs se reposeraient pendant le trajet du tombereau. Il
faut que le nombre soit proportionné à la longueur du trajet,
et que le temps employé au chargement $= \dfrac{10\,N}{15\,H}$ soit égal au
temps nécessaire pour parcourir le relai plus au temps perdu

$$= \frac{2D \times 10}{36000} + 0{,}033,$$

c'est-à-dire que

$$\frac{10N}{15H} = \frac{2D \times 10}{36000} + 0{,}033.$$

196. — Exécution des terrassements. — Nous nous
bornerons à un exposé fort succinct de cette partie de travail, parce que son exécution étant exclusivement livrée à
des entrepreneurs, l'ingénieur n'est généralement appelé
qu'à surveiller si les ouvriers se conforment bien aux conditions du projet.

Les déblais se font ordinairement :

1º Dans la terre végétale, le sable, etc., avec la pioche ordinaire ;

2° Dans un terrain dur et pierreux, avec la pioche dite *pontoise*, terminée d'un côté par une pointe très-solide, ou pic, et de l'autre par un taillant servant à enlever les parties du sol déjà ébranlées.

3° Dans de la roche tendre en bancs très-minces, on emploie le pic de la pioche pontoise ou un pic séparé un peu plus fort.

4° Dans de la roche dure en bancs épais, on fait usage du pic, du coin et de la masse. L'ouvrier commence par creuser la roche entre deux lits, il y loge le coin qu'il enfonce à coup de masse jusqu'à ce que le ban de rocher se sépare ; il enlève ensuite ce ban à l'aide de la pioche. Souvent il est obligé, dans ce dernier travail, de se servir de la pince.

5° Dans de la roche très-dure ou *roc*, les extractions ne peuvent s'exécuter qu'à la poudre. On fait, dans le roc, un trou de deux à trois centimètres de diamètre et d'une profondeur variable, mais suffisante pour que la pierre puisse éclater à l'explosion. On emploie la *drague* ou longue tige en fer terminée par un taillant et assez lourde pour qu'en la laissant tomber de trois à quatre décimètres de hauteur son propre poids produise une entaille dans le roc. Le taillant est placé sur l'emplacement présumé du trou que l'on veut établir, et deux mineurs l'enlèvent et la laissent retomber alternativement en ayant soin de retourner l'outil dans tous les sens.

D'autres fois on se sert du *burin*, c'est un instrument semblable à la drague, mais plus court ; placé à l'endroit ou on veut percer le roc, on frappe sur la tête avec une masse de fer. Un seul mineur peut conduire le burin d'une main et frapper de l'autre, mais le plus souvent, et surtout lorsque la roche est résistante, on y emploie deux hommes.

Il faut avoir assez d'habitude pour placer le trou convenablement. On doit évidemment éviter les lits par lesquels la poudre pourrait s'échapper.

Lorsque le trou est formé, on y introduit une certaine quantité de poudre nue ou renfermée dans une cartouche au milieu de laquelle on plante une tige en fer, dite épinglette, assez longue pour sortir hors du trou de mine ; on bourre avec de l'argile ou du sable, on retire l'épinglette, ce qui permet d'établir une communication entre la poudre qui occupe le fond et l'amorce placée à la surface.

L'amorce est faite avec une matière très-combustible. On emploie ordinairement du papier enduit d'une pâte liquide composée d'esprit de vin et de poudre ordinaire et séchée; on enroule ce papier autour de l'épinglette, on forme ainsi un tube qu'on introduit dans la place vide laissée par l'épinglette, on le couvre ensuite d'amadou auquel on met le feu. Une mèche soufffrée, collée par l'une de ses extrémités à la canelle et qu'on allume de l'autre, doit être cependant préférée à l'amadou.

Lorsque la roche étincelle sous le briquet, on doit exiger l'emploi d'outils de cuivre. Il faut éviter les charges trop fortes.

La mise du feu exige de grandes précautions. Il faut se retirer promptement et ne s'approcher que quelques instants après l'explosion; la moindre imprudence peut occasionner des accidents fort graves.

198. — Construction de la chaussée. — Les chaussées sont pavées ou empierrées. On ne doit procéder au pavage ou à l'empierrement d'une route qu'après avoir fait disparaitre les dernières inégalités de la surface et lui avoir donné définitivement la forme voulue, c'est ce qu'on nomme le *ragréage*.

Le plan de la route étant disposé suivant la ligne *ab* (*fig.* 272), on forme l'encaissement *dca* en rejetant les terres qui en proviennent sur l'accotement *db*; si le terrain est solide ou sec, les fossés peuvent être creusés en même temps : mais si le terrain est humide ou marécageux, il est nécessaire de commencer par établir ces fossés, afin que la route puisse s'assécher pendant le temps qu'on termine les travaux de terrassement.

Pour obtenir la pente en long de la route, on se munit de trois petites mires A, B, C (*fig.* 282), de un mètre environ de hauteur, mais ayant toutes les trois exactement la même longueur. On place deux piquets *a* et *b*, à la hauteur indiquée par le projet, l'un au haut de la pente, l'autre au bas; puis, plaçant deux mires A et B sur chacun de ces piquets, on vise les deux sommets, en faisant placer successivement, et à distances convenables, des piquets *c*, *d*,.... au moyen de la troisième mire C. Il faut qu'en plaçant cette mire sur la tête de ces derniers, son extrémité supérieure corresponde au rayon visuel passant par les sommets des mires A et B. Le plan de la route doit évidemment passer par la tête des piquets.

La pente en travers s'obtient au moyen du niveau de maçon, d'une base aussi longue que possible. On indique sur cette base le point par où doit passer le fil à plomb pour l'inclinaison voulue, et au moyen de piquets qui servent de repères aux ouvriers pour tendre les cordeaux qui leur sont nécessaires, on fixe le plan incliné des accotements.

Quand le terrain est très-mou, il est nécessaire de le faire *damer*. Cette opération s'exécute à l'aide d'une *batte*, ou pièce de bois carrée de 20 à 25 centim. de côté sur 30 à 35 cent. de long, avec un manche ayant au moins un mètre de longueur ; on en frappe le sol jusqu'à ce qu'il ait pris une consistance convenable.

Chaussée pavée. — Ce n'est seulement que lorsque tous les déblais sont enlevés et que la route a reçu la forme qu'on se propose de lui donner, qu'on procède soit au pavage, soit à l'empierrement. Lorsqu'une route doit être pavée, l'encaissement doit évidemment avoir plus de profondeur que celui que nous avons indiqué à la fin du n° 186. Cette profondeur dépend des échantillons de pavés ; elle doit être égale à la hauteur de ces échantillons, plus l'épaisseur de la couche de sable ou *forme* qui recouvre l'encaissement.

On donne ordinairement au pavé d'échantillon vingt centimètres sur toutes les arêtes ; cette dimension varie cependant depuis 16 jusqu'à 26 centimètres. La forme a de 15 à 20 centimètres d'épaisseur ; elle est composée de sable demi-fin passé à la claie. On y pose les pavés par rangées perpendiculaires à l'axe, en observant avec attention que deux rangées consécutives soient à joints recouverts, c'est-à-dire que le joint longitudinal entre deux pavés d'une même rangée corresponde au milieu d'un pavé de la rangée précédente.

Les rangées extrêmes, dites *bordures*, sont formées de pavés de dimensions plus fortes, et ils sont disposés de manière à présenter avec la chaussée proprement dite des *redans* alternatifs destinés à faire liaison.

Pour un mètre carré de pavés de 0^m22 à 0^m23, on emploie habituellement 0,18 mètre cube de sable, savoir : 0,13 pour la forme, 0,03 pour les joints et 0,02 pour recouvrir le pavage.

Toutes les pierres ne peuvent être employées pour pavage; les pierres tendres donnent une route douce pour les voitures; mais comme elles s'usent très-vite, la route devient cahoteuse et donne lieu à de nombreuses réparations. Les pierres dures produisent un roulement dur et désagréable ; il faut donc rechercher les pierres qui, tout en n'obligeant pas à un entretien onéreux, soient résistantes, sans présenter l'inconvénient des pierres dures. Les grès paraissent remplir suffisamment ces conditions.

Lors de la pose, les pavés sont serrés en flancs contre ceux qui sont déjà posés et fortement frappés avec le marteau sur la face supérieure. Les joints sont remplis de sable. Mais, outre ce battage, on a soin, quand on a confectionné une certaine longueur de route, de frapper les pavés avec une *hie*, du poids de 25 kilogrammes environ, pour opérer la solidité de l'ensemble. Lorsque dans cette opération des pavés se cassent ou s'enfoncent plus facilement que les autres, on les remplace ou on les relève à l'aide d'une pince, puis on les garnit de sable nouveau jusqu'à ce qu'ils aient une résistance égale aux autres. On étend ensuite sur toute la chaussée une couche de sable de quelques centimètres d'épaisseur.

Chaussée empierrée. — L'empierrement d'une route se fait à l'aide de pierres cassées et répandues dans toute l'étendue de l'encaissement jusqu'à hauteur des accotements. Les pierres siliceuses sont généralement préférées.

Le cassage de la pierre se fait à la masse ou au marteau. Les pierres sont cassées uniformément, de manière à pouvoir passer dans un anneau de 3 à 5 centimètres de diamètre. On en extrait, autant que possible, les parties terreuses qui, pouvant se délayer dans l'eau, laissent des vides après les premières pluies. Il faut aussi éviter de se servir de cailloux sés, polis ou arrondis, qui donnent des chaussées très-mobiles, à moins qu'ils ne soient assez gros pour subir l'opération du cassage.

Il est important de s'occuper, pendant qu'on fait préparer le sol de la route, du choix des matériaux destinés à l'empierrement et de leur cassage, afin de ne pas faire perdre de temps aux ouvriers, et de ne pas se trouver dans l'obligation de revenir sur les terrassements. Quand il est possible de faire confectionner et terminer une certaine longueur de route, il est bon de le faire. On livre au parcours les portions de route terminées ; cette route se fraie ainsi beaucoup plus vite.

Les pierres cassées se transportent à la brouette et s'étendent ensuite dans l'encaissement avec une pelle en bois garnie de fer; il est toutefois préférable de se servir d'une pelle entièrement en fer, percée de trous, afin de laisser un libre passage aux parties terreuses qui se trouvent mêlées à la pierre. On *régale* ensuite la surface avec un râteau de bois muni de dents en fer, puis on fait *massiver* la chaussée avec une petite *hie*, moins lourde que celle dont se servent les paveurs; on doit remplir les interstices avec soin, afin que l'empierrement ne présente aucun vide. On évite de faire des répandages par des temps pluvieux; il faut s'assurer que les ouvriers donnent partout à l'empierrement la même épaisseur, laquelle ne doit jamais être moindre que 20 centimètres.

Lorsqu'on pourra se procurer à peu de frais du gros gravier, ou de très-petits éclats de pierre, on en recouvrira la chaussée avant de la livrer au roulage. Le sable fin doit être proscrit entièrement, parce que, s'infiltrant avec les eaux pluviales, il empêche la liaison des matériaux nécessaire à une bonne route.

Lorsque le sol naturel est argileux et qu'il se transforme facilement en boue, il est bon d'empierrer les accotements. Cet empierrement peut généralement se faire à peu de frais, parce qu'on lui donne moins d'épaisseur qu'à celui de la chaussée, et qu'on peut y employer des matériaux de toutes sortes.

Si la route doit être ouverte dans un marais, on commencera par ouvrir des fossés larges et profonds ; les terres en provenant seront rejetées sur la chaussée. On abandonnera ensuite celle-ci à elle-même, et lorsqu'elle sera parvenue à un état de siccité parfaite, on procédera aux répandages. Si l'affaissement était considérable et que le sol de la route se trouvât au-dessous du terrain naturel, on agrandira les fossés en rejetant de nouveau sur la chaussée les terres qu'on

extrairait. On ne doit préparer le sol pour recevoir l'empierrement que lorsque l'action du soleil et des pluies n'y occasionne plus de changements sensibles.

199. — **Cassis.** — On donne le nom de *cassis* à des ruisseaux pavés à fleur du sol pour fournir aux eaux qui proviennent accidentellement d'une vallée ou d'un ravin les
moyens de s'écouler sans détériorer la route. Leur largeur
est subordonnée au volume d'eau auquel ils doivent procurer
l'écoulement ; elle est généralement de 3 à 6 mètres.

Supposons que AB et CD (*fig.* 285) soient la pente et la con-
trepente au pied desquelles on doit construire un cassis. On
fera EC=3 mètres, si le cassis doit avoir 6 mètres de largeur ;
en E on portera une flèche $Ee = \frac{1}{75} BC$, puis on joindra Be et
Ce, on arrondira les arêtes aux points B et C. La *figure* 286 représente les divers systèmes de pavage qui peuvent être
adoptés.

Le pavage est exécuté dans toute la largeur de la route et
doit être prolongé de 1 à 2 mètres au delà des bords, afin de
la prémunir contre les affouillements. Si la pente du talweg
est considérable, il faut donner au cassis une pente au moins
égale à celle de ce talweg, afin que les eaux aient, à la traversée de la route, une vitesse plus grande que leur vitesse
ordinaire, et qu'elles ne laissent, dans cette traversée, aucun
dépôt de limon ni aucune matière qu'elles tiennent en sus-
pension.

En pays de montagne, là où la déclivité du terrain est con-
sidérabe, la chute en aval, si, par exemple, la route est à
mi-côte, peut être très-forte ; alors il devient indispensable
de revêtir le talus de la route en maçonnerie de pierres sèches, et même de faire un enrochement sur le fond qui reçoit les eaux pour prévenir les affouillements.

200. — **Écharpes.** — Les routes en pays de montagne
sont exposées à être ravinées promptement par les eaux pluviales qui s'accumulent dans les rigoles formées par les roues
des voitures. On facilite l'écoulement de ces eaux et on les
conduit dans les fossés en construisant de distance en distance des *écharpes* ou bourrelets formés de petits matériaux
qu'on se procure facilement. Ces bourrelets sont accidentels
ou à demeure ; ils sont adoucis vers la pente, pour ne pas of-

frir d'obstacles aux voitures qui montent du côté d'amont, et ils ont une pente d'environ 0,05 dans le sens opposé, afin d'arrêter les eaux. Leur direction doit être celle de la ligne de plus grande pente.

Soit AB l'axe d'une route (*fig.* 287) et AC une droite perpendiculaire à cet axe, soit P la pente par mètre suivant AB, et p celle suivant AC. On cherche, pour les deux pentes, quelle base répond à une même hauteur, à une hauteur de 1 mètre, par exemple; on porte les résultats respectifs sur AB et AC; la perpendiculaire AF, abaissée de A sur la ligne ed qui joint les extrémités des distances Ac, Ad, indique la direction de l'écharpe ou la ligne de plus grande pente.

Supposons P=0,05 et p=0,03, on aura (176) :

$$\mathrm{A}d = \frac{1}{0,05}, \qquad \text{et } \mathrm{A}e = \frac{1}{0,03}.$$

Si la route est bombée, on fera Ae'=Ae; on obtiendra dès lors AF', et l'écharpe aura la forme FAF', ou celle d'un *chevron*.

Quels que soient les soins avec lesquels les écharpes et les cassis sont faits et entretenus, ils causent toujours des ressauts aux voitures qui occasionnent souvent la rupture des essieux; aussi y a-t-on renoncé dans plusieurs localités, on les remplace par des aqueducs.

201. — **De l'Entretien. — Chaussée pavée.** — L'entretien des routes pavées ne comporte que deux espèces de réparation : les *relevés à bout* et les *repiquages*. La première opération consiste à défoncer entièrement la chaussée et à la refaire à neuf; on ne se détermine guère à effectuer le relevé à bout que lorsque la chaussée est très-endommagée et lorsqu'elle a perdu son profil.

A cet effet, on arrache tous les pavés, on les met en tas sur l'accottement; on repioche la forme, puis on y répand de nouveau sable, en ayant soin d'enlever préalablement tous les éclats et débris de pavés qui pourraient occasionner la brisure des nouveaux pavés. On procède ensuite au pavage. Les pavés neufs et ceux qui sont le moins endommagés sont reservés pour le milieu de la chaussée; les vieux et ceux qui ont subi une taille nouvelle sont placés sur les côtés.

Les repiquages se pratiquent sur les chaussées qui n'ont subi que de légères dépressions. On enlève en conséquence les pavés enfoncés ou cassés soit isolément soit en flaches, en nettoie la forme à laquelle on ajoute une petite quantité de sable, puis on replace les pavés ou des pavés neufs, en les raccordant le mieux possible avec les parties conservées. Ces réparations sont également couvertes d'une couche de sable de deux à trois centimètres.

Chaussée d'empierrement. — Les méthodes d'entretien régulier se réduisent généralement à deux : *les répandages généraux* et les *répandages partiels* ou *journaliers.* Les premiers sont aujourd'hui généralement proscrits, ou ils n'ont lieu que lorsque la route est entièrement détériorée, ce qui est très-rare, si l'on a eu soin de placer des hommes ou cantonniers en nombre suffisant pour entretenir la route journellement. Ils consistent à piocher la chaussée en entier, à en extraire toutes les grosses pierres qu'on livre au cassage, puis à former une chaussée neuve. Souvent on se borne à piocher la surface, à enlever également les grosses pierres et à étendre une couche plus ou moins épaisse de pierres neuves.

L'entretien journalier consiste à avoir, pendant toute l'année, des hommes spéciaux, uniquement occupés à réparer les dégradations, à boucher les ornières, et à enlever, avec soin, les boues qui se produisent par les temps de pluie. Ces hommes doivent avoir sans cesse des matériaux à leur disposition. Lorsqu'ils reconnaissent l'existence d'une flache ou d'une ornière, ils la comblent en y jetant la pierre à pleine pelletée, et en la frappant fortement avec un outil un peu lourd pour mieux la tasser. Il est bon de piocher légèrement la chaussée, afin de faciliter la liaison des nouvelles couches de pierre avec les anciennes. Lorsqu'un frayé devient assez sensible pour causer un dommage, les cantonniers doivent le faire disparaître en piochant légèrement les bourrelets. De même que si de grosses pierres apparaissent à la surface, ils en font sauter les têtes avec la masse.

Les constructions et l'entretien des routes empierrées ont donné lieu à de nombreuses observations de la part des ingénieurs. Ces travaux présentent, en effet, assez d'importance pour que des hommes spéciaux en aient fait l'objet d'une étude approfondie. Il en est résulté, comme de toutes choses qui ne sont pas définies, et qui dépendent seulement de la pratique et de l'expérience, des discussions fort nombreuses. Nous n'avions pas à nous occuper de ces discussions dans un traité dont le but est d'indiquer la marche à suivre pour arriver à de bons résultats. Nous nous sommes donc borné à faire connaître, aussi succinctement que possible, les systèmes qui sont aujourd'hui employés et qui semblent être admis en principe. Les élèves qui voudront avoir des connaissances plus étendues sur cette matière pourront consulter les ouvrages de MM. Stéphane Flachat-Mony, Berthaut, Mac-Adam, Polonceau, etc., s'ils ne veulent s'instruire eux-mêmes par des observations, et s'en rapporter à leur propre expérience.

202. — **Evaluation de la dépense.** — **Devis.** — Le devis d'un projet de route doit contenir :

L'exposé et la description générale de la route ;

Les divisions principales du devis ;

La description des ouvrages. — Ouvrages principaux. — Tracé. — Longueur. — Communes traversées. — Propriétés coupées.

Généralités sur le profil en long. — Pentes. — Description du profil de la route en travers.

Ragréages et empierrements. — Ragréages. — Grosseur des pierres cassées. — Largeur et épaisseur de l'empierrement.

Conditions des ragréages. — Vérification que l'ingénieur se réserve de faire à ce sujet. — Mode de cassage.

Ouvrages accessoires. — Travaux de charpente. — Travaux de maçonnerie. (Ces derniers comprennent les cassis, les aqueducs, les ponts, etc.)

Emploi et qualité des matériaux. — Exécution des déblais. — Manière dont les tranchées doivent être ouvertes et les travaux conduits.

Choix des pierres propres à l'empierrement. — Lieux d'où elles doivent être extraites.

Travaux de maçonnerie. — Choix de la chaux, du sable et de la pouzzolane. — Soins qui doivent être apportés à la confection du mortier. — Choix du moellon brut. — Choix de la pierre de taille. — Soin qui doit être apporté à la préparation du moellon. — Description des différentes espèces de pierres de taille. — Soin qu'on doit apporter à leur taillage. — Conditions d'exécution de la maçonnerie de moellons et de pierres de taille. — Rejointoiement.

Travaux de charpente. — De l'espèce des bois. — Leur qualité. — Equarrissage. — Débit et autres conditions relatives à sa préparation. — Pose de la charpente.

Clauses et conditions imposées à l'entrepreneur.

Les marchés passés avec les entrepreneurs doivent commencer 1° par indiquer les engagements réciproques que prennent l'une envers l'autre les parties contractantes ; 2° les conditions d'exécution des travaux à exécuter ([1]) ; 3° la nature des matériaux à employer ; 4° les vérifications ou les surveillances que l'ingénieur se réserve d'exercer ; 5° les garanties d'exécution (elles comprennent le montant de la caution, les pertes que l'entrepreneur encourra dans le cas où il manquerait à ses engagements, les conditions de régie) ; 6° l'époque où les travaux ou partie de ces travaux, devront être terminés ; 7° l'époque de la réception des travaux et des paiements ; 8° la marche qui devra être suivie pour constater la violation des engagements pris entre les parties ; 9° les peines qui seront encourues pour chaque violation ; 10° les tribunaux devant lesquels les contestations de tous genres devront être portées ([2]).

Chaque devis est accompagné :

1° D'un plan d'ensemble ;

2° D'un plan parcellaire et détaillé des propriétés ;

3° D'un profil en long ;

4° D'une collection de profils en travers ;

5° Des plans, coupes et élévations de tous les travaux en maçonnerie ou en charpente à construire sur la direction de la route à projeter.

Quand on veut évaluer le chiffre de la dépense que doit occasionner l'établissement d'une route, et que des bases n'ont point encore été établies dans la localité, il faut se rendre compte du prix d'exécution de chacun des ouvrages qui constituent le travail en général, en rapportant ces ouvrages à l'unité de mesure. On commence donc par chercher le prix d'un mètre cube, soit d'empierrement, soit de fouille, on n'a plus qu'à multiplier la masse par ce prix. Nous indiquons à la suite du tableau des sous-détails comment on doit procéder.

([1]) Il est important d'y mentionner que les travaux devront être exécutés conformément aux plans, devis ou instructions annexés au présent.

([2]) Les contestations qui surgissent entre les entrepreneurs et les administrations sont portées devant le ministre duquel ressortent ces administrations. Le ministre statue. Pour les communes, elles sont soumises au conseil de préfecture.

Nous avons indiqué (194) comment on parvenait à connaître la distance moyenne de transport en long de la route ; mais lorsqu'on est obligé d'aller chercher des matériaux à une certaine distance pour les distribuer sur cette route, il est nécessaire de déterminer la distance de transport de la carrière qui doit fournir ces matériaux à la route.

Supposons que la carrière A (*fig.* 281) doive approvisionner la route CD , et que de cette carrière pour arriver à la route il faille suivre le chemin AE , la distance moyenne de transport pour la partie CE sera

$$AE + \frac{CE}{2},$$

et pour la partie ED, on aura

$$AE + \frac{ED}{2}.$$

Pour avoir une seule distance moyenne, on multiplie celles-ci par le cube total auquel elles s'appliquent, cube proportionnel à CE pour la première, et à ED pour la seconde, faisant la somme et divisant par ED + EC on a la distance moyenne définitive. On a donc

$$\frac{AE \times CE + \frac{\overline{CE^2}}{2} + AE \times ED + \frac{\overline{ED^2}}{2}}{CE + ED} = AE + \frac{\overline{CE^2} + \overline{ED^2}}{2(CE + ED)}.$$

(1) *TABLEAU des quantités d'action ou de travail que peuvent fournir l'homme et les animaux dans diverses circonstances.*

NATURE DU TRAVAIL.	Poids élevé ou effort moyen exercé.	Vitesse par seconde.	Travail par seconde.	Durée du travail journalier.	QUANTITÉ de travail journalier.
	kilog. poids transportés.	mètres	kil. mét.	heures.	kil. effet utile par jour.
Travaux horizontaux des fardeaux.					
1 Un homme marchant sur un chemin horizontal, sans fardeau	65	1.50	97.5	10	3.150.000
2 Un manœuvre transportant des matériaux dans une petite charrette, ou camion, et revenant à vide......................	100	0.50	50.0	10	1.800.000
3 Un manœuvre transportant des matériaux dans une brouette et revenant à vide.....	60	0.50	30.0	10	1.080.000
4 Un homme voyageant et portant un fardeau sur le dos	40	0.75	30.0	7	756.000
5 Un manœuvre transportant un fardeau sur son dos et revenant à vide prendre de nouvelles charges	65	0.50	32.5	6	702.000
6 Un manœuvre transportant un fardeau sur une civière, et revenant à vide	50	0.33	16.5	10	594.000
7 Un cheval trainant au pas une charr. chargée.	700	1.10	77.0	10	27.720.000
8 Un cheval trainant au trot une charr. chargée.	350	2.20	77.0	4.5	12.474.000
9 Un cheval transportant un fardeau sur une charrette et revenant à vide chercher de nouvelles charges	700	0 60	42.0	10	15.120.000
10 Un cheval chargé sur le dos en allant au pas.	120	1.10	1.32	10	4.752.000
11 id. id trot.	80	2.20	1.76	7	4.435.000
Élévation verticale des fardeaux.					
12 Un homme montant une rampe douce, ou un escalier, sans fardeau	65	0.15	9.75	8	280.000
13 Un manœuvre élevant des poids avec une corde et une poulie, et qui l'oblige à faire descendre la corde à vide.............	18	0.20	3.60	6	77.600
14 Un manœuvre élevant des poids en les soulevant avec la main......................	20	0.17	3.40	6	73.440
15 Un manœuvre ayant un fardeau sur le dos, le portant en haut d'une rampe douce, ou d'un escalier, et revenant à vide.......	65	0.04	2.60	6	56.160
16 Un manœuvre élevant des matériaux avec une brouette, en montant une rampe au 1/12 et revenant à vide	60	0 02	1.20	10	43.200
17 Un manœuvre élevant des terres à la pelle à la hauteur moyenne de 1 m. 60.........	2.7	0.40	1.08	10	38.000
Action sur les machines.					
18 Un manœuvre agissant sur une roue à cheville et à tambour au niveau de l'axe de la roue............................	60	0.15	9.	8	259.200
19 Un manœuvre agissant au bas de la roue ou à 24 pouces............................	12	0.70	8.4	8	231.120
20 Un manœuvre marchant et poussant ou tirant horizontalement.	12	0.60	7.2	8	207.360
21 Un manœuvre agissant sur une manivelle...	8	0.75	6.	8	172.800
22 Un manœuvre exercé poussant et tirant alternativement dans le sens vertical.	5	1.10	5.5	8	158.400
23 Un cheval attelé à une voiture ordinaire et allant au pas.........................	70	0.90	63.	10	2.168.000
24 Un cheval attelé à un manége et allant au pas.	45	0.90	40.5	8	1.166.400
25 id. id. au trot.	30	2.00	60.	4.5	972.000
26 Un bœuf id. au pas.	65	0.60	39.	8	1.123.200
27 Un mulet id. au pas.	30	0.90	27.	8	777.600
28 Un âne id. au pas.	14	0.80	11.6	8	334.080

(2) *Évaluation du poids d'un mètre cube de diverses substances.*

INDICATION DES SUBSTANCES.	POIDS du mètre cube.
Terre végétale..	1250^k
Terre forte graveleuse..	1400
Terre franche.	1200 à 1500
Argile et glaise..	1700
Marne.	1600
Terre ou sable de bruyère.	650
Sable { fin et sec.	1400
Sable { fossile argileux.	1750
Sable { de rivière humide.	1800
Vase.	1650
Tourbe sèche.	150
Tourbe humide.	800
Terreau.	850
Gravier, cailloutis..	1400
Pierre calcaire concassée, de nature à pierre lithographique.	1350
Calcaire jurassique concassé.	1330
Mâchefer, scories de forges.	850
Pierre ponce.	700
Pierre meulière poreuse.	1250
— compacte..	2500
Grès à bâtir.	2000
Grès à paver.	2400
Granit.	2500
Schiste.	1800
Schiste à ardoise.	2700
Scories volcaniques.	800
Pierre dure franche des environs de Paris.	2120
Pierre de roche.	2190
Liais.	2490
Mortier de chaux et sable.	1530
— chaux et ciment.	1630
Chaux vive..	875
Fer forgé.	7880
Fer de fonte.	8180
Bois de chêne vert..	875
— chêne sec.	775
— sapin.	555
— aulne.	540
— hêtre ou frêne..	580
Brique de Bourgogne. (le millier).	2100
— de Sarcelles. (id.).	1750
— des environs de Paris. (id.).	1900
Plâtre gâché.	1385

(3)   *Temps employé pour exécuter différents travaux.*

(La journée du travail est de 10 heures ; l'heure est prise pour unité de comparaison).

INDICATION DES TRAVAUX.	MOYENNE des résultats obtenus par divers auteurs.	Observations.
Fouille	h.	
D'un mètre cube de terre ordinaire.....	0.65	
id. tourbe ou fange	1.36	
id. sable coulant ou gravier peu serré	0.95	
id. terre franche	0.85	
id. gravier très-serré.................	1.57	
id. argile ou glaise....................	1.45	
id. marne........................	2.00	
id. tuf...........................	3.50	
id. tuf mêlé de pierres.............	4.95	
id. tuf pétrifié....................	5.60	
id. tuf graveleux.................	6.00	
id. roc extrait à la mine.............	5.50	
Fouille, y compris jet et charge,		
D'un mètre cube de terre jetée à 2 m. au moins, 4 m. au plus, ou élevée à 1 m. 60 au-dessus de l'excavation, ou bien chargée dans un tombereau ou camion	0.80	
id. terre légère (jet)	1.76	
id. terre ordinaire (jet)......	1.93	
id. terre dure mêlée de pierres (jet)......	3.37	
id. tuf ordinaire	4.05	
id. tuf très-dure.....................	5.40	
id. vase...........................	1.90	
id. roc extrait à la mine	6.00	
id. sable..........................	0.48	
id. galets.........................	1.21	
id. sable ou terre dans l'eau, chargé dans une brouette ou déposé à la longueur du bras.....................	1.43	L'ouvrier se tenant dans l'eau.
id. sable ou terre dans l'eau, élevé à 1 m. 60, ou jeté à 2 mètres au moins, et 4 au plus, ou chargé dans les tombereaux.................	1.07	id.
Seconde fouille ou repiochage,		
D'un mètre cube de terre ordinaire un peu mélangée	0.40	
id. terre légère......................	0.88	
id. terre forte.....	1.35	
id. terre dure mêlée de pierres..........	1.68	
id. tuf ordinaire	2.02	
id. tuf très-dur	2.70	
Jet à la pelle.		
Généralement 1/3 de la fouille.........................		
Chargement dans les brouettes,		
D'un mètre cube de terre végétale.....................	0.60	
id. glaise, terre dure, pierres, tuf........	0.70	
id. vase	1.75	

(Suite du Tableau précédent.)

INDICATION DES TRAVAUX.	MOYENNE des résultats obtenus par divers auteurs.	Observations.
Reprise et rechargement dans les brouettes	h.	
D'un mètre cube de terre........................	0.46	
id. terre dure, pierres, glaise............	0.47	
Transport par brouettes à 30 m.		
D'un mètre cube de terre ordinaire..................	0.53	
id. terre pierreuse et glaise..............	0.54	
Reprise et chargement dans un tombereau		
D'un mètre cube de terre ordinaire..................	0.53	
id. terre dure, pierre et glaise...	0.61	
id. roc extrait à la mine.................	1.28	
Régalage		
D'un mètre cube de terre ordinaire	0.20	
id. terre dure, pierres et glaise...........	0.27	
id. galets............................	0.26	
id. vase	0.54	
Pilonnage		
D'un mètre cube de terre végétale et glaise.............	0.53	
id. terre dure sablonneuse ou forte.......	0.40	
id. terre glaise crayonneuse et tuf........	0.64	
Dressage de surface de terre.		
Le mètre carré, terre végétale, terre franche et sable......	0.40	
id. glaise, terre dure, pierreuse et tuf.......	0.43	

(4)   *Sous-détails d'un mètre cube de divers ouvrages.*

DÉSIGNATION DES OUVRAGES.	TEMPS employé à la confection d'un mètre cube de ces ouvrages.
	(1ᵐ cube.)
FOUILLES. Terre extraite à la pioche ordin..(id.)..	Fouille et charge, 1/5 journée de manœuvre.
id. à la pioche pontoise (id.)..	Fouille et charge, 1/4 j. de manœuvre.
Roc extrait au pic............(id.)..	Piochage et charge, 1/3 j. man. carrier.
id. à la pince.........(id.)..	1/4 j. de carrier, 1/4 j. manœuvre ordin.
Roc extrait à la poudre........(id.)..	1/3 journée de mineur. 1/3 journée de manœuvre. 1/8 kilog. de poudre, à 2 fr. 80 c.
Granit fort dur extrait en larges tailles à la poudre ......(id.).	1/2 journée de mineur. 1/2 journée de manœuvre. 1/6 kilog. de poudre à 2 fr. 80 c.
FOURNITURES. Moellon brut, dit pierre mureuse....................(id.)..	Indemnité de carrière..........0 f. 10 Extraction et choix, 1/2 j. de carrier.
Moellon ébauché, smillé, etc....(id.)..	1 m. 10 de moellons brut. Ébauchage 1/10 journée de carrier.
Petite pierre de taille........(id.)..	Indemnité de carrière........ 1 f. 80 Extraction et choix, 6 j. de carrier.
Grande pierre de taille.........(id.)..	Indemnité de carrière........ 2 f. 40 Extraction et choix, 8 j. de carrier.
TAILLAGE. Smillage du mètre carré de parement ou de moellon...........	3/4 journée de tailleur de pierre.
Piquage du mètre carré de parement de moellon................	1 journée id.
Taillage d'un mètre carré de parement ou de petite pierre de taille, dite pierre de bas appareil	1 j. 1/4 id.
Taillage d'un mètre carré de parement ou de grande pierre de taille, dite pierre de haut appareil	2 j. id.
MORTIERS. Chaux vive...................(id.)..	Prix brut au fourneau........ 14 f. 00
Chaux éteinte................(id.)..	2/3 m. c. chaux vive.. 9 f 33 } 10 f. 83 Extinction, perte, etc.. 1 50 }
Sable......................(id.)..	Fouille et charge, 1/5 j. de manœuvre..
Ciment, ou pouzzolane artific...(id.)..	Prix brut .... 15 f. 00
Mortier de chaux et sable.......(id.)..	0 m. c. 40 chaux éteinte. 0 m. c. 80 sable. façon, 1/3 journée de manœuvre.
Mortier de chaux et ciment.....(id.)..	0 m. c. 40 chaux éteinte. 0 m c. 80 ciment. Façon, 1/3 journée de manœuvre.
MAÇONNERIE. Maçonnerie en moellons bruts...(id.)..	1 m. c. moellons bruts. (fourniture). 0 m. c. 30 mortier, chaux et sable. Façon, 1/2 journée de maçon. Service, 1/2 journée de manœuvre.
Maçonnerie de moellons ébauchés.................(id.)..	1 m. c. moellons ébauchés. (fournitures). 0 m. c. 25 mortier de chaux et sable. Façon, 2/3 journée de maçon. Approche des matériaux, 1/2 j de man.
Maçonnerie en petite pierre de taille....................(id.)..	1 m. c. de petite pierre de taille. (fourn.) 0 m. c. 10 de mortier de chaux et sable. Pose, 1 journée de maçon poseur. Approche des matériaux, 1/2 j. de man.
Maçonnerie en grande pierre de taille..................(id.)..	1 m. c. grande pierre de taille. (fourn.). 0 m. c. 10 mortier de chaux et sable. Pose, 1 j. 1/2 de maçon poseur. Approche des matér., 1 j. de travail.

Suite du Tableau précédent.

DÉSIGNATION DES OUVRAGES.	TEMPS employé à la confection d'un mètre cube de ces ouvrages.
REJOINTOIEMENT. (le mètre carré.) Pour le moëllon épincé et smille.(id.)..	0 m. c. 01 de mortier de ciment. 1/5 journée de maçon.
Pour le moëllon piqué et la petite pierre de taille..........(id.)....	0 m. c. 005 de mortier de ciment. 1/5 journée de maçon.
Pour la grande pierre de taille..(id.)...	0 m. c. 005 de mortier de ciment. 1/10 journée de maçon.
Béton pour chappe..............	0 m. c. 75 de mortier de ciment. 0 m. c. 33 de cassons de pierre à 1 f. 50. Façon, 1/2 journée de manœuvre.
CHARPENTE. (le mèt. cub.) Cintres, fondations et travaux provisoires..............(id.)...	Achat à la forêt de 1 m. c. de bois équar. 1/20 déchet pour assemblages. 1/5 j. de 5 man. pour charg. et décharg. 4 j. de charpentier pour assemblage.
Bois de choix équarri à vive arête employé en travaux d'art...................(id.)...	Achat d'un mètre cube de bois équarri. 1/20 déchet pour assemblage. 1/5 j. de 5 man. pour charg. et décharg. 6 j. de charpentier pour assemblage.
Fer forgé.........................	Prix courant par kilog......... 1 f. 00
Empierrement....................	1 m. c. de moellons bruts pris à la carr. Cassage et emploi, 4/5 j. de manœuvre.
Ragréage d'un mètre carré......	1/50 j. de manœuvre.

Nous n'avons pas cru devoir donner dans ce tableau le prix des divers ouvrages qui y sont détaillés, parce que ces prix étant en raison de ceux qui sont alloués aux ouvriers, et ceux-ci changeant avec les localités, ils n'eussent été que d'un bien faible secours. Mais on peut facilement les déterminer. Supposons qu'on veuille établir le prix d'un mètre cube de maçonnerie en moellons ébauchés. En se reportant à cet article, on voit qu'il faut connaître le prix d'un mètre cube de moellons ébauchés, celui du mortier de chaux et sable, et savoir le prix de la journée du maçon, ainsi que celui de la journée du manœuvre. Admettons donc qu'un maçon soit payé 3 fr., un manœuvre 2 fr., un carrier 2 fr. 50 c., et que l'indemnité de carrière soit celle que nous avons indiquée, ou 0 fr. 40 c., on opérera de la manière suivante :

Maçonnerie en moellons ébauchés.

MOELLONS ébauchés.	1 m. c. 10 de moellons bruts...... { Indemnité de carrière. 0.10 Extraction et choix ... 1.25 } 1 f. 35			
	Pour 0.10.........	0 13		
		1 f. 48		
	Ébauchage (1/10 de journée de carrier)	0 25		
		1 f. 73	1 f. 73
MORTIER de chaux et sable.	0 m. c. 40 chaux éteinte, à 10 f. 83.............	4 33		
	0 m. c. 80 sable ... { pour 1 m. c. 1/3 jour. de manœuvre........... 0.40 et pour 0 m. c. 80	0 32		
	Façon, 1/3 journée de manœuvre.........	0 67		
		5 32 pour 0.25	1 33	
	Façon, 2/3 journée de maçon		2 00	
	Approche des matériaux, 1/2 journée de manœuvre......		1 00	

Prix brut d'un mètre cube de maçonnerie en moellons ébauchés........ ...... 6 f. 06
Ajoutant 1/20 de ce prix pour surveillance, outils et faux frais.......... 0 30
                                                                           ══
On a le prix de revient.. 6 f. 36
Accordant enfin 1/10 de ce dernier pour le bénéfice de l'entrepreneur........ 0 64
Le prix demandé sera, en définitive.................... 7 f. 00

203. — Ponts. — Les ponts sont des ouvrages en maçonnerie ou en bois qui ont pour but d'établir une communication entre deux portions de territoire séparées par une rivière, par un ruisseau, et quelquefois par un ravin lorsqu'il est profond, et fournit, à certaines époques de l'année, des crues assez fortes pour qu'il y ait à craindre que le passage par un cassis ne soit pas suffisant ou produise des dégradations notables à la route.

La construction des ponts est assujettie à des règles dont l'énumération ne peut prendre place dans un chapitre aussi élémentaire que celui-ci. Nous ne donnerons en conséquence que les notions qu'il est indispensable de connaître pour diriger et projeter les ouvrages de cette nature qui peuvent se présenter sur une voie de communication, lorsque la largeur du cours d'eau ne dépasse pas cinq mètres.

Dans un pont on distingue :

Les culées, ce sont les appuis extrêmes ou les murs verticaux construits le long des berges du ruisseau.

La voûte, ou la partie cylindrique qui relie chacune des culées et établit la communication que l'on cherche.

Un pont peut avoir plusieurs voûtes ; dans ce cas, les appuis intermédiaires ou les murs qui sont au milieu du cours d'eau prennent le nom spécial de *piles*, et lorsqu'ils sont construits en bois ou en métal, on les désigne par *palées*.

Lorsqu'on considère ensemble les culées et les piles, ou lorsqu'on veut seulement désigner les murs qui servent à exhausser la voûte, ces murs sont désignés par *pieds-droits*.

Arche ou *arceau*, l'ouverture comprise entre les pieds-droits. Si la communication d'un pied droit à l'autre est établie par une charpente, cette ouverture prend alors le nom de *travée*.

Un pont a toujours deux culées ; quant au nombre de ses piles, il est égal à celui des arches moins une.

Naissance de la voûte ; c'est la surface de séparation de la voûte avec les pieds-droits. *Sommet*, le point le plus élevé de cette voûte, ou tangent à l'horizontale.

La surface cylindrique intérieure d'une voûte se nomme *intrados*, et la surface extérieure, recouverte par les terres rapportées en remblai, se désigne par *extrados* quand même cette surface ne serait pas parallèle à la première. Si les deux surfaces sont parallèles, la voûte prend le nom générique de *berceau extradossé* ; c'est ainsi que sont toujours faites les voûtes des caves. Quant aux voûtes de pont, on leur donne généralement au sommet une épaisseur moindre qu'à la naissance.

On distingue aussi les *voussoirs* ou les différentes pierres qui forment la voûte : parmi les voussoirs on a *la clef* ou la pierre du sommet qui, dans la construction d'une voûte, se pose toujours la dernière. Les deux *contre-clefs*, ou celles de ces pierres qui touchent à la clef (*fig.* 290) ; les deux *coussinets* et les *contre-coussinets* ou les pierres qui, respectivement, sont posées sur les pieds droits.

La face apparente des voussoirs, ou qui fait *parement* se nomme *tête* ou *panneau*, celle qui fait partie de l'extrados se nomme *extrados de voussoirs*, celle qui est visible sous la voûte se désigne par *douelle*. Enfin, on entend par *joints*, *plans de joints* ou *coupes* les autres faces qui se touchent ou se juxta-posent.

Le cintre d'une voûte doit toujours être divisé en un nombre impair de voussoirs afin de toujours obtenir la clef.

On distingue : 1° *les voûtes en plein cintre ;* ce sont celles qui sont formées d'une demi-circonférence ; 2° *les voûtes à anse de panier*, ou formées d'une demi-ellipse ; 3° *les voûtes à arcs surbaissés*, celles dont la courbe est formée d'un arc moindre qu'une demi-circonférence. Les voûtes de pont sont presque toutes en plein cintre, cette forme présentant plus de solidité. Quelques-unes sont à arcs surbaissés, notamment lorsque les ponts comprennent plusieurs arches.

Lorsqu'on a à étudier un ponceau, la première question à résoudre est celle qui a pour but de savoir quel est l'intervalle à laisser entre les culées ; on détermine alors le *débouché*.

La détermination du débouché a une grande importance dans les constructions de l'espèce. Si ce débouché est trop large, on est conduit à des travaux de maçonnerie considérables, et, par conséquent, à une dépense inutile ; s'il est trop étroit, le ponceau peut être détruit par les eaux.

Lorsqu'il existe déjà des ponts sur le cours d'eau, on les prend pour termes de comparaison, en ayant égard à la quantité d'eau qui pourrait affluer en plus ou en moins au point où on veut établir le ponceau. Si le lit du ruisseau n'est pas trop irrégulier, on peut encore prendre la moyenne de ce lit ; il faut toutefois s'informer si dans l'année le cours d'eau n'est pas assujetti à des crues extraordinaires. Dans ce

cas la naissance de la voûte devra toujours être prise au niveau des plus hautes eaux.

Lorsque ces moyens manquent, on détermine le débouché
par une règle empirique qui trompe rarement. Dans les pays
presque plats, où les collines n'ont que 15 à 20 mètres de
hauteur au-dessus des plaines, on donne 0m45 à 0m50 de
largeur au débouché par 1000 hectares de terrains compris
dans le bassin dont le ponceau doit assurer l'écoulement,
ou $\frac{1}{5}$ de lieue carrée de 4000m, ce qui équivaut à 0m80 par lieue.
Quand le sol a de la pente et que les collines s'élèvent à plus
de 50 mètres au-dessus des points les plus bas, on donne
1m25 par 1000 hectares. Enfin, lorsque le bassin est resserré
entre des montagnes très-élevées et d'une pente rapide, il faut
encore accroître le débouché.

On convient cependant que, dans certaines circonstances,
ces données n'ont pas une application rigoureusement exacte;
quand, par exemple, le ponceau doit se trouver au centre
d'une vallée demi-circulaire de tous les points de laquelle les
eaux peuvent affluer en même temps. On modifiera le rapport
du débouché d'après celui des plus longs arcs que l'on peut
décrire de la vallée en prenant le milieu du ponceau pour
centre, et l'on fera usage de la formule suivante que nous
devons à Peyronnet.

Soient u la vitesse moyenne par seconde prise à la surface
de l'eau, R le rayon moyen, c'est-à-dire la surface divisée par
le périmètre, on a

$$u = -0,07 + \sqrt{0,005 + 3233 R.I},$$

I étant la pente par mètre de la même surface.

La solidité d'un pont dépend de l'épaisseur des culées et de
celle de la voûte à la clé : cette dernière se détermine habituellement par une autre formule empirique que l'on doit au
même observateur,

$$h = 0,0347 \times l + 0,355,$$

dans laquelle l désigne le débouché, ou la largeur du pont,
et h l'épaisseur à la clef.

Quant à l'épaisseur à donner aux culées, elle est dépendante
de la charge que doit supporter la voûte, charge que l'on fait
ordinairement de 200 kilog. par mètre carré, plus le poids

des matériaux qui viennent successivement se placer au-dessus, et des différentes actions exercées par tous ces éléments ; c'est ce que l'on nomme *poussée des voûtes*. En général la tête des culées, lorsqu'il ne s'agit que d'un ponceau de 3 à 4 mètres de débouché, ne doit pas être moindre que cinquante centimètres. Le tableau suivant donne les dimensions de ces culées, ainsi que l'épaisseur des voûtes à la clef, pour des ponceaux depuis 1ᵐ jusqu'à 15 mètres.

204. — *TABLEAU des dimensions à donner aux culées et aux voûtes à leurs clefs pour des arches en plein cintre.*

DIAMÈTRE des arches.	HAUTEUR des pieds-droits.	ÉPAISSEUR des voûtes à leurs clefs.	ÉPAISSEUR des culées à la naissance des voûtes.	OBSERVATIONS.
m. c.	m. c.	m. c.	m. c.	
1,00	1,00 / 1,50 / 2,00	0,36	0,45 / 0,51 / 0,56	
2,00	1,00 / 1,50 / 2,00	0,40	0,61 / 0,69 / 0,73	
2,50	1,00 / 2,00 / 3,00	0,42	0,68 / 0,84 / 0,95	
6,00	0,00 / 1,00 / 2,00 / 3,00 / 4,00 / 5,00 / 6,00 / 7,00 / 8,00	0,47	0,45 / 0,78 / 0,97 / 1,10 / 1,18 / 1,25 / 1,30 / 1,35 / 1,47	
9,00	2,00 / 3,00 / 4,00	0,53	1,19 / 1,35 / 1,46	
12,00	2,00 / 3,00 / 4,00	0,60	1,37 / 1,55 / 1,71	
15,00	2,00 / 3,00 / 4,00	0,67	1,57 / 1,78 / 1,94	

Pour assurer la stabilité des culées, on les construit ordinairement en talus, c'est-à-dire qu'on donne à la base une plus grande largeur que celle qui est indiquée par le tableau précédent. On commence souvent, lorsqu'elles atteignent deux mètres de hauteur, par donner un peu de fruit BC (*fig.* 289) ou talus en dedans; ce fruit varie de 0,001 à 0,02 par mètre, puis on augmente successivement l'épaisseur du mur de 0,10 cent. à 0,30 cent. au moyen de retraits disposés convenablement, c'est ce qu'indique la coupe A'B'. Les faces du pont, celles qui sont parallèles à l'axe de la route, sont toujours établies verticalement.

Les culées reposent sur une maçonnerie de fondation F, ou de libage, qui fait saillie avec la maçonnerie en élévation de 0,05 environ. Elle se désigne dans la pratique par *socle*. Son enfoncement dans le sol ne peut être déterminé : car, devant reposer sur un terrain ferme, on peut être conduit, lors des fouilles de fondation, à creuser à une très-grande profondeur. Mais quelle que soit la nature du terrain qui doit supporter les culées, à moins qu'on atteigne immédiatement le roc; on donne 0,50 cent. de hauteur aux murs de fondation.

Il est assez dans l'usage de construire la partie apparente des voûtes en pierre de taille. Quant à la partie invisible, elle est composée, dans toute la traversée de la route, de moëllons piqués taillés en voussoirs ; tous les joints tendent au centre.

Lorsqu'il y a lieu à établir un ponceau; on est nécessairement amené à élever le sol de la route de toute la hauteur que doit avoir le ponceau. On doit donc déterminer à l'avance les dimensions de ce dernier, afin de n'être pas obligé de revenir sur le projet de la route. Les terres provenant du remblai effectué dans cette circonstance, sont soutenues, en avant de ce remblai, au moyen d'ouvrages en maçonnerie qu'on nomme *murs en retour*.

On distingue *les murs en retour d'équerre* et *les murs en aile*.

La disposition la plus simple qu'on puisse donner aux murs destinés à raccorder les têtes d'un pont avec les talus de la route, est celle qui consiste à construire ces murs dans le prolongement des têtes elles-mêmes; ils sont alors parallèles à l'axe de la route. On les élève jusqu'à la hauteur du sol, ou de 0,50 à 1 mètre au dessus pour prévenir les accidents. Mais comme les terres des remblais pourraient encore, par leurs éboulements, obstruer l'ouverture du ponceau et arrêter les eaux à leur passage, on revêt les talus d'une maçonnerie en pierres sèches dite *perrée*, à laquelle on donne la forme d'un quart de cône. La *fig.* 292 donne une idée de cette disposition.

Les murs en retour d'équerre consistent à prolonger les têtes d'une quantité égale à peu près à la demi-largeur du débouché, puis à construire en avant de ces têtes, et parallèlement à l'axe du pont, des murs dont la face supérieure ou le couronnement suit l'inclinaison des talus de la route ; ces murs se terminent au pied du talus (*fig.* 293).

Dans certaines circonstances, on peut être forcé d'abandonner la construction des murs en retour, on soutient alors les mêmes talus par des murs qui, partant des culées, vont en s'avançant jusqu'au pied de ces talus, et obliquent avec l'axe du pont de 23 degrés environ. C'est par cette raison qu'ils prennent le nom de murs en aile. Cette disposition, beaucoup plus élégante que les premières, ne doit cependant être adoptée que lorsque la disposition des lieux ne permet pas d'établir des perrées ; à moins cependant que le ponceau ait une certaine largeur.

Quand le ponceau est établi dans un vallon où les eaux coulent sans se creuser de lit, on adopte la disposition de la *fig.* 294. On l'adopte également lorsque le ruisseau est encaissé dans des berges d'une faible inclinaison, alors on donne aux murs en aile un évasement tel que, partant de la tête A du ponceau, ils rencontrent l'arête saillante C de la berge. Si au contraire les berges ont une forte inclinaison, ou si le ruisseau est fortement encaissé, on donne aux murs en aile la forme indiquée (*fig.* 295). C'est surtout lorsqu'on a reconnu la nécessité de rétrécir le lit du ruisseau au débouché du pont que cette disposition est adoptée.

La face des murs en aile du côté du ruisseau n'est pas établie verticalement, on lui donne un fruit de $\frac{1}{10}$ pour plus de solidité.

Le lit des pierres qui forment le couronnement des murs en aile, de même que ceux des murs en retour d'équerre, n'aboutissent pas directement au plan du talus de ces murs ; ils se terminent par des crossettes retournées d'équerre sur la rampe. Ainsi, soit AB le talus de l'un de ces murs (*fig.* 288), si le lit *ac* se terminait en pointe *b*, on voit qu'il serait fort difficile, lors de la pose de la pierre *bnlk*, de lui conserver cette pointe. L'ouvrier ne pourrait même parvenir à la former en taillant la pierre; on forme donc la crossette *c* qui donne en outre plus de solidité à la maçonnerie.

Nous avons dit que les murs de tête se terminaient exactement au niveau du sol de la route, ou qu'ils le dépassaient de 0,50 à 1 mètre. Dans le premier cas on défend les abords du ponceau par des bornes en pierre distantes de 1ᵐ 50 à 3 mètres, que l'on relie au moyen d'une *lisse* ou barre de fer de 0ᵐ 03 environ de largeur et autant d'épaisseur; elle est scellée dans les bornes. Dans le second cas, on termine les murs en chaperon, afin de donner un écoulement facile aux eaux qui pourraient, par leur séjour sur la face supérieure, détériorer promptement la pierre et s'infiltrer dans la maçonnerie par les joints. Généralement on cintre légèrement cette surface supérieure. La partie des têtes qui se trouve au-dessus du sol de la route, prend le nom de *parapet*. La dernière assise, laquelle est toujours en pierre de gros échantillon, fait saillie sur le mur proprement dit, autant par élégance que par utilité.

Le fond du ponceau, ou la surface mouillée AGH (*fig.* 289), prend le nom de *radier* ; on lui donne la forme d'une voûte renversée, dont la flèche Gg est de $\frac{1}{20}$ de l'ouverture. Ce radier est ordinairement composé de deux assises; la première a ses parements perpendiculaires à l'arc de cercle AgH.

Le radier est exécuté dans toute la longueur du ponceau; on le prolonge au-delà des têtes jusqu'à l'extrémité des murs de soutènement du talus de la route.

Les plans nécessaires à la conception et à l'intelligence d'un projet de pont, comprennent:

1° L'élévation de l'une des têtes ;

2° La coupe en travers, ou suivant l'axe de la route ;

3° La coupe longitudinale, ou suivant l'axe du pont ;

4° Le plan au niveau du sol de la route;

5° Le plan au niveau des socles.

La confection de ces plans ne présente pas de difficultés sérieuses; cependant on ne parviendra pas à faire sur le papier les projections nécessaires, si l'on n'a pas quelques notions de géométrie descriptive. Il est bon aussi de se procurer des dessins et de les étudier avec soin.

205. — **Aqueducs.** — Nous avons vu (199), que lorsque la route traversait une vallée au milieu de laquelle coule un faible cours d'eau, soit continuellement, soit accidentellement, on établissait dans toute la largeur de cette route un passage formant rigole pour donner aux eaux un libre passage, mais comme les cassis présentent l'inconvénient d'occasionner de fortes secousses aux voitures qui provoquent fort souvent la brisure des essieux, on les remplace avantageusement, et surtout lorsque la route doit être en remblai dans l'étendue de la vallée, par des *aqueducs* ou *scioles* qui passent sous la route. Ces aqueducs ne doivent pas avoir moins de 0,50 centim. d'ouverture, afin qu'un homme puisse y passer si des affouillements s'y manifestaient. Ils se composent de deux murs verticaux et parallèles au courant du ruisseau ayant une épaisseur de 40 à 50 centimètres d'épaisseur, sur une hauteur de 0,80 à 1 mètre. On ferme la partie supérieure par des dalles ou pierres de roche de grandes dimensions et d'une épaisseur de 0,20 à 0,25 centimètres.

Nous donnons (*fig.* 291), un modèle de ces sortes d'ouvrages. Sur une maçonnerie de libage L, on élève deux pieds-droits P, et sur leur couronnement *n* on pose des dalles D, dont la première R forme saillie en *r* et *r'*. La saillie *r'* est destinée à retenir les terres du talus de la route qui, par leur éboulement, pourraient obstruer le débouché.

On doit remarquer que lorsque l'ouverture des aqueducs atteint déjà un mètre, il est fort difficile de se procurer des dalles convenables. On est alors obligé de remplacer ces dalles par une voûte surbaissée, si l'on ne préfère construire un ponceau.

206. — **Ponceaux en charpente.** — Il existe des localités où l'on ne peut se procurer de la pierre qu'à des prix fort élevés, soit parce que ces localités manquent de ces matériaux, soit parce que les frais de transport, sur le point où l'on veut établir les ponceaux, font augmenter beaucoup les prix. Les ouvrages qui nous occupent sont alors construits en bois.

Mais avant de se déterminer à employer, pour un pont, le bois au lieu de la pierre, on doit se rendre compte du prix de l'ouvrage exécuté avec ces deux genres de matériaux, et s'il y a bénéfice à employer l'un plutôt que l'autre.

L'expérience a fait reconnaître qu'il n'y avait lieu à reconstruire un pont en maçonnerie qu'au bout de 100 ans, et que les ponts en charpente devaient être renouvelés tous les 10 ans. Dans le premier cas la dépense V et la somme à placer pour l'entretien, en supposant l'intérêt à 5 p. 0/0, font $1,208 \times V$, et dans le second cas on a $4,59 \times V$. Pour que l'avantage soit égal, il faut que l'on ait $1,208 \times V = 4,59 \times V$, ce qui ne peut se présenter que dans le cas d'une cherté excessive de la pierre ou de prix très-bas des bois.

Un ponceau peut être formé entièrement de pièces de charpente, ou partie en pierre et partie en bois. La première de ces constructions n'est adoptée que lorsqu'il y a tout à fait impossibilité de se procurer de la pierre. Dans ce cas, les terres sont soutenues de chaque côté des berges par des pieux de 0,25 sur 0,35 d'équarrissage, enfoncés profondément et verticalement dans le sol; on les place à une distance de 40 à 60 centimètres. On garnit les intervalles par des madriers ayant une épaisseur de 0,02 à 0,05 suivant la masse des terres que cette charpente doit soutenir. Ces sortes de culées sont couronnées par un chapeau qui en maintient l'écartement au moyen d'assemblages. Ce chapeau est destiné à recevoir les poutres qui traversent alors le ruisseau et sur lesquels reposent un et le plus souvent deux planchers. L'épaisseur de ces derniers est ordinairement de 0,06 centim. Les poutres portent 0,32 cent. d'équarrissage, ou 0,32 sur la face verticale, et 0,20 seulement dans le sens horizontal. Dans certaines circonstances, on établit un seul plancher qu'on recouvre d'une couche de terre et d'empierrement, quelquefois d'un pavage. Nous ferons remarquer toutefois que ces matériaux conservant l'humidité, le plancher se pourrit vite, les réparations sont alors beaucoup plus fréquentes que lorsque le tablier du pont est formé de deux planchers, dont l'un peut se réparer et même se remplacer sans interrompre la circulation.

Les pieux enfoncés dans le sol pourrissent également très-promptement. On doit préalablement leur faire subir l'action du feu, ou les armer d'un sabot en fer. Ils sont enfoncés jusqu'au refus du mouton. On les recèpe, c'est-à-dire qu'on coupe toutes les têtes à la hauteur voulue, avant de poser le chapeau. Nous donnons (*fig.* 298), le plan d'un ponceau de l'espèce.

Les culées en bois présentent, ainsi que nous venons de le dire, fort peu de durée; on les remplace par des culées en maçonnerie qui permettent de les rapprocher davantage, et offrent, en outre, plus de stabilité. Les poutres qui soutiennent le plancher sont encastrées dans la maçonnerie à chacune de leurs extrémités; on leur donne le même écartement que ci-dessus.

L'épaisseur des culées, au sommet, varie de 0,40 à 0,65 cent., suivant la quantité de terre qu'elles ont à soutenir; cette épaisseur augmente de $\frac{1}{5}$ environ par mètre de hauteur. Ainsi une culée de trois mètres, qui aurait au sommet 0,65 cent., devrait avoir à la base $0{,}65 + \left(\frac{0{,}65}{5} \times 3\right) = 1^m 04$. La face parallèle au ruisseau est élevée verticalement, ou bien on lui donne un fruit dont le maximum est de 0,10 par mètre de hauteur. On doit aussi prémunir le débouché des éboulements des talus par des perrées, ainsi que nous l'avons indiqué (204).

Quand les ponts de l'espèce atteignent 4 à 5 mètres de largeur, on arme les poutres de *consoles* A, A (*fig.* 299), et de *contrefiches* B, B, afin de les renforcer et de les empêcher de plier sous le poids qu'elles doivent soutenir. Au-delà de six mètres, on change la disposition : on double ces poutres vers le milieu. Celles-ci partent d'une contrefiche à l'autre, et sont reliées aux premières par des étriers en fer, avec boulons. Leur assemblage, avec les contre-fiches, a lieu au moyen de moises pendantes.

On défend les abords des ponceaux en bois par des garde-fous, soit en bois, soit en fer, dont la verticalité est soutenue par des poteaux de lisse.

Pour faire construire des ponts en bois, il faut en avoir étudié avec soin la construction et l'assemblage. Nous engageons, en conséquence, les élèves à ne pas s'en tenir à ces indications succinctes, mais à examiner attentivement ceux des ponts de l'espèce qu'ils pourraient rencontrer, et à en dresser les plans. Ces études leur profiteront beaucoup plus que les notions qu'ils pourraient acquérir par une simple lecture.

207. — **Des matériaux et de leur emploi.** — Chaque pays produit des matériaux différents, plus ou moins propres aux constructions ; il serait donc fort long d'en faire une énumération complète : c'est au constructeur à se rendre compte de ceux qui sont employés dans la localité où il se trouve, et à ne désigner, dans ses projets, que les matériaux qui lui promettent des constructions convenables. Nous ne rappellerons, en conséquence, que les conditions auxquelles on doit s'attacher principalement pour obtenir le plus de solidité possible et qui sont indiquées par les auteurs comme principes fondamentaux.

Tant qu'une pierre n'est pas *solide*, c'est-à-dire ne présente pas une contexture serrée et résistante à la gelée, qu'elle offre des parties argileuses qui permettent à l'eau de la pénétrer, elle doit être rejetée.

On trouve cependant des pierres qui, au moment de leur extraction, présentent une contexture fort tendre, mais qui au bout de quelque temps durcissent et peuvent être employées dans les constructions après avoir été exposées à l'air. Au reste, quand les pierres proviennent d'une carrière ouverte depuis longtemps, il est facile de savoir, soit par les ouvriers, soit par des personnes de la localité, comment ces pierres se comportent à la gelée, quelles sont ses conditions et dans quelle partie des constructions elles peuvent être employées.

Les pierres ont différentes défectuosités qu'il est bon de connaître et d'étudier avec soin : les *fils*, ou petites fissures qui la divisent d'une manière imperceptible, et occasionnent leur rupture ; les *filandres*, fentes plus considérables ; les *moies*, cavités plus ou moins profondes remplies de substances terreuses appelées *bousin*.

Les meilleures sont les *pierres pleines* qui ne contiennent ni coquilles, ni moies, ni fils, ni filandres. Les *pierres franches*, d'une composition très-homogène et sans défaut, et les *pierres fières* qui repoussent le marteau.

Les pierres à bâtir se divisent, eu égard à leurs dimensions, en moellons et en pierre de taille. Le moellon provient généralement des mêmes carrières que la pierre de taille; on le trouve dans les bancs intermédiaires. Cette pierre se livre sur les chantiers en métrée; on donne au mètre cube $\frac{1}{10}$ de plus qu'il ne doit avoir réellement pour compenser le déchet lors de la pose.

Les pierres de taille ont toujours de fortes dimensions, les blocs se débitent sur les lieux mêmes de la construction, en morceaux de dimensions convenables pour pouvoir être employés.

Parmi les moellons on distingue :

Le *moellon brut*, qu'on emploie quelquefois dans les massifs pour construire les parements ou la partie visible de la grosse maçonnerie.

Le *moellon ébauché* ou *épincé*, travaillé au marteau comme les pavés.

Le *moellon smillé*, dont les arêtes apparentes ne sont ni vives ni perpendiculaires; il faut le tailler au moment de l'employer.

Le *moellon piqué*, dont les arêtes sont vives et perpendiculaires. Souvent ces arêtes sont faites au ciseau, il est alors *relevé d'équerre entre quatre ciselures*.

Il faut éviter avec soin le mélange du moellon tendre et du moellon dur. En général, pour qu'une construction soit solide, les pierres doivent avoir la même homogénéité. Le moellon dur doit être exclusivement employé dans la construction des ponceaux.

Dans l'établissement des murs et des voûtes, on doit exiger que les pierres soient disposées de manière que leurs *lits de carrière*, ou la surface de séparation de deux couches superposées soit perpendiculaire à la force qui agit sur ces pierres en les comprimant. Ainsi, pour les murs élevés verticalement, les lits de carrière doivent être sur le plan horizontal; pour les voûtes ils doivent tendre au centre du cercle. Souvent des bancs de calcaire présentent des fissures nombreuses et diversement inclinées; il ne faut pas les confondre avec les lits eux-mêmes, qui, généralement, offrent des tranches uniformes de couleurs différentes mais peu apparentes. Les ouvriers se trompent rarement sur le lit de carrière, cependant il ne faut pas toujours se fier à leurs indications : lorsqu'on craint de se tromper, il est préférable de se transporter à la carrière et de marquer le lit de carrière au moment de l'extraction des pierres.

La forme à donner aux pierres n'est pas non plus indifférente. On a remarqué que les pierres cubiques offraient généralement plus de résistance que les pierres plates ; mais cette forme se prête mal à la construction. Les dimensions qui paraissent le mieux convenir sont, pour la longueur et la largeur, une jusqu'à quatre fois l'épaisseur pour les pierres dures, et pour les pierres tendres de une à trois fois au plus.

En maçonnerie, on appelle *les lits* d'une pierre les surfaces planes qui posent horizontalement l'une sur l'autre. Ce terme vient sans doute de ce que les pierres doivent toujours être posées sur leur lit de carrière. On appelle ensuite *joints* les côtés élevés verticalement, et *parements* les faces apparentes après la confection du mur.

Une pierre *boutisse* ou fait *parpaing*, quand elle a assez de longueur pour faire seule l'épaisseur du mur. Un *carreau* est une pierre qui, ne faisant pas seule l'épaisseur d'un mur, n'a par conséquent qu'un parement dans sa longueur. Enfin un *libage* est une pierre qui, faisant partie de ce mur, n'est vue d'aucun côté.

Des Briques. — La brique est une des meilleures matières que l'on puisse employer dans les constructions ; dans les localités où la pierre est chère, elle y est d'un grand secours. La régularité de sa forme fait aussi qu'elle est fort commode à employer. Toutefois, sa qualité dépend des terres qui la composent, des soins qu'on a apportés à sa préparation, à sa dessiccation et à sa cuisson.

Toutes les terres grasses et argileuses, lorsqu'elles sont bien purgées des parties de calcaire et de pyrites qu'elles contiennent, sont propres à faire des briques. La brique bien cuite est dure et sonnante, sa cassure présente des aspérités et ne donne point de poussière ; enfin, lorsqu'elle est trempée dans l'eau, elle ne s'en saisit pas.

208. — **Des Mortiers.** — **Des Chaux.** — La composition des mortiers présente de grandes variations ; comme leur

qualité dépend des chaux que l'on emploie et celles-ci offrant également des propriétés fort différentes, même d'une localité à l'autre, il en résulte qu'il est assez difficile de les classer convenablement. On fait cependant, parmi les chaux, les distinctions suivantes : 1° *chaux grasses ;* 2° *chaux maigres ;* 3° *chaux moyennement hydrauliques ;* 4° *chaux hydrauliques, et* 5° *chaux éminemment hydrauliques.* On obtient les mortiers par suite du mélange de ces chaux avec : 1° *les sables proprement dits ;* 2° *les arènes ;* 3° *les psammites ;* 4° *les argiles ;* 5° *les pouzzolanes ;* 6° *les produits artificiels provenant de la calcination des argiles, des arènes, des psammites et des scories de forges, verreries,* etc.

Toutes les pierres dites *calcaires* produisent de la chaux par la calcination. Mais celles qu'on désigne spécialement par *pierres à chaux* sont les seules qui soient soumises à la cuisson.

On sait les moyens qui sont employés pour obtenir la chaux, car il y a peu de localités qui ne soient pourvues de four destiné à cet usage.

On éteint la chaux peu de temps après sa sortie du four ; l'opération a lieu ordinairement dans un bassin non loin de la fosse ; il faut avoir soin qu'elle ne prenne aucune humidité, car alors elle tombe en poussière.

Les *chaux mortes* ou *chaux brûlées* résultent d'une calcination trop prolongée ; elles sont impropres aux constructions.

La chaux grasse est celle qui augmente considérablement de volume à l'extinction ; elle est ordinairement blanche et s'attache aux objets qu'on y plonge.

La chaux maigre foisonne faiblement, et prend peu de sable ; elle est employée dans les endroits humides et aussitôt après la cuisson.

Les chaux hydrauliques sont faites principalement avec des pierres calcaires impures ; elles se dissolvent dans l'eau sans le secours d'aucun corps étranger. On les emploie pour les ouvrages faits dans l'eau, parce qu'elles donnent en général un mortier fort dur. Les meilleures proviennent du galet de Boulogne.

Sables. — Les sables sont les seules substances qui forment avec la chaux des mortiers proprement dits. Les autres donnent plutôt des ciments.

Les sables ne doivent contenir aucune partie terreuse. On s'assure de leur pureté en les mêlant dans l'eau ; si, en remuant, l'eau devient épaisse et bourbeuse, c'est un signe certain qu'ils contiennent une grande quantité de terre. On peut, par ce moyen, les purifier, en vidant l'eau et en en versant de la nouvelle jusqu'à ce que, magré le mélange, l'eau conserve sa clarté. Les sables qui contiennent de trop gros grains sont passés à la claie.

Composition des Mortiers. — Les mortiers ordinaires sont composés de $\frac{1}{4}$ ou $\frac{1}{3}$ de chaux grasse avec sable, arène, ou argile ; ils ne sont d'un bon emploi que dans les maçonneries qui n'ont à résister ni à l'action de l'eau et de la pluie, ni aux chaleurs ou fortes gelées.

Les mortiers résistants sont formés de $\frac{1}{2}$ ou $\frac{2}{3}$ de chaux hydraulique avec sable ; ou de $\frac{1}{3}$ à $\frac{1}{2}$ de chaux grasse avec pouzzolane ; $\frac{1}{3}$ à $\frac{1}{2}$ de chaux hydraulique avec pouzzolane ; $\frac{1}{4}$ à $\frac{1}{3}$ de chaux hydraulique avec arène.

Un mortier n'est convenable qu'autant qu'il n'y est entré que la quantité d'eau strictement nécessaire pour en former une pâte dont toutes les parties ont la même homogénéité. Comme cette condition est d'autant plus facile à remplir qu'on fait entrer dans le mortier une plus grande quantité d'eau, il faut veiller avec soin à ce qu'il ne se commette aucun abus à cet égard. La solidité de la maçonnerie dépend entièrement de la bonne qualité du mortier ; aussi l'administration des ponts-et-chaussées, qui a été à même de reconnaître les abus que les entrepreneurs commettaient journellement dans cette partie des travaux, fait-elle confectionner les mortiers qui lui sont nécessaires par des ouvriers soumis à une surveillance très-active de la part de MM. les ingénieurs.

Ciments. — Les mortiers de chaux grasse, avec une certaine quantité de pouzzolane, forment le *ciment romain*. On obtient aussi des ciments par le mélange de la brique ou du tuileau pilé avec la chaux grasse.

Le ciment est formé de 2 parties de tuiles pilées, 4 parties de sable pur et de 3 parties de chaux vive récemment éteinte au panier. On brasse le tout à sec, en ajoutant petit à petit la quantité d'eau nécessaire pour faire acquérir au mélange le même degré d'humidité que celui de la terre mouillée.

On jette ensuite le mortier dans un auget, et on le bat au pilon jusqu'à ce qu'il y ait adhérence. On augmente sa dureté en y mêlant $\frac{1}{20}$ de crasse de forge.

Béton. — Le béton est un mortier qui, fait avec la chaux hydraulique nouvellement éteinte, et un gravier d'une faible grosseur, est jeté ensuite avec des cailloux dans les endroits où l'on veut établir des fondements en massifs.

209. — **De la pose des pierres.** — Nous ne donnerons dans cet article, comme nous l'avons fait dans le précédent, que les notions qu'il est essentiel de connaître pour diriger et assurer la bonne exécution des travaux de maçonnerie. Il est à observer que les connaissances en cette matière ne s'acquièrent pas seulement par la lecture des ouvrages, il faut mettre la main à l'œuvre et ne pas craindre de réclamer des ouvriers des explications sur leur manière de travailler, ainsi que sur les conditions à remplir pour arriver aux meilleurs résultats.

Nous avons vu que les murs verticaux étaient élevés sur une maçonnerie de fondation d'une hauteur variable. On doit donc commencer par faire les fouilles nécessaires, et ce travail ne peut évidemment s'exécuter qu'en détournant les eaux du ruisseau, ou en opérant d'abord d'un côté du lit et ensuite de l'autre côté. Dans l'un et l'autre cas, il faut établir des barrages ou digues provisoires, à l'aide de pieux placés sur deux rangées parallèles; l'intervalle est fermé avec des madriers, on le comble ensuite de sable et de terre mélangés.

On fouille jusqu'à ce que l'on soit arrivé au sol ferme, on nivelle ce sol, puis on pose immédiatement la première assise de fondation. Cette assise ne doit être composée que de pierres de la plus grande dimension possible et faisant parpaing. Si cependant le mur avait une trop forte épaisseur, on pourrait le faire en boutisses et carreaux; mais on doit veiller à ce que les joints des pierres soient très-serrés.

Après cette première assise, on pose la seconde en liaison avec celle-ci [1], par un lit de mortier de 1 centimètre environ d'épaisseur. Les pierres sont ordinairement battues jusqu'au

---

[1] Les assises font liaison quand les joints de l'une d'elles correspondent au milieu des pierres de l'assise qui vient immédiatement au-dessus.

refus d'une demoiselle en bois, afin de comprimer le mortier et faire refluer ce qui est surabondant. On opère ainsi jusqu'à la dernière assise de fondation, en observant avec soin que chaque assise soit dans un plan horizontal; c'est ce qu'on appelle *déraser*. On pose ensuite la première assise du mur à élever, en commençant par les encoignures et les extrémités; après deux ou trois assises d'encoignures, on fait tendre un cordeau de l'une à l'autre pour guider le poseur.

Les murs sont généralement construits partie en pierres de taille, partie en moellons. La pierre de taille est employée aux angles et pour les couronnements, les plates-bandes et les moulures.

Quand les murs font jonction les uns avec les autres, il est essentiel de monter le tout sur le même plan horizontal.

Lorsque les constructions sont confiées à des entrepreneurs, il faut veiller à ce que les pierres qu'ils fournissent ne soient pas prises parmi les *plafonds*, ou parties supérieures des carrières, parce que ces pierres étant très-tendres, elles s'écrasent sous un fardeau peu considérable, absorbent en outre l'eau du mortier sans laquelle il ne peut se solidifier.

Il ne faut jamais employer de plâtre dans les murs de fondation.

La construction des voûtes exige une disposition et des soins particuliers. Lorsque les pieds droits sont montés jusqu'au niveau de la naissance, on place un *cintre* ou échafaudage en charpente (*fig.* 297) dans l'intervalle qu'ils comprennent, ce cintre est destiné à soutenir les voussoirs jusqu'à ce que la voûte soit entièrement construite.

Un cintre se compose de plusieurs fermes ABCD, et de couches ou planches posées sur la partie circulaire. Dans chaque ferme on distingue : deux pieds droits D, D, un tirant A, un poinçon C et deux pièces courbes B, B. Les couchis *nn* sont destinés à retenir les moellons; et pour qu'ils ne fléchissent pas sous la charge qu'ls ont à supporter, on met un nombre suffisant de fermes.

Il faut apporter une minutieuse attention à la taille des joints des voussoirs, afin d'éviter les tassements trop fréquents dans ces sortes d'ouvrages. Habituellement on dessine la voûte suivant ses dimensions naturelles sur un pan de

mur ou sur un plancher, puis on fait dresser par un menui-
sier un modèle de chacune des faces des voussoirs. Ces modèles servent de guide à l'ouvrier chargé de tailler la
pierre.

On commence par poser les deux coussinets, puis les deux
contre-coussinets ; viennent ensuite les troisièmes voussoirs,
en continuant ainsi jusqu'aux deux contre-clefs. La clef se
pose en dernier lieu ; on ne la taille même qu'au moment de
la poser.

Pour remplir les vides que l'imperfection des coupes peut
laisser entre elles, on introduit du mortier clair par le moyen
de petites rigoles que l'on creuse dans ces coupes, en ayant
soin de ne pas les prolonger jusqu'aux faces apparentes.

Lorsque la voûte est terminée, on la préserve de l'humidité
en couvrant l'extrados d'une couche de béton de 3 à 5 centimètres d'épaisseur. Cette *chappe* affecte une forme courbe
dans son milieu ; les deux côtés sont des plans dont la pente
est de $\frac{1}{4}$ au moins. Le sol de la route doit toujours être assez
élevé au-dessus de cette chappe pour qu'elle soit préservée
du frottement ou des secousses des roues des voitures.

Pour empêcher l'eau de couler le long de la maçonnerie,
on ajoute à l'assise du couronnement du mur de tête du ponceau un cordon saillant à la partie inférieure de ce couronnement, auquel on pratique un petit refoulement, ou *larmier*,
qui arrête l'eau et la force de tomber en gouttes verticales.
Les bornes que l'on place sur le pont, pour éviter les accidents,
sont scellées dans des massifs en maçonnerie, mais indépen-
dants de la voûte, afin de les isoler de cette voûte et de préserver la maçonnerie des secousses qu'elles reçoivent de
temps en temps.

Il est assez dans l'usage de ne donner la dernière taille
ou la forme au mur que lorsque ce mur est entièrement
monté ; c'est ce qu'on désigne par *ravaler* ; souvent les moulures ne s'exécutent qu'au moment de ce ravalement.

210. — **Travaux de charpente.** — Tous les bois qu'on
emploie dans les constructions relatives aux ponceaux doivent avoir quelques années de coupe, afin qu'ils soient entièrement dégagés de l'humidité de la sève. On en dégage l'aubier
autant que possible, dont les pores, moins serrés que les au-

tres parties, s'imprègnent davantage d'humidité et se pourrissent plus promptement.

On n'emploie généralement que le chêne, comme étant plus
nerveux et plus raide ; le meilleur provient des arbres jeunes
ou qui ont poussé sur des terrains élevés.

Dans les localités où le chêne est rare, on le remplace par
le sapin, le pin ou le mélèze, quoique d'une résistance moitié
moindre à peu près, et se pourrissant davantage à l'humidité. Ces bois sont cependant recherchés pour certaines constructions, parce qu'ils sont flexibles et élastiques et d'une
grande légèreté.

Une charpente n'est solide qu'autant que les assemblages
sont bien faits, et suffisamment chevillés et boulonnés. On
doit donc porter principalement son attention sur cette partie
des travaux.

Il est bon de dessiner, soit de grandeur naturelle, soit seulement de demi-grandeur, les pans de bois ou parties de
charpente que l'on a à faire exécuter, et de faire avec soin,
la projection de chacune des pièces qui composent la charpente, afin de se rendre un compte bien exact de leur forme,
de leur coupe, et de la position qu'elles doivent occuper. Des
études spéciales sont nécessaires.

Il arrive quelquefois que, vu la longueur à donner aux pièces, il est difficile d'en trouver qui aient un équarrissage convenable pour supporter la charge sans se rompre. On assemble alors deux pièces bout à bout, on les consolide au moyen
d'étriers en fer. Il est toujours nécessaire de soutenir les pièces assemblées de la sorte par des contre-fiches. Nous donnons, planche XX, les assemblages les plus usités : celui dit
à *trait de Jupiter* s'emploie généralement pour les pièces posées horizontalement.

Pour préserver la charpente de l'action de l'air et des in-
fluences atmosphériques, on la recouvre de deux ou trois
couches de peinture à l'huile de lin pure, ou bien on gou-
dronne toutes les faces qui sont exposées à l'air.

Le bois a divers défauts qui le font plus ou moins exclure des constructions suivant leur importance. Il est *gelé*
lorsqu'on aperçoit dans la coupe transversale du tronc des
fentes en forme de rayons qui s'étendent du centre à la cir-

conférence. Lorsque ces fentes sont nombreuses, le bois est alors *cadrané*, ou *étoilé;* il ne peut être employé.

Le bois *noueux* ne peut servir que pour des fondations, lorsqu'on n'est pas obligé de le fendre.

Le bois *rebours* est celui dont les fibres longitudinales sont troublées par l'insertion profonde de grosses branches dans le tronc.

La *roulure* se reconnaît par des fentes concentriques qui séparent les couches annuelles du bois. Ce défaut est ordinairement dû à la violence des vents : on ne peut employer les pièces qui en sont attaquées dans aucun cas.

Le bois est *mouliné* lorsqu'il est piqué par les vers. Il commence par montrer des taches blanchâtres appelées *blancs de chapon*. Quand la pourriture est complète, on doit le rejeter.

Le bois *sur le retour* est celui qui, après avoir dépéri longtemps, est mort sur pied. On ne peut employer ce bois.

Résistance horizontale. — Il est souvent nécessaire de se rendre compte sous quelle charge une pièce de bois, dont les dimensions sont arrêtées, pourrait se rompre. Les expériences faites à ce sujet ont démontré que le moment de rupture F d'une pièce encastrée d'un bout et chargée par son extrémité, est $F = P \times l$; (P désignant la charge et l la longueur de la pièce) que celui d'un solide reposant sur deux appuis et chargé en un point quelconque, est

$$F = \frac{P \times m \times n}{l}$$

(m et n étant les distances du poids à chacun des appuis); que celui d'un solide reposant sur deux appuis et chargé en son milieu, ou bien appuyé eu son milieu et chargé à ses extrémités, est

$$F = \frac{P \times l}{4};$$

que celui d'une pièce encastrée des deux bouts et chargée en son milieu, est

$$F = \frac{P \times l}{8};$$

enfin, que celui d'une pièce encastrée par une extrémité soutenue par l'autre et chargée au milieu, est

$$F = \frac{P \times l}{6}.$$

Si le poids est réparti sur toute la longueur de la pièce ou du solide, on change P en $\frac{P}{2}$. Si on veut tenir compte du poids propre du solide, p désignant ce poids; à la place de P, on met $P+\frac{p}{2}$, et enfin, dans le cas où la charge étant répartie, on veut, en outre, tenir compte du poids propre du solide, on remplacera P par $\frac{P+p}{2}$.

En désignant par R une quantité proportionnelle à la force nécessaire pour rompre une section rectangulaire dont les côtés sont a et b, b étant le côté dans le sens de la charge, le moment de rupture M est donné par

$$M = \frac{Rab^2}{6},$$

pour une section carrée dont le côté est q

$$M = \frac{Rq^3}{6},$$

pour la même section, la force agissant dans le sens de la diagonale

$$M = \frac{Rq^3}{6\sqrt{2}}$$

Pour arriver à déterminer les dimensions d'une pièce qui se trouve dans les conditions des poutrelles de ponceau en bois, ou des longuérines, il faut, connaissant sa situation et les circonstances dans lesquelles elle est placée (elle est presque toujours encastrée des deux bouts), en déduire les moments de rupture et de résistance, et égaler ces deux expressions qui renferment le coefficient R.

Les expériences ont fourni les moyennes suivantes :

Pour le chêne. .   .   .   . R = 690
Pour le sapin. .   .   .   . R = 610
      Id.   en planche.   .   .   . R = 275
Pour le fer forgé. .   .   .   .   .   . R = 6000
Pour la fonte. .   .   .   . R = 2800

Supposons une pièce en chêne, devant supporter une charge de 5000 kilog. et ayant 6 mètres de longueur sur 0,10 cent. de largeur; on la suppose encastrée des deux bouts. On a, d'après la formule précédente,

$$\frac{Pl}{8} = \frac{Rab^2}{6}, \quad \frac{l=600}{R=690}, \quad \frac{a=10}{R=5000},$$

d'où

$$b^3 = \frac{5000 \times 600 \times 6}{8 \times 690 \times 10} = 326, \text{ et } b = 0,181^{\text{mill.}}$$

On ajoute habituellement $\frac{1}{10}$ aux valeurs données par ces formules.

Résistance verticale. — Nous n'entrerons dans aucun détail relativement à cette résistance ; car il suffit de connaître les résultats des expériences qui ont été faites à cet égard, pour apprécier immédiatement le moment de rupture d'une pièce lorsque la force agit dans le sens parallèle à sa longueur. Ainsi, on sait qu'une pièce de bois de chêne est capable de supporter, sans se rompre, une force égale à environ 930 kilog. par centimètre carré. C'est le plus grand poids dont on puisse la charger sans refouler ses fibres. Il est dans l'usage de ne charger les pièces que jusqu'au $\frac{1}{10}$ de la quantité donnée.

Quand les pièces ont en longueur 7 à 8 fois leur grosseur, elles plient avant de s'écraser ; et si cette longueur excède 100 fois la grosseur, elles ne peuvent supporter aucun poids sans plier. La résistance des premières s'évalue à environ 500 kilog. par centimètre carré ; quand le rapport de la longueur à la grosseur augmente, on réduit cette valeur dans la proportion suivante.

Pour une pièce dont la longueur est 12 fois l'épaisseur, on prend les $\frac{2}{6}$ de 500 kilog. par centimètre carré.

Pour celle d'une longueur $= 24$ fois la largeur, la $\frac{1}{5}$

—	36 fois	—	le $\frac{1}{3}$
—	48 fois	—	le $\frac{1}{6}$
—	60 fois	—	le $\frac{1}{12}$
—	72 fois	—	le $\frac{1}{24}$

Les valeurs sont toujours réduites au $\frac{1}{10}$.

DEVIS D'UN PONCEAU

DE UN MÈTRE D'OUVERTURE ET HUIT MÈTRES DE LONG.

CHAPITRE Iᵉʳ.

DESCRIPTION DU PONCEAU.

QUALITÉ ET EMPLOI DES MATÉRIAUX.

Nous supposons que, d'après les calculs et les expériences qui ont été faites, l'ouverture du ponceau doit être un plein cintre de un mètre de diamètre, supporté par deux pieds droits de 0ᵐ 40 ᶜ de hauteur.

Nous adopterons une largeur de huit mètres entre les têtes, c'est-à-dire celle de la route entre les arêtes intérieures des fossés.

Les fondations sont supposées de un mètre de profondeur pour être assises sur le terrain solide.

Emplacement. — Le ponceau sera établi à....., sur le ruisseau de....., et aura son axe perpendiculaire à celui de la route. L'emplacement sera tracé par l'agent chargé de la direction des travaux.

Fouilles. — Les terres seront fouillées jusqu'à ce qu'on ait atteint le tuf. Elles seront rejetées sur la route de chaque côté du pont, pour ensuite servir aux remblais.

Dimensions principales. — Les fondations auront 0ᵐ05 cent. de saillie sur tout le pourtour des pieds-droits et des murs en retour. Elles seront assises sur le terrain solide, et aussitôt que l'ingénieur se sera assuré que ce terrain est convenable. La surface supérieure sera arasée de niveau avec le fond du ruisseau.

Les pieds-droits auront 0ᵐ40 cent. de hauteur et 0ᵐ70 cent. d'épaisseur, les faces élevées verticalement. Ils se termineront par de la pierre de taille aux quatre angles des têtes, et seront arasés de niveau avec soin sur la surface supérieure sur laquelle doit reposer la voûte.

La clef de la voûte sera en pierre de taille dans toute sa longueur. Les voussoirs des têtes seront également en pierre de taille et appareillés aux crossettes, comme il est indiqué au plan (*fig.* 297).

Les murs en retour auront 0m50 cent. de long, sur 0m50 cent. d'épaisseur, et 1m20 cent. de hauteur jusqu'au-dessous des bahuts ou plinthes. Ces bahuts auront 3m40 cent. de long. sur 0m50 de large et 0m20 cent. de haut. Ils feront saillie de 0m05 sur les murs en retour; leur plan supérieur devra coïncider avec la ligne qui passe par les points les plus bas de chaque accotement de la route. On devra s'entendre à cet égard avec les ouvriers terrassiers.

Au fur et à mesure de l'achèvement des maçonneries, le vide existant à leur pourtour sera remblayé avec les terres provenant des fouilles des fondations. Les terres seront fortement pellonnées : les autres remblais et l'empierrement à établir sur le ponceau sont comptés dans les ouvrages adjugés pour la construction de la route.

Le radier sera établi à 0m02 cent. au-dessous de la surface supérieure des murs de fondation. Il régnera dans toute la longueur de ces murs, et se prolongera au-delà des têtes jusqu'à 0m20 cent. en avant des talus de la route. Il se composera de pavés de 0m20 cent. d'épaisseur.

Les talus seront revêtus, aux abords du ruisseau, de pierrées en pierres sèches ayant la forme de quart de cône sur une inclinaison de 45 degrés, afin de défendre ces abords contre les éboulements.

Qualité et emploi des matériaux. — La pierre de taille sera prise dans la carrière de....., sans fils ni moises. Elle sera posée sur son lit de carrière après avoir été proprement taillée et passée au large ciseau. On aura soin d'araser les assises de moellons avec chaque assise de pierres de taille ; les points horizontaux seront de 0m01, et les joints montants de 0m006 au plus.

Les moellons proviendront de la carrière de..... Ils seront posés à bains de mortier, les assises étant d'égale hauteur, et arasées avec celles de la pierre de taille.

Les deux côtés des murs seront reliés, de distance en distance, par des parpaings. On évitera les vides ; mais chaque fois qu'il s'en présentera, ils seront soigneusement remplis par des brocailles.

Les moellons et pavés seront posés de manière qu'ils n'aient aucun point de contact entre eux, sans être séparés par une couche de mortier de 0m006 d'épaisseur au plus, et toujours à recouvert de manière que les points verticaux de la première assise correspondent aux mêmes points de la troisième assise, et qu'il en soit de même des joints verticaux de la seconde assise avec ceux de la quatrième, et ainsi de suite.

La chappe sera en béton composé comme suit : (208, béton.)

Le sable proviendra de....., à une distance de.....; il sera purgé de ses parties terreuses et passé à la claie. On ne l'emploiera que lorsqu'il aura été bien séché et criant en le passant dans la main.

La chaux sera prise à...

Les ragréments, ou rejointoiements auront lieu sur toutes les faces extérieures en bon mortier de ciment que l'on fera sécher sous le frottement du lissoir. A cet effet les joints seront dégradés de 0m02 à 0m03 de profondeur, et regarnis sans laisser aucune bavure sur les parements.

Le mortier de chaux et sable sera composé de $\frac{1}{3}$ de chaux et $\frac{2}{3}$ de sable. Pour les ragréments, on emploiera la chaux hydraulique provenant du four de... Elle sera éteinte par petites portions, incorporée et broyée avec du tuileau sans autre eau que celle qui aura servi à son extinction.

Le mortier sera mélangé à force de bras en n'y employant que la quantité d'eau strictement nécessaire. Le mélange aura lieu, autant que possible, à l'abri de la pluie et du soleil.

Vérification et surveillance. — La surveillance sera exercée par l'agent à la résidence de...

Les pierres ne seront posées sur place qu'après que leurs bonnes conditions en nature et en œuvre auront été reconnues satisfaisantes.

La chaux et le sable ne seront employés qu'après vérification.

Indépendamment de ces vérifications, l'agent aura la faculté de surveiller la construction des murs, de la voûte, et de tous les ouvrages en général, et de refuser et faire recommencer toutes les parties des travaux qui ne seraient pas exécutées conformément au présent devis.

Conditions générales. — L'entrepreneur se conformera strictement au présent devis et aux plans qui sont y annexés: Il ne pourra faire aucun changement, en augmentation ni diminution, aux ouvrages qui y sont détaillés, sans une autorisation écrite de l'agent.

Il ne pourra également mettre la main à l'œuvre qu'après avoir approvisionné sur le chantier les deux tiers, au moins, des matériaux qu'exige la construction, et qu'après avoir prévenu officiellement l'agent chargé de la surveillance des travaux, du jour où il se propose de commencer lesdits travaux.

Immédiatement après l'ouvrage fait, il sera tenu d'enlever les matériaux et décombres et de faire place nette.

Les travaux seront exécutés dans un délai de..., sauf par l'entrepreneur à subir une dimintion de... sur la valeur totale des ouvrages ; et, en cas d'incapacité constatée ou de toutes autres causes qui auraient pour résultat de compromettre la bonne confection des ouvrages, il sera pourvu à la régie de la manière suivante :

. . . .

. . . .

Les paiements auront lieu par..... : le premier, au.....; le deuxième, à..., etc., et sur procès-verbaux de reconnaissance et de réception provisoire des travaux.

Le dernier paiement aura lieu... (1) et lorsqu'il aura été constaté, de la même manière que pour les paiements précédents, que les travaux ne laissent rien à désirer.

En cas de difficultés sur l'exécution du présent, elles seront soumises, en premier lieu, à....., sauf recours devant...., chargé, conformément à la loi, de décider.

A   , le
                                        L'agent rédacteur.

CHAPITRE II.

BORDEREAU ANALYTIQUE DES SOUS-DÉTAILS.

On établira, de la manière qu'il a été indiqué à la suite du tableau n° 4, 1° le prix des fouilles, 2° celui de la maçonnerie de moellons, 3° celui de la maçonnerie de pierre de taille, 4° le prix du mortier, etc.

---

1 On laisse ordinairement passer un hiver entre l'avant-dernier paiement et celui-ci, afin de s'assurer que cette saison n'a apporté aucun changement sensible dans les travaux exécutés.

CHAPITRE III. — MÉTRAGE.

Article 1er. — Fouilles.

Cet article ne peut être rédigé que dans la localité où l'on doit construire le ponceau, attendu qu'il faut avoir égard à la position respective de la route et du ruisseau.

Cube des terrassements................. .... » »

Art. 2. — Maçonnerie de moellons.

				m c	m c		m c
EN FONDATIONS.	CULÉES (non compris les têtes).	Longueur ensemble.................	13,80			
		Profondeur.................	1,00	11,04		
		Largeur.................	0,80			
	TÊTES.	Longueur ensemble.................	5,20			
		Profondeur.................	1,00	3,12		
		Largeur.................	0,60			

TOTAL................. | 14,16

Cube de la maçonnerie en fondations................. | 14,16

			m c
Longueur.................	3m 40		
Hauteur.................	1, 20	2,04	
Épaisseur.................	0, 50		

A déduire le vide de l'arche et de la pierre de taille engagée.

VIDE DE L'ARCHE.
1° rectangle 0,50×1,00×0,40. = 0m 20c
2° 1/2 cercle $\dfrac{\pi \times 0,50^2}{2}$ ×0,50... = 0, 24

Angles des pieds-droits. 2,00×0,45×0,40 = 0, 14

PIERRE DE TAILLE ENGAGÉE.
1° rectangle 1m 70×0,50 = 0m·q·85
A déduire :
Le 1/2 cercle $\dfrac{\pi \times 0,50^2}{2}$ = 0 49
Reste...... 0m·q·36
2° rectangle 1m45×0,30 = 0 43
0m·q·79
Épaisseur moyenne.... 0, 453 } 0, 36

Total à déduire....... 0m 94c | 0,94

Reste pour le cube d'une tête.......... | 1,10 | m c
Pour les deux têtes............................ | | 2,20

		m q
Largeur..................	2m 50c	3,00
Hauteur..................	1 20	

A déduire le vide de l'arche, les reins et la clef.

VIDE DE L'ARCHE.
1° rectangle compris entre les culées........ 1m00×0m40 = 0m·q·40
2° demi-cercle $\dfrac{\pi \times 0,50^2}{2}$ ..... = 0, 49
Reins $\dfrac{0,70×0,45}{2}$ ×2,00....... = 0, 31
La clef $\dfrac{0,20×0,32}{2}$ ×0,30 = 0, 08

Total à déduire....... 1m·q·28 | 1,28 |
Surface restante .... | 1,72 | 12,04
Longueur................. | 7,00 |

TOTAL.................... | 14,24

Cube total de la maçonnerie de moellons en élévation.......... | 14,24

Cube total de la maçonnerie de moellons................. | 28.40 | 28.40

Art. 3. — Pierre de taille.

	m c			m c
Angles des pieds-droits.........................	0,28			
Voussoirs des deux têtes	0,72			
Clef 7,00× $\frac{0,20\times0,32}{2}$ ×0,30...............	0,34			
Deux plinthes 2×3,40×0,20 0,50	0,68			
TOTAL...............	2,22	.....	.....	
Cube de la pierre de taille................				2,22

Art. 4. — Taille des parements vus de la pierre de taille.

			m q	m q
SURFACE À UNE TÊTE. Angles des pieds-droits 2×0,40× (0,4+0,40)...		.....	...	0,68
Voussoirs et clef sur la tête. *Voir l'article 2.................*		0,79		
Voussoirs et clef sous la voûte. $\frac{\pi\times4,00}{2}$ ×0,453		0,70		
Une plinthe.... 3,40×(0,50+0,20).............		2,38		
Taille de la pierre d'une tête.... ..		3,87		
Pour les deux		.....	7,74	
Clef sous la voûte 7,00×0,20.................		.....	1,40	
TOTAL...............		.....	9,82	m q
Surface totale des parements vus....		.....	.....	9,82

Art. 5. — Radier.

			m q	m q
Rectangle du radier 8,10×0,90.............		.....	7,29	
Surface totale du pavé pour radier..		.....	.....	7,29

Art. 6. — Chappe.

		m c	m q	m c
CUBE DE LA CHAPPE. Largeur développée....................		2,70		
Hauteur		0,08	1,51	
Longueur.......................		7,00		
Cube du mortier de ciment pour chappe.		.....	.....	1,51

Art. 7. — Rejointoiements.

		m q	m c	m c
UNE TÊTE. Rectangle 3m 40×1,20....................		4,08		
A déduire :				
LE VIDE DE L'ARCHE. 1° rectangle... 4,00×0,40............=	0,40			
2° demi-cercle. $\frac{\pi\times0,50^2}{2}$ ....=	0,49			
Total à déduire............	0,89	0,89		
Reste pour une tête		3,19		
Pour les deux têtes............		.....	6,38	
ARCHE. Largeur développée 2m00×0,40× $\frac{\pi\times1,00}{2}$ =		2,37		
Longueur		8,00	18,96	
Surface des rejointoiements		.....	25,34	m q
Surface totale à rejointages..........		.....	.....	25,34

Art. 8. — Charpente pour cintre.

		m c	m c	m q
FERME. Deux poteaux 2×0,15²×0,40		0,018		
Un entrait 0,15×1,00......................		0,022		
Un poinçon 0,15×0,30.....................		0,007		
Deux arbalétriers 2×0,45×0,40²............		0,009		
Cube pour une ferme.................		0,056		
Pour les quatre fermes............		.....	0,224	
Dosses pour former cintre 8×0,05× $\left(\frac{\omega\times1,00}{2}-0,30\right)$ ...		.....	0,508	
TOTAL...............		.....	0,732	m q
Cube total de la charpente............		.....	.....	0,73

CHAPITRE IV.

APPLICATION DES PRIX DU BORDEREAU,

CHAPITRE 2, AUX DIFFÉRENTS ARTICLES DU MÉTRAGE.

NUMÉROS des articles du métrage.		CUBES ou surfaces des différents ouvrages.	PRIX de l'unité.	PRODUIT des deux colonnes précédentes par chaque nature d'ouvrage.
1°	Terrassements (fouilles), ...	»	»	»
2°	Maçonnerie de moellons,. . . .	27^m 49^c	»	»
3°	Pierre de taille (dans les prix il faut comprendre la taille des lits et joints).	2^m 22^c	»	»
4°	Taille des parements vus. . . .	9^m 82^q	»	»
5°	Radier.	7^m 29^q	»	»
6°	Chappe.	1^m 51^c	»	»
7°	Rejointoiement.	25^m 34^q	»	»
8°	Charpente pour cintre. . . .	0^m 732^c	»	»
	(On ne devra porter à la dépense que la moitié de la valeur réelle de cette charpente, parce que les bois restent à l'entrepreneur).			

Évaluation de la dépense totale. . . . .   »

Dressé par nous. . . . . . à . . . . le . . .

CHAPITRE X.

VÉRIFICATION DES PLANS.

211.—En réfléchissant aux moyens que nous avons exposés dans nos chapitres 2, 3, 4 et 5, pour parvenir à la confection exacte d'un plan géométrique, il est aisé de reconnaître que les sources générales d'où découlent les erreurs dont ce plan peut être entaché, proviennent : 1° du chaînage des directrices ; 2° de la mesure des angles ; 3° des soins qu'on a apportés dans les calculs trigonométriques ; 4° de l'ordre que l'on a suivi lors de la résolution des triangles de la triangulation ; 5° de la liaison et de l'enchaînement qui existent entre ces triangles et les opérations d'arpentage ; 6° des différences qu'on s'est toléré lors de la construction du plan ; 7° enfin, des soins qu'on a apportés dans la détermination des surfaces.

Si chaque géomètre remplissait convenablement sa tâche, le contrôle du vérificateur pourrait se borner à un travail de cabinet consistant dans une nouvelle construction du polygone qui enveloppe la masse entière du terrain, et dans une réapplication sur le plan des lignes d'arpentage. Et, en effet, du moment où il se serait assuré que ce polygone ferme convenablement et que les différences de chaînage ont été réparties proportionnellement sur chacune des directrices, ses investigations n'auraient pas besoin d'aller au-delà, parce que c'est de ce travail d'ensemble que dépend toute la régularité d'un plan. Mais il est rare que cette vérification soit suffisante, attendu que les opérations du terrain ont pu être faites avec négligence, et que pour former son plan, le géomètre alors n'a pas craint de fausser certaines longueurs de lignes ou certaines valeurs d'angle pour établir la coïncidence nécessaire entre toutes les mesures.

Nous avons vu, chapitre 3, qu'on peut toujours dresser un plan régulièrement, ou du moins faire de telles modifications aux mesures, qu'une faute grossière même pourrait passer inaperçue si on se bornait à une simple application des mesures cotées sur le plan. Le vérificateur ne doit donc se fier à ces mesures que jusqu'à un certain point, et pour se rendre un compte exact de la relation qui existe entre les diverses parties du travail du géomètre, il doit recourir à des moyens qui lui permettent de retrouver les erreurs sur lesquelles l'auteur du plan a pu passer légèrement ou qui ont pu lui échapper.

Bien que les moyens de vérification ne diffèrent pas sensiblement des procédés ordinaires d'arpentage, il est essentiel cependant de ne recourir qu'à ceux de ces procédés qui offrent plus de certitude dans les résultats, ou qui s'accordent le mieux avec les localités sur lesquels on doit opérer.

La vérification ne peut s'appliquer sur toutes les parties ni sur tous les détails d'un plan ; mais elle doit en embrasser la plus grande étendue possible. Il est nécessaire de se rappeler que l'arpentage d'un terrain ne peut que rarement s'exécuter par un même ensemble de lignes, ou par un seul système. L'arpentage d'un terrain de 600 hectares, par exemple, ne pourra s'effectuer au moyen d'un seul polygone, ou par un seul jalonnage ; le géomètre commencera par dresser un croquis pour 100 à 200 hectares ; il fera un second croquis pour une étendue à peu près semblable, et enfin un troisième : il y aura donc trois systèmes qui, s'ils ne sont pas liés convenablement entre eux, présenteront des différences sensibles sur leurs points de passage : une ligne mal divisée sur le plan, ou mal jalonnée, suffit pour déranger la coïncidence qui doit exister dans toutes les parties du plan. La vérification doit donc porter principalement sur les points communs, et elle doit être combinée de manière que le vérificateur puisse juger avec facilité de la relation qui existe entre chacun des systèmes. Il évitera dans ces circonstances de tracer les lignes de vérification parallèlement aux directrices communes à plusieurs systèmes ; il devra chercher à couper ces directrices par les lignes qu'il pourra établir sous des angles de 45 à 80 degrés, mais jamais moins de 30 degrés.

Mais pour que le vérificateur soit guidé dans son opération et que son travail porte utilement, il doit rechercher préalablement les parties faibles du plan, autrement il pourrait être conduit à n'opérer sur le terrain que dans les endroits qui présentent un accès facile et qui n'ont offert, par conséquent, aucune difficulté au géomètre.

Une vérification au cabinet n'est donc pas inutile, ainsi que l'ont prétendu divers géomètres ; car, quant à l'aide des notes on s'est rendu compte de la manière de travailler de l'auteur du plan, il est rare, lorsqu'on a un peu l'habitude des vérifications, que l'on ne sache pas comment on devra diriger les opérations et distinguer les endroits où on devra principalement porter son attention.

Vérification des plans qui ne comprennent qu'une étendue de 200 hectares. — Le vérificateur commencera par faire un nouveau rapport des lignes principales du géomètre ; il déterminera au besoin la position de leurs extrémités (66 et 132), et en appliquera plusieurs ayant servi à la détermination des détails. Les parties du plan qui auront été levées par des directions brisées, devront être principalement l'objet de ses investigations. Si des droites s'appuient sur ces directions et y ont été rattachées, il s'assurera que les longueurs du plan correspondent exactement aux distances indiquées par le brouillon ; c'est surtout lorsque plusieurs lignes successives tendent vers ces directions qu'il doit faire les applications de l'espèce, sans tenir compte des compensations que le géomètre a pu établir sur chacune d'elles. Il notera les lignes qui présenteront des différences trop grandes ou qui, par leur similitude avec d'autres lignes adjacentes ou opposées, feraient craindre, par suite de différences contraires, un déplacement quelconque sur la position des directions brisées.

Si la masse a été circonscrite dans un polygone, le vérificateur formera de nouveau ce polygone. A cet effet, il adoptera un angle pour point de départ, puis à l'aide des notes du géomètre il procédera à cette construction en marchant soit à droite, soit à gauche, jusqu'à ce qu'il vienne se fermer au point d'où il est parti. Il emploiera le procédé (83) en se servant de l'angle de déclinaison déterminé par le

32

géomètre, et en prenant toujours pour base de sa construction les carrés établis par celui-ci.

Ce travail le conduira à chercher l'angle de direction de tous les côtés du polygone; il pourra, en conséquence, reconnaître si les angles de ce polygone sont exacts, puisqu'en faisant passer successivement la méridienne par chacun des sommets, il devra retrouver à son point d'arrivée le même angle que celui dont il s'est servie en commençant l'opération ou son complément.

La construction du vérificateur doit coïncider avec les lignes du plan, ou elle ne doit en différer que des corrections que le géomètre a fait subir aux côtés du polygone pour le fermer. Le vérificateur appréciera si la différence que le géomètre s'est tolérée est susceptible d'être admise, et si ce géomètre n'a pas conclu trop légèrement le canevas de son plan. S'il se trouvait des côtés qui changeassent brusquement de direction, ou si des déplacements n'étaient pas proportionnels, il y aurait lieu à revoir ces parties sur le terrain, parce qu'il y aurait certitude que la direction de quelques lignes a été faussée. De même que s'il se présentait des lignes qui n'aient pas sur le plan le nombre de parties de l'échelle indiqué par les mesures inscrites sur le croquis, c'est qu'alors le géomètre aurait supposé des erreurs de chaînage, ou aurait négligé de faire les corrections nécessaires, et il serait urgent de se faire rendre compte des motifs qui ont déterminé ce géomètre à ne point donner à ces lignes les parties de l'échelle indiquées par le chaînage.

Il est essentiel que le vérificateur se serve de l'angle de déclinaison adopté par le géomètre, parce qu'il suffit d'une erreur de quelques minutes pour donner à la construction une toute autre position que celle du plan. Quoiqu'on puisse avoir égard à cette circonstance, il faut néanmoins avoir une certaine habitude des appréciations de l'espèce, pour ne point se tromper dans son jugement. Lorsqu'il y a de l'incertitude sur la valeur de la déclinaison, la construction du vérificateur se fait sur une feuille à part, et au moyen du papier calque, il s'assure de l'exactitude du plan.

Les conséquences qui doivent être tirées de cette vérification préliminaire peuvent être bien différentes; car elles

dépendent du tact et de l'habitude du vérificateur; aucune
règle ne peut donc être indiquée à cet égard. Tel géomètre
qui excelle dans l'art du levé des plans pourra conclure de
certaines dispositions de lignes ou de quelques différences
que des portions de périmètre présenteront avec son travail,
que l'exactitude du plan laisse beaucoup à désirer, et il
passera beaucoup de temps à rechercher les causes qui ont
produit ces différences sans arriver à un résultat bien concluant, lorsque tel autre, voyant mieux, jugera tout d'abord
que ces différences sont locales et qu'elles n'ont aucune influence sur l'ensemble du travail. Quoi qu'il en soit, si le
nouveau rapport ne s'éloigne pas trop de la construction primitive, si les différences sont proportionnelles et ne sortent
pas des limites permises en pratique, si, enfin, elles ne se
portent pas tantôt d'un côté et tantôt de l'autre, ce seront de
fortes présomptions en faveur du plan. Il restera alors peu de
chose à faire au vérificateur ; le mesurage de quelques grandes lignes dans l'intérieur, des diagonales autant que possible coupant les détails sous des angles approchant de l'angle
droit, et l'application de ces lignes sur le plan lui permettront de juger de l'exactitude de l'ensemble et des détails du
travail du géomètre.

Lorsque la vérification doit s'appliquer à un plan d'une
forêt, la disposition des opérations sur le terrain est différente. Le tracé des diagonales n'est pas possible dans la plupart des cas, à cause de la grande difficulté de tracé des lignes bien droites en plein bois. D'un autre côté on ne peut
espérer avoir un chaînage bien exact, attendu que les brins
des bois coupés pour le tracé des tranchées nécessaires obligent presque continuellement à courber la chaîne, les longueurs sont donc généralement trop longues. Si cet effet
était constant et uniforme, il serait facile de déterminer la
correction à faire aux mesures ; mais la courbure est quelquefois très-prononcée, d'autrefois elle n'a pas lieu, et souvent il n'y a qu'une portion de la chaîne qui se trouve
dans cette situation. On abandonne donc les diagonales et on
établit des directions brisées en profitant des tranchées, des
laies, des routes et des chemins quand ils ne sont pas trop
sinueux. On rattache, en mesurant ces directions, les détails

qui s'en trouvent à proximité, soit au moyen de perpendiculaires, soit par d'autres directions droites ou brisées. Enfin, l'ensemble étant rattaché à des points fixes du périmètre, on a les moyens d'appliquer les directions sur le plan de l'arpenteur.

Les lignes, droites ou brisées, qui seront établies par le vérificateur, devront aboutir principalement aux endroits du périmètre où il aura été remarqué des variations brusques dans la position des côtés du polygone enveloppe : et si on s'est aperçu que des rattachements de directrices intérieures ne présentaient pas toute la régularité désirable, on aura soin d'y faire passer les lignes de vérification. Les grandes directions devront surtout couper les lignes principales d'arpentage qui séparent les systèmes d'opérations ; si, en outre, les données de l'arpenteur ont présenté des contradictions sur quelques points, le vérificateur y dirigera son attention et y établira des polygones s'appuyant sur ses grandes directions. Il fera en sorte, aussi, que ces dernières viennent s'y couper, et il multipliera davantage ses rattachements.

Vérification des plans qui comprennent plus de 300 hectares. — La vérification d'un plan qui comprend une grande étendue de terrain, doit s'appliquer en premier lieu à la triangulation. On doit concevoir, en effet, que les opérations d'arpentage étant étayées sur des résultats préliminaires, ces opérations présenteront d'autant plus de confiance, qu'on aura reconnu une plus grande régularité dans ces résultats.

L'administration du cadastre obligeait les géomètres en chef à établir, au centre des opérations du triangulateur, une base dont l'une des extrémités fût un des points du réseau de ce dernier ; d'observer, de chacune de ces extrémités, les angles formés par les rayons dirigés sur trois sommets, au moins, et d'observer également les angles à ces sommets. Cette vérification était incomplète, elle indiquait tout au plus que les quatre ou cinq sommets qui entraient dans la vérification étaient convenablement établis, et c'est ce qui avait toujours lieu. En effet, il faudrait qu'un triangulateur fût bien peu au courant de son métier, pour que, quelque soit l'endroit de son travail où une vérification semblable s'établisse, il y ait des différences reprochables sur quatre ou cinq triangles qui sont toujours contigus et auxquels on peut donner dans tous les cas une relation convenable. Aussi, les géomètres en chef, en général, reconnaissaient-ils que cette vérification était illusoire et ne pouvait corroborer une opération d'ensemble se contrôlant à chaque pas.

La vérification d'une triangulation doit s'étendre sur la plus grande étendue possible du réseau qu'on a en vue. Elle doit passer, autant que possible, par les sommets extrêmes; on ne considère les points intérieurs que comme des centres autour desquels les observations doivent avoir lieu. Supposons un polygone C,D,I,F,G,N (*fig.* 122), et admettons que des sommets C,D,I.....N, on puisse diriger des rayons sur un centre commun M, les triangles qui seront formés de cette sorte, ayant un côté commun, pourront être calculés sans faire intervenir d'autres mesurages que celui qui sera nécessaire pour le premier triangle. Les calculs marchant successivement, on aura deux résultats pour le côté commun au premier triangle calculé et au dernier, et ces deux résultats s'accorderont d'autant mieux que les observations auront été faites avec une plus grande précision; tout dépendra donc de celles-ci. Admettons maintenant que les sommets du polygone soient des points extrêmes du réseau du triangulateur, et que le centre M soit un de ces points : en se rappelant la marche ordinaire du calcul (105), on sera convaincu que si la position des sommets C,D,I...N, s'accorde avec la position des points correspondants du triangulateur, non-seulement ces points sont bien établis, mais que ceux qui se trouvent dans l'intérieur le sont également, puisque dans une triangulation les éléments sont liés de telle sorte, que le déplacement d'un point entraîne le déplacement de plusieurs autres.

Les opérations du triangulateur du cadastre s'étendant généralement sur un canton communal, on pourra établir un polygone par commune, et choisir plusieurs centres. On déterminera des points intermédiaires par l'intersection de trois rayons, au moins; quant à la longueur des côtés du polygone, elle ne devra pas être moindre que 2000 mètres. Les sommets du polygone seront naturellement placés sur les li-

mites des communes, et serviront, par conséquent, à la vérification des triangulations établies sur les communes voisines.
Les angles seront donnés par la moyenne de six répétitions,
avec un cercle donnant une approximation au moins égale à
celui du triangulateur.

Cette vérification ne présente pas autant de difficultés qu'on
pourrait le croire, car dans une commune il y a toujours un
point culminant, au moins, et le plus souvent le clocher est
vu de tous les points du territoire. Il suffit donc seulement
que le vérificateur y mette un peu de bonne volonté. Il y a,
il faut en convenir, des pays, tels que certaines parties de la
Sologne, de la Bretagne, et quelques autres, où ce procédé
ne pourrait être employé ; mais comme tout autre système y
serait presqu'aussi impossible, il est alors préférable, dans
ces sortes de cas, de laisser à la sagacité du vérificateur le
choix des moyens qui peuvent s'accorder le mieux avec les
localités.

La vérification des plans de terrains plats ou découverts
se fait habituellement au moyen de diagonales se coupant
autant que possible. Nous avons vu les soins que le vérificateur doit apporter dans l'établissement et le mesurage de ces
lignes. Toutefois les plans de l'espèce représentant ordinairement toutes les limites des propriétés et des natures de culture, on doit chercher à ce que les diagonales ne coupent pas
ces limites sous des angles trop aigus ; l'ouverture de 45 degrés est celle qui convient le mieux. On s'arrête à chaque limite et on cote sur un brouillon toutes les distances, en ayant
soin qu'il n'y ait aucune interruption dans le chaînage.
Lorsque les propriétés sont très-morcelées, il suffit de coter
toutes les deux ou trois parcelles.

On ne rencontre de difficultés sérieuses, dans cette dernière opération, que lorsqu'on fait l'application des mesures
du terrain sur le plan. Quelques vérificateurs appliquent
lesdites mesures telles qu'elles leur sont données par le
brouillon-note, et consignent immédiatement, dans leur procès-verbal, les différences qu'ils reconnaissent : ils n'ont
ainsi égard ni à l'état hygrométrique du papier, ni aux résultats de la triangulation dans lesquels l'arpentage est toujours
renfermé. Nous pensons qu'il est convenable de s'assurer

préalablement de l'état de la feuille ; si les carrés y sont convenablement établis, si les points de la triangulation y ont été exactement placés, et si le géomètre, auteur du plan, a bien fait coïncider son travail avec celui du triangulateur, et de consigner les résultats de ces observations dans le procès-verbal. Il y aurait donc un examen préliminaire à faire semblable aux conditions que nous avons posées pour la vérification des plans d'une faible étendue.

Lorsque les côtés des carrés diffèrent sensiblement de la valeur qui leur a été assignée primitivement, le vérificateur est en droit de refuser le plan immédiatement, parce que cette différence provient généralement de l'imprévoyance du géomètre qui a employé du papier sorti trop récemment de la fabrique, ou parce qu'il a travaillé dans un endroit humide.

Pour tracer les diagonales sur le plan, on s'assure préalablement des rattachements pris au point de départ et au point d'arrivée ; on en place ensuite quelques-uns vers le milieu, puis on trace la diagonale, celle-ci doit passer exactement par les points de rattachements extrêmes et intermédiaires. On se rend compte de sa longueur totale ; si la différence n'excède pas la tolérance admise, on la divise de 500ᵐ en 500ᵐ (105), et l'on compare les distances partielles. Ces distances doivent évidemment correspondre aux intersections de la diagonale avec les traits du plan, puisque par cette division le vérificateur encadre, en quelque sorte, son travail dans celui du géomètre.

Il est cependant à remarquer que cette manière de vérifier contrôle autant le travail du triangulateur que celui de l'arpenteur, et que dans beaucoup de circonstances il peut, jusqu'à un certain point, suffir pour les deux. Car si, dans un réseau trigonométrique il était possible de mener une droite, de l'une de ses extrémités à l'autre, et d'y rattacher chacun des points du réseau, ce serait la meilleure vérification qu'il serait possible de faire. Ainsi, si on a admis la triangulation on ne peut rejeter le plan parce qu'il a trop ou pas assez de longueur. Cette mesure rigoureuse ne peut donc être provoquée que parce que les parties intérieures du plan, ou les détails, ne sont pas en relation, ou parce qu'on a reconnu dans le travail de la négligence de la part du géomètre qui aura,

par exemple, admis des mesures comme bonnes lorsqu'elles
étaient inexactes, ou bien lorsqu'il aura supposé des erreurs
là où elles n'existaient pas.

C'est donc seulement quand cette première application est
terminée que le vérificateur peut dresser son procès-verbal
tel que l'exige l'administration, mais alors il est obligé de
procéder à une nouvelle comparaison des distances dans laquelle il n'a égard seulement qu'à l'état hygrométrique du
papier.

L'établissement des diagonales, sur le plan, présente cependant quelques difficultés à cause du choix des rattachements des lignes. Il faut bien se pénétrer qu'un déplacement
de quelques mètres, sur les diagonales, peut conduire le vérificateur à signaler des erreurs dans certaines parties du
plan, lorsqu'elles existent dans d'autres parties, et le plus
souvent sur quelques limites de propriétés seulement.

La vérification des plans de forêts peut s'effectuer en même
temps qu'on contrôle les résultats de la triangulation ; de
même qu'elle peut n'avoir lieu que par un simple mesurage
de lignes établies dans l'intérieur de la forêt, et rattachées
entre elles autant que possible. La difficulté de lever un long
périmètre et de donner à chacun de ses points une position
rationnelle et relative, doit déterminer le vérificateur à s'assurer, par tous les moyens qui sont en son pouvoir, si deux
points diamétralement opposés occupent bien sur le plan la
position qu'ils doivent avoir.

Quand la forêt est dégagée de tous obstacles, et qu'il est
possible de voir de ses abords un ou plusieurs points au centre, on peut procéder comme nous l'avons indiqué ci-dessus
pour les triangulations du cadastre ; de plus, des sommets du
polygone on dirigera des rayons sur des objets fixes du périmètre, tels que bornes, angles de fossés, etc., on formera
des triangles, et, par leur résolution, on connaîtra la position
de ces objets ; il suffira d'appliquer les résultats sur le plan.

Ce procédé peut toutefois n'être considéré que comme
exceptionnel, parce qu'il sera rare que les localités permettront d'établir un système d'opération de cette espèce. La
méthode de triangulation exposée (131), offrira alors des
moyens d'une application beaucoup plus faciles, en établis-

sant, par exemple, un réseau trigonométrique sur le pourtour du périmètre, et en observant, en même temps qu'on mesurera les angles du réseau, ceux formés par des rayons dirigés sur les extrémités des lignes d'arpentages, et à défaut sur des bornes ou des angles de fossés, et même, au besoin, sur des points situés dans l'intérieur de la forêt.

Tant qu'il sera possible de comprendre dans le nouveau réseau trigonométrique les points du premier opérateur, on pourra le faire sans inconvénient; mais si ces points obligeaient à une combinaison particulière, on les négligera, sauf à les rattacher audit réseau par des opérations secondaires.

On rattachera ensuite les grandes lignes de division de la forêt, au moyen de mesurages très-précis, puis on établira sur ces lignes des systèmes de vérification dans l'intérieur de la forêt, afin de s'assurer de la position des détails du plan.

Il arrive quelquefois que les localités ont présenté des difficultés à l'arpenteur pour lier deux réseaux trigonométriques établis sur deux points différents du périmètre de la forêt. Le vérificateur devra se rendre un compte exact de ces difficultés, et s'il entrevoit qu'en étendant les opérations il puisse faire joindre les deux réseaux, il devra le faire quelque soit le surcroît de travail qui en résulterait. Un clocher, qu'on aperçoit au loin, est souvent très-utile dans ces circonstances. La seconde méthode de triangulation (159), évite souvent des recherches longues et pénibles, elle permet de résoudre des questions dont la solution n'est quelquefois pas possible avec la méthode ordinaire. L'exemple (162), pourra être appliqué avec avantage dans la question qui nous occupe.

Les principes que nous venons de poser ne peuvent être qu'une indication sommaire des procédés dont on doit faire usage; c'est au vérificateur à reconnaître, en visitant les lieux, quels doivent être les moyens à employer pour arriver à des résultats qui ne donnent lieu à aucune critique. Il verra souvent que le but qu'il se propose ne peut être atteint qu'en combinant ensemble l'une et l'autre méthode, et que souvent aussi il sera obligé de pourvoir par des moyens particuliers à ce que ces méthodes ont d'incomplètes. Il devra toutefois se défier de ces procédés vantés par certains géomètres, qui, bien qu'ayant réussi dans quelques circonstances, peuvent l'écarter de la marche rationnelle qu'il ne doit pas quitter.

Nous avons supposé une forêt libre, sur tout son périmètre, d'obstacles notables ; mais on pourrait avoir à vérifier le
plan d'un bois enclavé dans d'autres massifs qui n'aient pas
permis au géomètre d'établir de triangulation. Si cette forêt
était percée comme nous l'avons supposé (*fig.* 162), on voit
qu'en formant le polygone BCDEFG et en mesurant les distances C*c*, D*d*, F*f*...., on pourra s'assurer de la régularité du
plan. De plus, si on rencontre, en mesurant les côtés de ce
polygone, des chemins ou des divisions qui puissent conduire sur le périmètre, entre les extrémités *b*, *c*, *d*, *f* des routes, on devra cheminer le long de ces chemins ou de ces divisions, parce qu'il pourra arriver que le géomètre, s'étant
contenté des rattachemments *b*, *c*, *d*..., ne se sera pas assuré
de la position des directrices *mn*, *no*, *od*...., ou aura forcé les
mesures, dans le cas de différence, pour que leur suite coïncide avec les rattachements.

Le cas le plus désavantageux, c'est quand il faut s'assurer
de l'exactitude du plan d'une forêt non aménagée et enclavée
dans d'autres bois. On ne peut évidemment s'attendre à trouver dans l'intérieur les divisions nécessaires pour former un
système de vérification. Le cas est, au reste, assez rare ; on
ne le rencontre guère que lorsqu'il s'agit de contrôler les résultats d'une délimitation générale. Si on ne trouvait pas de
chemins qu'on pût suivre, il faudrait alors établir des diagonales dans l'intérieur et dans divers sens, mesurer ces lignes
avec soin, ainsi que les angles qu'elles forment entre elles, et
rattacher leurs extrémités en suivant les lignes de l'arpenteur.

Généralement, les vérifications s'appliquent, pour les forêts,
à des plans d'aménagement récemment exécutés. Alors la
forêt est divisée ; les laies nouvellement ouvertes présentent
un accès facile sur tous les points de la forêt, on peut donc
faire telle combinaison qu'on juge convenable pour s'assurer de l'exactitude du plan. Dans ces sortes de cas, la
vérification a aussi pour but de reconnaître si le géomètre
a apporté les soins convenables dans la division en séries et
en coupes, et si ces divisions ont été exactement établies sur
le terrain. Le vérificateur doit alors s'attacher aux détails : il
commencera par calculer quelques coupes , celles qui, no-

tamment, présentent une forme irrégulière. Il procédera ensuite à la division de plusieurs coupes, soit réunies, soit séparées. Il passera aux opérations du terrain, et s'assurera que ses mesurages coïncident avec les résultats des divisions consignées sur le plan.

Généralement, on mesure avec soin une première route AH, (*fig.* 216), en arrêtant l'axe de toutes les laies sommières qui y aboutissent. On mesure ensuite la longueur de toutes ces laies en cotant toutes les divisions de coupes; mais pour se rendre compte que l'écartement de celles-ci est toujours le même, on a soin de chaîner quelques laies de coupes intermédiaires. Cependant, si, dès le principe, le vérificateur a remarqué que le travail du géomètre a été fait avec précision, il peut se borner à mesurer la laie du milieu et celles qui se rapprochent le plus du périmètre, en cheminant, toutefois, tous les 5 ou 600 mètres, le long des laies de coupes, *t't, ab, cd,* de manière à former un ou plusieurs polygones qui lui fassent connaître que toutes les parties du plan sont bien en relation. Il est entendu qu'il observera tous les angles avec autant de précision qu'il lui sera possible; il emploiera le cercle pour les angles principaux, et se servira de la chaîne-ruban pour les mesurages.

Son travail du terrain terminé, il dressera un canevas de ses opérations. A cet effet, il calculera, à l'aide de la déclinaison du plan, les distances à la méridenne et à la perpendiculaire des sommets de ses polygones (91 et 153), il appliquera ses résultats sur le plan; puis, s'appuyant sur ces résultats, il se rendra compte des détails. Il peut cependant trouver un plan défectueux ou dont l'angle de déclinaison ne soit pas le même pour toutes les parties. Dans ce cas, il adoptera une déclinaison quelconque, dressera son canevas, et, à l'aide d'un calque, il lui sera facile de reconnaître les parties défectueuses.

Il est encore une vérification, ou plutôt une comparaison du plan au terrain, que le vérificateur ne doit pas négliger. Cette comparaison peut se faire en même temps que l'on procède au chaînage des lignes nécessaires à la vérification; cependant, quelques vérificateurs préfèrent s'en occuper après l'application des lignes sur le plan et lorsque déjà ils se sont rendu compte du degré de précision du travail de l'arpenteur. Ainsi muni du plan, le vérificateur parcourt le terrain; il suit les sinuosités des chemins, des ruisseaux, pénètre dans les massifs de maisons et dans les cours, compare le plan aux objets qu'il a sous les yeux. Il s'assure de la sorte que les détails sont fidèlement reproduits sur ce plan, et pour achever cette vérification à vue, il mesure des angles et des lignes, lève quelques détails en s'appuyant sur des objets ou des angles dont la position ne lui présente pas de doute, et applique ensuite ces mesures sur le travail du géomètre. Il est bon, dans cette circonstance, que le vérificateur soit muni d'une échelle à biseau, parce qu'il peut alors faire immédiatement un grand nombre d'applications et effectuer telles opérations qui lui paraissent nécessaires pour fixer son jugement.

L'admission ou le rejet d'un travail, est une question délicate et minutieuse qui ne peut être bien résolue, si celui qui vérifie n'a pas levé lui-même un grand nombre de plans. Et, souvent, un géomètre qui a arpenté beaucoup ne peut faire un bon vérificateur, parce qu'il faut être doué d'un certain esprit d'appréciation qui ne se rencontre pas chez tous les praticiens, quelqu'habiles qu'ils soient. Il ne suffit pas qu'un plan diffère dans quelques parties avec la vérification pour le considérer comme irrégulier; on en voit souvent qui ont été levés avec soin et qui ne sont pas exempts de quelques défectuosités. De même qu'il s'en présente un bon nombre d'incorrects, sur lesquels on remarque des parties qui ne laissent rien à désirer. Quand le travail du vérificateur embrasse ces parties, il est parfois difficile de distinguer celles qui doivent subir des modifications; cependant, le vérificateur habile saura vite faire son choix; il lui suffira le plus généralement d'examiner un instant la minute du géomètre, s'il voit des portions du plan où les traces des lignes sont correctes, s'il n'y a eu aucun tâtonnement sur les points de rattachements, si enfin la construction n'a pas été tourmentée, ces parties seront évidemment exemptes de reproches, et son attention devra se porter sur les autres, car, lorsque dans un plan les mesurages se sont bien accordés, la construction en est correcte, on n'y voit aucune trace de crayons ou autres inutiles.

Généralement, on n'a à signaler que des différences qui ne peuvent avoir une influence bien sensible sur l'ensemble du plan ; elles ne portent le plus souvent que sur de faibles parties qu'il est facile de rectifier. Mais, avant de prescrire les rectifications nécessaires, le vérificateur doit s'assurer préalablement si les différences reconnues ne proviennent pas de la vérification, et il pourra parfois être conduit à établir de nouvelles diagonales. Il faut rarement revenir deux fois sur les mêmes lignes, parce qu'à un second chaînage on est toujours porté à céder sur la tension de la chaîne pour s'accorder avec le plan, ou à agir dans un sens opposé. Il est préférable d'établir d'autres lignes parallèles aux premières ou qui les coupent sous des angles très-aigus. Si les nouvelles lignes s'accordaient avec les premières , le vérificateur a alors à rechercher d'où peuvent venir les différences avec le plan et à prescrire les moyens de rectification.

Quand le vérificateur remarquera une déviation sensible dans la position des directrices, que des portions du plan s'accorderont avec les mesures de la vérification, et que d'autres présenteront des déplacements qui feront supposer des erreurs graves dans la mesure des lignes principales du géomètre, qu'il existera des différences sur le passage d'un système à un autre , que des angles mal observés auront occasionné des déviations notables sur la position de certaines parties du plan, enfin que l'ensemble en aura été forcé, tiraillé, ces plans ne pouvant être rectifiés que très-difficilement d'une manière convenable , le rejet doit en être proposé. Le vérificateur a cependant encore à examiner s'il doit être seulement procédé à une nouvelle construction, ou s'il y a lieu à faire un nouvel arpentage, sans avoir égard aux opérations qui ont été exécutées par l'auteur du plan. Cette dernière mesure est la plus rigoureuse, elle entraîne la saisie des brouillons du terrain, si on tolère que le nouveau levé soit fait par le même géomètre.

La mission du vérificateur ne consiste pas seulement à constater qu'un plan est exact ou ne l'est pas ; car l'administration, qui doit statuer en dernier lieu, a besoin de savoir quels sont les causes qui ont motivé le rejet du plan, s'il y a incapacité chez le géomètre, ou négligence. Il a donc à chercher en quoi le plan est défectueux, et pourquoi il est tel. D'un autre côté, lorsqu'il n'a qu'à prescrire des rectifications, il doit désigner au géomètre les opérations à effectuer sur le terrain pour assurer la bonne exécution des changements à faire au plan, les points sur lesquels ces opérations doivent s'appuyer et les lignes à mesurer. Les rectifications doivent se faire en sa présence, il doit veiller à ce que le géomètre y apporte toute l'attention convenable, et n'admettre définitivement le plan qu'après qu'il s'est assuré que le travail du géomètre remplit alors les conditions voulues.

Nous ne donnerons pas de modèles des procès-verbaux qui sont dressés dans cette circonstance, les administrations fournissent des formules dont la forme est en rapport avec leurs prescriptions et le but qu'elles désirent voir atteindre. Elles exigent presque toujours deux actes, l'un qui se rapporte aux opérations trigonométriques, l'autre applicable aux travaux d'arpentage.

Quant aux différences que le vérificateur doit tolérer, nous les avons indiquées (89). Ces tolérances sont celles qui, aujourd'hui, sont généralement admises par les administrations ; elles sont le résultat d'une longue expérience, et elles ont été discutées par des praticiens dont l'expérience ne peut être portée en doute. Quelques auteurs ont cherché à démontrer que ces tolérances ne pouvaient avoir une juste application dans certaines circonstances ; dans les pentes fortes, par exemple, le chaînage présentant plus de difficultés, ils ont proposé le $\frac{1}{100}$ des lignes, ou 10 mètres sur 100,0 ce qui porte en réalité la différence à 20 mètres ; car elle peut être en plus ou en moins. Nous ne croyons pas que ces propositions puissent être admises ; car, si un plan était construit avec des lignes affectées de différences de cette nature, ce plan ne pourrait être évidemment que très-irrégulier. Ces propositions ne nous ont paru avoir d'autre but que de donner une plus grande latitude aux géomètres dans leurs mesurages, de les autoriser même à une négligence à laquelle ils sont déjà trop portés ; les intérêts des administrations, et même des particuliers lorsqu'ils les emploient, ne pourraient évidemment qu'en souffrir. D'ailleurs, ne doit-on pas toujours chercher à atteindre la plus grande précision, et ce ne serait pas évidemment parvenir à ce but que de laisser aux géomètres la faculté de donner à leurs mesurages telle approximation qui leur conviendrait. En définitive, tant qu'un géomètre se donnera un peu de peine pour établir une triangulation réunissant les meilleures conditions possibles, il lui sera facile d'atteindre le degré de précision nécessaire pour que son travail ne donne lieu à aucune critique de la part du vérificateur qui adoptera nos tolérances.

Il nous reste à fixer la limite tolérable des angles. On ne peut accorder de tolérance pour ceux d'un réseau trigonométrique, parce que là le vérificateur n'a point à considérer les valeurs angulaires ; mais il doit se rendre compte de la position des sommets de la triangulation, desquels dépend tout le travail de l'arpenteur. Dans ce cas, nous pouvons conclure par analogie que tous les points qui, éloignés de la base de plus de 500 mètres, présenteront sur la méridienne et sur la perpendiculaire, une différence de plus de $\frac{1}{500}$ de la distance, devront être rectifiés. Si on remarquait que le déplacement dût influer sur la position des points suivants, il y aurait lieu de prescrire une révision entière des calculs des triangles ; enfin, si les différences devaient grossir au point qu'il dût en résulter un écart considérable sur les derniers sommets, le vérificateur aurait à proposer le rejet du travail.

Dans certaines circonstances, les valeurs des angles des polygones sont destinées à rétablir, en cas de disparition, les limites ou contours de ces polygones. C'est ce qui arrive généralement dans les forêts, lorsqu'après la délimitation on procède au bornage, ou lorsque des anticipations ont été commises sur le sol forestier. On sait quelles sont les difficultés qui surgissent entre les propriétaires, lorsque l'un deux anticipe de quelques décimètres sur le champ de son voisin ; il faudrait donc, pour éviter toutes contestations sur ce point, que les valeurs des angles fussent assez précises pour que, dans le cas où on serait obligé d'en faire usage pour replacer une ou plusieurs bornes enlevées, il n'en résultât pas une différence sensible sur leur position. Mais il est difficile, en

arpentage , d'atteindre à une régularité assez parfaite pour
que, dans cette opération, les bornes se trouvent exactement
à leur place primitive. Nous sommes donc forcé d'adopter
une limite tolérable qui s'accorde avec les résultats des opérations. Nous porterons la différence de déplacement à 1 mètre ; ainsi, tant qu'en formant de nouveau les angles sur le
terrain, les sommets du polygone n'éprouveront pas un dérangement dans leur position de plus de 1 mètre , le vérificateur admettra les valeurs des angles comme exactes. Il en
résultera que plus les rayons seront courts, plus les tolérances seront grandes.

FIN.

TABLE DES MATIÈRES.

FIN DE LA TABLE.

www.ingramcontent.com/pod-product-compliance
Lightning Source LLC
Chambersburg PA
CBHW060917220326
41599CB00020B/2990